Biologia i Geologia

En context

3

ESO CODI OBERT

Casals

Antonio Jimeno
Luis Ugedo
Roser Canet
Laura Vila

La unitat, pas a pas

1 A la **portada** es presenten les situacions d'aprenentatge, els continguts i les activitats en què es treballen aquests continguts.

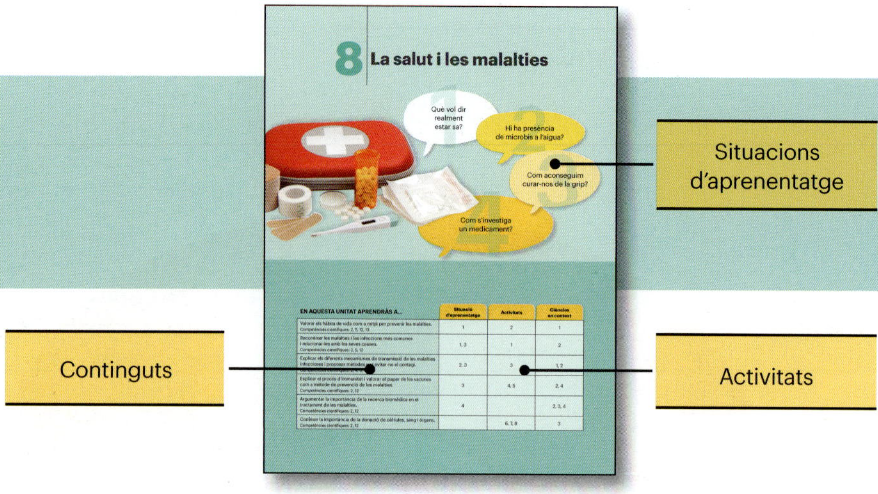

4 Es desenvolupen els continguts de la unitat amb il·lustracions científiques i recursos digitals, i es plantegen les **activitats** d'aplicació de la teoria.

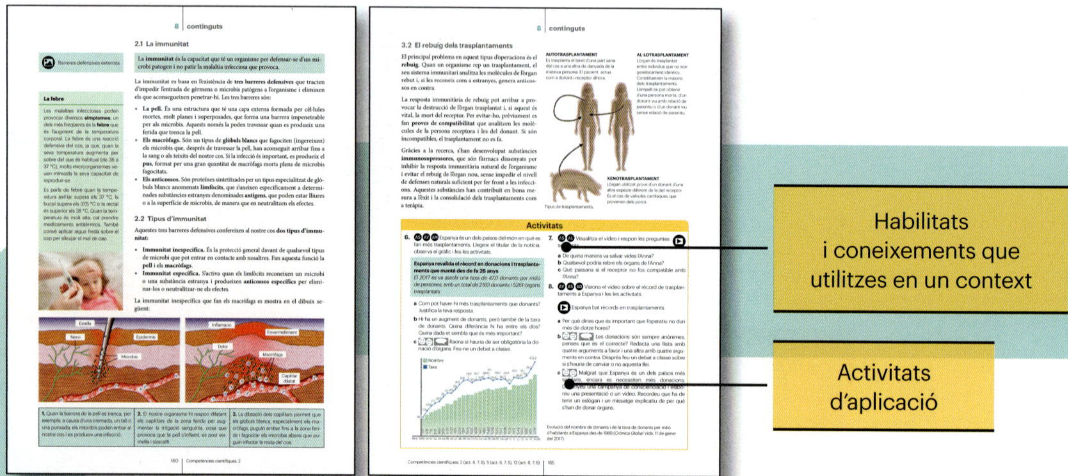

5 En l'apartat de **Ciències en context** trobaràs activitats basades en diferents contextos del món real (vídeos, imatges, notícies, lectures, pàgines web, simuladors, etc.).

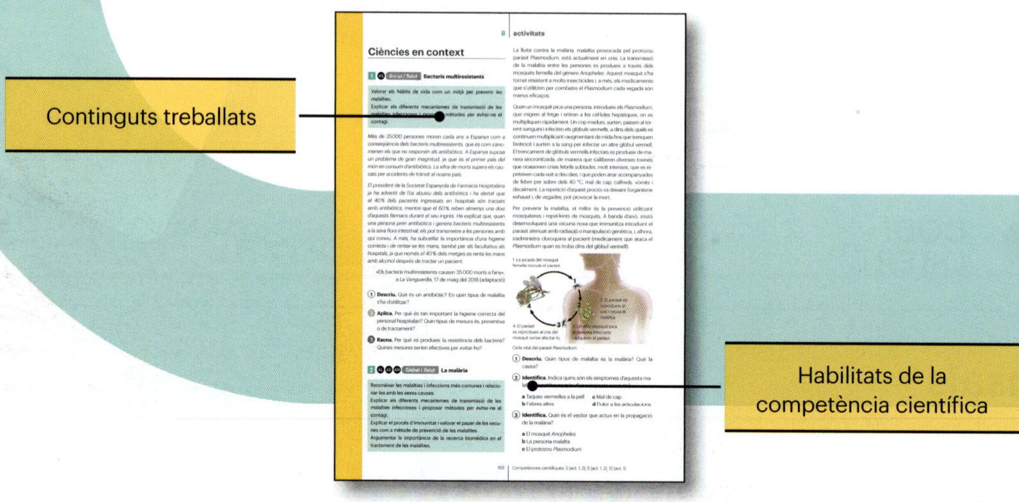

2 Les **situacions d'aprenentatge** són situacions reals que t'ajudaran a construir nous coneixements.

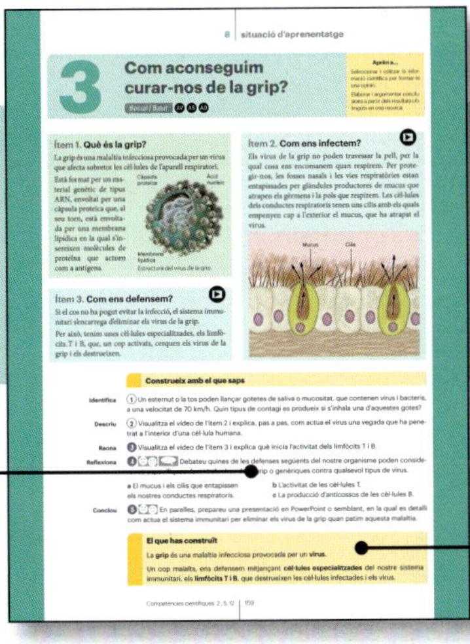

Activitat guiades per construir el coneixement

Coneixement nou adquirit

3 La **recerca científica** és una pràctica experimental basada en l'ús del mètode científic per plantejar hipòtesis, experimentar, analitzar els resultats i concloure si la hipòtesi inicial és certa.

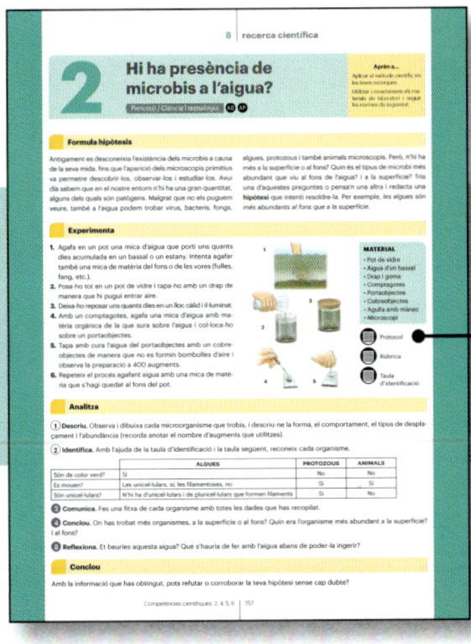

Protocol imprimible de la pràctica experimental i rúbrica d'avaluació

6 Al final de la unitat trobaràs un **resum** que t'ajudarà a repassar els continguts abans de realitzar la prova d'**avaluació**.

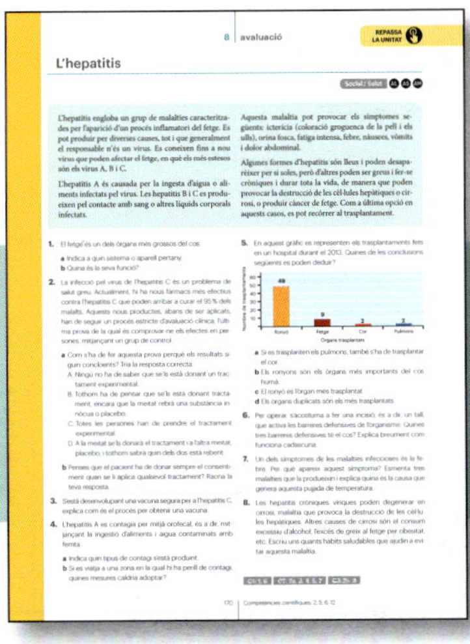

A més a més, cada trimestre realitzaràs un projecte.

ÍNDEX

ELS CODIS DEL LLIBRE

ELS ÀMBITS

- AC Àmbit cientificotecnològic*
- AM Àmbit matemàtic
- AV Àmbit cultural i valors
- AS Àmbit social
- AL Àmbit lingüístic
- AD Àmbit digital
- AP Àmbit personal i social
- AF Àmbit de l'educació física
- AA Àmbit artístic

*Les competències de l'àmbit cientificotecnològic s'indiquen a peu de pàgina.

ELS RECURSOS MULTIMÈDIA

- Interactiu
- Vídeo
- Document
- Imatge
- Àudio
- Enllaç

HABILITATS I PROCESSOS CIENTÍFICS (PISA)

Processos científics		
Identificar assumptes o temes científics: 1	Explicar els fenòmens científicament: 1	Usar l'evidència científica: 1
Habilitats de l'àmbit cientificotecnològic		
Identifica: reconeix paraules i temes que poden ser investigats científicament. **Descriu:** detalla l'aspecte d'un fenomen, però sense valorar-ne les causes ni les conseqüències. **Observa:** fixa l'atenció en un fenomen. Inclou l'obtenció de dades.	**Representa:** elabora taules, gràfiques i esquemes a partir d'unes dades. **Experimenta:** du a terme un experiment, una experiència o una pràctica. **Interpreta:** descriu i comprèn els fenòmens científicament i preveu canvis. **Aplica:** usa el coneixement de la ciència per resoldre un problema.	**Analitza:** examina detalladament i críticament els components d'un fenomen o experiment i n'extreu conclusions. **Raona:** estableix una relació entre idees o conceptes diferents per obtenir conclusions a partir d'arguments. **Conclou:** dona una explicació de síntesi basada en accions prèvies. **Reflexiona:** usa el pensament crític i integrat per estudiar, comprendre i formar-se una opinió sobre alguna cosa, o bé per prendre una decisió. **Comunica:** elabora i explica una presentació en un suport gràfic, digital, oral, etc. de les conclusions de qualsevol dels processos anteriors.

LES ACTIVITATS

- De grup
- Oral
- Calculadora

PROJECTE 1

Per què creixem?

6 sessions

Mou les teves capacitats

Salut i benestar · Creativitat · Treball en equip

Com ho fem per transformar els aliments en centímetres d'altura i grams de pes?

PRESENTACIÓ DEL PROJECTE

Dissenyareu un material molt visual que respongui la pregunta plantejada.

Heu de fer volar la imaginació i ser creatius a l'hora d'explicar d'una manera simple una qüestió aparentment complicada.

Us hi atreviu?

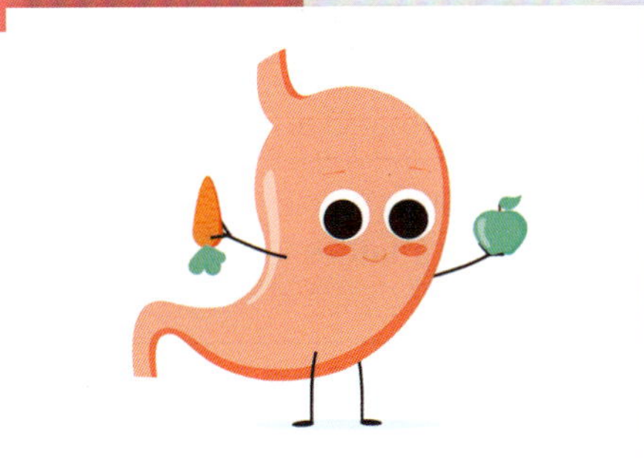

QUÈ HEU DE SABER PER RESPONDRE LA PREGUNTA?

Per trobar la resposta és important que entengueu bé aquests processos:

- Ingestió
- Digestió
- Absorció
- Transport de nutrients
- Incorporació de nutrients a les cèl·lules

Recordeu que heu de fer servir el mètode científic!

PRODUCTE FINAL

Aquestes són algunes idees del producte final:

- Un còmic que segueixi el recorregut d'un aliment
- Un vídeo il·lustrat sobre el procés de digestió, d'absorció i de transport de nutrients
- Un mural en format científic

Com més creatius sigueu, millor!

Què aprendrem?

Salut i benestar

Saber com creixem i on va a parar tot el que mengem ens ajudarà a comprendre per què hi ha aliments més saludables que d'altres.

Creativitat

Quan una cosa ens resulta atractiva, ens aturem a mirar-la. Fent aquest projecte, fareu volar la imaginació per aconseguir il·lustrar d'una manera atractiva la resposta a la pregunta plantejada.

Treball en equip

Escoltant els companys i treballant de manera constructiva a partir de les idees de tots els membres del grup creareu productes millors.

La cohesió és la clau per aconseguir un producte brillant.

Projecte 1 Per què creixem?

QUÈ FAREU?

Sessió 1 **Escalfem motors**	Què sabeu? Quina pot ser la resposta a la pregunta? On buscareu?
Sessió 2 **Ens informem**	Quina informació és important? Quin recorregut fa l'aliment? Seleccionareu la informació rellevant.
Sessió 3 **Selecció del producte**	Què voleu dissenyar? Com voleu que sigui? Com heu d'adaptar la informació al format?
Sessions 4 i 5 **Creem**	Dissenyareu l'esbós o el guió. Gravareu o elaborareu les imatges. Creareu el producte.
Sessió 6 **Presentem el nostre producte**	Presentareu per grups el vostre producte.

Digeriu bé el temari i fareu créixer un bon projecte!

PRESENTEM EL NOSTRE PRODUCTE

Esteu preparats per mostrar el que heu après?

A la darrera sessió presentareu el vostre producte a la resta de companys: projecteu el vídeo, expliqueu-los la història, ensenyeu-los el mural... Entre tots triareu l'opció creativa que il·lustri i respongui millor la pregunta: per què creixem? El treball més ben valorat per tots els companys l'exposarem a l'institut.

QUÈ AVALUAREM?

Per avaluar el projecte es valoraran principalment aquests factors:

- Com us heu sentit i com ha funcionat el treball en grup (participació de tots els membres, capacitat d'organització, d'escolta i resolució de problemes).
- El format del producte que presenteu. Com més creativa i il·lustrada quedi la presentació, millor!
- El rigor en la resposta plantejada. Ser creatiu no vol dir oblidar-se del vocabulari científic!

S'avaluarà la tasca tant des del punt de vista individual com de grup.

1 El cos humà

Cóm som?

D'on provenen els mitocondris?

Estem fets de cèl·lules?

Les cèl·lules són éssers vius?

Per a què serveix la pell?

EN AQUESTA UNITAT APRENDRÀS A...	Situació d'aprenentatge	Activitats	Ciències en context
Interpretar i relacionar els diferents nivells d'organització de l'ésser humà. Competències científiques: 2, 4, 5	1	4	2, 5
Diferenciar els tipus cel·lulars i descriure la funció dels dels seus orgànuls. Competències científiques: 2, 3, 6, 7	2, 3, 4	1, 2, 3	4, 7
Reconèixer els principals teixits que formen el cos humà i associar cadascun amb la seva funció. Competències científiques: 2	5	4, 5, 6	1, 3, 6
Reconèixer les relacions entre els diferents aparells i sistemes del cos humà. Competències científiques: 2		6, 7, 8, 9	2, 6

1 Com som?

Global / Ciència i tecnologia AD AV

Aprèn a...

Identificar els termes del vocabulari científic i expressar-te correctament, tant oralment com per escrit, fent servir diferents suports.

Ítem 1. Missatge a l'infinit

El 1972, la NASA va llançar la sonda *Pioneer 10* amb la missió de contactar amb possibles civilitzacions extraterrestres.

A la *Pioneer 10* hi havia una placa d'or en la qual s'havien gravat alguns esquemes i missatges simbòlics que informaven sobre l'ésser humà i el seu lloc de procedència: el Sol, el sistema solar i el planeta Terra.

Ítem 2. De què estem fets?

A la part superior de la placa d'or de la *Pioneer* 10 es pot veure l'esquema d'un àtom d'hidrogen, l'element químic més abundant de l'Univers.

I és que de tota la matèria –ja sigui viva o inert– està constituïda per elements químics.

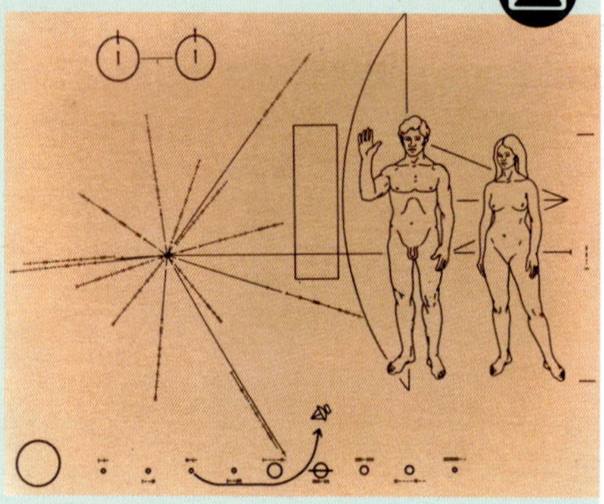

Ítem 3. Com estem organitzats?

El cos humà, com el de tots els éssers vius, és essencialment una estructura química formada per àtoms que es van unint i agrupant fins a formar el nostre cos.

Els éssers vius arriben a ser tan complexos que els seu estudi s'ha d'emprendre segons els seus nivells d'organització.

Nivells d'organització

Construeix amb el que saps

Descriu 1 Visualitza el vídeo i explica quins nivells s'hi esmenten a mesura que l'escala es va fent cada cop més petita.

Interpreta 2 Quin és el nivell d'organització més petit que surt en el vídeo? I el nivell més complex?

Aplica 3 Actualment, la NASA planeja enviar una altra sonda que pretén donar a conèixer la humanitat i, si fos possible, intercanviar tecnologia amb altres formes de vida intel·ligent de l'Univers. La direcció de la NASA ha decidit convocar un concurs per escollir el millor missatge que s'inclourà a la nova sonda. En grups de quatre, haureu d'elaborar un pòster digital que expliqui com és l'ésser humà i alguna de les seves obres més representatives, ja siguin tecnològiques o culturals. Ha d'incloure imatges que ajudin a comprendre'n el contingut. Per fer-lo hi ha diferents programes, com per exemple Mural.ly, Glogster, Padlet, Poppet o Lino.

Comunica 4 Mostreu i expliqueu el pòster a la resta de la classe. Els companys us avaluaran amb la rúbrica adjunta. Quan tots els grups hagin acabat, haureu de decidir quin pòster hauria de ser el que anés a la sonda.

El que has construït

L'ésser humà és un organisme summament complex que, per ser estudiat, requereix, distingir entre els seus diferents **nivells d'organització**.

1. Organització de la matèria viva

Els éssers humans són organismes pluricel·lulars molt complexos. Per facilitar l'estudi de la seva estructura (anatomia) i del seu funcionament (fisiologia) podem distingir set **nivells d'organització**, en què cadascun inclou l'anterior:

1. **Nivell subatòmic**. Comprèn les partícules subatòmiques (electrons, protons, quarks…) que formen els àtoms.
2. **Nivell atòmic**. Inclou els àtoms que constitueixen el nostre cos.
3. **Nivell molecular**. Comprèn les molècules i les agrupacions de molècules, com, per exemple, la membrana cel·lular, que està formada per diferents tipus de molècules (lípids, proteïnes, etc.).
4. **Nivell cel·lular**. Comprèn les cèl·lules.
5. **Nivell pluricel·lular**. Inclou les persones com a organismes pluricel·lulars.

   Es diferencien els subnivells següents:
   - Els **teixits** són estructures formades per cèl·lules juntes i organitzades (teixit nerviós, epitelial, etc.).
   - Els **òrgans** són estructures formades per teixits que formen una unitat estructurada (cor, cervell, etc.).
   - Els **aparells** i els **sistemes** són conjunts d'òrgans que contribueixen a fer una mateixa funció (sistema nerviós, aparell respiratori, etc.).
   - Les persones com a **organismes pluricel·lulars**.
6. **Nivell de població**. Comprèn els grups d'individus que viuen en una mateixa àrea i en un temps determinat.
7. **Nivell d'ecosistema**. Inclou el conjunt de relacions que s'estableixen entre les poblacions i el medi ambient on viuen.

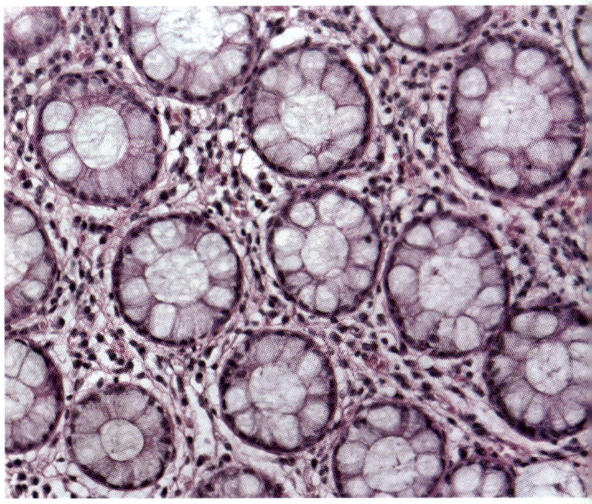

Teixit glandular humà (x20). En aquest teixit s'aprecien diferents talls dels conductes glandulars, que tenen les parets revestides de cèl·lules que alliberen les substàncies que produeixen a l'interior.

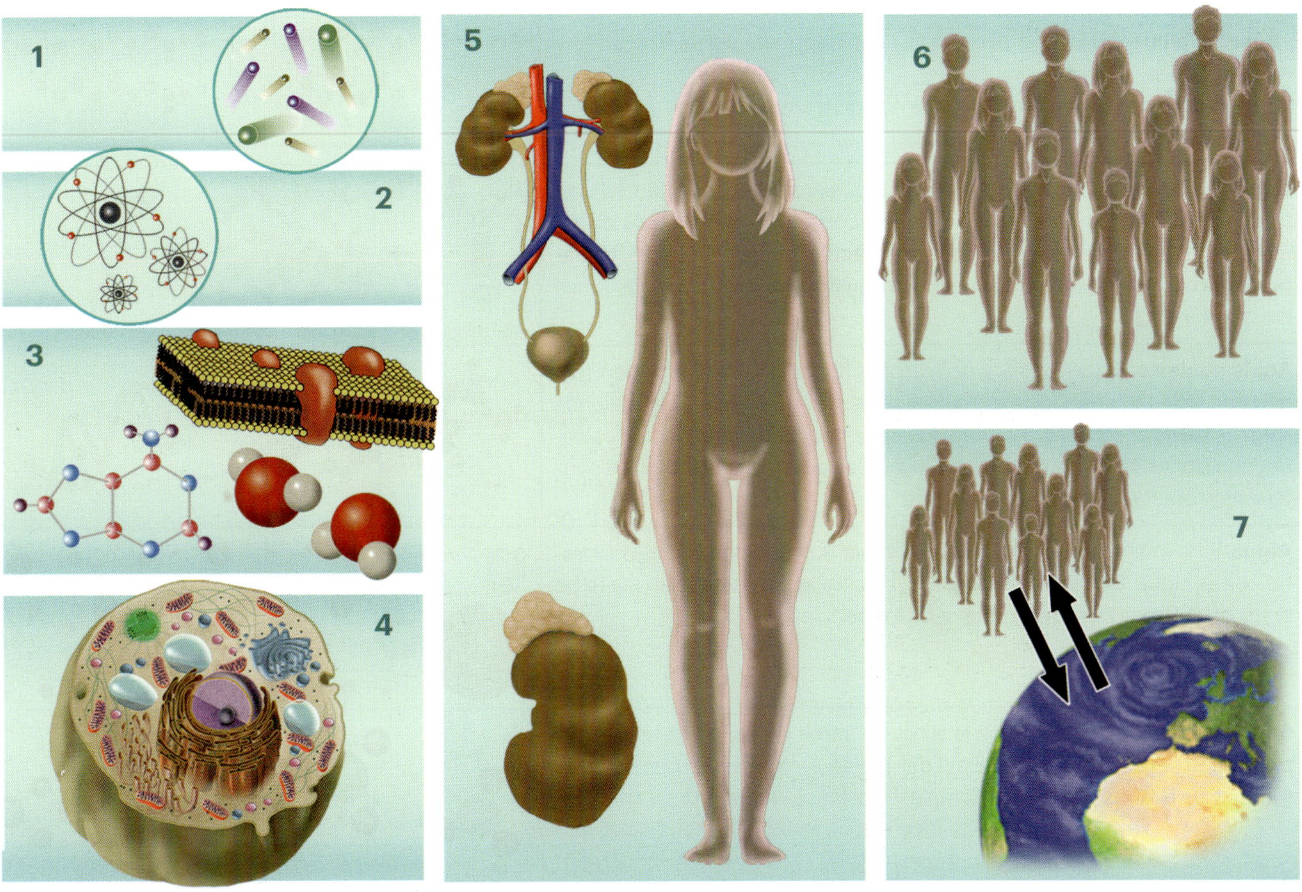

2. Bioelements i biomolècules

Els **bioelements** són els **elements químics** que constitueixen la matèria **dels** éssers vius.

- **Bioelements primaris.** Constitueixen el 96 % de la matèria viva i són el carboni (C), l'oxigen (O), l'hidrogen (H), el nitrogen (N), el sofre (S) i el fòsfor (P). Es combinen per formar les biomolècules orgàniques.
- **Bioelements secundaris.** Són tota la resta d'elements; per exemple: sodi (Na), calci (Ca), potassi (K), ferro (Fe), etc.

Les **biomolècules** són les **molècules** que formen la matèria dels **éssers vius**.

- **Biomolècules orgàniques**. Són les constituïdes bàsicament per cadenes de carboni i hidrogen. Són els glúcids, els lípids, les proteïnes i els àcids nucleics.
- **Biomolècules inorgàniques**. Són les que no estan formades per cadenes de carboni i hidrogen. Són l'aigua i les sals minerals.

Vocabulari

Molècula. La *molècula* és la partícula més petita que presenta totes les propietats físiques i químiques d'una substància, i es troba formada per dos o més àtoms.

TIPUS DE BIOMOLÈCULES	
Glúcids. També anomenats sucres o hidrats de carboni, estan formats per carboni (C), oxigen (O) i hidrogen (H). N'hi ha tres tipus principals: • **Monosacàrids** (glucosa) i **disacàrids** (lactosa o sucre de la llet). Presenten una funció energètica. • **Polisacàrids**. La seva funció és de reserva energètica (glucogen dels nostres músculs). En els vegetals és també estructural (cel·lulosa).	 Glucosa Molècules de glucosa Glucogen
Lípids. Estan constituïts, bàsicament, per carboni (C) i hidrogen (H). Tenen tres funcions principals: • **Reserva alimentària**. Són els greixos i estan formats per glicerina i tres àcids grassos. • **Reguladora de l'organisme**. Algunes hormones i vitamines. • **Estructural**: Per exemple, el colesterol.	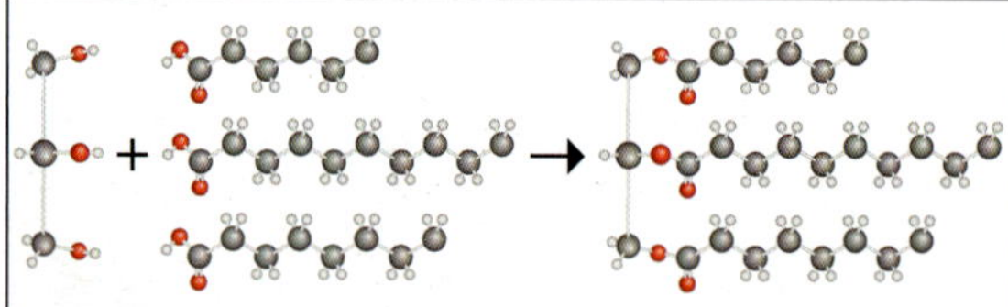 Glicerina Àcids grassos Triglicèrid
Proteïnes. Estan formades per carboni (C), hidrogen (H), oxigen (O), nitrogen (N) i sofre (S). Són grans molècules constituïdes per la unió d'aminoàcids. Presenten diverses funcions **contràctils** (les dels músculs), **transportadores** (l'hemoglobina de la sang), **reguladores** (els enzims i algunes hormones), etc.	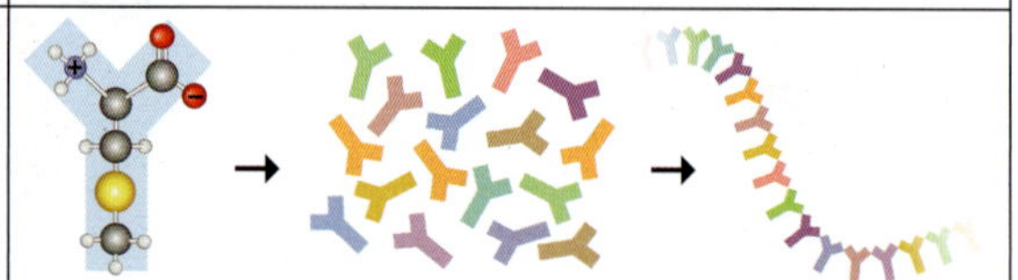 Aminoàcid Molècula d'aminoàcid Proteïna
Àcids nucleics. Estan formats per carboni (C), hidrogen (H), oxigen (O), nitrogen (N) i fòsfor (P). Són molècules molt grans formades per cadenes llargues de nucleòtids. Es coneixen dos tipus d'àcids nucleics: l'àcid desoxiribonucleic (ADN) i l'àcid ribonucleic (ARN). La seva principal funció és contenir i transmetre la informació genètica.	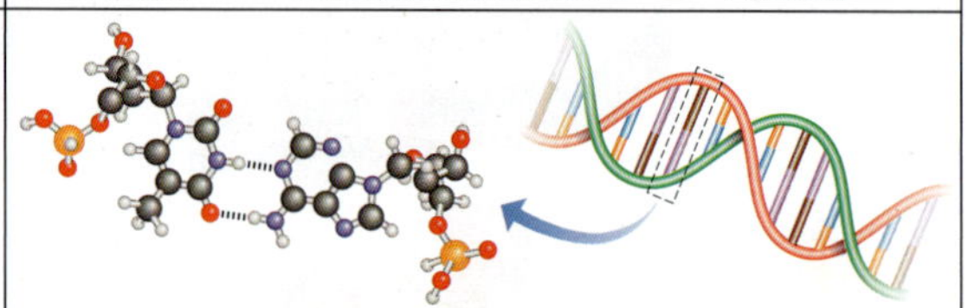
Aigua. És la molècula més abundant en l'ésser humà, ja que el 65% del nostre cos és aigua. Es troba a la sang, a la limfa i al líquid intersticial que hi ha entre les cèl·lules, i també a l'interior de les cèl·lules.	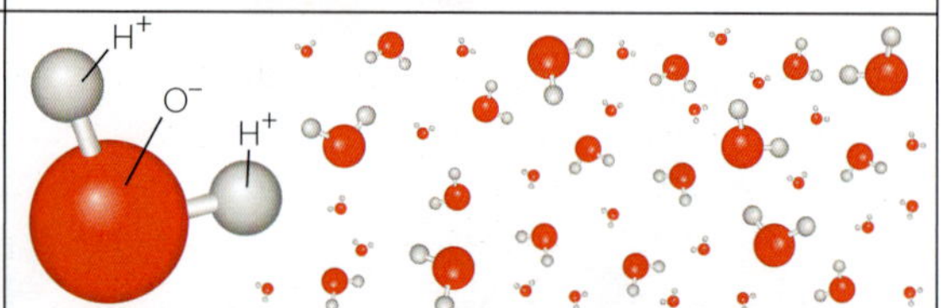
Sals minerals. Estan dissoltes a la sang, en forma d'ions, per exemple, l'ió sodi (Na^+) i l'ió clorur (Cl^-), envoltats per molècules d'aigua, o precipitades formant els nostres ossos, per exemple, el fosfat càlcic $Ca_3(PO_4)_2$.	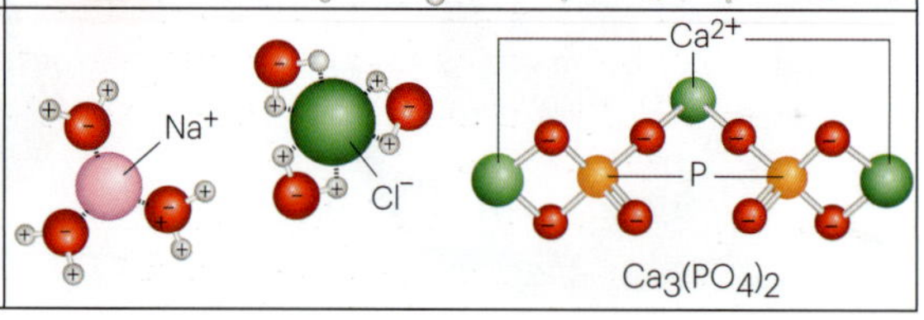

3. La cèl·lula eucariota

La **cèl·lula** és l'estructura viva més senzilla capaç d'exercir les tres funcions vitals (nutrició, relació i reproducció).

Les cèl·lules del cos humà són eucariotes, ja que són cèl·lules complexes que presenten un **nucli diferenciat**. Tenen l'estructura següent:

- **Membrana plasmàtica**. És una làmina deformable formada per una doble capa de lípids amb proteïnes englobades. Regula el pas de substàncies entre el citoplasma i el medi exterior; és a dir, té una permeabilitat selectiva.
- **Citoplasma**. Està constituït per un medi aquós denominat **citosol** i per diversos orgànuls cel·lulars. Al citosol també hi ha el **citoesquelet**, format per filaments i túbuls de proteïna que donen forma a la cèl·lula i faciliten el desplaçament dels orgànuls.
- **Nucli**. És una estructura limitada per una doble membrana, travessada per un gran nombre de porus, i al seu interior està protegit l'ADN. Aquest ADN es troba associat a molècules de proteïna i forma masses denses denominades **cromatina**. Quan la cèl·lula s'ha de dividir, la cromatina s'organitza i constitueix els **cromosomes**.

Tipus de cèl·lules

Les cèl·lules poden ser **procariotes**, si el seu ADN es troba lliure en el citoplasma, o **eucariotes**, si l'ADN està protegit dins del nucli.

Les cèl·lules solen ser molt petites, per això cal utilitzar microscopis per observar-les. La mida de les cèl·lules s'expressa en **micròmetres** (μm), vulgarment anomenades *micres*, unitat que equival a la mil·lèsima part d'un mil·límetre (1 μm = 10^{-6} m). No obstant això, algunes són molt grans, com les neurones, que poden mesurar uns quants centímetres, o els òvuls humans, que tenen un diàmetre que pot ser igual que el gruix d'un cabell.

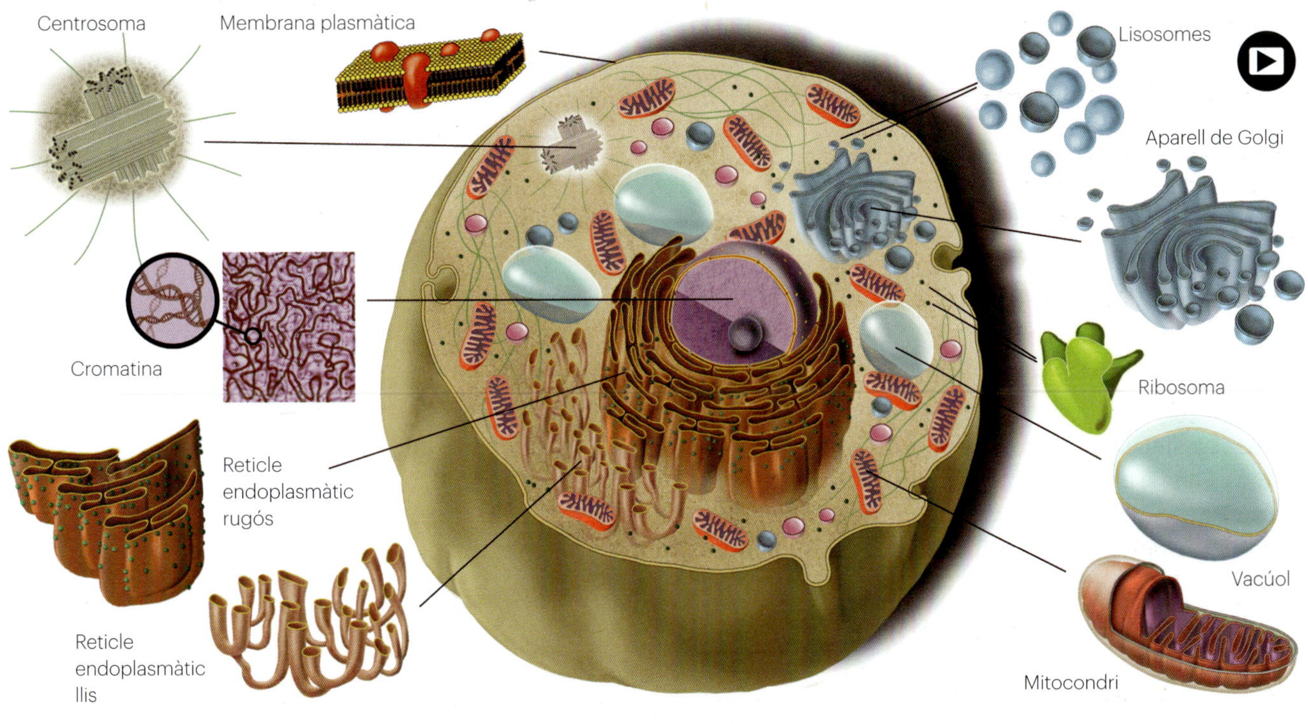

Activitats

1. AM +− Les cèl·lules del nostre cos presenten una gran varietat de mides. Per exemple, els òvuls humans tenen un diàmetre d'uns 150 μm, mentre que l'espermatozoide té una longitud mitjana de 50 μm.

a Quants micròmetres conté un mil·límetre?

b Dedueix el diàmetre aproximat que tenen el glòbul vermell, el glòbul blanc i la cèl·lula de la mucosa bucal, i expressa'ls en mil·límetres.

c Calcula en quina proporció és més gran un òvul que un espermatozoide. I un glòbul vermell?

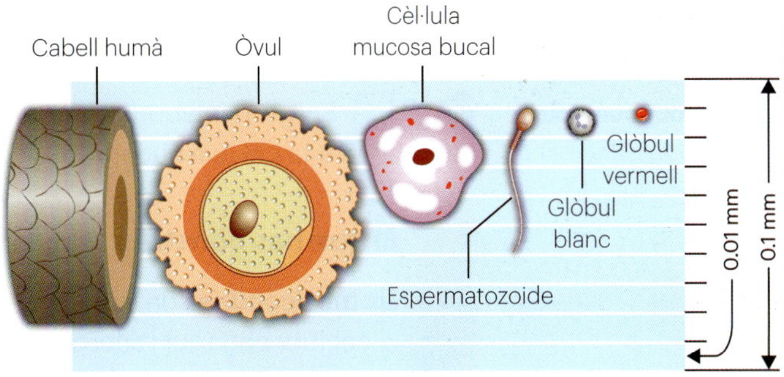

2 D'on provenen els mitocondris?

Global / Ciència i tecnologia AP AV

Aprèn a...

Seleccionar i fer servir la informació científica per formar-te una opinió.

Argumentar críticament el teu punt de vista sobre temes sociocientífics controvertits.

Ítem 1. Què són els mitocondris?

Els mitocondris són les «centrals energètiques» de les cèl·lules eucariotes, ja que mitjançant la respiració cel·lular oxiden la matèria orgànica procedent de la digestió, per obtenir energia que emmagatzemen en molècules de **trifosfat d'adenosina (ATP)**.

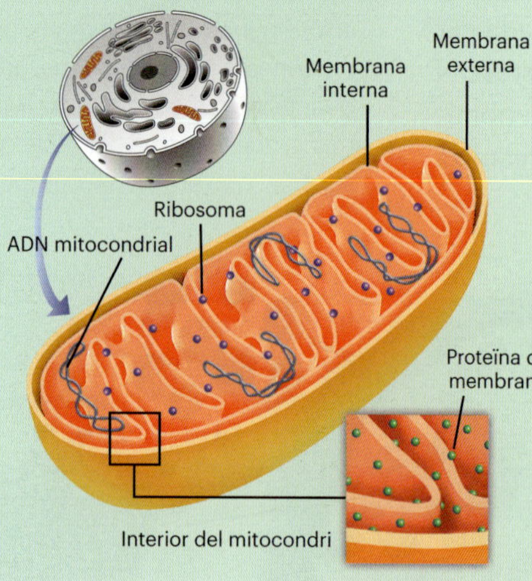

Ítem 2. Són cossos estranys?

Actualment, es considera que la presència dels mitocondris a l'interior de les cèl·lules eucariotes és causada per una endosimbiosi, és a dir, una associació entre un organisme que viu a l'interior d'un altre, de manera que s'estableix entre tots dos una relació de benefici mutu.

Ítem 3. Com van aconseguir entrar?

La **teoria endosimbiòtica** proposada per Lynn Margulis el 1971 explica l'origen de les cèl·lules eucariotes a partir d'una procariota primitiva capaç de fagocitar bacteris sense digerir-los, de manera que quedaven assimilats i es van convertir en els mitocondris actuals. Els mitocondris i els bacteris presenten una forma i una mida molt similars, una doble membrana externa, un ADN circular al citoplasma, ribosomes petits i la forma en què produeixen energia també és semblant.

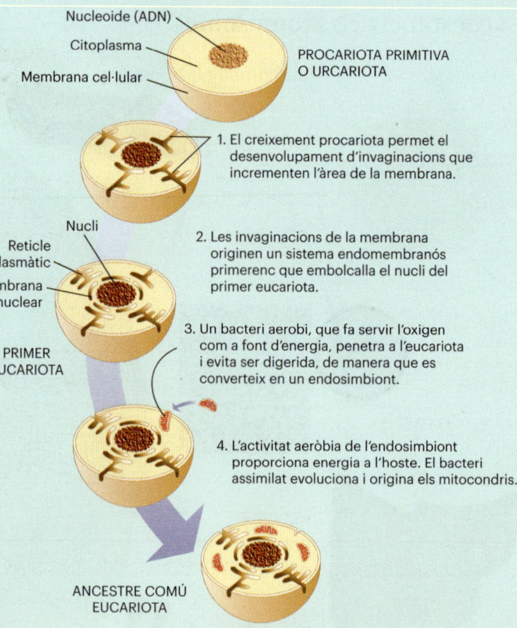

Construeix amb el que saps

Identifica i descriu 1 Què es una simbiosi? Què obté la cèl·lula del mitocondri? I el mitocondri?

Raona 2 Els antibiòtics actuen contra els bacteris. Per què penses que, després de prendre antibiòtic, ens sentim més dèbils?

Raona 3 Quina cèl·lula tindrà més mitocondris, una de la pell o una del múscul d'una cama?

Conclou i comunica 4 En grup, elaboreu una explicació sobre l'origen dels mitocondris i com van arribar a integrar-se a la cèl·lula eucariota.

El que has construït

Els **mitocondris** són orgànuls cel·lulars que fan la **respiració cel·lular** que serveix perquè la cèl·lula obtingui l'energia necessària per dur a terme les seves activitats. Són antigues procariotes que viuen en **endosimbiosi** a les nostres cèl·lules.

3.1 Orgànuls de la cèl·lula eucariota animal

Els **orgànuls cel·lulars** són les estructures que hi ha dins del citoplasma.

Orgànuls cel·lulars

La majoria d'orgànuls cel·lulars estan delimitats per una membrana similar a la cèl·lula. Els principals són:

ORGÀNULS AMB MEMBRANA			
ESTRUCTURA DE L'ORGÀNUL		**FUNCIÓ**	**IMATGE**
Mitocondris	Orgànuls de forma cilíndrica constituïts per una doble membrana: una d'externa llisa i una altra d'interna que presenta molts replecs.	Fan la **respiració cel·lular**. Mitjançant aquest procés, la cèl·lula obté l'energia que necessita per dur a terme les seves activitats.	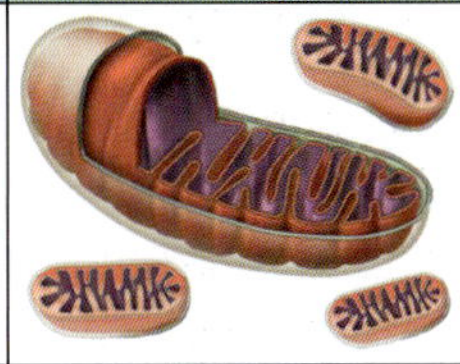
Aparell de Golgi	Orgànul membranós constituït per una sèrie de sàculs aixafats de forma discoidal superposats.	Modifica els **glúcids** al seu interior. Rep i transforma substàncies procedents del reticle endoplasmàtic i les allibera mitjançant petites vesícules, els **lisosomes**.	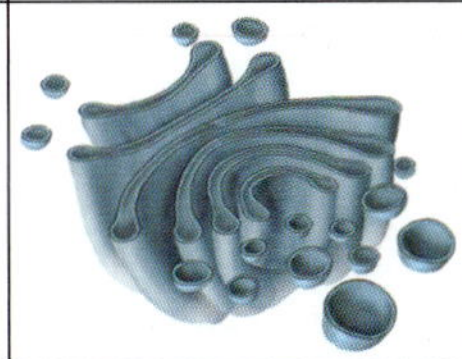
Lisosomes	Són les petites vesícules procedents de l'aparell de Golgi. Contenen enzims digestius i presenten una membrana cel·lular doble que evita la digestió de la seva pròpia membrana.	Intervenen en la **digestió dels aliments** que la cèl·lula ingereix i destrueixen els **orgànuls** cel·lulars vells que ja no funcionen correctament.	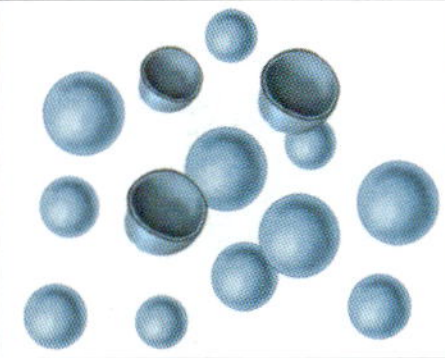
Vacúols	Orgànuls membranosos, generalment de forma globular.	Al seu interior s'**emmagatzemen** diferents tipus de **substàncies**: aigua, nutrients, substàncies de rebuig, etc.	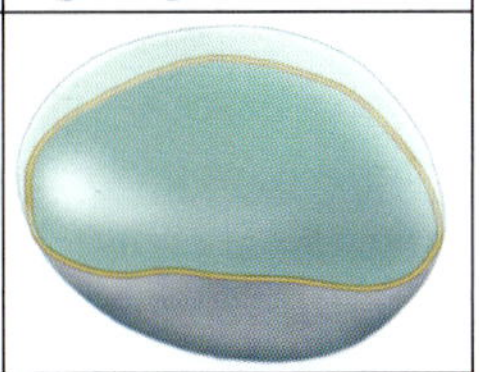
Reticle endoplasmàtic N'hi ha dos tipus.	**Reticle endoplasmàtic rugós (RER)** Sàculs aplanats comunicats entre si que, bàsicament, se situen al voltant del nucli. A la cara externa tenen adherits molts ribosomes.	Emmagatzema i transporta les **proteïnes** que sintetitzen els ribosomes.	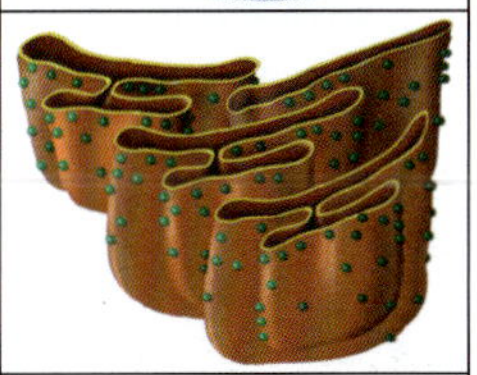
	Reticle endoplasmàtic llis (REL) Format per túbuls comunicats entre si que es prolonguen per tot el citoplasma.	Sintetitza **lípids** que emmagatzema a l'interior i que poden unir-se a certes proteïnes procedents del reticle rugós.	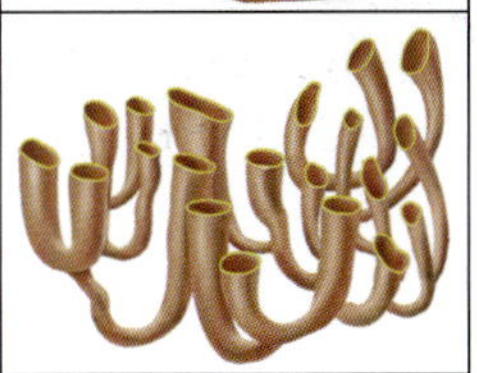

ORGÀNULS SENSE MEMBRANA			
ESTRUCTURA DE L'ORGÀNUL		**FUNCIÓ**	**IMATGE**
Ribosomes	Estructures globulars formades per dues subunitats. Poden estar disperses al citoplasma o adherides a les membranes del RER.	La seva funció és **sintetitzar molècules de proteïna**.	
Centrosoma	Format per dues estructures cilíndriques (**centríols**) constituïdes per túbuls.	Origina els **filaments del fus mitòtic**, que separa els cromosomes en la divisió cel·lular.	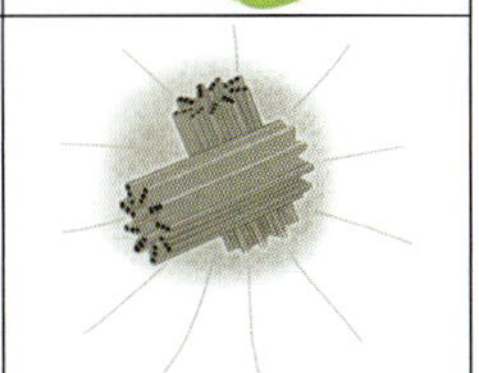

3 Estem fets de cèl·lules?

Personal / Salut AP

Aprèn a...

Aplicar el mètode científic a les teves investigacions.

Fer servir correctament els materials de laboratori i seguir les normes de seguretat.

Formula hipòtesis

El cos humà està format per cèl·lules eucariotes. Aquestes cèl·lules no són totes iguals, sinó que s'especialitzen i s'organitzen formant teixits, aquests teixits, al seu torn, formen òrgans que a la vegada estan agrupats i formen aparells i sistemes. Les nostres cèl·lules acostumen a ser incolores i molt petites, per això necessitem tenyir-les i utilitzar un microscopi per poder veure-les.

Hipòtesi: com que estem fets de cèl·lules, podem obtenir-les de qualsevol part del nostre cos, com, per exemple, de la mucosa bucal.

Experimenta

1. Neteja't curosament les mans i les ungles.
2. Rasca't suaument amb l'ungla la cara interna de la galta i extreu el material que ha quedat entre l'ungla i la pell amb un escuradents.
3. Posa una gota d'aigua en un portaobjectes, col·loca el material obtingut de la galta a la gota i dispersa'l bé amb un altre escuradents.
4. Deixa assecar l'aigua, deixant el portaobjectes a l'aire una estona o passant-lo per la flama de l'encenedor uns quants segons. L'aigua s'ha d'evaporar lentament sense bullir, perquè això destruiria el material que volem observar.
5. Afegeix a la mostra seca unes quantes gotes de blau de metilè i deixa'l actuar durant dos o tres minuts (dibuix 1).
6. Renta amb aigua l'excés de colorant. Fes-ho amb cura perquè no arrossegui la preparació (dibuix 2).
7. Col·loca un cobreobjectes sobre la preparació, tal com s'indica en el dibuix 3.
8. Observa la preparació amb el microscopi, fent servir inicialment l'objectiu de menys augment i passant posteriorment a un augment mitjà.

MATERIAL

- Escuradents
- Portaobjectes i cobreobjectes
- Encenedor d'alcohol
- Blau de metilè
- Aigua
- Microscopi

Protocol

Rúbrica

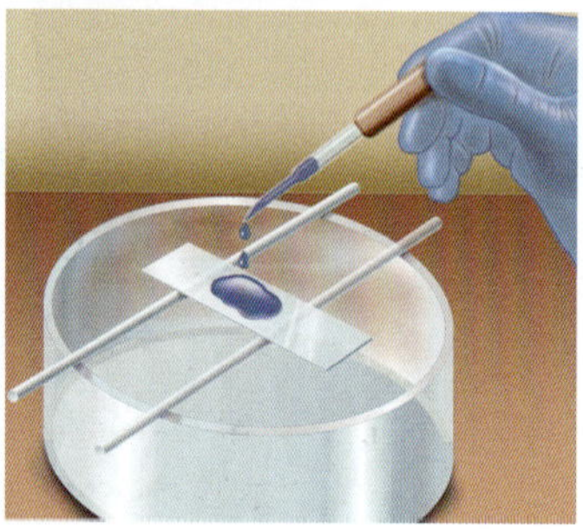

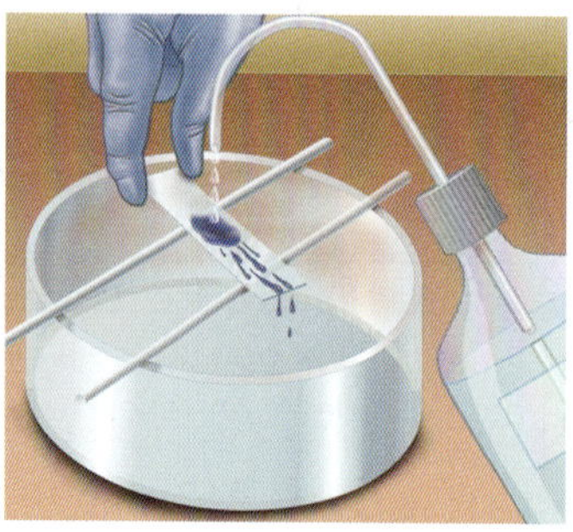

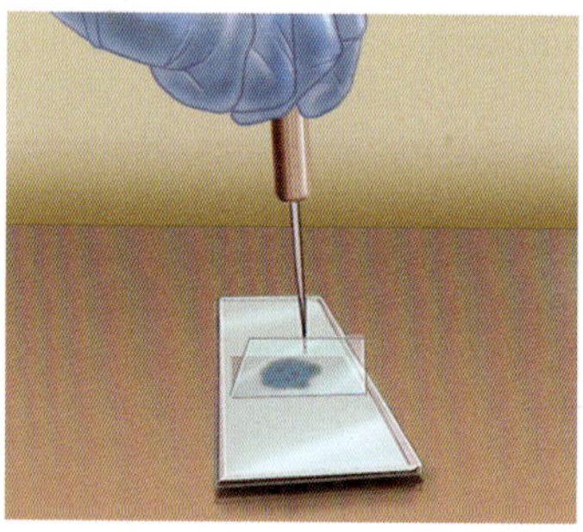

Analitza

1. **Observa i representa.** Dibuixa les cèl·lules que observis i emmarca-les en una circumferència, indica-hi el nom de les estructures cel·lulars que reconeguis i anota els augments que has fet servir.
2. **Descriu.** Són cèl·lules eucariotes? Justifica la teva resposta.
3. **Interpreta.** Quin sector de la cèl·lula s'ha tenyit amb més intensitat? Quina zona presenta un aspecte més granulós?
4. **Interpreta.** Les cèl·lules es mostren aïllades o has observat agrupacions? Tenen una forma fixa?
5. **Conclou.** Redacta un informe que descrigui les cèl·lules que has observat i argumenta a quin tipus de cèl·lula pertanyen.

Conclou

S'ha confirmat la hipòtesi inicial? Estem formats per cèl·lules?

4 Les cèl·lules, són éssers vius?

Personal / Ciència i tecnologia AL AP

Aprèn a...
Elaborar i argumentar conclusions a partir dels resultats obtinguts en una investigació.

Ítem 1. Què distingeix un ésser viu?

Tots els éssers vius es caracteritzen per fer les **tres funcions vitals**: nutrició, relació i reproducció. Les cèl·lules també tenen aquestes tres funcions i les porten a terme de les maneres següents:

- **Funció de nutrició.** Les cèl·lules capten matèria i energia de l'exterior per mantenir-se vives o créixer.
- **Funció de relació.** Les cèl·lules capten estímuls (interns o externs) i emeten les respostes adequades.
- **Funció de reproducció.** Consisteix en la capacitat d'una cèl·lula existent per generar cèl·lules noves.

Ítem 2. Què fan aquestes cèl·lules?

Vídeo 1 Vídeo 2

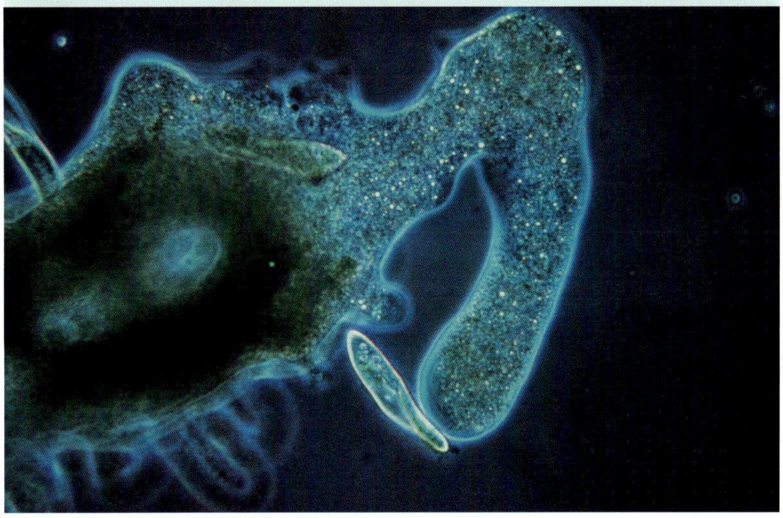

Construeix amb el que saps

Interpreta 1 Després d'observar els dos vídeos, fes les activitats següents.

a Quina funció vital s'observa en el vídeo 1?
b Explica la funció de relació que surt en el vídeo 2, i indica quin ha estat l'estímul i quina ha sigut la resposta.
c Explica la funció de nutrició que es produeix en el vídeo 2. Assenyala quina és la font de matèria i energia de la cèl·lula.

Raona 2 En la funció de reproducció, la cèl·lula original o cèl·lula mare es divideix en cèl·lules filles iguals entre si. Per fer-ho, el contingut cel·lular de la cèl·lula mare s'ha de repartir equitativament entre les cèl·lules filles. Tanmateix, la cèl·lula animal acostuma a tenir un sol centríol. Què ha de passar per tal que, al final, cada cèl·lula filla pugui rebre un centríol de la cèl·lula mare?

Raona 3 A l'interior del nucli es troben les molècules d'ADN necessàries per dirigir la cèl·lula. Al final de la divisió cel·lular, cada una de les cèl·lules filles ha de tenir l'ADN necessari per al seu funcionament. Què ha de tenir lloc a l'interior de la cèl·lula mare perquè al final cada cèl·lula filla disposi del seu ADN?

Comunica 4 Dividiu-vos en grups. Cada grup triarà una de les tres funcions vitals de la cèl·lula. Haureu de fer una presentació il·lustrada d'aquesta funció, i explicar per a què serveix i com es desenvolupa.

El que has construït

Les cèl·lules són éssers vius amb la capacitat de portar a terme les **tres funcions vitals** de **relació**, **reproducció** i **nutrició**.

3.2 Les funcions de la cèl·lula

Estímuls

Es consideren **estímuls** els **canvis de les condicions externes**, com la temperatura, la llum, les vibracions i la concentració de diverses substàncies químiques (oxigen, toxines, proteïnes, glucosa, etc.).

RELACIÓ CEL·LULAR

Les cèl·lules tenen la capacitat de percebre estímuls de l'exterior i donar-hi respostes. Les **respostes cel·lulars** a aquests dos estímuls poden ser de dos tipus:

- **Moviments**. Per exemple, el desplaçament dels glòbuls blancs o leucòcits als teixits.
- **Secrecions**. Per exemple, les cèl·lules produeixen anticossos, enzims digestius, mucositat, etc.

Alguns glòbuls blancs reconeixen molècules del seu entorn que provoquen diferents respostes segons si són pròpies o estranyes. Si troba un bacteri, farà un reconeixement de les molècules de la seva paret bacteriana, que actuen com a estímul.

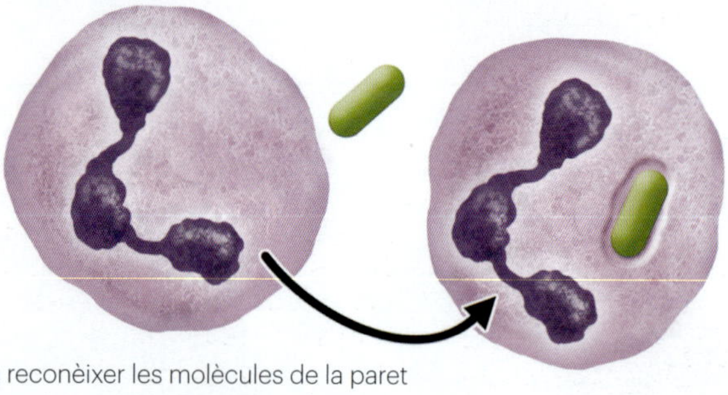

En reconèixer les molècules de la paret bacteriana com a estranyes a l'organisme, la seva resposta serà fagocitar el bacteri; aquest bacteri es quedarà a l'interior d'un vacúol en el qual després serà digerit.

Si el glòbul blanc es troba amb un glòbul vermell de la sang, també farà un reconeixement de les molècules que formen la seva membrana.

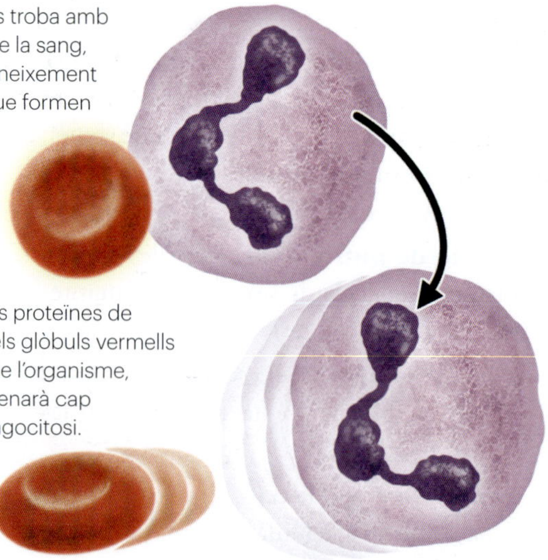

En reconèixer les proteïnes de la membrana dels glòbuls vermells com a pròpies de l'organisme, no es desencadenarà cap resposta de la fagocitosi.

REPRODUCCIÓ CEL·LULAR

Amb l'excepció de les cèl·lules reproductores, totes les cèl·lules del cos humà es reprodueixen per **mitosi**. En el procés, a partir d'una cèl·lula inicial o **cèl·lula mare**, s'originen dues **cèl·lules filles** iguals entre si i a la inicial, ja que totes tenen la mateixa informació genètica. Aquesta reproducció es fa en dues fases:

- **Mitosi**. El **nucli** de la cèl·lula mare es divideix en dos nuclis fills. Abans d'iniciar-se la mitosi, **l'ADN es duplica**, cosa que origina dues molècules iguals que se separen i formen dos nuclis fills.
- **Citocinesi**. El **citoplasma** es divideix entre les dues cèl·lules filles, cadascuna amb el seu corresponent nucli fill.

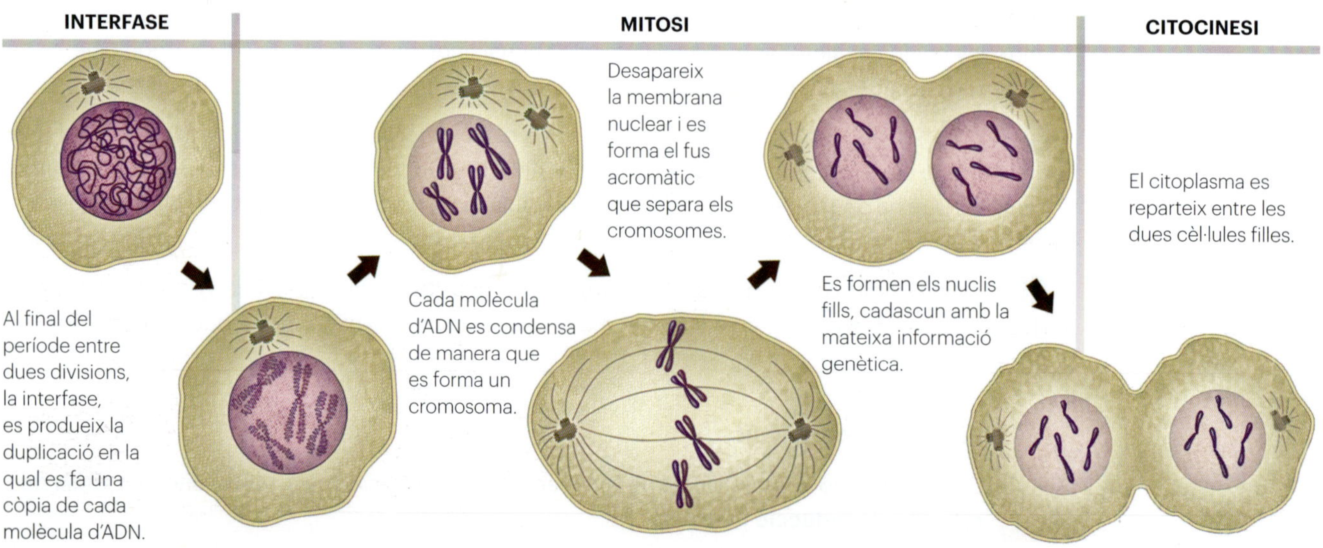

NUTRICIÓ CEL·LULAR

La majoria de les cèl·lules del nostre organisme tenen **nutrició heteròtrofa** i no fan la digestió cel·lular, ja que s'alimenten de les petites molècules procedents de la digestió que efectua l'aparell digestiu i que s'introdueixen a través de la membrana. Aquestes molècules els proporcionen la matèria necessària per mantenir la seva estructura i obtenir energia per dur a terme les seves activitats vitals. El conjunt de reaccions químiques necessàries per fer aquestes funcions s'anomena **metabolisme cel·lular**.

Un procés d'aquest metabolisme és la **respiració cel·lular** que té lloc als mitocondris. En aquest procés, les cèl·lules fan servir l'**oxigen** (captat pels pulmons i transportat per la sang) i les **petites molècules** (resultants de la digestió), i els combinen per obtenir **energia**. En la respiració es produeixen **substàncies de rebuig** (amoníac, diòxid de carboni i aigua), que s'alliberen a l'exterior i que seran retirades per la sang.

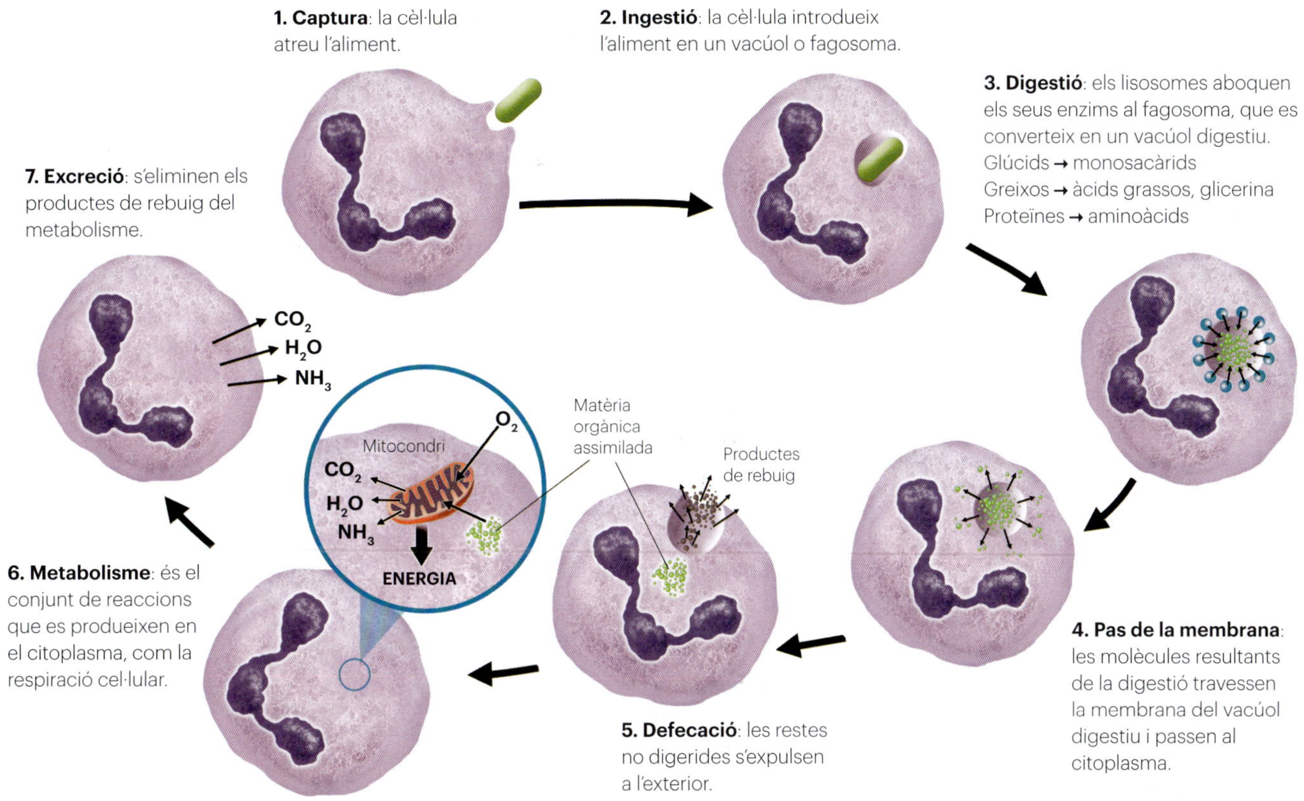

Activitats

2. Quina diferència hi ha entre la nutrició cel·lular i la digestió cel·lular?

3. Observa la il·lustració i fes les activitats.

a Quin procés o funció vital cel·lular mostra?

b Ordena les diferents fases del procés. Pots resoldre-ho mitjançant l'interactiu adjunt.

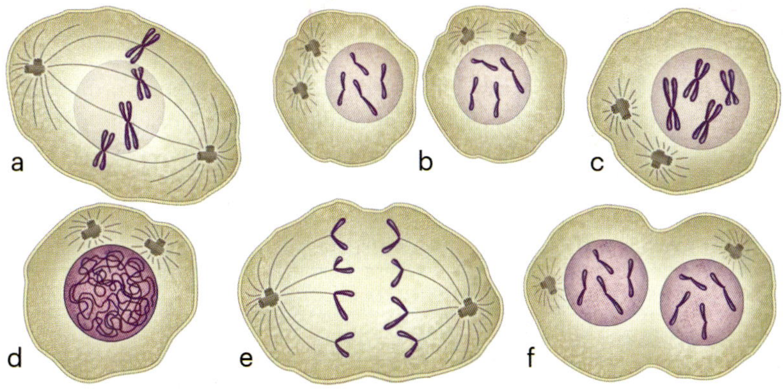

4. Els teixits

Totes les cèl·lules que formen el cos humà provenen d'una primera cèl·lula anomenada **zigot**. Per aquest motiu, totes tenen el mateix ADN (i, per tant, la mateixa informació genètica). No obstant això, no són iguals, ja que durant el desenvolupament embrionari les cèl·lules es diferencien i s'especialitzen.

En els organismes unicel·lulars, una única cèl·lula fa totes les funcions de l'ésser viu. En canvi, en els **organismes pluricel·lulars** sol haver-hi diferents tipus de cèl·lules, que s'agrupen per formar els teixits, en què cadascun està especialitzat en una tasca diferent.

Un **teixit** és un conjunt de cèl·lules especialitzades a dur a terme **una mateixa funció.**

Així, per exemple, el teixit nerviós està format per cèl·lules especialitzades en la transmissió de l'impuls nerviós i el teixit muscular està format per cèl·lules que poden contreure's.

En el quadre es descriu l'estructura i la funció dels principals teixits del cos humà.

TIPUS DE TEIXITS	
ESTRUCTURA	**FUNCIÓ**
Teixits epitelials	
Estan constituïts per cèl·lules fortament unides entre si, que formen capes. Recobreixen la superfície del cos, les cavitats i els conductes. També formen les **glàndules secretores** de substàncies.	Protecció i secreció de substàncies.
Teixits d'unió i sosteniment	
Estan formats per cèl·lules unides per una substància intercel·lular (**matriu extracel·lular**), generalment rica en fibres de proteïna. Se'n distingeixen cinc tipus:	Uneixen i sostenen els òrgans.
• **Teixit conjuntiu**. Està constituït per **fibròcits**, cèl·lules que produeixen fibres, com les d'**elastina**, que donen elasticitat al teixit, i les de **col·lagen**, que són molt resistents i eviten que es trenqui.	Forma els tendons (uneixen els músculs amb els ossos) i els lligaments (uneixen els ossos entre ells). Sosté els òrgans interns.
• **Teixit adipós**. És un teixit conjuntiu amb poca matèria intercel·lular, i les seves cèl·lules, els **adipòcits**, emmagatzemen una gran quantitat de greix.	Reserva energètica i de protecció.
• **Teixit cartilaginós**. Està format per cèl·lules, els **condròcits**, que segreguen una matriu flexible i elàstica, ja que conté moltes fibres.	Serveix de suport i protecció.
• **Teixit ossi**. Està constituït per unes cèl·lules, els **osteòcits**, que produeixen una matriu extracel·lular de gran duresa gràcies al dipòsit de gran quantitat de sals minerals.	Sosté la resta de les parts del cos (funció esquelètica).
• **Sang**. És un teixit conjuntiu molt especialitzat, constituït per elements cel·lulars, els **eritròcits**, els **leucòcits** i les **plaquetes**, immerses en una matriu líquida anomenada **plasma**.	Transport de substàncies per tot el cos.
Teixits musculars	
Estan formats per les fibres musculars (cèl·lules musculars), que s'associen i formen músculs. Aquestes cèl·lules poden contreure's, cosa que permet que els músculs s'escurcin. Se'n distingeixen tres tipus:	Moviment.
• **Teixit muscular estriat**. Són els músculs que s'insereixen en els ossos.	Moviments ràpids i voluntaris.
• **Teixit muscular llis**. Es troba a les vísceres, com l'estómac i l'intestí.	Moviments lents i involuntaris.
• **Teixit muscular cardíac**. Constitueix el cor.	Moviments ràpids i involuntaris.
Teixit nerviós	
Està constituït bàsicament per **neurones** (cèl·lules nervioses).	Transmet els impulsos nerviosos.

4.1 Teixits del cos humà

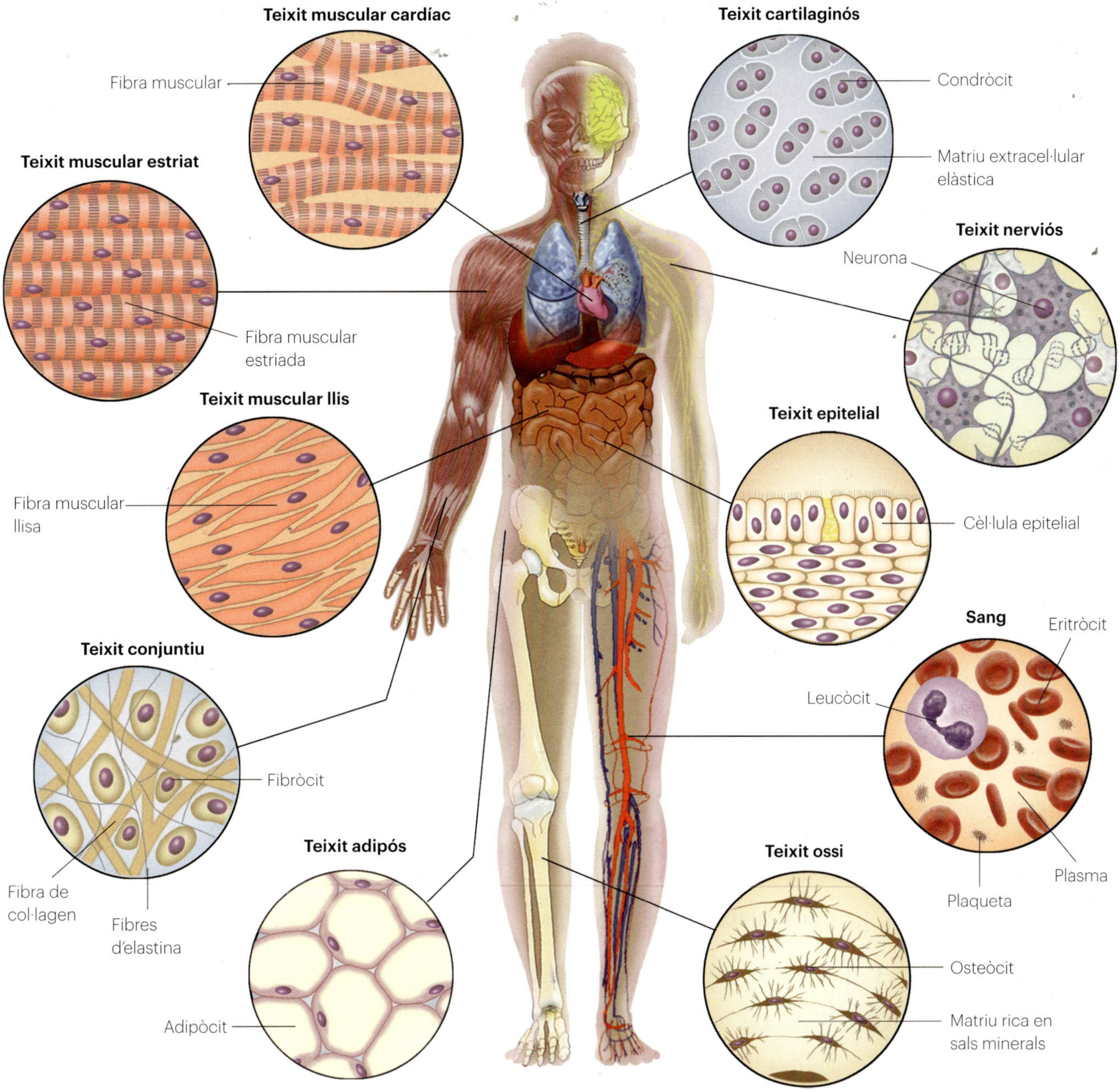

Activitats

4. Digues si és correcta la frase següent: «Un teixit és un conjunt de cèl·lules iguals». Argumenta la teva resposta

5. Observa les fotografies i digues a quins teixits corresponen. Explica com ho has deduït.

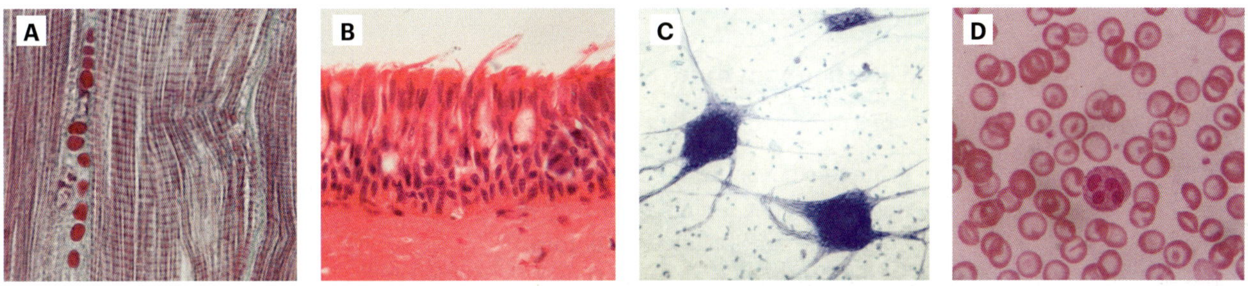

5 Quina és la funció de la pell?

Personal / Ciència i tecnologia AL AP

Aprèn a...

Elaborar i argumentar conclusions a partir dels resultats obtinguts en una investigació.

Ítem 1. Com és la pell?

De mitjana, la pell d'una persona adulta té una superfície d'1,75 m^2, que correspon aproximadament al 7 % del pes total del seu cos (per exemple, en un individu de 70 kg pesaria 4,9 kg) i pels seus capil·lars passa una tercera part de la sang que el cor bomba.

Ítem 2. Quina utilitat té la nostra pell?

La pell fa moltes funcions, com…

1. **Protecció**, ja que és una barrera enfront de gèrmens patògens.
2. **Regulació de la temperatura**, a través de la dilatació i la constricció dels vasos sanguinis i mitjançant l'eliminació de la suor.
3. **Síntesi de vitamina D** en presència de la llum.
4. **Sensibilitat** mitjançant les terminacions nervioses que permeten notar el fred, la calor o el dolor.

Ítem 3. De què està feta la pell?

Els òrgans estan formats per diversos tipus de teixits agrupats per dur a terme una acció concreta. La **pell** s'estructura en tres capes:

- L'**epidermis**, formada per teixit epitelial format per diverses capes de cèl·lules.
- La **dermis**, que presenta un teixit conjuntiu ric en fibres elàstiques, teixit nerviós ric en terminacions nervioses, teixit epitelial glandular i capil·lars sanguinis.
- La **hipoderma**, constituïda per teixit conjuntiu i teixit adipós ric en greix.

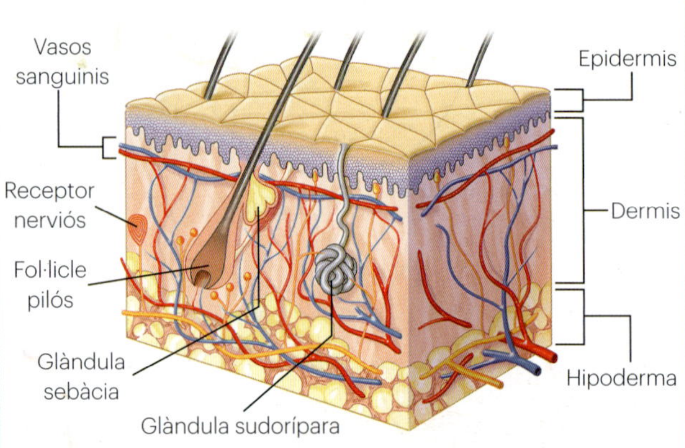

Construeix amb el que saps

Descriu 1 Quins teixits formen part de la pell?

Reflexiona 2 Formeu grups de treball i debateu alguna de les preguntes següents:

a Per què quan tenim fred estem pàl·lids i quan fa calor tenim la pell vermella?
b Quina propietat us sembla que atorga a la pell la presència d'un teixit conjuntiu molt ric en fibres a la dermis?
c El fet que la capa externa de l'epidermis estigui constituïda per cèl·lules mortes riques en queratina, proteïna fibrosa dura i impermeable, per a què pot ser útil?
d Per què els que pateixen grans cremades poden patir deshidratació?
e Per quin motiu suem quan fa calor?

Conclou 3 Argumenta per què la pell pot considerar-se un òrgan.

El que has construït

La pell és un òrgan format per diversos tipus de **teixits**. Té diverses **funcions**:

- **Protecció** davant d'agressions externes.
- **Regulació** de la temperatura.
- **Relació** de sensibilitat amb l'entorn.
- **Metabolisme** de la vitamina D.

5. Els òrgans

Els òrgans són estructures normalment formades per **diversos tipus de teixits agrupats** per portar a terme una acció concreta.

La major part dels òrgans tenen teixit epitelial protector, teixit conjuntiu que els sosté, protegeix i uneix a altres òrgans, i teixit nerviós que coordina la seva activitat. Sovint també tenen teixit muscular, que fa possible l'execució de moviments.

Per exemple, el **cor** és l'òrgan encarregat de bombar la sang per tot el cos. Com tots els òrgans, està format per diversos teixits:

- Està revestit per un **teixit epitelial** protector.
- El **teixit muscular** li permet contreure's per impulsar la sang pels vasos sanguinis.
- El **teixit nerviós** n'indueix i en regula la contracció.
- El **teixit conjuntiu** el subjecta dins de la caixa toràcica, però sense impedir-ne l'activitat.

Activitats

6. Quins teixits són els més freqüents en la constitució d'un òrgan? Per què?

7. Recorda el que saps i digues quin òrgan es veu a cada fotografia i quina funció fa cadascun.

A

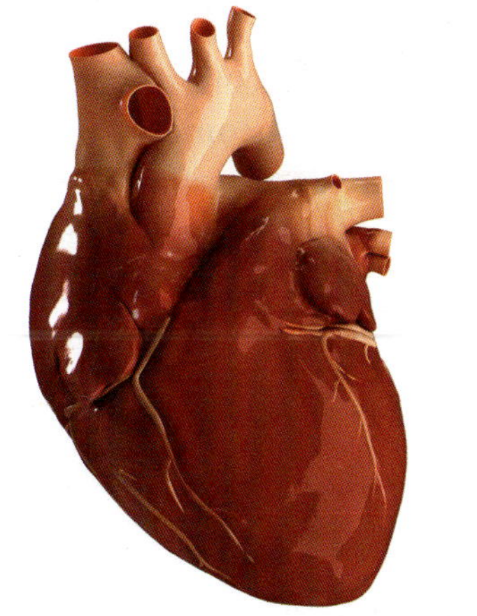

B

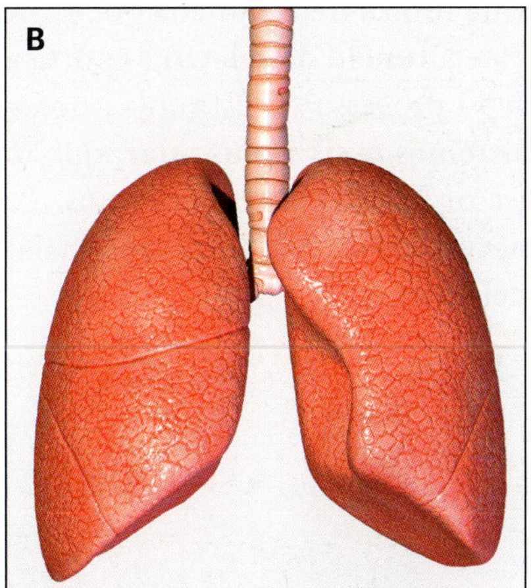

C

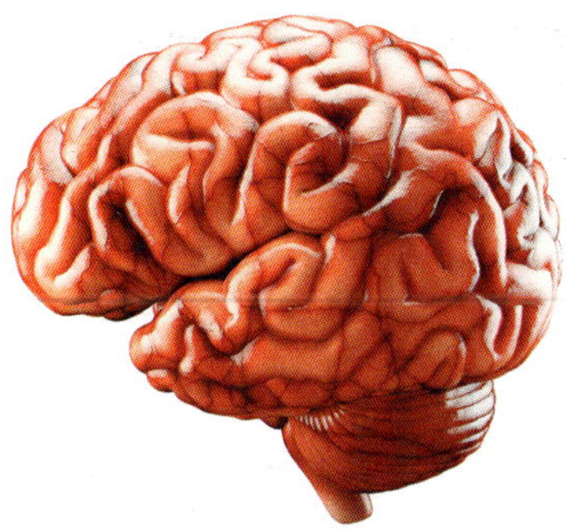

D

E

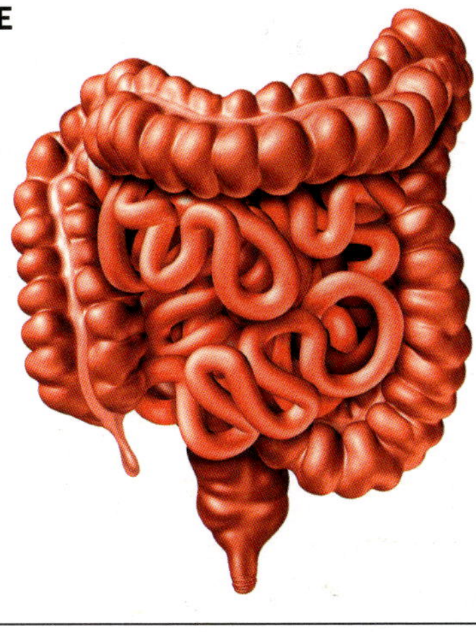

F

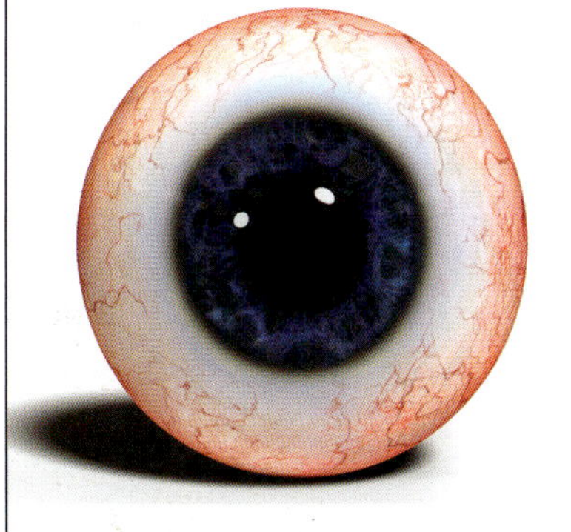

6. Els sistemes i els aparells

La majoria dels òrgans estan associats per formar sistemes i aparells per poder desenvolupar una funció determinada.

SISTEMES

Un **sistema** és un **conjunt d'òrgans** constituïts pels **mateixos teixits.**

Els òrgans d'un sistema poden fer accions diferents. Per exemple, un múscul pot moure una cama, i un altre múscul, la mandíbula.

En el cos humà hi ha quatre sistemes:

- **Sistema ossi**. Està format pels ossos.
- **Sistema muscular**. Està format pels músculs.
  El sistema ossi i el muscular es coordinen per possibilitar el moviment del cos, i formen **l'aparell locomotor**.
- **Sistema nerviós**. Està format pel teixit nerviós. Està capacitat per percebre i interpretar estímuls i donar-hi respostes.
- **Sistema endocrí**. Està format per les glàndules que segreguen hormones que aboquen a la sang. Estan distribuïdes per tot el cos en diversos òrgans. Per exemple, la hipòfisi i l'hipotàlem es troben a la base del cervell; les tiroides i paratiroides, al coll; les suprarenals, adherides als ronyons, etc.

Una funció determinada pot ser realitzada per diferents sistemes, per exemple, la **funció de relació** es porta a terme mitjançant el **sistema nerviós**, que rep i processa els estímuls i dona les ordres sobre com respondre-hi, i pels **sistemes ossis i muscular**, que formen **l'aparell locomotor** i que executen les ordres del sistema nerviós. Per poder captar els estímuls del medi són necessaris els receptors sensorials, que, de vegades, estan formats pels òrgans dels sentits.

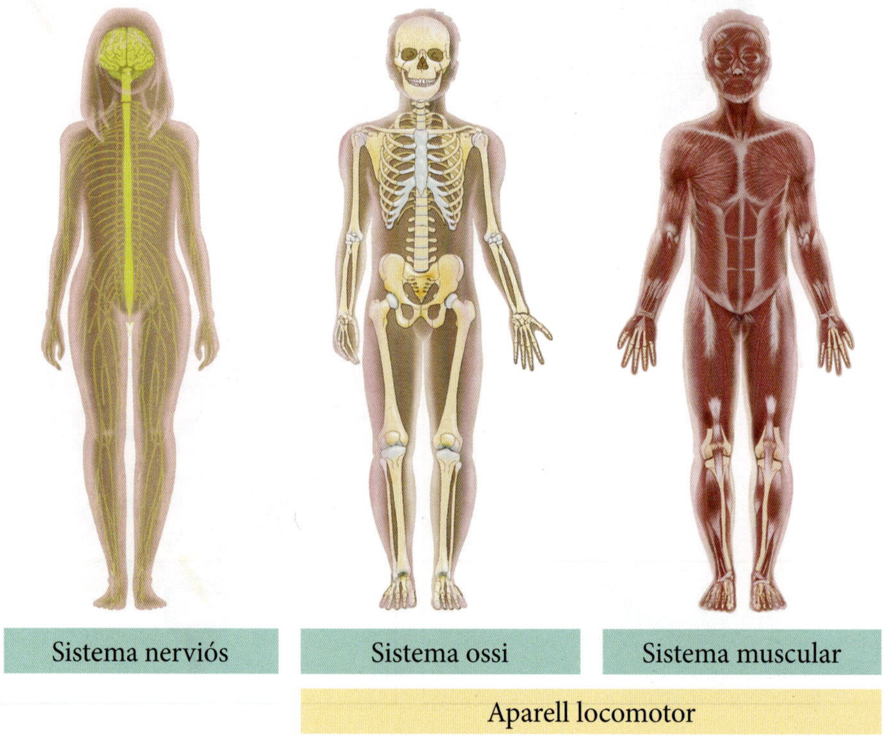

APARELLS

Un **aparell** és un **conjunt d'òrgans** formats per **diferents teixits** que cooperen per dur a terme una determinada funció.

El cos humà té sis aparells diferents:

- **Aparell digestiu.** Esta constituït per òrgans tan diferents com les dents, que trituren l'aliment; la llengua, que ensaliva i empeny l'aliment; l'estómac, que inicia la digestió química, etc. Malgrat les diferents missions de cada òrgan, tots cooperen en la funció de la digestió. Aquest aparell obté l'aliment i el transforma en nutrients útils per a l'organisme.
- **Aparell respiratori.** Està format per les vies respiratòries i els pulmons. Aporta l'oxigen necessari per a l'obtenció de l'energia als mitocondris i retira el diòxid de carboni.
- **Aparell circulatori.** Està format pel cor i els vasos sanguinis, que transporten la sang per tot el cos. Reparteix l'oxigen i l'aliment a totes les cèl·lules del cos i en retira les substàncies de rebuig.
- **Aparell excretor.** Està format pels ronyons, la bufeta i els conductes urinaris. Expulsa a l'exterior les substàncies de rebuig que li arriben de l'aparell circulatori.
- **Aparell locomotor.** Ja hem vist que aquest aparell està format per dos sistemes: el muscular i l'ossi.

La **funció de nutrició** requereix la intervenció de quatre d'aquests aparells: el digestiu, el respiratori, el circulatori i l'excretor.

La **funció de reproducció** la du a terme l'aparell reproductor.

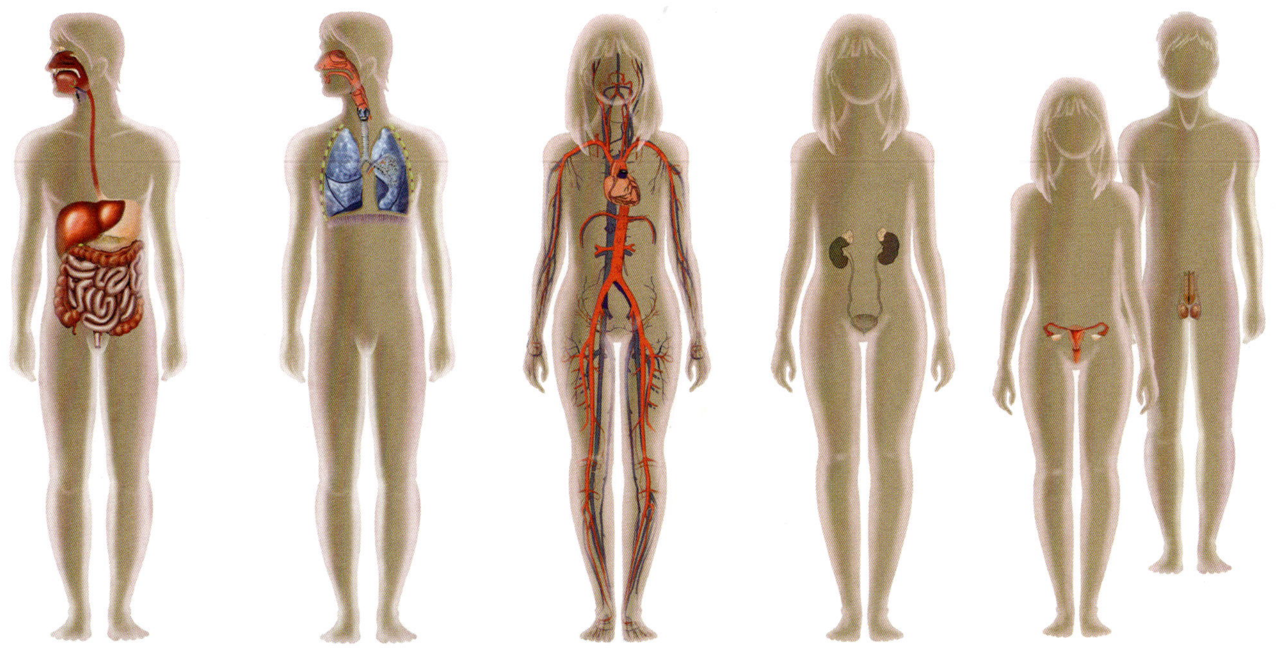

Aparell digestiu | Aparell respiratori | Aparell circulatori | Aparell excretor | Aparell reproductor

Activitats

8. Digues a quin sistema o aparell pertany cada un dels òrgans de l'activitat 7. Quina funció vital exerceix cadascun?

9. En què s'assemblen un aparell i un sistema? En què es diferencien? Posa un exemple d'un aparell i d'un sistema i indica quins òrgans els formen.

Ciències en context

1 AL AS Social / Salut Un dit nou

Reconèixer els principals teixits que formen el cos humà i associar cadascun amb la seva funció.

La Universitat de Pittsburgh (EUA) està desenvolupant tecnologies de regeneració de teixits i òrgans fent servir pols de matriu extracel·lular i ha aconseguit que un dit retallat tornés a créixer. Aquesta matriu en pols sobre ferides atura el procés de cicatrització i indueix el creixement i el desenvolupament de nous teixits. S'obté de la bufeta o l'intestí de porc tractat per fer-ne desaparèixer les cèl·lules i que només quedi la matriu extracel·lular, que es purifica i es redueix a pols.

1. **Ildentifica.** Què és la matriu extracel·lular?
2. **Descriu.** Quines són les estructures més abundants en la matriu extracel·lular?
3. **Aplica.** Quina funció desenvolupa la matriu extracel·lular?

2 AM AL Global / Ciència i tecnologia

Som pols d'estrelles?

Interpretar i relacionar els diferents nivells d'organització de l'ésser humà.
Reconèixer les relacions entre els diferents aparells i sistemes del cos humà.

1. **Identifica.** De quins elements estem formats?
2. **Raona.** On es troben aquests elements després de 3800 milions d'anys?
3. **Observa.** Quantes cèl·lules formen el cos humà aproximadament?
4. **Observa.** Quin percentatge de la nostra informació genètica és comuna a totes les persones?
5. **Interpreta.** Quins òrgans, teixits o sistemes es coordinen per despertar-nos al matí?
6. **Aplica.** A quins aparells o sistemes pertanyen els òrgans esmentats en la resposta anterior?

3 AV AD AL Social / Salut Donació de teixits

Reconèixer els principals teixits que formen el cos humà i associar cadascun amb la seva funció.

Cerca en aquest web l'apartat «Informació general».

1. **Descriu.** Quines persones poden donar teixits?
2. **Identifica.** Quins teixits es poden donar?
3. **Descriu.** Posa tres exemples de l'ús de les donacions.
4. **Interpreta.** Quines mesures preventives s'adopten amb els teixits extrets abans de fer-los servir?
5. **Reflexiona i comunica.** Donaries el teu consentiment per ser donant de teixits? Argumenta la teva resposta. Després, feu-ne un debat a classe.

4 AM AP Personal / Ciència i tecnologia

Les cèl·lules del nostre cos

Diferenciar els tipus cel·lulars i descriure la funció dels orgànuls.

La durada de la vida de les cèl·lules humanes és variable. Algunes amb prou feines viuen unes quantes setmanes, com els glòbuls vermells, i d'altres duren tota la vida, com moltes neurones. Però, de mitjana, una cèl·lula viu de set a deu anys. Quan una cèl·lula mor, és substituïda per una altra de nova, formada a partir de la divisió cel·lular, en el control de la qual intervenen diferents factors: uns n'indueixen la divisió i d'altres la inhibeixen.

1. **Identifica.** Durant la divisió cel·lular, cada cèl·lula filla rep aproximadament la meitat dels orgànuls que tenia la cèl·lula inicial. No obstant això, no rep la meitat de l'ADN, sinó que en tindrà la mateixa quantitat que la que tenia la cèl·lula mare, Quin procés permet que es mantingui la mateixa quantitat d'ADN generació rere generació?
2. **Analitza.** Quina malaltia s'origina quan, en desaparèixer els inhibidors de la divisió mitòtica, les cèl·lules es comencen a dividir de manera constant i descontrolada?
3. **Aplica.** Amb la resposta de l'activitat 3 de Ciències en context 2, i sabent que la mitjana de vida d'una cèl·lula és d'uns 7 anys, calcula quantes mitosis es produeixen en un adult entre els 18 i els 67 anys.

5 AS AF AM Personal / Salut Som el que mengem

Interpretar i relacionar els diferents nivells d'organització de l'ésser humà.

La famosa frase «Som el que mengem» és de Ludwig Feuerbach, filòsof i antropòleg alemany. En el seu escrit *Ensenyament de l'alimentació*, de 1850, més exactament va escriure: «L'home és allò que menja».

1. **Comunica.** Explica el significat d'aquesta frase.

Competències científiques: 2 (act. 1, 2, 3, 4, 5), 3 (act. 2), 5 (act. 3, 4, 5), 12 (act. 3), 14 (act. 5)

2 **Aplica.** Per què és important beure aigua cada dia? Calcula quants quilograms d'aigua té el teu cos.

3 **Analitza.** El pit d'un ocell és un potent múscul que serveix per moure les ales i volar. Quin tipus de biomolècula ingereixes quan te'l menges?

6 AS AL Personal / Ciència i tecnologia

Un nou òrgan

Reconèixer els principals teixits que formen el cos humà i associar cadascun amb la seva funció.
Reconèixer les relacions entre els diferents aparells i sistemes del cos humà.

Gràcies als avenços tecnològics s'ha pogut veure una cosa que sempre havia existit: un espai intersticial «no identificat» fins ara, ple de cavitats de col·lagen i elastina plenes de líquid, present dins i entre els teixits del nostre cos. Aquestes capes intersticials, que abans es pensava que estaven formades per un teixit connectiu dens i sòlid, realment estan interconnectades entre si. Aquests teixits es troben sota la pell, recobreixen el tub digestiu, els pulmons i el sistema urinari, i envolten les artèries, les venes i la fàscia, que és una estructura de teixit connectiu que s'estén per tot el cos. Opinen que aquesta «estructura anatòmica» pot ser important per explicar la metàstasi del càncer, l'edema, la fibrosi i el funcionament mecànic de molts o de tots els teixits i els òrgans del nostre cos.

La identificació d'aquest «espai intersticial» alimenta diverses hipòtesis. Per exemple, pensen que aquesta xarxa d'espais interconnectats, forta i elàstica, pot actuar com un amortidor per evitar que els teixits del nostre cos s'esquincin amb el funcionament diari. A més, sembla que aquesta xarxa de cavitats és «com una autopista per als fluids» en moviment. I això podria justificar la idea que quan un càncer aconsegueix arribar a l'espai intersticial es pot expandir pel cos molt ràpidament, cosa que es coneix com a metàstasi.

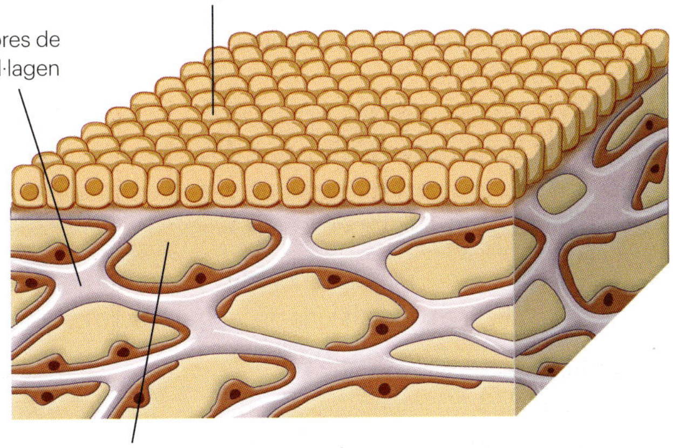

BBC Mundo, 28 del març del 2018 (traducció)

1 **Identifica.** Quines hipòtesis enunciades descriuen l'espai intersticial?

2 **Descriu.** Quina d'aquestes hipòtesis explicaria la relació d'aquest òrgan amb la metàstasi?

3 **Aplica.** De quin tipus de teixit està format aquest òrgan?

4 **Reflexiona i comunica.** Quina importància té el desenvolupament de la tecnologia en els coneixements científics? I en la nostra vida diària? Redacta un text que ho expliqui.

7 AV AP Personal / Ciència i tecnologia

L'Eva mitocondrial

Diferenciar els tipus cel·lulars i descriure la funció dels orgànuls.

Els mitocondris presenten un ADN circular que amb prou feines es modifica. Aquest ADN s'hereta només per via materna, ja que quan un espermatozoide fecunda un òvul, només penetra el nucli, per la qual cosa tots els mitocondris que hi ha en el zigot provenen de l'òvul matern. Es produeix una mutació en l'ADN mitocondrial cada 10 000 anys aproximadament, per això es pot concloure que entre una dona que hagués nascut fa 40 000 anys i un descendent directe actual només s'han produït quatre mutacions. Coneixent el nombre de mutacions que hi ha s'ha pogut calcular que la dona de la nostra espècie, denominada *Eva mitocondrial*, de la qual provenen els nostres mitocondris, va viure a Àfrica en una època compresa entre els 140 000 i els 290 000 anys d'antiguitat. La comparació de les mostres genètiques de poblacions actuals entre si i respecte a l'Eva mitocondrial ha permès construir un arbre genealògic que suggereix que els diferents grups d'humans es van originar a partir d'una població africana i que van evolucionar per separat a mesura que s'anaven expandint pel planeta.

Eva mitocondrial   Patrons de migració

1 **Interpreta.** Descarrega't la imatge dels patrons de migració i analitza-la. Quines poblacions humanes són més antigues?

a Les d'Austràlia
b Les de l'Índia
c Les de Sud-amèrica
d Les d'Àsia Central

2 **Interpreta.** L'arribada de l'home a l'Europa occidental es va produir en dues onades. Quan van tenir lloc?

3 **Raona.** Per què tots els mitocondris de les cèl·lules d'un ésser humà tenen un origen matern?

4 **Reflexiona i comunica.** Tots venim realment d'un ancestre comú? Feu un debat a classe per respondre aquesta pregunta.

REPASSA LA UNITAT

La clonació: l'ovella Dolly

Social / Ciència i tecnologia AS AL

El 23 de febrer de 1997 es va anunciar el naixement de la Dolly, el primer mamífer clonat a partir d'una cèl·lula adulta. Abans ja s'havien clonat alguns animals, com rates, ratolins i vaques, però sempre a partir de cèl·lules embrionàries i no de cèl·lules adultes.

El procés es va iniciar a partir de l'obtenció de cèl·lules de les glàndules mamàries d'una ovella adulta, a les quals se'ls va extreure el nucli i van obligar a entrar en una fase inactiva. D'una altra ovella adulta van obtenir 277 òvuls no fecundats als quals se'ls va extreure el nucli. A continuació, van introduir els nuclis obtinguts de les glàndules mamàries a l'interior dels 277 òvuls sense nucli. Però de tots només van sobreviure 29 òvuls, que van ser implantats a l'úter de 13 ovelles. Al final, només una va quedar embarassada i va originar la Dolly, que va néixer el 5 de juliol de 1996.

La Dolly va morir al cap de sis anys, amb signes d'un envelliment prematur.

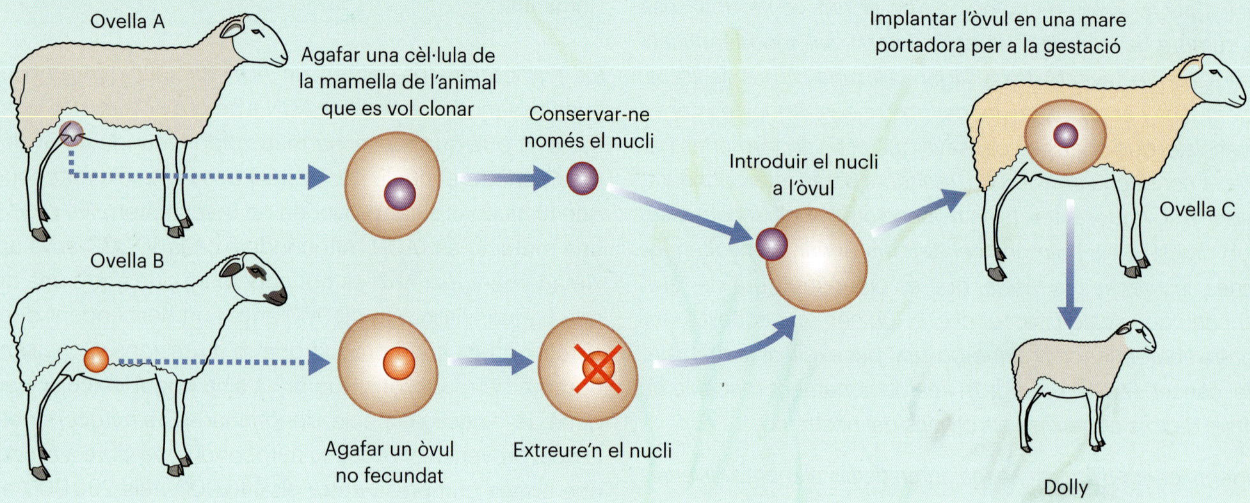

1 Quins d'aquests processos van formar part de l'experiment?

a Extracció dels nuclis cel·lulars
b Introducció del nucli a l'úter d'un altre individu
c Seguiment de la vida de les ovelles donants
d Obtenció de cèl·lules

2 Si s'hagués agafat la cèl·lula de la pell en lloc de la de la mamella, hauria funcionat igualment? Raona la teva resposta

3 La clonació consisteix a obtenir un nou individu igual que l'inicial; així, la Dolly serà igual que...

a L'ovella A donant del nucli
b L'ovella B donant de l'òvul
c L'ovella C que du a terme la gestació
d Cap d'aquestes ovelles

4 A quin aparell o sistema pertany la cèl·lula de l'ovella B?

a Sistema muscular
b Aparell respiratori
c Aparell reproductor
d Aparell locomotor

5. El cos de l'ovella està format per diferents bioelements i biomolècules. Relaciona correctament les dues llistes que hi ha a continuació.

a Bioelements primaris
b Bioelements secundaris
c Biomolècules orgàniques
d Biomolècules inorgàniques

A Elements químics que es troben en baixa proporció en els éssers vius.
B Ho són l'aigua i les sals minerals.
C Estan constituïdes bàsicament de carboni i hidrogen.
D Constitueixen el 96 % de la matèria viva i ho són el carboni, l'oxigen, l'hidrogen, etc.

6. Aquesta tècnica, podria funcionar igual amb els éssers humans? Penses que s'hauria de fer servir amb persones? Argumenta les teves respostes.

C1: 1, 4 | C2: 3, 5 | C3: 2, 6

2 La nutrició i la digestió

Què ens diu una etiqueta?

Com es pot dissenyar una dieta saludable?

Per què és necessària la nutrició?

Què passa a l'interior de l'intestí prim?

La saliva intervé en la digestió?

EN AQUESTA UNITAT APRENDRÀS A...	Situació d'aprenentatge	Activitats	Ciències en context
Discriminar el procés de nutrició del d'alimentació. Competències científiques: 2	3	1	4
Relacionar cada nutrient amb la funció que du a terme a l'organisme. Competències científiques: 2, 5, 14	1	2	1, 3
Valorar el paper de la dieta i l'exercici físic per tenir una vida saludable i elaborar dietes equilibrades. Competències científiques: 2, 14	2, 3	2, 3, 4, 5, 7	1, 2, 5
Conèixer els principals trastorns de la conducta alimentària i proposar actuacions que intentin evitar-los. Competències científiques: 2, 14		6, 7	2
Identificar els diferents òrgans, aparells i sistemes implicats en la funció de nutrició, i relacionar-los amb la seva contribució al procés. Competències científiques: 2, 4, 5, 6	3, 4, 5	8, 9, 11, 14	3, 4
Conèixer les malalties més freqüents dels òrgans, aparells i sistemes implicats en la nutrició, associar-les amb les causes i saber com prevenir-les. Competències científiques: 2, 14		9, 10, 11, 13	1, 5

1 Què ens diu una etiqueta?

Personal / Salut AL AS AM

Aprèn a...
Identificar els termes del vocabulari científic i expressar-te correctament, tant de manera oral com per escrit, utilitzant diferents suports.

Ítem 1. Com llegir una etiqueta?

Les etiquetes dels aliments ens aporten tota la informació necessària sobre el producte.

1. **Nom de venda.** Descriu què és el producte i l'estat físic o el tractament al qual ha estat sotmès (concentrat, congelat, etc.).
2. **Ingredients.** Esmenta totes les matèries primeres i els additius que conté en ordre decreixent de pes. Els nombres E que surten corresponen als additius. Han de ser additius d'ús autoritzat a la Unió Europea.
3. **Lot de fabricació.** Indica el conjunt de productes fabricats el mateix dia en condicions gairebé idèntiques.
4. **Contingut net.** Mostra la quantitat de producte que hi ha.
5. **Data de durada mínima.** L'expressió «Consumiu preferentment abans de...» significa que, fins a aquella data, el producte manté les seves propietats nutricionals.
6. **Mode de conservació.** Indica en quines condicions s'ha de conservar el producte perquè mantingui totes les propietats fins a la data indicada.
7. **Nom i domicili del fabricant, envasador o importador.**
8. **Informació nutricional.** Informa de les propietats nutritives del producte.

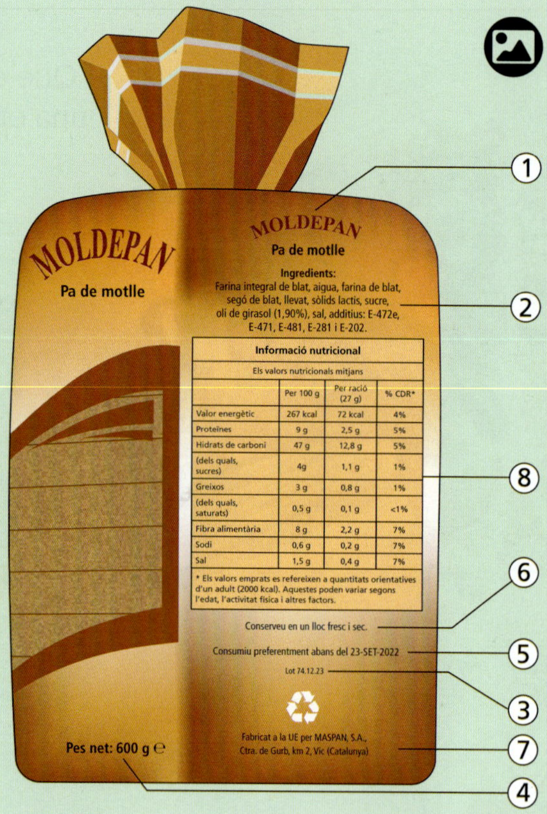

Ítem 2. La informació nutricional

Aquesta informació s'acostuma a donar de dues maneres:

- **Per cada 100 g o 100 mL.** Ens permet comparar les propietats de dos aliments diferents.
- **Per ració.** El que ingerim amb cada ració.

Aporta diversos tipus d'informació:

- **Valor energètic.** Quantitat d'energia que aporta la ingesta. Es mostra en quilojoules (kJ) i en quilocalories (kcal).
- **Nutrients.** Informa de la quantitat de nutrients que aporta el seu consum.
- **Consum diari recomanat (CDR).** Tot i que els requeriments nutricionals depenen de diversos factors (edat, sexe i activitat), es calculen unes quantitats mitjanes per tenir una dieta equilibrada. El percentatge de CDR indica la quantitat d'aquest nutrient que aporta l'aliment respecte al que hauria de consumir una persona cada dia.

Ítem 3. Què són els additius?

Els additius són **substàncies naturals o sintètiques** (fabricades) que s'afegeixen als aliments, no pel seu valor nutritiu, sinó a fi de facilitar-ne la conservació, millorar-ne l'aparença, el sabor, el color, etc. Els additius permesos es classifiquen en categories segons les seves funcions.

Sèrie	Tipus	Funció
E-100/199	Colorants	Donen color a l'aliment, o bé perquè l'ha perdut durant la manipulació o bé per fer-lo més atractiu.
E-200/299	Conservants	Retarden el deteriorament de l'aliment ja que eviten el desenvolupament de microorganismes.
E-300/399	Antioxidants	Ajuden a fer que l'aliment no reaccioni amb substàncies oxidants i que es mantingui en bones condicions.
E-400/499	Emulgents, estabilitzadors i espessidors	Donen estabilitat a les mescles de greixos i aigua formant emulsions (per exemple, en margarines, salses, etc.).

Ítem 4. Les declaracions nutricionals

De vegades, les empreses d'alimentació modifiquen algunes propietats dels aliments. A continuació, es mostren les més habituals.

	Declaracions nutricionals	Exemples	Recomanacions
Energia	*Baix valor energètic*: menys de 40 kcal en 100 g menys de 20 kcal en 100 mL *Light*	«Recomanat per a dietes baixes en calories»	Perquè un producte sigui *light* ha d'aportar un 30 % menys de calories que el mateix producte en condicions normals.
Greix	*Baix contingut en greix*: menys de 3 g en 100 g menys d'1,5 g en 100 mL *Sense greixos saturats*	«Només greixos vegetals» «Font natural d'omega 3»	Hi ha greixos vegetals que són rics en greixos saturats. S'han de triar els que especifiquen el tipus d'oli (oliva, gira-sol, blat de moro...).
Sucre	*Baix contingut en sucres*: menys de 5 g en 100 g menys de 2,5 g en 100 mL	«Apte per a diabètics»	No s'ha de confondre *light* amb «baix contingut en sucre».
Sodi/sal	*Baix contingut en sodi o en sal*: menys de 0,12 g en 100 g/mL	«Afavoreix la disminució de la tensió arterial»	La quantitat màxima diària recomanada és de 3 g de sodi al dia.
Vitamines i minerals	*Font de...* més del 15 % de la CDR *Alt contingut de...* més del 30 % de la CDR	«Ric en calci» «Amb vitamines A i D, necessàries per a l'absorció de calci»	Es calcula la quantitat de producte que s'hauria de consumir per obtenir el cent per cent del nutrient.

Ítem 5. Altres símbols de les etiquetes

Sense gluten

Pot ser consumit per persones celíaques, que són intolerants al gluten, una proteïna present en els cereals, com el blat, l'ordi, la civada, etc.

Envàs reciclable

Es pot reciclar al contenidor corresponent:

- Blau: paper i cartró.
- Groc: envasos de plàstic, llaunes, brics, etc.
- Verd: envasos de vidre.

Construeix amb el que saps

Identifica i interpreta

1 Entra al web, llegeix l'ítem 3 i respon les preguntes. Quin tipus d'additiu conté aquest producte? Què passaria si no tingués aquests additius?

Interpreta

2 Els celíacs poden consumir aquest pa? I els intolerants o els al·lèrgics a la llet? I els diabètics? En quina informació de l'etiqueta et bases?

Raona

3 Aquest producte podria portar la llegenda de «baix contingut en greix»? Per què?

Aplica

4 Quantes quilocalories té una ració de 27 g d'aquest pa de motlle? I una de 81 g? Quantes quilocalories conté el paquet sencer?

Analitza i comunica

5 En grups, busqueu i trieu l'etiqueta d'un producte alimentari i redacteu-ne un informe que contingui els punts següents.

a Anoteu els punts 1 a 8 de l'ítem 1.
b Conté informació sobre al·lergògens? Hi ha algun grup de persones que no el pugui ingerir?
c Quin percentatge del valor energètic diari mitjà (2000 kcal) suposa menjar-se'n una ració?
d Penseu que, en l'aspecte nutricional, és un aliment ric o pobre? Argumenteu la vostra resposta.

El que has construït

Les etiquetes dels productes alimentaris han d'indicar la seva informació nutricional, així com les dades de producció i conservació. Saber analitzar i entendre aquestes dades ens permet prendre decisions argumentades sobre la idoneïtat de la ingesta dels diferents productes, fins i tot en circumstàncies especials i en cas de patir patologies.

1. Els nutrients i els aliments

1.1 Els nutrients i la nutrició en els animals

En aquest cistell d'anar a comprar hi ha diferents aliments: llet, pa, ous, oli, plàtans, etc.

Els **aliments** són les substàncies que proporcionen els nutrients necessaris per a la vida, per exemple, la carn, el pa, etc. Els aliments, a més de nutrients, sovint contenen altres substàncies, com fibres vegetals, additius, etc.

Els **nutrients** són les substàncies que proporcionen l'energia i la matèria que necessita l'organisme, com, per exemple, la glucosa, els aminoàcids, etc.

S'anomena **nutrició animal** el conjunt de **reaccions químiques** que permeten als animals obtenir i utilitzar els nutrients presents en els aliments; per exemple, l'obtenció de glucosa a partir del pa, etc. La funció de la nutrició comprèn els processos d'**alimentació, digestió** i **respiració cel·lular**.

1.2 Tipus de nutrients

Segons la seva **composició química**, es distingeixen sis tipus de nutrients:

- **Glúcids**. La seva funció principal és **aportar energia a les cèl·lules** (unes 4 kcal/g). S'acostumen a identificar amb el sucre, però no solament engloben aquest aliment. Els més senzills reben el nom de **sucres** (glucosa, sacarosa) i els més complexos, **fècules** (midó, cel·lulosa). La cel·lulosa no es digereix i facilita el trànsit intestinal; és el que es coneix amb el nom de **fibra**.
- **Lípids**. La seva funció bàsica és constituir les principals **reserves d'energia** (unes 9 kcal/g) i s'emmagatzemen a les cèl·lules del teixit adipós (adipòcits). A més, constitueixen les membranes cel·lulars. Els més coneguts són els triglicèrids (greixos animals i olis vegetals) i el colesterol.
- **Proteïnes**. Les seves funcions principals són l'**estructural** (constitueixen els músculs, els ossos, els tendons, els lligaments i la pell); l'**enzimàtica** o **catalítica** (regulen les reaccions bioquímiques mitjançant les proteïnes enzimàtiques o enzims); la **transportadora** (per exemple, l'hemoglobina de la sang, que porta l'oxigen); la **defensiva** (a través dels anticossos de la resposta immune), i, només en cas d'extrema necessitat, l'**energètica**, en passar els seus components (els aminoàcids) a l'interior de les cèl·lules (unes 4 kcal/g). Es distingeixen les **proteïnes d'origen animal**, presents a la carn, el peix, els ous i la llet, i les d'**origen vegetal**, en els llegums i la fruita seca.
- **Aigua**. L'aigua és imprescindible, ja que és el constituent principal del **medi intern** (sang), que transporta els nutrients, i del **citosol** de les cèl·lules, en el qual es fan les reaccions químiques dels éssers vius.
- **Vitamines**. Són substàncies imprescindibles, ja que formen part d'alguns enzims, que hem d'ingerir en la dieta perquè no les podem sintetitzar.
- **Substàncies minerals**. Fan moltes funcions diferents. Per exemple, el fosfat càlcic i el **carbonat càlcic** formen part dels ossos, l'**ió ferrós** (Fe^{2+}) forma part de l'hemoglobina de la sang, l'**ió calci** (Ca^{2+}) intervé en la contracció dels músculs, i l'**ió sodi** (Na^{+}) és imprescindible en la transmissió de l'impuls nerviós, etc.

Glúcids, lípids i proteïnes són denominats **macronutrients**, perquè es necessiten en grans quantitats, ja que són els que aporten matèria i energia, mentre que les vitamines i les substàncies minerals s'anomenen **micronutrients**, perquè es necessiten en petites quantitats, atès que la seva funció és afavorir reaccions químiques.

Els àcids grassos

Els àcids grassos són els principals constituents dels lípids de reserva o **triglicèrids**. Són triglicèrids els greixos animals (sòlids a temperatura ambient) i els olis vegetals (líquids a temperatura ambient).

Segons la seva estructura, es distingeixen dos tipus d'àcids grassos:

- **Àcids grassos saturats.** Constitueixen la major part de greixos animals i abunden en alguns olis vegetals (coco, palma, cacauet, cacau, etc.).
- **Àcids grassos insaturats.** Abunden en els olis vegetals, com el d'oliva, gira-sol, soja i blat de moro, i en alguns olis animals, com el de fetge de bacallà.

A partir de les molècules resultants de la degradació dels àcids grassos, el fetge sintetitza àcids grassos propis i colesterol.

Si la dieta és rica en àcids grassos saturats, es pot produir un excés perillós de colesterol a la sang. A més, el cos humà no pot fabricar alguns àcids grassos –com, per exemple, els omega 3–, per la qual cosa és imprescindible que s'ingereixin amb la dieta.

1.3 Tipus d'aliments

Hi ha diferents classificacions. Una de les més utilitzades és la següent:

Grups d'aliments	Exemples	Contingut en nutrients	
		Tipus de nutrients estructurals i micronutrients	Tipus de nutrients energètics
Llet i derivats	Llet, iogurts i formatges	Proteïnes, calci i vitamines A, B i D	Lípids
Carn, peix i ous	Vedella, pollastre, lluç, ous...	Proteïnes, ferro i vitamina B2	Lípids
Fècules	Patates, arròs, pa i pasta	Proteïnes vegetals, vitamina B1 i ferro	Glúcids
Fruita, verdures i hortalisses	Bledes, enciam, pera, raïm...	Cel·lulosa, ferro i calci. En les no bullides, a més, vitamines A i C	Glúcids
Olis i greixos	Oli d'oliva, mantega, llard...	Vitamines A i D. En l'oli d'oliva i de gira-sol, a més, vitamina E	Lípids
Sucres	Sucre i caramels	Cap	Glúcids
Begudes	Aigua, sucs, refrescs, vi...	En els sucs hi ha vitamines. L'alcohol és tòxic perquè perjudica el fetge	Glúcids

2. La dieta

S'anomena **dieta** el tipus, la quantitat i la proporció d'aliments que s'ingereix durant un temps determinat.

Només la **llet materna** és un aliment complet, però es pot dir que un aliment és més complet que un altre si aporta més nutrients.

La dieta ha de satisfer la **necessitat metabòlica d'energia**, que és d'aproximadament 30-40 kcal per quilo de pes i dia. Una dieta equilibrada ha de complir les condicions següents:

	Quantitat màxima diària	Advertiments
Glúcids	50- 55 %	Els sucres no poden superar el 10 %
Lípids	30-35 %	Els greixos saturats no poden superar el 7 %
Proteïnes	10-15 %	Com a mínim 0,8 g per quilo de pes i dia

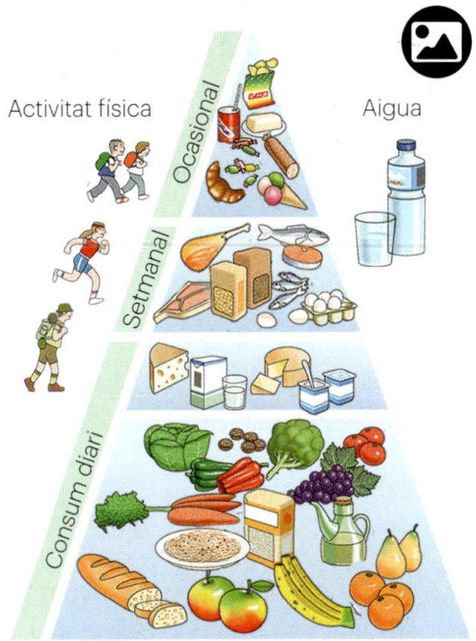

Piràmide alimentària basada en la dieta mediterrània.

A més, es recomana una ingesta mínima de 25 grams per dia de fibra vegetal, per facilitar el trànsit intestinal, beure uns dos litres d'aigua cada dia i no superar els sis grams de sal diaris, per no sobrecarregar la funció dels ronyons i evitar la pressió arterial alta. Aquestes proporcions s'acostumen a representar en la **piràmide alimentària**.

Es distingeixen dos tipus d'aliments en funció de si tenen tots o molts tipus de nutrients: els **aliments complets** són els que contenen tots o molts tipus de nutrients (com la llet, els ous i els llegums). En canvi, els **aliments incomplets** només tenen un tipus de nutrient (com el sucre, l'oli i la mantega).

Activitats

1. AL Quina diferència hi ha entre aliments i nutrients? Llavors, quina diferència hi ha d'haver entre alimentació i nutrició? Una planta, s'alimenta, es nodreix o fa les dues coses?

2. AS AD AM AF Pensa en els aliments que vas ingerir ahir i resol aquestes qüestions:

a Classifica'ls segons les categories de l'apartat 1.3.

b Quins són aliments complets i quins incomplets?

c Els aliments que has classificat com a incomplets, de quin nutrient estan formats majoritàriament? Quina serà la seva funció principal en l'organisme?

d Entra a l'enllaç i utilitza la *Calculadora de la piràmide alimentària*. Esbrina si la teva dieta és equilibrada. Ho és? Quins aliments has de consumir en més o menys proporció?

2 Com dissenyar una dieta saludable?

Personal / Salut AS AP AM AF

Aprèn a...

Seleccionar i utilitzar la informació científica per formar-te una opinió.

Argumentar de manera crítica el teu punt de vista sobre temes sociocientífics controvertits.

Ítem 1. L'energia continguda en els aliments

Els macronutrients són aquells que l'organisme pot metabolitzar per obtenir energia. Aquesta energia es mesura en calories (cal) o quilocalories (kcal) (1 kcal = 1000 cal).

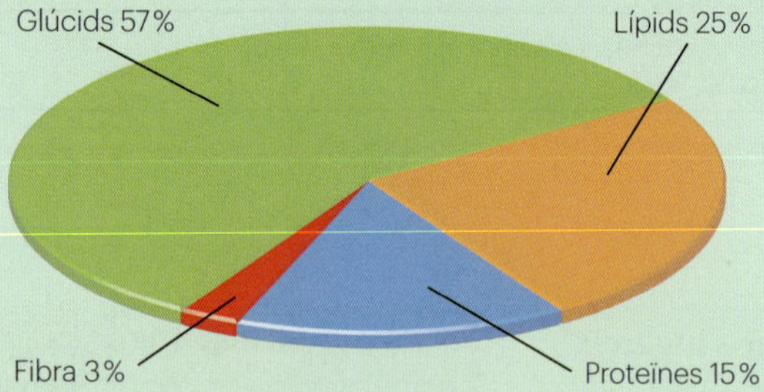

Distribució de l'energia diària recomanada. Es calcula que els glúcids i les proteïnes aporten 4 kcal/g i els lípids, 9 kcal/g.

Ítem 2. Requeriments energètics

Les necessitats energètiques varien amb l'edat, l'alçada i el pes. Una manera de calcular la **taxa metabòlica basal (TMB)**, és a dir, l'energia necessària per fer les funcions vitals, és la fórmula de Harris Benedict.

$$\text{TMB home} = 66{,}473 + (13{,}751 \cdot P) + (5{,}0033 \cdot A) - (6{,}755 \cdot E)$$
$$\text{TMB dona} = 655{,}1 + (9{,}463 \cdot P) + (1{,}8 \cdot A) - (4{,}6756 \cdot E)$$

P = pes (kg) A = alçada (cm) E = edat (anys)

També hi influeix l'activitat que es faci durant el dia.

ENERGIA NECESSÀRIA PER HORA (homes)	
Assegut	100 kcal
Passejant	160 kcal
Caminant ràpid	320 kcal

Ítem 3. Índex de la massa corporal (IMC)

És molt difícil que una fórmula matemàtica serveixi per valorar si la massa corporal d'una persona és l'adequada, ja que depèn de molts factors. Una de les fórmules aproximades més senzilles és l'índex de la massa corporal o IMC (només vàlid per a adults*):

$$\text{IMC} = \frac{\text{massa (kg)}}{\text{alçada}^2\ (\text{m}^2)}$$

*Recorda que l'adolescència és una època de creixement i aquest índex pot variar amb el temps.

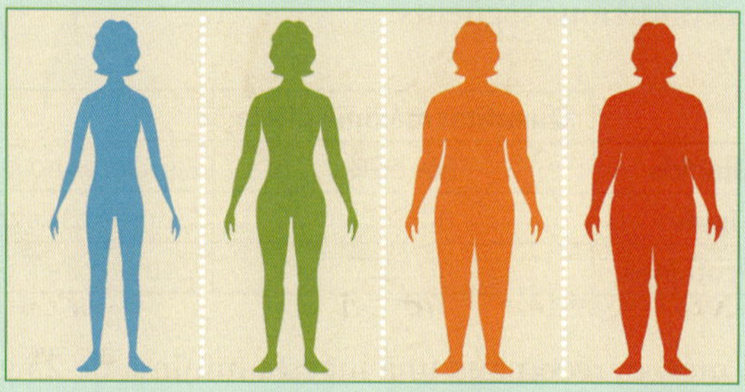

Infrapès < 18,5 | Normal 18,5-24,9 | Sobrepès 25-29,9 | Obesitat > 30

Construeix amb el que saps

Identifica 1 Quin tipus de nutrient aporta més energia?

Aplica 2 A partir de la informació de l'ítem 2, fes els càlculs següents.

a Calcula les teves necessitats energètiques diàries segons la fórmula (imagina't que ets adult).
b A partir del càlcul anterior i del gràfic de l'ítem 1, calcula la quantitat d'energia que ha de provenir de cada tipus de nutrient.
c Ara, calcula els grams de cada nutrient que hauries d'ingerir diàriament.

Aplica 3 Una dona de 25 anys fa 1,64 m d'alçada i té una massa corporal de 68 kg. Quin és el seu índex de massa corporal? Què indica aquest valor?

El que has construït

Per elaborar una **dieta equilibrada** s'han de tenir en compte les necessitats energètiques diàries d'una persona i la distribució dels diferents nutrients al llarg del dia.

2.1 Hàbits de vida saludable

Ingerir tots els tipus d'aliments

Hem de prendre aliments de tots els grups per mantenir una dieta completa i equilibrada.

Consumir 5 racions diàries de fruita, verdures i hortalisses variades

Contenen vitamines i sals minerals. També tenen molta fibra, que facilita el trànsit intestinal. Algunes convé ingerir-les crues, ja que quan es cuinen es destrueixen moltes vitamines.

No abusar de les proteïnes ni dels greixos animals

Alterna el consum de carn i peix amb els **llegums** com a font de proteïnes. L'abundància de proteïnes animals pot provocar un excés a la sang d'àcid úric. A més, tenen un contingut alt en colesterol, que es pot dipositar a l'interior de les artèries i provocar infarts.

Triar aliments que continguin àcids grassos insaturats

Aquests àcids grassos es troben en molts olis vegetals, com el d'oliva, gira-sol i blat de moro, a la fruita seca i al peix blau. A més, s'han d'evitar els àcids grassos saturats que hi ha a la mantega o a la brioixeria industrial, així com els elaborats amb oli de palma i coco.

Prendre un esmorzar abundant i complet

A més, s'han de repartir els àpats al llarg del dia i procurar menjar a hores fixes.

El sopar, millor escàs, sobretot si es va a dormir immediatament després.

Beure d'1,5 a 2 L d'aigua al llarg del dia

Evitar el «menjar porqueria»

Acostumen a ser aliments molt calòrics i sense aportació nutritiva. A més, habitualment tenen molt de sucre i molta sal. Són, per exemple, els refrescos, els aperitius i la brioixeria industrial.

Fer exercici físic i portar una vida activa

L'OMS recomana que les persones entre 5 i 17 anys facin 60 minuts diaris d'activitat moderada o vigorosa. Fer exercici té molts beneficis físics i psicològics.

Dormir un mínim de 8 hores diàries

L'adolescència és un període en què, fins i tot, s'hauria de dormir més, ja que el cos experimenta molts canvis i necessita descansar més.

Activitats

3. **AF** La Marta beu, de mitjana, menys d'1 L d'aigua al dia. Quin consell li donaries? Per què?

4. **AF** Què li pot passar a una persona que abusa dels aliments següents: mantega, sal i alcohol?

5. **AP** **AS** **AF** Anota tots els aliments que prens normalment per esmorzar i comprova si aquest esmorzar és complet o no. Raona la teva resposta. Si no ho és, què hi podries incloure perquè ho fos?

2.2 Malalties relacionades amb l'alimentació

INTOXICACIONS I INFECCIONS INTESTINALS

Les **intoxicacions** es produeixen quan introduïm algunes substàncies tòxiques per a l'organisme en prendre determinats aliments o aigua contaminada. En canvi, les **infeccions intestinals** estan produïdes per alguns microbis que s'ingereixen i que es reprodueixen a l'intestí. Les dues acostumen a provocar forts mals de panxa, vòmits i diarrees, i sovint necessiten atenció mèdica.

Menjar massa, fer-ho malament i, a més, no fer gens d'exercici augmenta el pes i pot originar problemes de salut.

Obesitat infantil

OBESITAT

Consisteix en un augment excessiu de teixit adipós que es tradueix en un augment considerable de volum i pes corporal. S'acostuma a originar per una alimentació en què abunden elements molt calòrics i una vida poc activa, tot i que també pot aparèixer per una fallada en el metabolisme cel·lular provocada per factors genètics, hormonals o psicològics.

Les persones obeses exigeixen més esforç al seu cor i als seus ronyons, pulmons, ossos..., cosa que posa en risc la seva salut. És freqüent en els països desenvolupats, on es produeix una sobrealimentació i hi ha hàbits sedentaris.

TRASTORNS DE LA CONDUCTA ALIMENTÀRIA (TCA)

Són malalties psiquiàtriques caracteritzades per una alteració de la conducta alimentària com a conseqüència d'una obsessió pel control del pes corporal. Els dos tipus de TCA més coneguts són els següents:

- **Anorèxia nerviosa**. És un trastorn alimentari d'origen psicològic caracteritzat pel rebuig al menjar per por a engreixar, ja que el malalt considera que està molt gras, encara que no sigui veritat. El malalt d'anorèxia té un aspecte excessivament prim i acostuma a patir molts quadres psicològics de depressió o ansietat. La pèrdua excessiva de pes pot arribar a provocar la mort per fallada orgànica. Sovint, el malalt no demana ni accepta ajuda dels altres.
- **Bulímia nerviosa**. És un trastorn alimentari d'origen psicològic que es caracteritza perquè el malalt repeteix episodis d'ingesta excessiva i compulsiva d'aliments (afartaments), seguits d'una sensació de culpabilitat, en què s'arriba a provocar el vòmit, o utilitza laxants, diürètics, exercici, saunes, etc. Les persones bulímiques acostumen a mantenir un pes normal, però tenen una preocupació excessiva per la imatge i poden presentar conductes autolesives. Es pot iniciar amb anorèxia nerviosa i els malalts acostumen a demanar i admetre ajuda.

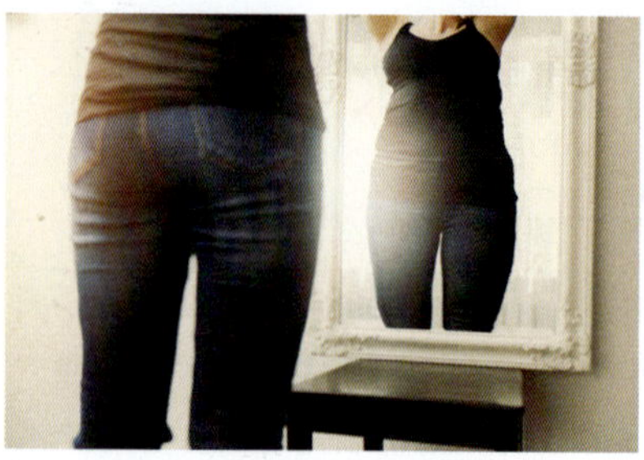

Amb l'anorèxia nerviosa es distorsiona la imatge d'un mateix, de manera que el malalt es veu més gras del que realment està.

Anorèxia i bulímia

Activitats

6. AD AL Hi ha altres trastorns de la conducta alimentària. En grups, trieu-ne alguns dels següents i prepareu-ne una presentació per explicar a la resta de la classe.

- **a** TCA no especificats
- **b** Trastorn per afartament
- **c** Complex d'Adonis
- **d** Ortorèxia
- **e** Pica
- **f** Trastorn per ruminació

7. AF Visualitza el vídeo següent.

- **a** Quines conseqüències pateix el creador del documental quan s'alimenta només de menjar de *burger*? Diries que és saludable menjar als restaurant de menjar ràpid?
- **b** Com aconsegueixen millorar l'actitud dels alumnes problemàtics a l'escola del documental?
- **c** AV AD Organitzeu una campanya per canviar els hàbits alimentaris del menjador i del centre. Després, trieu entre tots quina és la campanya que us agrada més i difoneu-la al vostre centre educatiu.

3. La nutrició

La **nutrició** humana és el conjunt de processos mitjançant els quals es transformen i s'assimilen els aliments, i se n'obtenen els nutrients i l'energia per al manteniment de les funcions vitals, el desenvolupament i el moviment.

Aquests nens ingereixen aliments (maduixes) que el seu cos processarà per obtenir-ne els nutrients (glúcids, vitamines i minerals).

Aquests processos són la **digestió**, la **respiració**, la **circulació** i l'**excreció**; és a dir, són necessaris quatre aparells: l'aparell digestiu, el respiratori, el circulatori i l'excretor. En aquesta unitat s'estudia el primer dels aparells.

En l'esquema es pot observar com tots aquests aparells actuen coordinats per aconseguir que els nutrients dels aliments arribin a cada una de les cèl·lules de l'organisme. Les principals **funcions de l'aparell digestiu** són les següents:

- **Tastar i ingerir els aliments**, esmicolar-los i, després, transportar-los.
- **Reduir les molècules grans** (macromolècules) de glúcids, lípids i proteïnes que contenen els aliments a molècules simples (sucres, àcids grassos, glicerina i aminoàcids), capaces d'entrar a les cèl·lules perquè aquestes cèl·lules les puguin utilitzar.
- **Absorbir les molècules simples** a través de les parets de l'intestí prim i passar-les a la sang perquè les distribueixi a tots els teixits del cos.
- **Eliminar les restes ingerides** que no són digeribles.

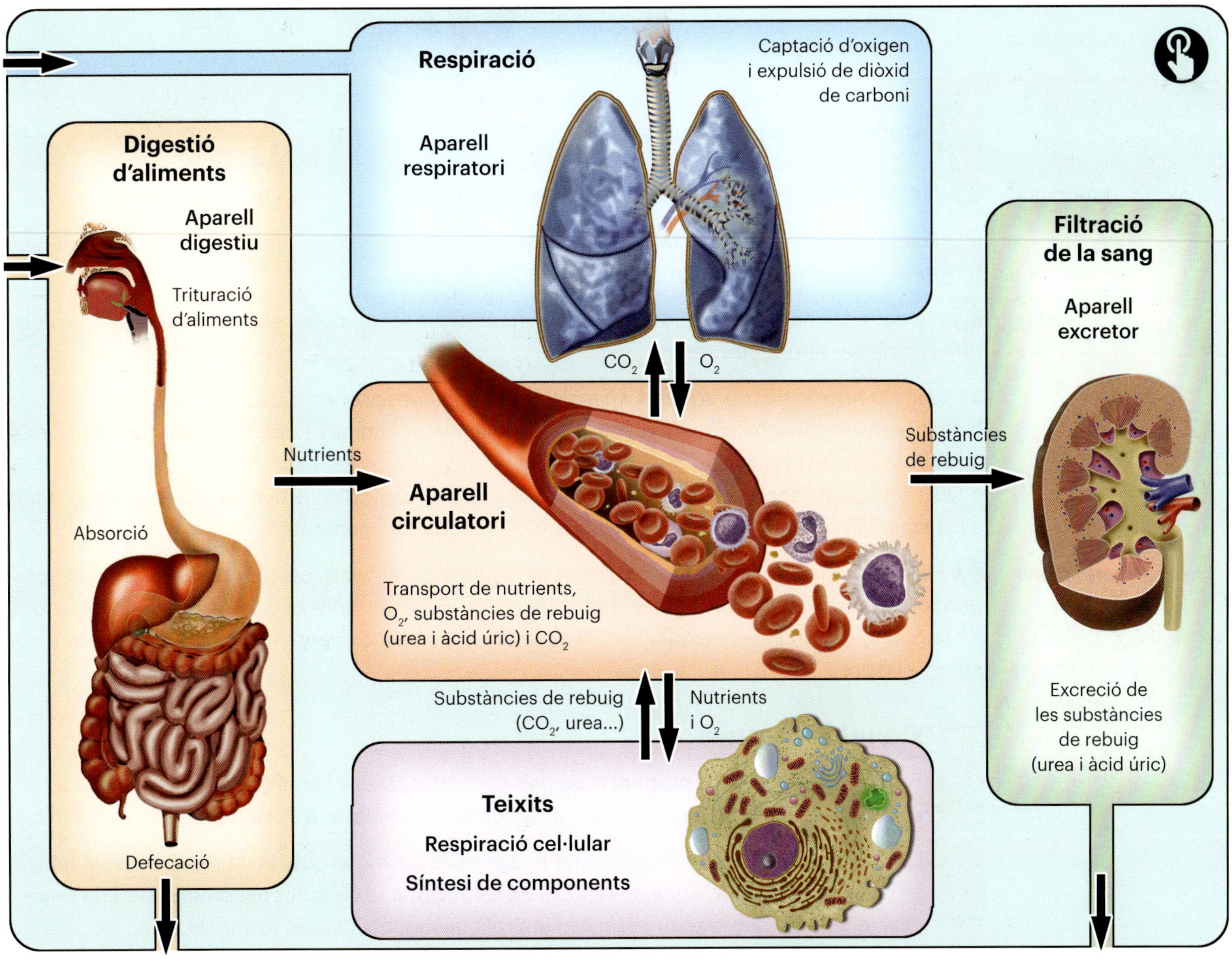

3 Per què és necessària la nutrició?

Personal / Ciència i tecnologia AP

Aprèn a...

Dissenyar i planificar de manera autònoma el treball experimental, utilitzant el material adequat i sabent interpretar-ne els resultats.

Ítem 1. Què necessiten les cèl·lules

Dins de la cèl·lula

Ítem 2. Què és la respiració?

Hi ha dos tipus de respiració que estan íntimament relacionats:

- **Respiració pulmonar**. És l'intercanvi de gasos que un organisme fa amb l'ambient, en què s'introdueix O_2 i s'elimina CO_2.
- **Respiració cel·lular**. És la reacció química dels nutrients amb l'oxigen que es fa a les cèl·lules per obtenir energia. Té lloc a totes les cèl·lules: a les eucariotes es fa als **mitocondris**, mentre que a les procariotes es du a terme al **citoplasma**. La reacció és la següent:

$$\text{Matèria orgànica} + O_2 \rightarrow CO_2 + H_2O + \text{Energia}$$

Ítem 3. L'energia dels cacauets

Quanta energia podem obtenir dels aliments?

Com la podem mesurar?

Protocol

Construeix amb el que saps

Interpreta

1 Observa el vídeo de l'ítem 1 i contesta les preguntes.

a Què representen cadascun dels personatges del vídeo?
b D'on ve, on es troba i cap a on va cadascun?

Raona

2 Per dur a terme la respiració cel·lular són necessaris els aparells respiratori, digestiu, circulatori i, en darrer terme, l'excretor.

a Explica la relació de tots aquests aparells amb l'ajuda de l'esquema de l'apartat 3.
b Quina diferència hi ha entre la respiració cel·lular i la pulmonar? Podem dir que perquè es produeixi l'una fa falta l'altra?
c Quins substrats són necessaris per a la respiració cel·lular i d'on provenen? Què s'obté gràcies a la respiració cel·lular? Què fa la cèl·lula amb els productes generats?

Experimenta i raona

3 Fes la pràctica de l'ítem 3 per simular la respiració cel·lular i calcula l'energia que pot proporcionar un cacauet. Com relaciones el fenomen observat amb el que passa als mitocondris de les cèl·lules? En la teva explicació, fes servir els termes *nutrients*, *oxigen*, *diòxid de carboni*, *energia* i *calor*.

El que has construït

Les cèl·lules necessiten **nutrients** i **oxigen** per poder obtenir l'**energia** necessària per efectuar les seves funcions vitals, i la matèria per construir i renovar les seves pròpies estructures.

La **respiració pulmonar** proporciona l'oxigen necessari perquè, en la **respiració cel·lular**, es produeixi **energia**. Aquesta reacció és semblant a la de combustió de la matèria orgànica, que necessita oxigen i desprèn energia, en aquest cas, en forma de calor.

4. L'aparell digestiu

L'**aparell digestiu** s'encarrega d'ingerir els aliments i de degradar-los mitjançant un procés anomenat **digestió**, fins que es converteixen en molècules petites capaces de penetrar dins les cèl·lules (nutrients). Les restes dels aliments no digerits són expulsades a l'exterior en forma de femtes.

El **tub digestiu** és un tub amb un orifici d'entrada (boca) i un altre de sortida (anus), en el qual es poden distingir sis regions diferents: cavitat bucal, faringe, esòfag, estómac, intestí prim i intestí gros.

A l'interior del tub digestiu hi van a parar les secrecions de les **glàndules digestives**, que poden ser de dos tipus:

- **Glàndules de les parets del tub digestiu**. Són, per exemple, les **glàndules gàstriques** de l'estómac i les **glàndules intestinals** de l'intestí.
- **Glàndules annexes**. Estan situades fora del tub digestiu i hi aboquen les seves secrecions a través d'un conducte. Per exemple, les **glàndules salivals**, el **fetge** i el **pàncrees**.

Les secrecions d'aquestes glàndules són els anomenats **sucs digestius**, que són líquids que contenen unes proteïnes especials, denominades **enzims digestius**, capaços de trencar les molècules dels aliments i transformar-les en d'altres més petites que travessen les parets intestinals i passen a la sang.

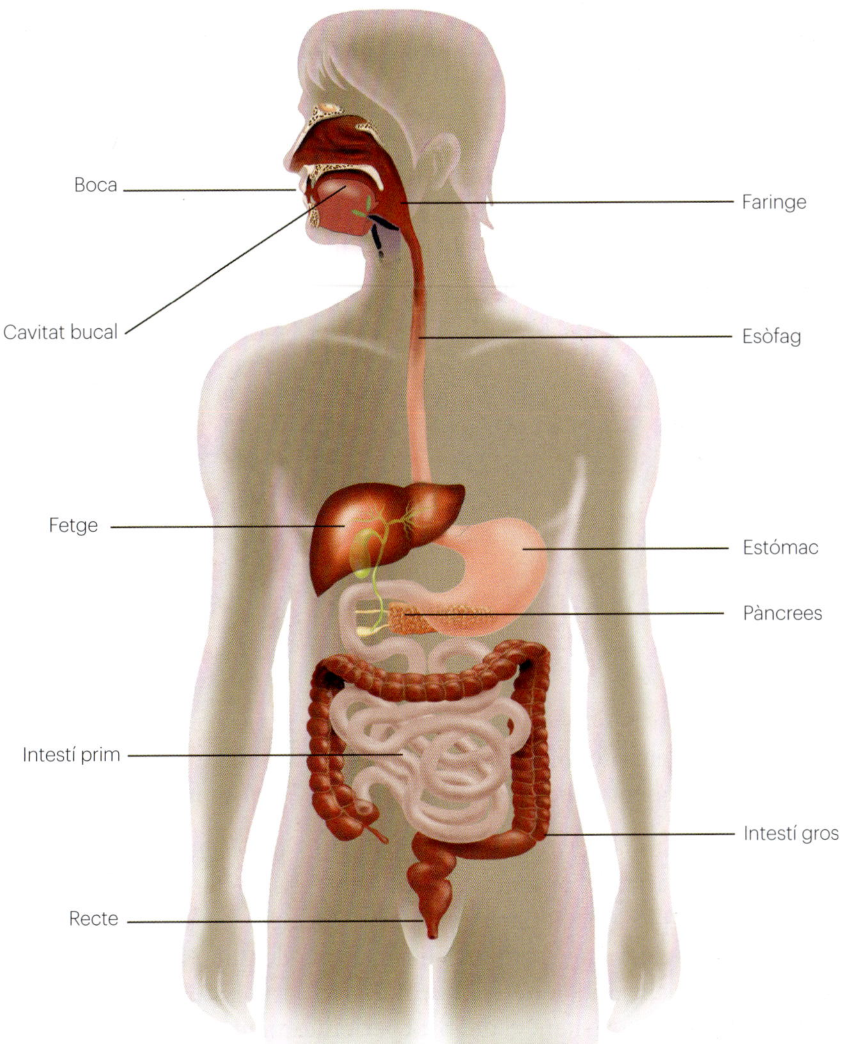

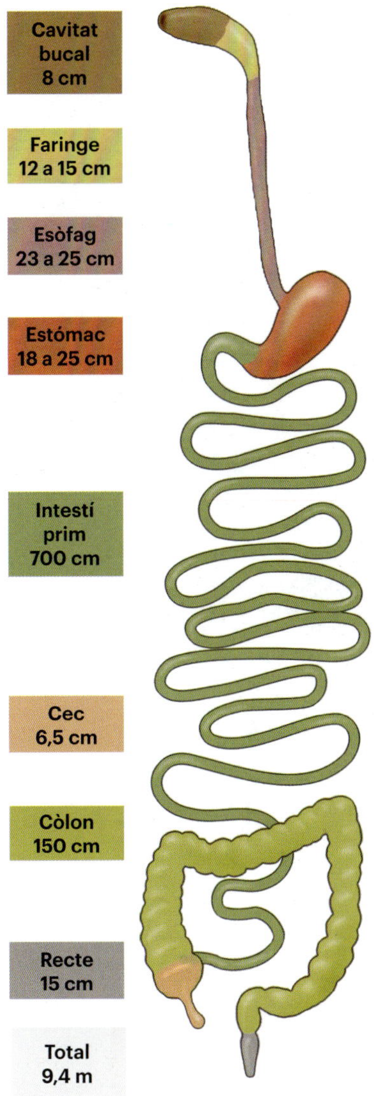

El tub digestiu d'una persona adulta pot superar els nou metres de longitud, però està molt plegat i ocupa poc espai.

Activitats

8. AL AP Visualitza el vídeo i resol les qüestions.

- **a** Quin és l'objectiu final de l'aparell digestiu?
- **b** Esmenta tots els elements que treballen per dur a terme aquest objectiu.
- **c** Què passaria si no tinguéssim mesenteri?
- **d** Per què et sembla que l'aparell digestiu és tan llarg? Què penses que passaria si en faltés una de les parts? Escriu una hipòtesi per respondre cada una d'aquestes preguntes.

4.1 La cavitat bucal

La cavitat bucal és la cavitat per on s'ingereix l'aliment. Està delimitada pels **llavis**, les **galtes**, el **paladar dur**, el **paladar tou** i per la **base de la boca**. Interiorment està recoberta per un epiteli humit denominat **mucosa bucal**. El paladar tou presenta una prominència cònica denominada **úvula** o **campaneta**.

A l'interior de la boca hi ha la **llengua** i les **dents**. Aquí hi desemboquen els tres parells de **glàndules salivals**.

La **saliva** és un líquid format per aigua, enzims digestius i bactericides, i mucina, que és una substància mucosa. Gràcies a la saliva, l'aliment s'humiteja, es fa més fàcil de deglutir, s'eliminen alguns dels bacteris que entren amb l'aliment i s'inicia la digestió dels glúcids.

Entre la cavitat bucal i la faringe hi ha les dues **amígdales**, unes estructures que contenen cèl·lules del sistema immunitari que actuen contra els microbis.

La **ingestió** es fa a la cavitat bucal: les dents tallen i trituren els aliments i la saliva els lubrifica i n'inicia la digestió química. L'aliment mastegat i insalivat forma el **bol alimentari**, el qual és **deglutit** i passa fins a l'esòfag gràcies a la **llengua**, que l'empeny.

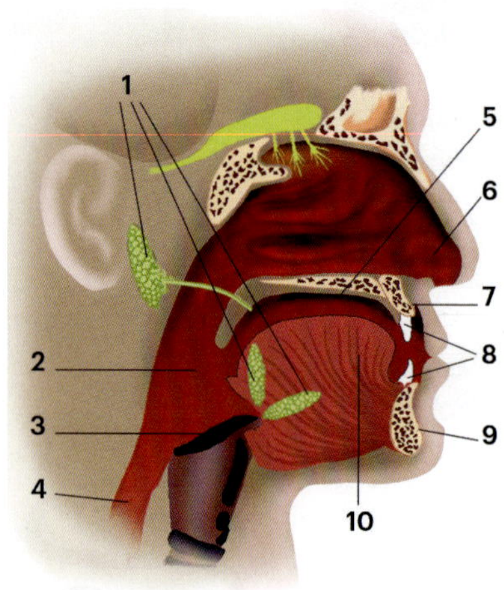

1. Glàndules salivals
2. Faringe
3. Epiglotis
4. Esòfag
5. Paladar
6. Fosses nasals
7. Maxil·lar superior
8. Dents
9. Maxil·lar inferior
10. Llengua

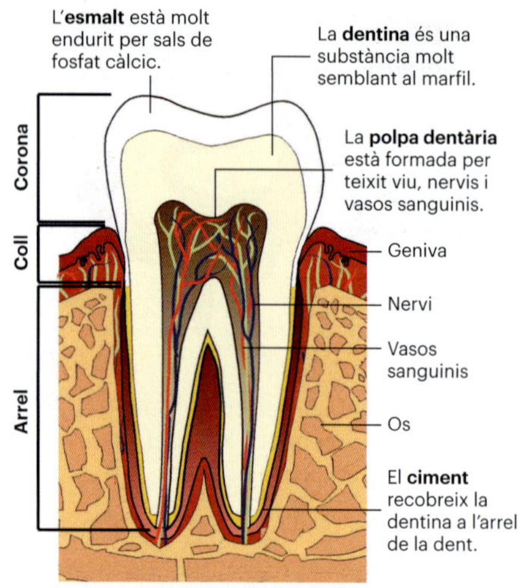

LES DENTS

Les **dents** són unes estructures molt dures que serveixen per tallar i mastegar els aliments. Presenten una part externa o **corona**, una d'intermèdia o **coll** i una d'interna o **arrel**.

La primera dentició («dents de llet») surt durant el primer any de vida i comença a caure cap als cinc o sis anys d'edat, quan surten les dents definitives. Els adults tenen 32 dents. A cada maxil·lar hi ha quatre incisives per tallar, dues canines per esquinçar, quatre premolars i sis molars per triturar.

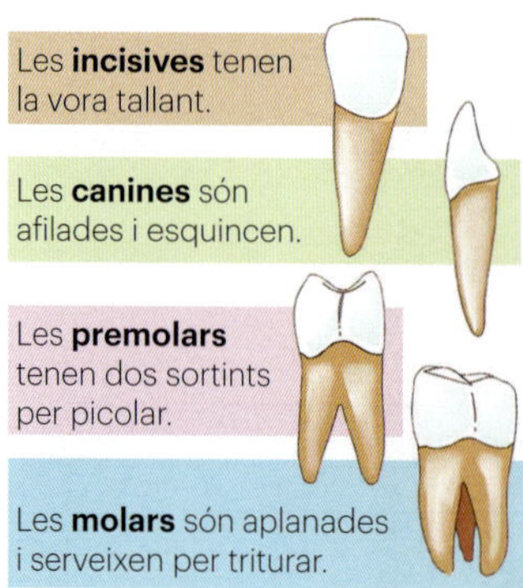

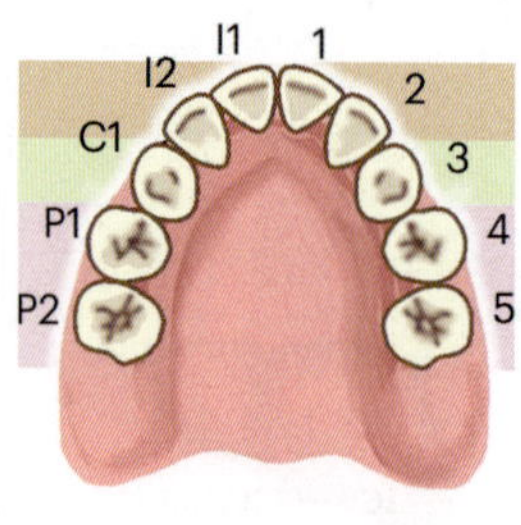

Dentició de llet
(maxil·lar inferior)

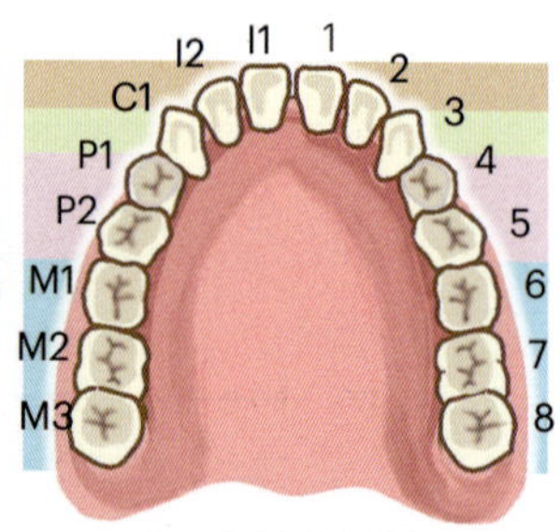

Dentició definitiva
(maxil·lar superior)

TRASTORNS

De vegades, les dents definitives surten tortes, per exemple, perquè el maxil·lar és petit. El tractament indicat en aquests casos és l'**ortodòncia**.

La **càries dental** és la destrucció dels teixits durs de les dents i la inflamació de la polpa dentària. Es produeix per l'acció d'uns bacteris que s'estableixen sobre les dents (placa bacteriana) i que transformen els sucres dels aliments en substàncies àcides que corroeixen l'esmalt i la dentina. La prevenció de la càries s'aconsegueix amb la **neteja bucal diària** després de cada àpat, reduint la ingestió de sucres i visitant el dentista periòdicament.

Activitats

9. La síndrome de Sjögren consisteix en una falta de producció de saliva o hiposalivació. Quines conseqüències pot tenir aquesta anomalia en les persones que la pateixen?

10. AF Visualitza el vídeo i respon les preguntes. Et rentes bé les dents? Com ho hauries de fer?

4.2 El tub digestiu fins a l'estómac

LA LARINGE

És un conducte molt curt, d'uns 12 cm, que s'estén des del final de la cavitat bucal fins al principi de l'esòfag. Es comunica amb la laringe, amb les fosses nasals i amb l'orella mitjana a través de les trompes d'Eustaqui. Quan el bol alimentari entra a la faringe, s'aixeca el vel del paladar perquè aquest no passi a les fosses nasals i alhora descendeix una llengüeta anomenada **epiglotis**, que tapa la laringe i impedeix que l'aliment penetri a la tràquea.

La deglució

La **deglució** és l'acte d'empassar l'aliment.

La deglució

La **disfàgia** és la dificultat de deglutir i és especialment perillosa quan provoca que part del bol passi al tracte respiratori.

L'ESÒFAG

És el conducte comprès entre la faringe i l'estómac que transporta el bol alimentari des del primer fins al segon. Té una longitud d'uns 25 cm. A les seves parets, s'hi originen uns **moviments** anomenats **peristàltics** que provoquen que el bol avanci.

L'ESTÓMAC

És un eixamplament del tub digestiu en forma de sac d'uns 2,5 L de capacitat. Les parets de l'estómac presenten dues capes gruixudes de teixit muscular i l'interior està entapissat per la mucosa gàstrica, on hi ha les glàndules que segreguen el **suc gàstric**.

A l'entrada de l'estómac es troba una vàlvula anomenada **càrdies**, que evita que l'aliment retorni a l'esòfag. A la sortida hi ha una altra vàlvula, el **pílor**, que en regula la sortida.

Quan l'aliment entra a l'estómac, les glàndules gàstriques de la mucosa gàstrica segreguen el suc gàstric, que degrada les proteïnes i les converteix en molècules més senzilles. A més, les contraccions de les capes musculars originen les **ones peristàltiques**, que afavoreixen que el suc gàstric es barregi amb els aliments. Al cap d'unes quantes hores, pel pílor relaxat surt una massa pastosa d'aliments mig digerits que rep el nom de **quim**.

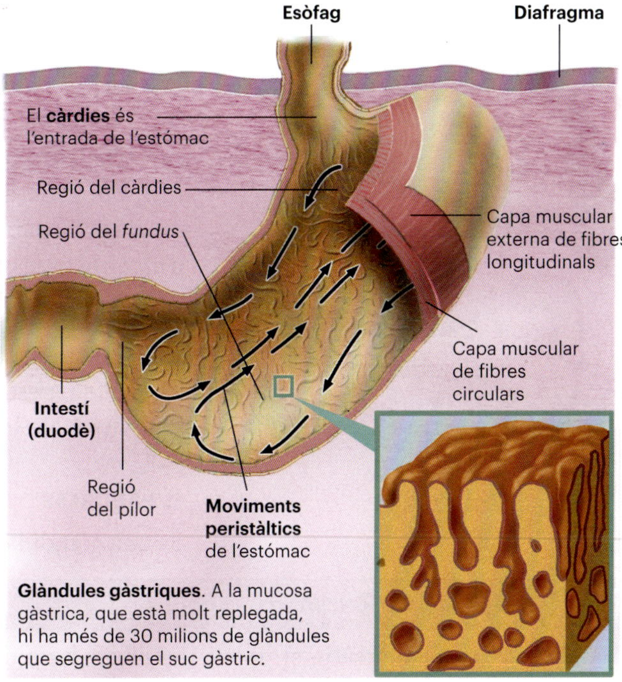

Glàndules gàstriques. A la mucosa gàstrica, que està molt replegada, hi ha més de 30 milions de glàndules que segreguen el suc gàstric.

TRASTORNS

L'estómac pot ser colonitzat pel bacteri *Helicobacter pylori* i provocar erosions a les parets internes, denominades **úlceres pèptiques**. Si es produeixen aquestes erosions, llavors les parets musculars de l'estómac i del duodè són atacades pels àcids del suc gàstric, la secreció dels quals augmenta en cas d'àpats abundants, consum de begudes alcohòliques o amb gas i en situacions de tensió nerviosa o estrès. En els casos més greus, pot arribar a perforar-ne les parets. L'*Helicobacter pylori* es transmet per via fecal-oral i es pot eliminar amb una combinació de medicaments, que inclou dos tipus diferents d'antibiòtics.

Activitats

11. Observa el vídeo de la deglució i respon les preguntes.

a Per què, quan empassem, no podem respirar pel nas?

b La saliva elimina part dels microbis presents en els aliments. D'altres són neutralitzats després pels sucs gàstrics. La pneumònia és una malaltia infecciosa provocada per la proliferació de determinats bacteris als pulmons. Elabora una hipòtesi que expliqui per què les persones amb disfàgia pateixen més aquesta malaltia.

Al **fetge** tenen lloc la major part de les reaccions metabòliques. A aquest òrgan arriben la **vena porta**, amb nutrients procedents de l'intestí, i l'**artèria hepàtica**, amb sang rica en oxigen. Del fetge, en surten les **venes hepàtiques** amb productes metabòlics cap a la vena cava inferior.

4.3 Les glàndules digestives de l'estómac

Les glàndules salivals segreguen saliva a la boca. A l'estómac hi ha dues glàndules que segreguen substàncies diverses.

EL FETGE

És la glàndula més gran del cos humà, pesa 1,5 kg. Està situat al costat de l'estómac, sota el pulmó dret, separat d'aquest per una membrana musculosa anomenada **diafragma**, i té tres funcions principals:

FUNCIÓ GLANDULAR	FUNCIÓ METABÒLICA	FUNCIÓ HEMÀTICA
Segrega la bilis, un líquid ric en substàncies que permeten dispersar els greixos dels aliments en l'aigua, cosa que en facilita la digestió. La bilis s'emmagatzema a la vesícula biliar, després baixa pel conducte colèdoc i desemboca al duodè.	Emmagatzema glúcids en forma de glucogen, sintetitza proteïnes, forma urea i desintoxica (degrada químicament les substàncies tòxiques, com l'alcohol).	Forma i destrueix sang, actua com un dipòsit de sang, acumula ferro i vitamina K i forma fibrinogen per a la coagulació de la sang.

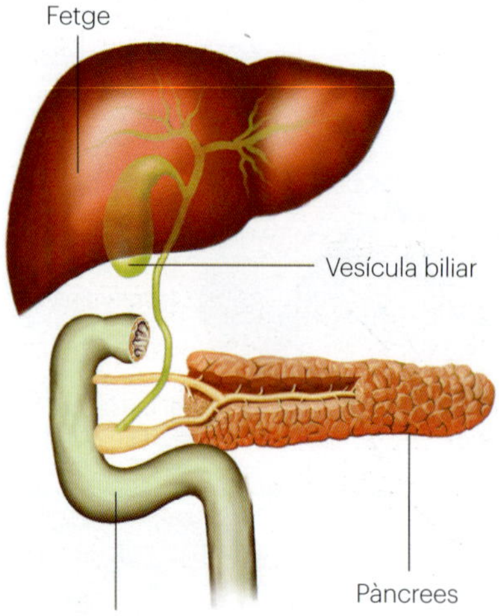

TRASTORNS DEL FETGE

L'**hepatitis** és una **inflamació del fetge** que produeix el deteriorament de les seves funcions, produïda per la infecció dels virus de l'hepatitis, la ingesta de substàncies tòxiques (alcohol o drogues) o malalties autoimmunes. Si no remet, pot generar problemes greus de fibrosi o cirrosi (cicatrització del fetge) o càncer hepàtic. La probabilitat de patir hepatitis causada per un **consum d'alcohol** excessiu augmenta amb el temps i amb la quantitat que se n'ingereix.

Alguns virus poden causar hepatitis. L'**hepatitis B** es transmet per via sanguínia (transfusions, ferides, xeringues contaminades...) i per contacte sexual. Hi ha vacuna, però no tractament. L'**hepatitis C** s'acostuma a transmetre per via sanguínia. No hi ha vacuna, però sí tractament.

EL PÀNCREES

És una glàndula situada a sota de l'estómac. Té dues funcions principals:

FUNCIÓ EXOCRINA	FUNCIÓ ENDOCRINA
Allibera el **suc pancreàtic** al duodè. Aquest líquid conté molts enzims digestius, com la **tripsina**, que degrada les proteïnes a aminoàcids.	Allibera **hormones** a la sang, com la insulina i el glucagó, que mantenen estables els nivells de glucosa a la sang. La **insulina** permet l'entrada de glucosa a les cèl·lules quan n'hi ha un excés a la sang. El **glucagó**, en canvi, degrada el glucogen hepàtic per alliberar glucosa al torrent sanguini quan els seus nivells són baixos.

TRASTORNS DEL PÀNCREES

La **diabetis** és una malaltia molt comuna causada per un mal funcionament del sistema que regula els nivells de glucosa a la sang.

- **Diabetis de tipus I**. Està provocada perquè el mateix sistema immunitari destrueix les cèl·lules pancreàtiques que produeixen la insulina. La glucosa s'acumula a la sang i no entra a les cèl·lules, que poden morir. No es pot prevenir i el seu tractament consisteix en l'administració d'insulina.
- **Diabetis de tipus II**. Es produeix quan el pàncrees no allibera prou insulina a la sang. Les seves causes acostumen a ser l'obesitat, un excés de glúcids en la dieta i la manca d'exercici. El tractament inicial acostuma a ser un canvi en l'estil de vida. Si amb això no se soluciona, cal recórrer a l'administració d'insulina.

4 Què passa a l'interior de l'intestí prim?

Personal / Salut AL AP AM

Aprèn a...
Seleccionar i utilitzar la informació científica per formar-te una opinió.

Ítem 1. Proximitat del digestiu i el circulatori

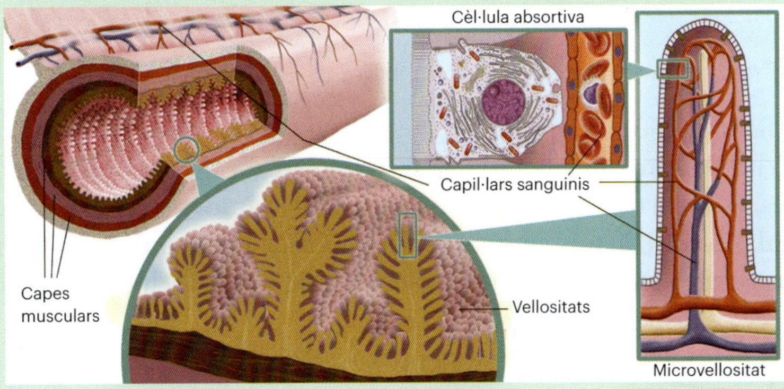

Ítem 2. L'intestí prim

L'intestí prim fa, de mitjana, 700 cm. El seu diàmetre és d'uns 2,5 cm. Les vellositats i microvellositats augmenten l'àrea de l'intestí prim fins a unes 700 vegades.

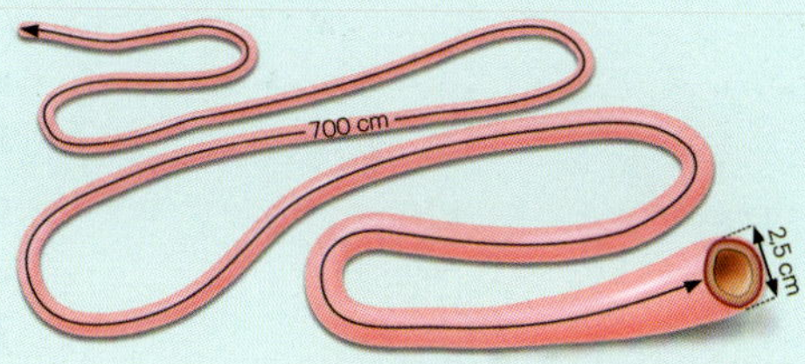

Ítem 3. L'ecosistema intestinal

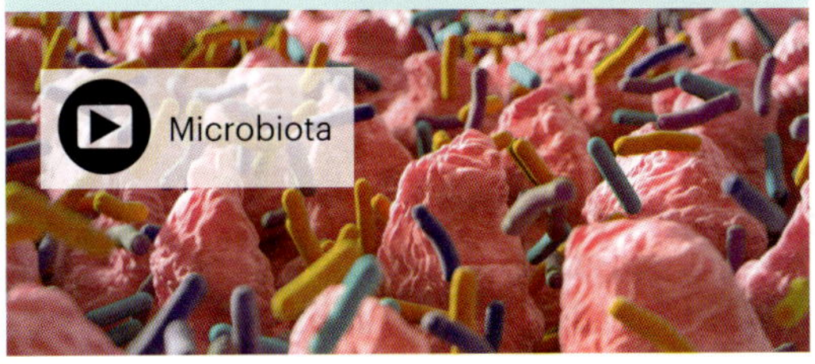

Ítem 4. La intolerància a la lactosa

La **lactosa** és el glúcid de la llet i, perquè l'intestí prim l'absorbeixi, primer l'enzim **lactasa** l'ha de dividir. Si una persona produeix poca lactasa, arriba molta lactosa a l'intestí gros, on és aprofitada com a nutrient per bacteris que la **fermenten** i alliberen compostos que provoquen dolor, distensió abdominal i diarrea. És el que s'anomena **intolerància a la lactosa**.

Construeix amb el que saps

Raona 1 A l'ítem 1 s'observa la gran proximitat que hi ha entre les cèl·lules de l'intestí prim i els capil·lars sanguinis. Per què et sembla que és essencial aquesta proximitat?

Aplica 2 +− «Una pista de tennis ocupa 300 m², menys que la superfície interna de l'intestí prim d'una persona adulta.» Amb les dades de l'ítem 2, calcula l'àrea de la superfície interna de l'intestí prim per veure si l'afirmació és certa.

Reflexiona 3 «Els bacteris són éssers molt petits que, en contacte amb l'ésser humà, són perjudicials per a la salut.» Estàs d'acord amb aquesta afirmació? Raona la teva resposta.

Analitza 4 Molts aliments que contenen llet o derivats inclouen l'etiqueta «sense lactosa». Encara que tots contenen lactosa, no tots n'inclouen les mateixes quantitats. La llet en conté altes quantitats, el iogurt (llet fermentada), per contra, en té molt poca.

a Com penses que s'aconsegueix transformar un producte lacti en un producte «sense lactosa»?
b Per què et sembla que el iogurt conté baixes quantitats de lactosa, a diferència de la llet?

El que has construït

Per absorbir més bé els nutrients, l'**intestí prim** presenta vellositats i microvellositats que estan fortament irrigades.

L'**intestí gros** està colonitzat per bilions de bacteris que, en digerir l'aliment, generen substàncies que poden ser aprofitades pel cos humà.

4.4 Els intestins

Constitueixen més del 90 % de la longitud total del tub digestiu. Estan molt replegats i el conjunt està envoltat per una **membrana serosa**, que a més recobreix l'interior de la cavitat abdominal, denominada **peritoneu**. Als intestins es completa la digestió i es produeix l'absorció dels nutrients. Se'n diferencien dues parts: l'**intestí prim** i l'**intestí gros.**

L'INTESTÍ PRIM

És un tub d'uns **7 m** de longitud i uns **2,5 cm** de diàmetre, situat entre l'estómac i l'intestí gros.

S'hi poden diferenciar tres sectors: duodè, jejú i ili.

- **Duodè**. Es comunica amb l'estómac a través del pílor i, en aquesta part, s'hi aboquen la bilis, produïda pel fetge, i el suc pancreàtic, produït pel pàncrees. A més, és la part de l'intestí que conté més **glàndules secretores de suc intestinal**. A causa de tots aquests sucs, les molècules del **quim** procedent de l'estómac es redueixen i formen molècules més petites (glucosa, aminoàcids i greixos dispersos) i es forma el **quil**.
- **Jejú**. És la part intermèdia de l'intestí prim i també la de més longitud. Està molt replegat sobre si mateix.
- **Ili**. És l'última part de l'intestí prim. Es comunica amb l'intestí gros a través de la **vàlvula ileocecal**. Al jejú i a l'ili s'absorbeixen les substàncies del quil.

L'interior de l'intestí prim conté molts plecs i la seva mucosa presenta una gran quantitat de petites prolongacions filamentoses anomenades **vellositats intestinals**. Així s'aconsegueix augmentar la superfície en contacte amb el quim. A l'interior de les vellositats hi ha capil·lars sanguinis i vasos limfàtics. Les cèl·lules intestinals passen la glucosa i els aminoàcids absorbits a la sang, mentre que amb els àcids grassos absorbits formen greixos, que després s'envolten de proteïnes i formen estructures globoses (quilomicrons), que passen als vasos limfàtics. Les restes dels aliments que no s'han pogut absorbir van a l'intestí gros.

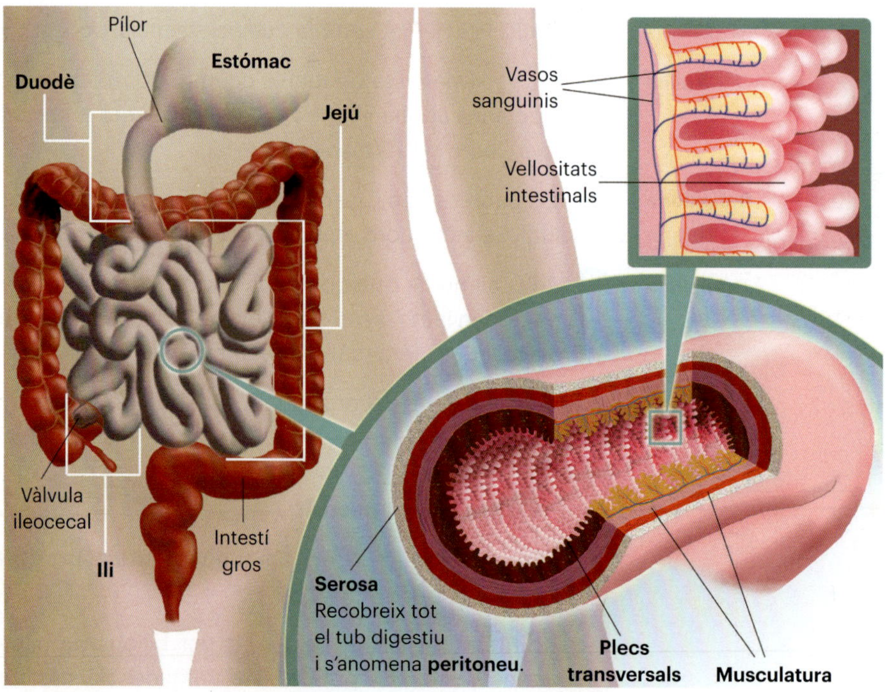

Activitats

12. Les serps, com per exemple la *Boa constrictor*, quan ingereixen aliment no el mastegen, sinó que se l'empassen sencer i és a l'intestí on es digereix completament. Poden arribar a ingerir animals que pesen fins i tot més que elles mateixes, per la qual cosa la digestió és lenta. Després d'un període de caça, les serps obtenen prou energia com per no menjar en els 2 o 3 mesos següents. S'ha observat que, mentre que en els períodes de caça els intestins de la *Boa constrictor* estan replets de vellositats i microvellositats intestinals, durant els llargs dejunis el seu intestí s'atrofia, és a dir, es torna pràcticament llis. Pensa i redacta una hipòtesi que expliqui aquest fenomen.

L'INTESTÍ GROS

És la part final del tub digestiu. S'estén des de la vàlvula ileocecal fins a l'anus. Es tracta d'un conducte d'aproximadament **1,7 m** de longitud i **8 cm** de diàmetre. A l'interior, hi viuen molts bacteris simbiòtics, que formen la **microbiota intestinal** i ajuden a acabar la digestió. Se'n diferencien tres trams:

- **El cec**. És la primera part de l'intestí gros. Té forma de sac i al fons hi ha l'**apèndix vermiforme**, que conté cèl·lules limfoides que ajuden el cos a lluitar contra les infeccions.
- **El còlon**. S'estén des de la vàlvula ileocecal fins al recte. Està dividit en tres sectors: **còlon ascendent, còlon transvers** i **còlon descendent**.
- **El recte**. És l'última part de l'intestí gros i finalitza a l'anus.

A l'intestí gros es reabsorbeix gran part de l'aigua del quil i els bacteris digereixen algunes substàncies. Així es forma una massa semisòlida que rep el nom de **matèries fecals**.

Les ones peristàltiques empenyen les femtes fins que surten per l'anus en el procés anomenat **defecació**.

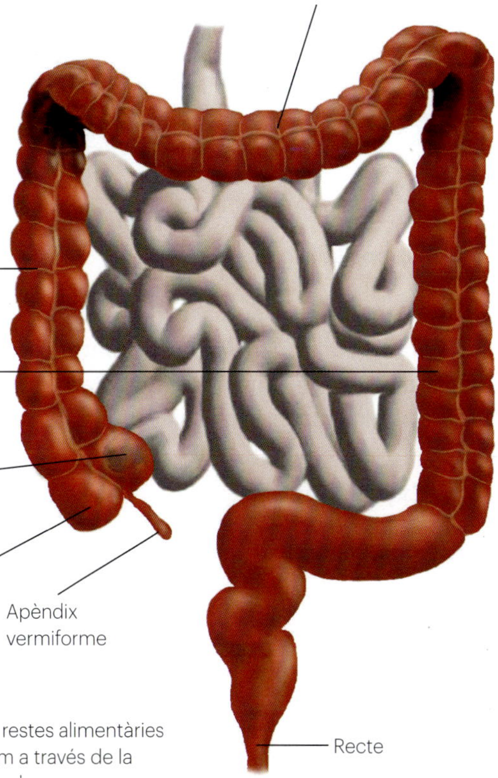

El **cec** rep les restes alimentàries de l'intestí prim a través de la vàlvula ileocecal.

TRASTORNS DELS INTESTINS

Es poden produir diferents trastorns, com per exemple:

- **Diarrees**. Són emissions abundants i freqüents de femtes líquides. Són degudes a la irritació de les parets de l'intestí per infeccions bacterianes o víriques, a la ingestió d'aliments irritants o en males condicions o a trastorns emocionals. La irritació provoca un augment dels moviments peristàltics, que impedeixen la reabsorció d'aigua. Per això, en les diarrees és important beure molts líquids, per evitar la deshidratació.
- **Estrenyiment**. És la dificultat per expulsar les femtes, el problema contrari a la diarrea. Per evitar-lo, és convenient ingerir aliments rics en fibres vegetals i beure molta aigua perquè aquestes augmentin de volum. No és bo utilitzar laxants com a solució habitual, ja que l'organisme s'hi acaba acostumant.
- **Apendicitis**. És la inflamació de l'apèndix, situat al fons del cec de l'intestí gros. El símptoma principal és un dolor sobtat i agut a la part inferior dreta de l'abdomen. És degut a una infecció produïda per bacteris. En la majoria dels casos es practica una apendicectomia, és a dir, s'extirpa quirúrgicament l'apèndix inflamat.

Activitats

13. AF Pensa i escriu de què diagnosticaries i quines recomanacions donaries a les persones següents.

a L'Anna no pot anar de ventre des de fa quatre dies i per això ha utilitzat laxants.

b En Pau fa uns quants dies que fa més de tres deposicions diàries líquides, té mals de panxa forts i ha perdut la gana.

c En Ramon s'acaba de despertar a mitjanit amb un dolor insuportable a la part dreta inferior de l'abdomen.

14. Comprova els teus coneixements sobre l'anatomia de l'aparell digestiu.

5 La saliva intervé en la digestió?

Personal / Ciència i tecnologia AP AL

Aprèn a...

Utilitzar correctament els materials de laboratori i seguir les normes de seguretat.

Aplicar el mètode científic en les teves recerques.

Formula hipòtesis

El pa conté midó, un polisacàrid que no és dolç. Però si s'introdueix a la boca un bocí de molla de pa i s'hi deixa uns quants minuts, mentre s'impregna bé de saliva, es nota que té un sabor lleugerament dolç. Per què, en entrar en contacte amb la saliva i al cap d'un temps, les molles de pa compostes per midó comencen a tenir un sabor lleugerament dolç? Pensa i redacta la teva **hipòtesi**.

Experimenta

A. Identificació de la glucosa i del midó

1. Col·loca en un tub d'assaig 1 cm^3 d'una solució de glucosa en aigua (tub 1); en un altre, 1 cm^3 de dispersió de midó en aigua (tub 2); en el tercer, 1 cm^3 d'aigua destil·lada (tub de control). Marca cada tub per identificar-los.
2. Afegeix 1 cm^3 de reactiu de Fehling a cada tub i observa si s'hi produeix algun canvi de color. Anota els resultats.
3. Escalfa els tubs al bany Maria* o en un microones. Observa si hi ha algun canvi de coloració i anota els resultats.
4. Amb altres tres tubs d'assaig, repeteix el pas 1 i afegeix-hi una gota de lugol a cadascun. Observa i anota els canvis de coloració.

*Per fer el bany Maria, omple el got de precipitats fins a la meitat i escalfa l'aigua amb el Bunsen. Després introdueix els tubs en l'aigua.

Protocol   Rúbrica

B. Identificació de l'acció de la saliva

1. Posa 1 cm^3 de solució de midó en quatre tubs d'assaig. En dos dels tubs, aboca-hi una quantitat semblant de saliva (tubs 1 i 2). Als altres dos, no hi introdueixis res (tubs 3 i 4).
2. Mantingues els quatre tubs a 30 o 40 °C durant mitja hora.
3. Introdueix unes gotes de lugol als tubs 1 i 3 , i 1 cm^3 de reactiu de Fehling als tubs 2 i 4. Observa i anota els canvis de coloració.
4. Escalfa els quatre tubs al bany Maria, observa i anota els canvis de coloració.

MATERIAL

- Morter
- Molla de pa
- Vuit tubs d'assaig
- Solució de Lugol
- Solució de Fehling (mescla a parts iguals de Fehling A i Fehling B)
- Aigua destil·lada
- Vas de precipitats de 250 cm^3
- Trípode, reixeta i Bunsen

Analitza

1 Experimenta i analitza. Amb les dades de l'experiment A:

a Copia i completa la taula.

	Color			
	Inicial	Amb Fehling sense calor	Amb Fehling i calor	Amb lugol
Tub 1				
Tub 2				
Tub control				

b La reacció amb reactiu de Fehling permet reconèixer la presència de glucosa en la dissolució?

c La reacció amb lugol estableix la presència de glucosa en la dissolució?

2 Experimenta i conclou. Amb les dades de l'experiment B:

a Copia i completa aquesta taula.

	Color	
	Amb lugol	**Amb Fehling i calor**
Tubs 1 i 2		
Tubs 3 i 4 (control)		

b La saliva transforma el midó en glucosa?

Conclou

S'ha confirmat la teva hipòtesi? Cal justificar si algun dels resultats obtinguts contradiu aquesta hipòtesi. Redacta un informe sobre això.

5. La digestió

El procés de la digestió comprèn les etapes següents:

1. **Ingestió**. És l'entrada de l'aliment a la cavitat bucal.
2. **Digestió dels aliments**. És la degradació dels aliments en molècules molt petites capaces d'entrar a les cèl·lules. Pot ser **mecànica**, com la trituració que fan les dents, o **química**, com l'acció dels enzims digestius.
3. **Absorció**. És el pas dels nutrients des de l'intestí fins a la sang i la limfa.
4. **Defecació**. És l'expulsió a l'exterior de les substàncies que no s'han pogut digerir i absorbir.

La **digestió química** es fa al llarg de tot el tub digestiu:

- S'inicia a la **cavitat bucal** mitjançant la insalivació. La saliva conté l'enzim **ptialina**, que actua sobre els glúcids polisacàrids com el midó.
- Es continua a l'**estómac**, on se segrega el **suc gàstric**, que conté àcid clorhídric i **pepsinogen**. L'àcid clorhídric (HCl) degrada els teixits durs dels aliments, mata molts bacteris i transforma el pepsinogen en pepsina, enzim que inicia la digestió de les proteïnes.
- La massa resultant que omple l'estómac s'anomena **quim**. El quim passa a l'**intestí prim**, on té lloc la digestió intestinal. Aquí intervenen la bilis, procedent del fetge, el **suc pancreàtic** i el **suc intestinal**.
- La **bilis** emulsiona els greixos, mentre que el suc pancreàtic, que conté **enzims proteases**, **lipases** i **amilases**, degrada, respectivament, les **proteïnes** a **aminoàcids**, el greixos (**lípids**) a àcids grassos, i el **midó** a **glucoses**.
- El **suc intestinal**, que també conté enzims proteases, lipases i amilases, acaba la digestió dels aliments.
- La massa que ocupa l'intestí prim s'anomena **quil**. Quan passa a l'**intestí gros**, part de la matèria orgànica és degradada per la microbiota intestinal, i part de les substàncies resultants i gran quantitat de l'**aigua** són **absorbides**, cosa que dona com a resultat les matèries fecals, que són expulsades a l'exterior.

PROCÉS DE DIGESTIÓ

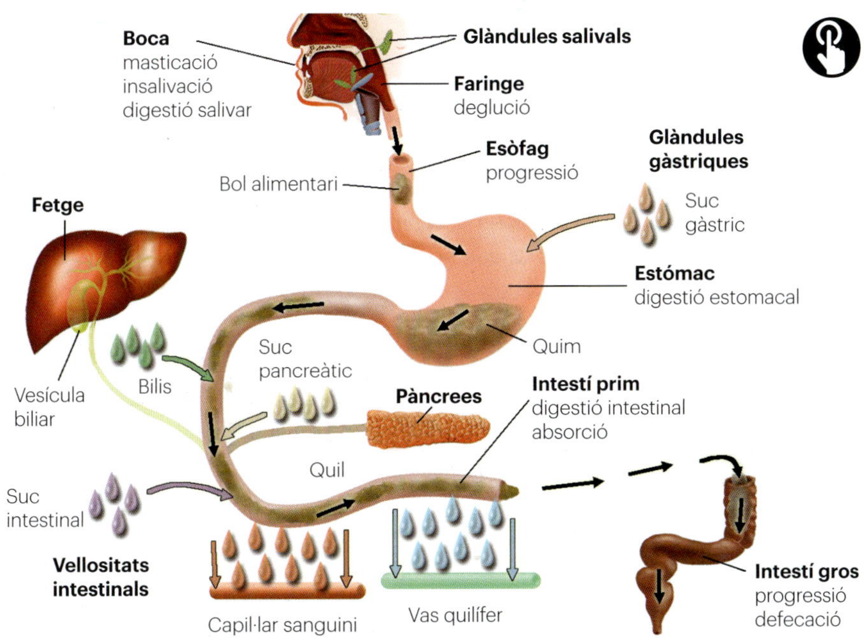

La digestió química dels nutrients

Nutrient	Digestió
Glúcids	**Boca**: la ptialina de la saliva transforma el midó en sucres simples.
	Intestí prim: mitjançant l'amilasa pancreàtica s'obtenen els monosacàrids.
Proteïnes	**Estómac**: la pepsina inicia el procés.
	Intestí prim: mitjançant proteases pancreàtiques s'obtenen els aminoàcids.
Greixos	**Intestí prim**: els greixos es barregen amb la bilis per emulsionar-los. Llavors, les lipases pancreàtiques els poden degradar a àcids grassos.

Tub digestiu i glàndules	Processos digestius
Boca Glàndules salivals (saliva)	**Masticació** **Insalivació** **Digestió salival** (bol alimentari)
Faringe	**Deglució**
Esòfag	**Progressió**
Estómac Glàndules gàstriques (sucs gàstrics)	**Digestió estomacal** (quim)
Intestí prim Fetge (bilis) Pàncrees (suc pancreàtic) Vellositats intestinals (suc intestinal)	**Digestió intestinal** (quil) **Absorció**
Intestí gros	**Progressió** **Absorció d'aigua** **Defecació** (matèries fecals)

Ciències en context

1 AP AM Personal / Salut **Aliments complets**

Relacionar cada nutrient amb la funció que du a terme a l'organisme.
Valorar el paper de la dieta i l'exercici físic per tenir una vida saludable i seguir una alimentació equilibrada.
Conèixer les malalties més freqüents dels òrgans, aparells i sistemes en la nutrició, associar-les amb les seves causes i saber com prevenir-les.
Aplicar el mètode científic en les recerques.

Durant un temps, les cries dels mamífers s'alimenten exclusivament de llet materna. Un cop passa el temps de criança, no tornen a prendre llet. Tanmateix, els humans continuem prenent llet, com la de vaca. La taula següent mostra la composició nutricional de la llet de vaca i de la llet humana.

	Valors per 100 g de llet (aprox.)	
Nutrients	**Llet de vaca**	**Llet humana**
Energia (kcal)	66	72
Aigua (g)	88,5	87,7
Glúcids (lactosa, g)	4,6	7
Lípids (g)	3,7	4,2
Proteïnes (g)	3,2	1,1

1 **Identifica.** Com és possible que una cria es pugui alimentar exclusivament de llet materna? Es tracta d'una alimentació equilibrada? Raona la teva resposta.

2 **Aplica.** +− Un nadó de 2 mesos ha d'ingerir 550 kcal diàries, quina quantitat de llet ha de prendre? Quina quantitat de cada nutrient pren amb aquesta dosi?

3 **Experimenta.** Hi ha persones intolerants a la lactosa (un glúcid disacàrid poc dolç format per dos glúcids monosacàrids, glucosa i galactosa, que són molt dolços). Per aquest motiu, als supermercats venen llets sense lactosa. Per elaborar-les, se'ls afegeix lactasa, l'enzim que talla la lactosa. Dissenya un experiment per determinar si una llet comercial conté lactosa o no.

2 AS AF AM Personal / Salut **El testimoni de la Lídia**

Conèixer els principals trastorns de la conducta alimentària i proposar actuacions per evitar-los.
Valorar el paper de la dieta i l'exercici físic per tenir una vida saludable i elaborar dietes equilibrades.

A mesura que va passar el temps, el meu pes va baixar i la meva dieta es va tornar cada cop més estranya. Bàsicament vaig retallar-ho tot excepte les verdures crues i els refrescos. [...] Per Setmana Santa me'n vaig anar de vacances amb la família a Cuba, on vaig començar a menjar menys, ja que havia de quedar bé en biquini al costat de la meva mare, que és prima, i una germana, alta i prima. Les coles light *em van alimentar durant aquell període de temps, així com l'exercici secret que feia cada cop que estava sola. [...] Després vaig anar de viatge amb les meves amigues. Estava molt més prima i semblava extremadament diferent [...]. Recordo que vaig jeure a la gandula amb els ossos adolorits i vaig sentir el plàstic dur que em cruixia sota la columna vertebral quan em movia. Vaig sobreviure a aquestes vacances amb amanida, i de tant en tant taronges, cigarrets i te amb gel. [...] La resta de l'estiu va continuar així, i per primer cop vaig vomitar després d'un àpat, quan vaig entrar en pànic després de menjar-me un gran plat de sopa i una amanida.*

1 **Descriu.** Quina malaltia pateix la Lídia? Quines conductes et fan arribar a aquesta conclusió?

2 **Aplica.** +− Al final de l'estiu, amb 19 anys, la Lídia feia 1,58 m i pesava 30 kg. Calcula el seu índex de massa corporal (IMC) i valora en quina situació de pes es trobava. Quin seria el seu pes ideal?

3 **Aplica i raona.** +− Durant un temps, la Lídia s'alimentava d'1 L de refresc de cola *light* i un quart de litre de sopa d'espàrrecs.

INFORMACIÓ NUTRICIONAL		
	Cola *light*	**Crema**
Valor energètic (100 mL/g)	0,2 kcal	26,8 kcal
Greixos:	0 g	0,24 g
Dels quals saturats	0 g	< 0,1 g
Hidrats de carboni:	0 g	5,12 g
Dels quals, sucres	0 g	0,76 g
Proteïnes	0 g	0,84 g
Fibra alimentària	0 g	0,32 g
Sal	0,02 g	0,23 g

a Calcula els seus requeriments nutricionals segons la fórmula de Harris-Benedict. Quina despesa energètica hauríem de sumar al resultat anterior per saber l'energia total que necessita la Lídia en un dia?

b Calcula l'energia que obtenia de l'aliment ingerit diàriament.

c Penses que cobreix els requeriments energètics? I els nutricionals? Raona la teva resposta.

d Com et sembla que va afectar aquest dèficit de nutrients el seu organisme? Raona la teva resposta tenint en compte les funcions que compleixen els nutrients en les cèl·lules.

e La Lídia va perdre una gran quantitat de massa muscular en poc temps. Com ho expliques?

f Quan la Lídia va rebre ajuda mèdica, se li va dissenyar una dieta equilibrada. Com devia ser, tenint en compte les seves necessitats energètiques i nutricionals?

Competències científiques: 2 (act. 1, 2), 4 (act. 1), 5 (act. 1, 2), 14 (act. 1, 2)

3 AS AL AM Social / Salut Compte amb l'etiqueta!

Relacionar cada nutrient amb la funció que du a terme a l'organisme.
Identificar els diferents òrgans, aparells i sistemes implicats en la funció de nutrició i relacionar-los amb la seva contribució en el procés.

La celiaquia és una malaltia caracteritzada per la reacció adversa al **gluten**, una molècula present en cereals com el blat, etc. La ingesta de gluten provoca en les persones celíaques una pèrdua progressiva, parcial o total, de les vellositats que recobreixen l'intestí prim, cosa que afecta la seva capacitat d'absorció de nutrients. Els símptomes habituals inclouen diarrea crònica, dolor abdominal i dispèpsia o indigestió.

1. **Identifica.** Cerca informació sobre el gluten. De quin tipus de nutrient es tracta?
2. **Interpreta.** Quina fase del procés digestiu es veu alterada en la malaltia celíaca? Tingues en compte els canvis que experimenta l'aparell digestiu.
3. **Raona.** Quin és el seu tractament nutricional més eficaç?
4. **Reflexiona.** Durant un temps, es va posar de moda la dieta sense gluten. Penses que té sentit seguir una dieta sense gluten quan no s'és celíac? Et sembla que aquesta situació pot tenir algun desavantatge?
5. **Analitza.** La llei obliga a indicar a les etiquetes si l'aliment conté gluten o no. Cerca diferents envasos d'aliments, analitza'n les etiquetes i determina si són aptes o no per a celíacs.

4 AP AL Personal / Salut

Alimentar-se o nodrir-se: altres maneres

Discriminar el procés de nutrició del d'alimentació.
Identificar els diferents òrgans, aparells i sistemes implicats en la funció de nutrició, i relacionar-los amb la seva contribució al procés.

Davant de diferents patologies, algunes persones han de rebre suport nutricional artificial, és a dir, en lloc d'ingerir elles l'aliment, se'ls administren solucions de nutrients per diferents vies en funció de la patologia que pateixen. Quan la persona no té disponible la via oral, es recorre a la **nutrició enteral**. La més comuna és aquella en què s'introdueix un tub o una **sonda** des del nas fins a l'aparell digestiu, on s'allibera la solució de nutrients. N'hi ha de tres tipus: nasogàstrica, que du la solució a l'estómac; la nasoduodenal, fins al duodè, i la nasojejunal, que allibera la solució al jejú. En casos més extrems, es recorre a la **nutrició parenteral**, és a dir, la injecció directa a la sang de la solució nutritiva.

1. **Aplica.** Quina hauria de ser la composició nutricional de la solució que s'introdueix a la sonda perquè serveixi de font nutritiva exclusiva d'una persona?
2. **Raona.** Respecte dels tres tipus de nutrició enteral:
   - **a** Quines fases de la digestió s'activaran en cada tipus de nutrició enteral?
   - **b** Com hauran de ser els nutrients administrats, d'acord amb la resposta anterior?
3. **Reflexiona.** En la nutrició parenteral, tindrà lloc el procés digestiu? Com hauran de ser els nutrients injectats?
4. **Conclou.** Què passarà amb les vellositats i microvellositats intestinals si es prolonga la nutrició parenteral durant molt de temps? Què et sembla que passarà quan es torni a introduir l'alimentació oral en el pacient?

5 AP AS Personal / Salut El mesurador de femtes

Conèixer les malalties més freqüents dels òrgans, aparells i sistemes implicats en la nutrició, associar-les amb les causes i saber com prevenir-les.
Valorar el paper de la dieta i l'exercici físic per tenir una vida saludable i seguir una alimentació equilibrada.

La taula classifica les femtes segons la seva forma i consistència.

TAULA DE FEMTES DE BRISTOL			
Tipus	Dibuix	Descripció	Classificació
1		Trossos durs i separats, com nous	Estrenyiment sever
2		Consistència grumollosa, com una salsitxa	Estrenyiment lleu
3		Forma de salsitxa amb una superfície esquerdada	Normal
4		Forma de salsitxa, suau i gairebé com una serp	Normal
5		Trossos de massa suaus amb vores ben definides	Falta de fibra
6		Consistència tova amb vores irregulars	Diarrea lleu
7		Consistència líquida sense trossos sòlids	Diarrea severa

1. **Descriu.** Explica què són les femtes, tenint en compte el procés que segueix l'aliment des que és ingerit.
2. **Interpreta.** Quines recomanacions nutricionals donaries a les persones amb els tipus de femtes 1-2? I amb els tipus 6-7? Raona les teves respostes.
3. **Reflexiona.** En les femtes d'un pacient amb dolors abdominals freqüents, s'hi ha determinat la presència del bacteri *Helicobacter pylori*. Què indica aquesta troballa? Com s'hauria de tractar al pacient?

REPASSA LA UNITAT

Llegir una etiqueta nutricional

Personal / Salut AL AS AM

INFORMACIÓ NUTRICIONAL		
Valor mitjà per	**100 g**	**RACIÓ 350 g**
Valor energètic	136 kcal	476 kcal
Proteïnes	2 g	7 g
Hidrats de carboni	7,5 g	26,3 g
dels quals sucres	2,3 g	8 g
Greixos	10 g	35 g
dels quals saturats	2 g	7 g
Fibra	2,3 g	8 g
Sodi/sal	0,5 g/1,1 g	1,8 g/3,9 g

1. Observa l'etiqueta i respon les qüestions següents.

a Si la quantitat diària recomanada d'energia s'acostuma a establir en 2000 kcal/dia, quin percentatge de CDR implica una ració d'aquest producte?

b Quin aliment conté?

c Quantes proteïnes aporta una ració?

d Per a què serveixen les proteïnes?

2. Quina diferència hi ha entre aliment i nutrient? En aquest cas, quin és l'aliment més abundant?

I el nutrient més abundant? Quina funció compleix aquest nutrient en l'organisme?

3. En aquest producte, hi ha un aliment que fa que no sigui apte per a celíacs. Marca la resposta correcta i completa el text. Aquest aliment no és apte per a celíacs perquè entre els seus ingredients inclou...

a Blat
b Llet
c Patata
d Oli de gira-sol

4. És un aliment complet? Si aquest fos el teu àpat, amb quins aliments el completaries per tenir una dieta tan equilibrada com fos possible? Raona les teves respostes.

5. Explica de quina manera els nutrients que contenen els aliments d'aquest producte acabaran arribant a cada una de les cèl·lules de l'organisme per dur a terme les seves funcions, des del moment en què els ingerim a la cavitat bucal. Inclou en la teva resposta els conceptes *digestió, absorció, circulació sanguínia*.

6. Relaciona cada trastorn amb el seu símptoma.

a Anorèxia nerviosa
b Diarrea
c Obesitat
d Bulímia

A Augment excessiu de teixit adipós
B Pèrdua de pes pel fet de no menjar
C Atipar-se de menjar i vòmits provocats
D Femtes líquides freqüents

C1: 2, 3, 6 | C2: 1, 5 | C3: 4

3 La circulació sanguínia i limfàtica

1 Per què no podem viure sense sang?

2 Com es llegeix una analítica de sang?

3 Què passa amb el meu colesterol?

4 Són diferents els ventricles del cor?

5 Tens cura del teu cor? Hi ha diferents tipus de sang?

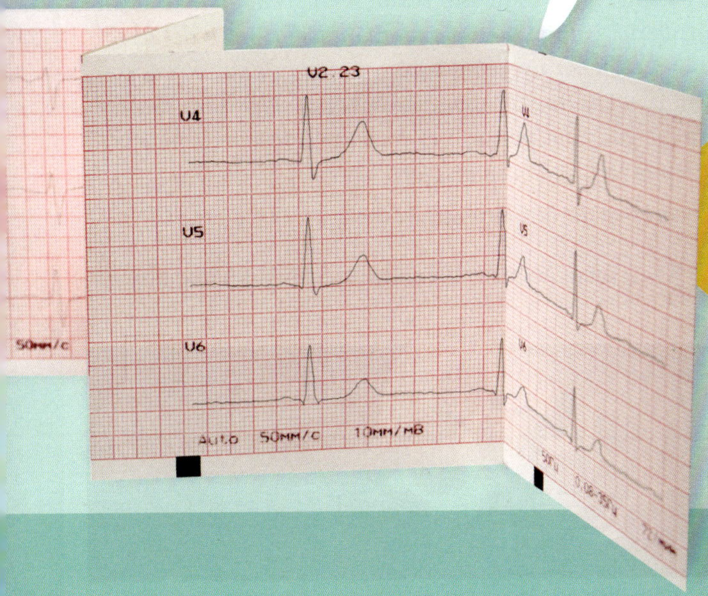

EN AQUESTA UNITAT APRENDRÀS A...	Situació d'aprenentatge	Activitats	Ciències en context
Identificar els diferents òrgans, aparells i sistemes implicats en la funció de nutrició i relacionar-los amb la seva contribució en el procés. Competències científiques: 2, 5	1, 2, 4	15	2, 3, 4, 5
Descriure les funcions de l'aparell circulatori i analitzar la circulació sanguínia. Competències científiques: 2, 4, 6	4	1, 2, 4, 5, 6, 7, 8, 9, 10, 11, 12, 13	1, 2, 3, 4
Conèixer les malalties més freqüents dels òrgans, aparells i sistemes implicats en la nutrició, associar-les a les seves causes i saber com prevenir-les. Competències científiques: 2, 14	2, 3, 5	3, 14, 15	1, 3, 4, 5
Conèixer la importància de la donació de cèl·lules, sang i òrgans. Competències científiques: 2, 12	5		1, 4

1 Per què no podem viure sense sang?

Personal / Ciència i tecnologia AL AP

Aprèn a...

Identificar els termes del vocabulari científic i expressar-te correctament tant de manera oral com per escrit utilitzant diferents suports.

Ítem 1. Un viatge al·lucinant

–En aquest mateix instant –va dir l'Owens– el corrent ens arrossega cap al cor. Posaré els motors a tota màquina. [...] El paisatge del món que els envoltava havia canviat completament. Continuava sent sang. Continuava havent-hi els mateixos corpuscles i objectes, els mateixos fragments i els mateixos agregats moleculars, les mateixes plaquetes i els mateixos glòbuls vermells; però era diferent..., diferent... Es trobaven a la vena cava superior, la vena més important procedent del cap i del coll, i la sang havia esgotat, consumit, tota la provisió d'oxigen. Els glòbuls vermells, desproveïts d'oxigen, ara contenien hemoglobina a seques, no oxihemoglobina, que és una combinació brillant i vermella d'hemoglobina i oxigen. L'hemoglobina, en canvi, tenia un color porpra blavós. [...] Les plaquetes lliscaven melangioses i, dues vegades, l'embarcació va passar a una distància tranquil·litzadora d'una cèl·lula blanca imponent, tenyida ara de color crema verdós. Es va fer un silenci absolut entre els passatgers del Proteus. *I el van sentir, com un tro llunyà d'artilleria. No era més que una vibració rítmica del terra de la nau, lenta i regular, però que augmentava constantment d'intensitat. Un cop apagat, seguit d'un altre encara més apagat; una pausa, i es tornava a repetir el mateix, però més fort, cada cop més fort.*

–El cor! –va dir la Clara–. És el cor!

Isaac Asimov, *Un viatge al·lucinant* (Adaptació)

Ítem 2. Cap al cor

Cap al cor

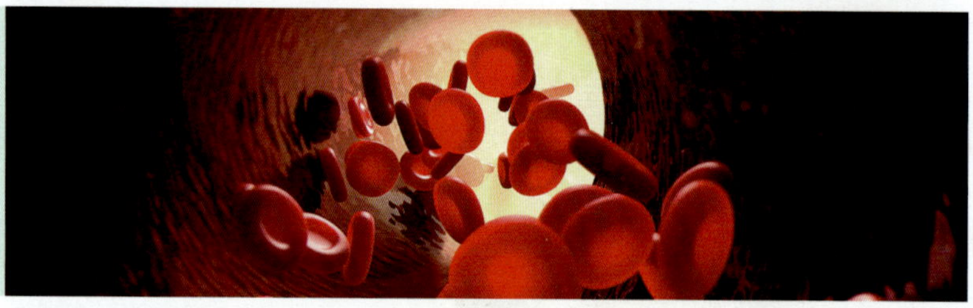

Construeix amb el que saps

Identifica 1 En la lectura *Un viatge al·lucinant* de l'ítem 1, els personatges de la història es troben dins del torrent circulatori d'una persona i es dirigeixen cap al cor. Quins elements observen pel camí? Escriu-los en una llista.

Interpreta 2 Què és el que produeix els sorolls que senten quan s'acosten al cor?

Raona 3 Per quin motiu et sembla que a la vena cava els glòbuls vermells no tenen oxigen?

Interpreta 4 Visiona el vídeo de l'ítem 2 i respon les preguntes:

a Quin recorregut fa la sang per dins de l'organisme?
b Quina diferència hi ha entre la circulació major (gran circulació) i la menor (petita circulació)?

El que has construït

L'**aparell circulatori** està format principalment pels vasos sanguinis, la sang i el cor. El **cor** és la bomba que permet la circulació sanguínia.

Per la sang circulen diferents **tipus de cèl·lules**: glòbuls vermells, glòbuls blancs i plaquetes, entre altres elements.

Els **glòbuls vermells** són els encarregats de transportar l'oxigen dels pulmons a la resta de l'organisme, passant pel cor.

1. L'aparell circulatori i la sang

1.1 L'aparell circulatori

L'**aparell circulatori** és el que s'encarrega de distribuir els **nutrients** i l'**oxigen** per tot el cos i de recollir els productes de rebuig que es produeixen durant el metabolisme de les cèl·lules. Està format pels elements següents:

- Dos líquids circulatoris que contenen diversos elements cel·lulars: la **sang** i la **limfa**.
- Una bomba que impulsa la sang: el **cor**.
- Una sèrie de conductes: els **vasos sanguinis** (artèries, venes i capil·lars) i els **vasos limfàtics**.

El medi intern

La sang és el líquid que, juntament amb la limfa i el líquid intersticial, constitueix l'anomenat **medi intern** del cos humà.

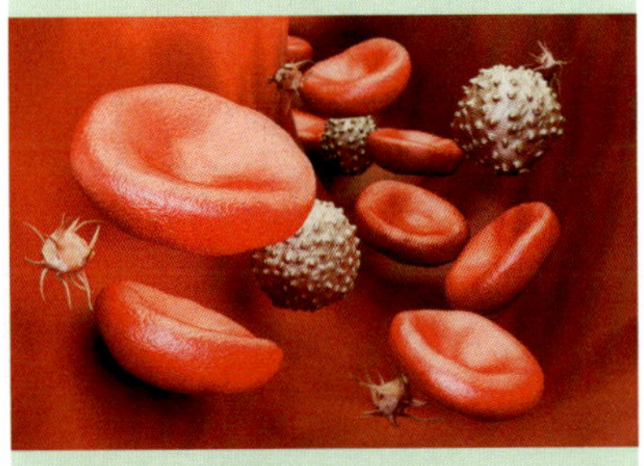

Glòbuls vermells, glòbuls blancs i plaquetes.

1.2 La sang

La **sang** és un teixit les cèl·lules del qual estan suspeses en un medi líquid.

Una persona adulta acostuma a tenir uns 5 L de sang, que està formada per:

- Un conjunt d'elements cel·lulars denominats **cèl·lules sanguínies**, que són de tres tipus: els **glòbuls vermells**, els **glòbuls blancs** i les **plaquetes**. Tots aquests elements s'originen, majoritàriament, a la medul·la òssia, a partir de **cèl·lules mare** precursores capaces de proliferar indefinidament i diferenciar-se en els diversos tipus cel·lulars anteriors.
- Un líquid groguenc, lleugerament viscós i salat anomenat **plasma**.

El plasma està format per **aigua** (90 %) i per **substàncies dissoltes** que transporta d'un lloc a un altre. Entre aquestes substàncies, se'n distingeixen aquests tipus:

- **Nutrients** (glucosa, aminoàcids, lípids i substàncies minerals), que arriben des de l'aparell digestiu o des dels òrgans de reserva (per exemple, glucosa procedent del fetge o lípids que provenen del teixit adipós) i que es transporten fins als teixits de l'organisme que els necessiti.
- **Productes de rebuig**, transportats des de les cèl·lules on s'originen fins als òrgans excretors. Així, la **urea** i l'**excés de sals** viatgen fins als ronyons, que els expulsen a l'exterior, i el **diòxid de carboni** és traslladat fins als pulmons, des d'on surt a l'exterior.
- **Hormones**, que són transportades des de les glàndules que les produeixen fins als òrgans en els quals influeixen.
- **Altres substàncies**, com per exemple:
  - **Fibrinogen**, una proteïna que contribueix a la coagulació de la sang.
  - **Anticossos**, proteïnes que s'uneixen a determinades molècules que el cos reconeix com a estranyes i n'anul·la els efectes perjudicials.
  - **Heparina**, una proteïna que evita la coagulació de la sang.
  - **Substàncies tòxiques** diverses com alcohol, medicaments, etc.

Les **hormones** són substàncies químiques que la sang distribueix per tot el cos i que actuen només sobre els òrgans que tenen cèl·lules amb receptors específics per a aquestes substàncies. S'estudiaran més a fons en la unitat 5.

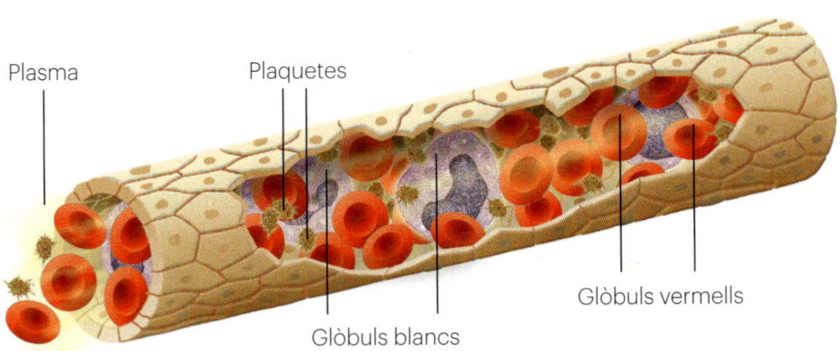

CÈL·LULES SANGUÍNIES

GLÒBULS VERMELLS, HEMATIES O ERITRÒCITS

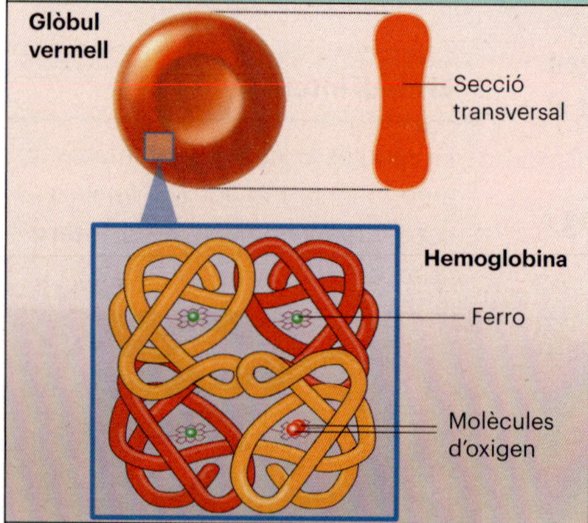

Són cèl·lules que han perdut el nucli i que contenen una gran quantitat d'**hemoglobina**, que és una proteïna de color vermell capaç de captar i alliberar molècules d'oxigen. Per fixar el O_2, l'hemoglobina utilitza els ions de ferro (Fe^{2+}) que conté.

La seva funció és **transportar l'oxigen** necessari per a la respiració cel·lular des dels pulmons fins a totes les cèl·lules.

Els eritròcits tenen forma bicòncava, fan 7,5 μm de diàmetre i la seva vida mitjana és de 120 dies. En 1 mm^3 de sang hi ha uns 5 000 000 de glòbuls vermells.

Quan una persona té un dèficit de glòbuls vermells, es diu que pateix **anèmia**; una falta de ferro o de vitamina B12 en la dieta en poden ser la causa.

GLÒBULS BLANCS O LEUCÒCITS

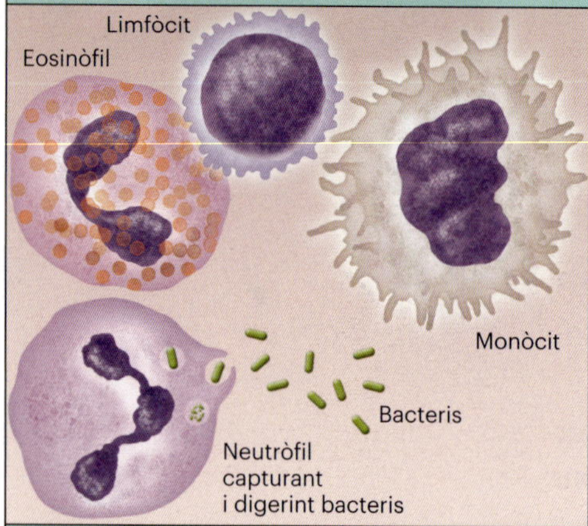

Són cèl·lules amb nucli que tenen una funció defensiva i de neteja. N'hi ha uns 8000 per mm^3 i són de diferents tipus.

N'hi ha uns, denominats **fagòcits**, que engloben i digereixen els microbis i les cèl·lules velles. N'hi ha uns altres, anomenats **limfòcits**, que produeixen unes proteïnes conegudes com a **anticossos**, que s'uneixen a determinades molècules estranyes al nostre cos, els **antígens**. Si aquestes molècules es troben a la superfície de microbis, els anticossos actuen unint-los entre si i, d'aquesta manera, faciliten l'acció dels fagòcits. Per aquest motiu, els limfòcits són les cèl·lules mediadores de la resposta immunitària.

Els limfòcits poden fer entre 8 i 20 μm i tenir una vida mitjana d'hores a anys, segons el tipus que siguin.

El **pus** que es forma en una ferida infectada està format pels microbis que han produït la infecció i també pels glòbuls blancs que han mort en la lluita, entre altres elements.

PLAQUETES

Són fragments cel·lulars sense nucli que tenen la funció de provocar la **coagulació de la sang**. En 1 mm^3 de sang hi ha entre 150 000 i 300 000 plaquetes. Fan de 2 a 4 μm i tenen una vida mitjana de 8 a 10 dies.

Quan es produeix una ferida, les plaquetes es trenquen en fregar amb les vores dels vasos trencats i alliberen **trombina**, una substància que transforma el fibrinogen del plasma en **fibrina**, que és una substància que forma fibres. Aquestes fibres creen una xarxa que atrapa els glòbuls vermells, cosa que dona lloc a la formació d'un **coàgul**, i així s'evita que surti més sang i que hi entrin microbis. Després, el coàgul s'endureix i forma una **crosta**, que protegeix la ferida mentre la pell es regenera. Quan això passa, el coàgul es destrueix.

Activitats

1. AM +− Si observem una gota de sang d'una persona adulta sana, per cada leucòcit que observem, quants eritròcits hi haurà? I quantes plaquetes?

2. Observa les cèl·lules que surten en aquest vídeo i fes les activitats.

- **a** Dels corpuscles que s'observen, digues quins són glòbuls vermells, quin són glòbuls blancs i quins són bacteris?
- **b** Quina de les funcions dels glòbuls blancs pots identificar en el vídeo?

3. AL Cerca informació i explica què és l'anèmia. Després, argumenta per què es pot donar en aquests casos:

- **a** Ingesta baixa de ferro mitjançant la dieta.
- **b** Pèrdua excessiva de sang per una ferida.
- **c** Malaltia autoimmunitària que causa la destrucció dels glòbuls vermells.

2 Com es llegeix una analítica de sang?

Personal / Salut AP AS AM

Aprèn a...
Seleccionar i utilitzar la informació científica per formar-te una opinió.

Ítem 1. La composició de la sang

Quan en un aparell anomenat **centrifugadora** fem girar a gran velocitat, és a dir, centrifuguem un tub de **sang anticoagulada** (amb una substància que evita que es coaguli), els seus components se separen en tres capes visibles a simple vista.

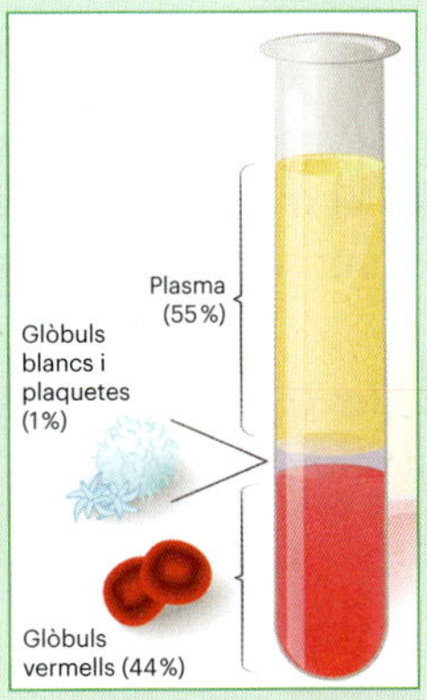

Ítem 2. Els valors de l'analítica

En una analítica de sang es distingeixen dos aspectes:

- **Hemograma**. És la quantitat de cada un dels tipus de cèl·lules sanguínies (eritròcits, els diferents tipus de glòbuls blancs i les plaquetes). L'hematòcrit és el volum que ocupen les cèl·lules respecte del total.
- **Anàlisi bioquímica**. És la concentració de les diverses molècules circulants (glucosa, colesterol, albúmina, àcid úric, etc.).

Hi ha uns **valors normals de referència** amb els quals s'han de comparar els de l'analítica per esbrinar si hi ha alteracions o patologies. Aquests valors varien segons el sexe i l'edat.

Ítem 3. L'extensió de sang

Si estenem una gota de sang en un portaobjectes i la tenyim amb colorants específics, hi podem distingir els diferents tipus de cèl·lules que la formen.

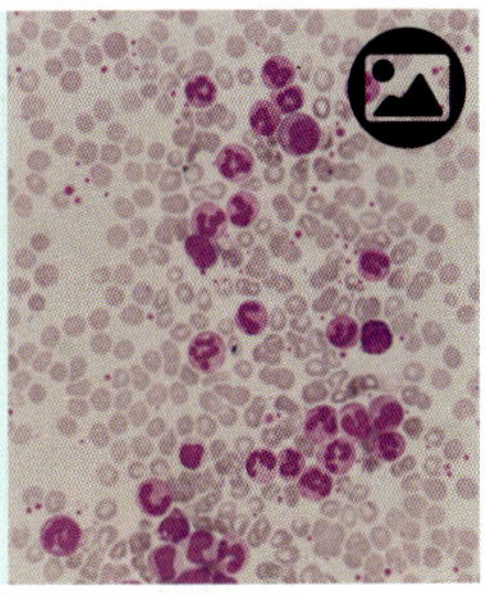

Extensió d'una gota de sang observada a través d'un microscopi òptic.

Construeix amb el que saps

Raona 1 A la sang que s'analitza al laboratori se li afegeix un anticoagulant. Per què et sembla que és necessari fer-ho?

Interpreta 2 Navega pel web de l'ítem 2 i contesta les preguntes següents:

a Què indiquen els valors WCC, RBC, HGB, VCM i HCM?
b Què indica un recompte elevat de plaquetes? I un recompte baix?
c Quines són les molècules principals que s'analitzen en la determinació bioquímica?
d Què indiquen uns nivells alts de glucosa a la sang? I de colesterol?

Analitza 3 L'anàlisi de sang d'un pacient que ha patit un tall profund mostra un RBC molt baix. Com canviarà la proporció de volums dels diferents components de la sang del pacient en un tub centrifugat? Què pateix el pacient?

Aplica 4 Descarrega't la imatge i identifica en l'extensió sanguínia de l'ítem 3 els diferents tipus cel·lulars de la mostra de sang observada.

El que has construït

Els components de la sang es poden separar mitjançant la tècnica de la **centrifugació**. En una **analítica** de sang es quantifiquen els hematies, els leucòcits i les plaquetes (**hemograma**) i les concentracions de les substàncies químiques dissoltes (**anàlisi bioquímica**). Els valors resultants es comparen amb els **valors de referència normals** i això ens dona una idea de l'**estat de salut** de la persona.

3 Què passa amb el meu colesterol?

Social / Salut AS AL AF

Aprèn a...
Argumentar de manera crítica el teu punt de vista sobre temes sociocientífics controvertits.

Ítem 1. Què és el colesterol?

El **colesterol** és un **lípid natural**. El dels aliments és absorbit a l'intestí prim, s'uneix a proteïnes i, així, el sistema limfàtic el transporta fins a la vena cava i, des d'allí, es reparteix per tot el cos. És imprescindible perquè desenvolupa les funcions següents:

- Forma part de la **membrana plasmàtica** de totes les cèl·lules animals.
- És la base per sintetitzar àcids biliars per a la digestió dels greixos.
- És la base per a la síntesi d'algunes **hormones**.

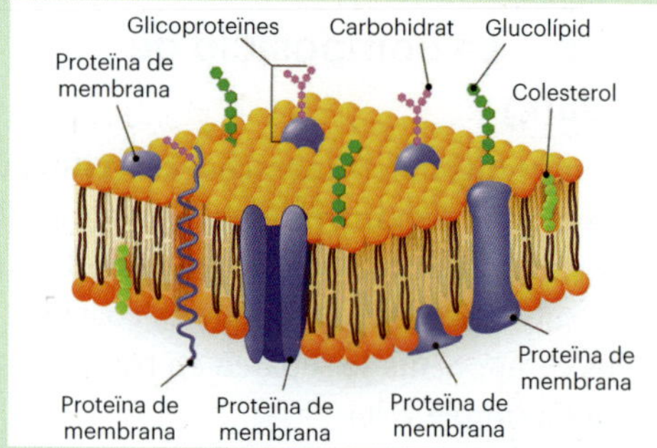

Ítem 2. Colesterol «bo» i «dolent»

El fetge fabrica lípids, com el colesterol, als quals uneix proteïnes per formar **lipoproteïnes**, que allibera a la sang: les **HDL** (capten colesterol) i les **LDL** (alliberen colesterol als teixits). El colesterol de les HDL s'anomena «bo» i el de les LDL, «dolent».

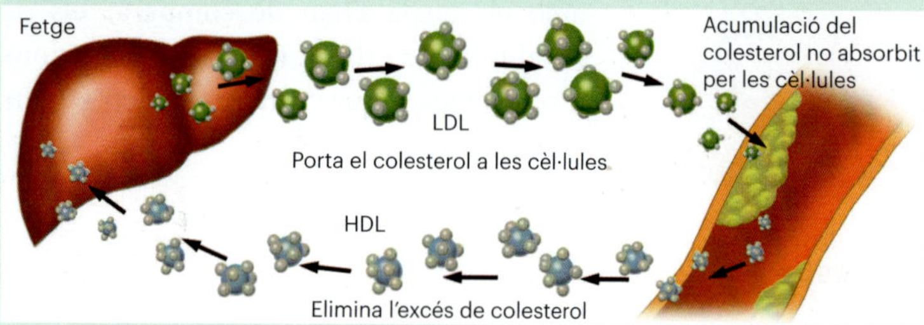

Ítem 3. Factor de risc

Si hi ha **hipercolesterolèmia** o excés de colesterol a la sang, les **LDL** cedeixen el seu colesterol a les proteïnes de les parets arterials i es generen uns dipòsits (**ateromes**) que dificulten la circulació sanguínia; aquest trastorn s'anomena **ateroesclerosi**. Els nivells alts de colesterol total (HDL i LDL) no produeixen símptomes externs, per això el diagnòstic només es pot fer mitjançant una anàlisi de sang.

Construeix amb el que saps

Raona **1** Hi ha productes comercials que garanteixen disminuir el colesterol de les persones que pateixen hipercolesterolèmia. Aquests productes contenen «esterols vegetals», que són molècules molt semblants al colesterol i que hi competeixen per ser absorbides a l'intestí prim.

a Explica per què els productes a base d'esterols vegetals disminueixen el colesterol.
b Seria possible una dieta basada només en esterols vegetals i lliure de colesterol?

Interpreta **2** El nom de les lipoproteïnes HDL (*high density lipoproteins*) fa referència al fet que la seva proporció proteica és alta i la seva proporció lipídica és baixa. El nom de les lipoproteïnes LDL (*low density lipoproteins*) fa referència justament al contrari. Per què et sembla que anomenem les HDL «colesterol bo» i les LDL, «colesterol dolent»?

Aplica **3** Per què un excés de colesterol LDL a la sang pot produir problemes cardíacs?

El que has construït

El **colesterol** és una molècula d'origen animal imprescindible per a la formació de membranes i d'altres molècules. Viatja unit a proteïnes amb les quals forma les lipoproteïnes **HDL** («colesterol bo») i **LDL** («colesterol dolent»). Un excés d'LDL pot generar dipòsits de colesterol a les artèries (**ateroesclerosi**), que dificulten la circulació sanguínia.

2. Els vasos sanguinis

La sang circula sempre per l'interior d'uns conductes denominats **vasos sanguinis: artèries, venes** i **capil·lars.** Les artèries es ramifiquen en **arterioles,** i aquestes, en **capil·lars**; després aquests capil·lars s'uneixen i formen **vènules,** que, al seu torn, s'uneixen per formar les **venes.**

- **Artèries.** Són els vasos sanguinis pels quals circula la sang que surt del cor i es distribueix per tot el cos. Són vasos molt elàstics en els quals es distingeixen tres capes:
  - La **túnica externa** de teixit conjuntiu.
  - La **túnica mitjana** gruixuda de fibres musculars llises i de fibres elàstiques.
  - La **túnica interna** molt fina de cèl·lules epitelials.
- **Venes.** Són els vasos sanguinis pels quals circula la sang que es dirigeix des dels capil·lars fins al cor. Són molt menys elàstics que les artèries i, aquí, la pressió és molt baixa. Per evitar el retrocés de la sang, a l'interior hi ha unes vàlvules anomenades **vàlvules semilunars.** La seva paret presenta tres capes, com les artèries, però amb la túnica mitjana molt més fina i amb menys fibres elàstiques.
- **Capil·lars.** Són els vasos sanguinis situats entre les artèries i les venes. Té un diàmetre molt petit i les parets estan formades per una sola capa de cèl·lules epitelials, cosa que facilita l'intercanvi de substàncies (aigua, nutrients, oxigen, diòxid de carboni, urea, etc.) amb els teixits i fins i tot la sortida de glòbuls blancs a través seu.

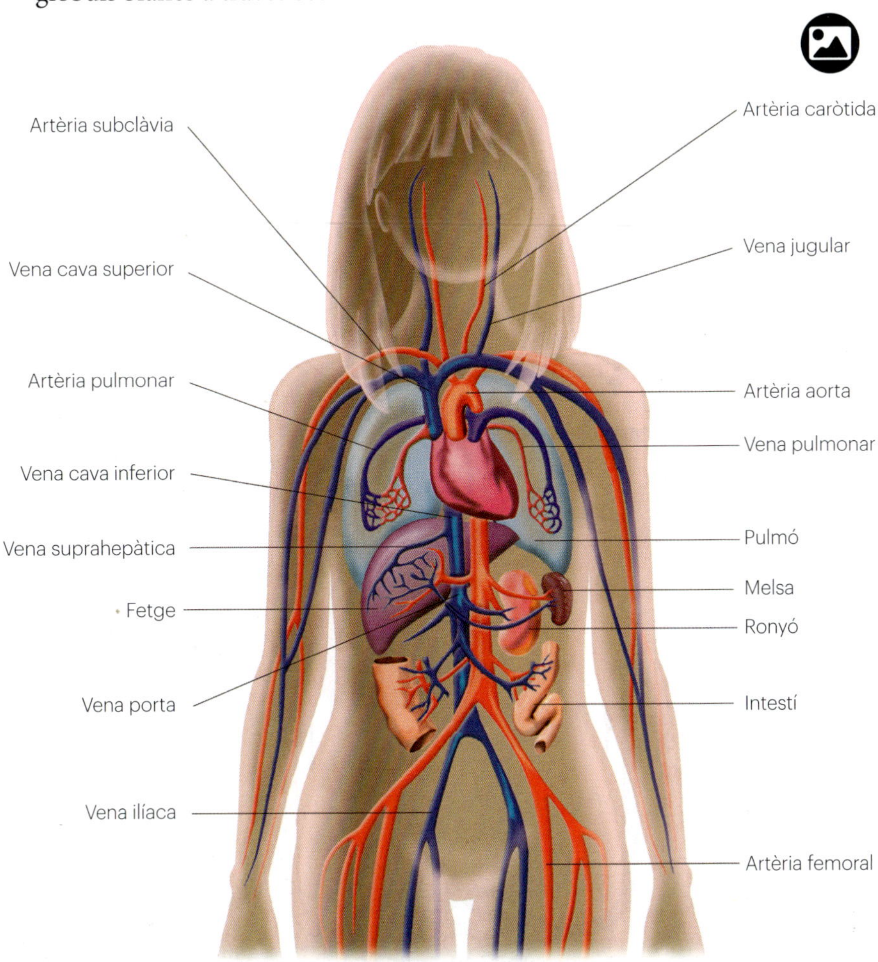

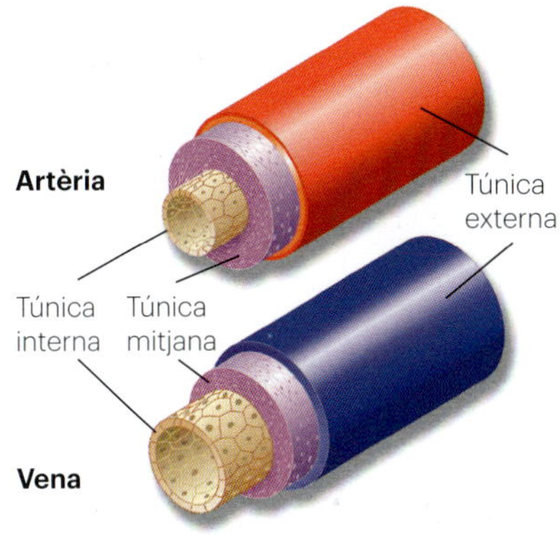

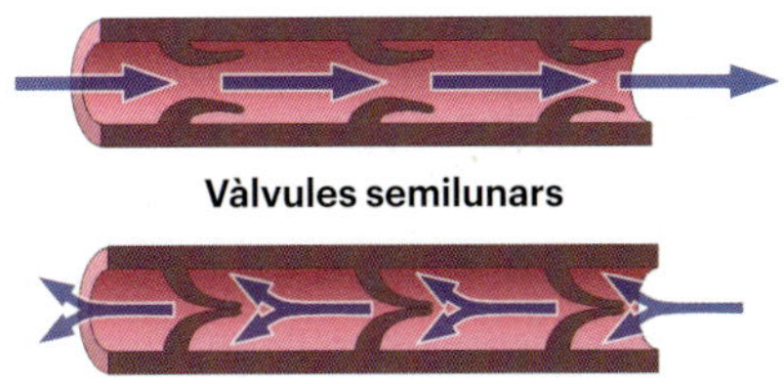

Funcionament de les vàlvules semilunars de les venes.

Activitats

4. Observa i explica les semblances i les diferències entre una artèria, una vena i un capil·lar. Per què les parets de les artèries han de ser molt més gruixudes que les de les venes?

5. Descarrega la imatge dels vasos sanguinis del cos humà i indica amb fletxes el sentit de la sang en cada vas que entra al cor i que en surt. Ara respon les preguntes:

- **a** Per on accedeix al cor la sang que torna dels teixits de l'organisme?
- **b** Per quins vasos entra i surt del cor la sang dels pulmons?
- **c** Quin vas sanguini necessita més pressió per repartir la sang per tot el cos?

6. Construeix i representa amb una cartolina el funcionament de les vàlvules semilunars. Com aconsegueixen que la sang no retrocedeixi? Què passaria si no hi haguessin vàlvules a l'interior de les venes?

3. La circulació de la sang

La **circulació sanguínia** humana és tancada, completa i doble.

- **Tancada**. La sang sempre circula per l'interior dels vasos, a diferència del que passa en molts invertebrats, en els quals el líquid circulant surt dels vasos i omple una sèrie d'espais o llacunes de l'interior de l'animal.
- **Completa**. Al cor no es mescla la sang rica en oxigen (passa per la part esquerra) amb la sang pobra en oxigen (passa per la part dreta). En altres vertebrats, com els amfibis, l'envà que separa els ventricles és incomplet i els dos tipus de sang es mesclen dins del cor. Per això, aquest tipus es denomina de **circulació incompleta**.
- **Doble**. La sang circula en un doble circuit, ja que per fer una volta completa per tot el cos ha de passar dos cops pel cor. Els dos circuits són:
  - **Circulació menor o pulmonar**. La sang surt del ventricle dret per l'artèria pulmonar cap als pulmons i torna a l'aurícula esquerra per les venes pulmonars.
  - **Circulació major, sistèmica o general**. La sang surt del ventricle esquerre per l'artèria aorta fins a tots els òrgans del cos, tret dels pulmons, i torna a l'aurícula dreta a través de les venes caves.

En la circulació major, la sang que arriba als òrgans va carregada d'oxigen que intervé en la respiració cel·lular per obtenir energia. En aquest procés es produeix diòxid de carboni que passa a la sang, de manera que aquesta sang surt dels òrgans amb molt diòxid de carboni i poc oxigen.

ESQUEMA DE LA CIRCULACIÓ SANGUÍNIA

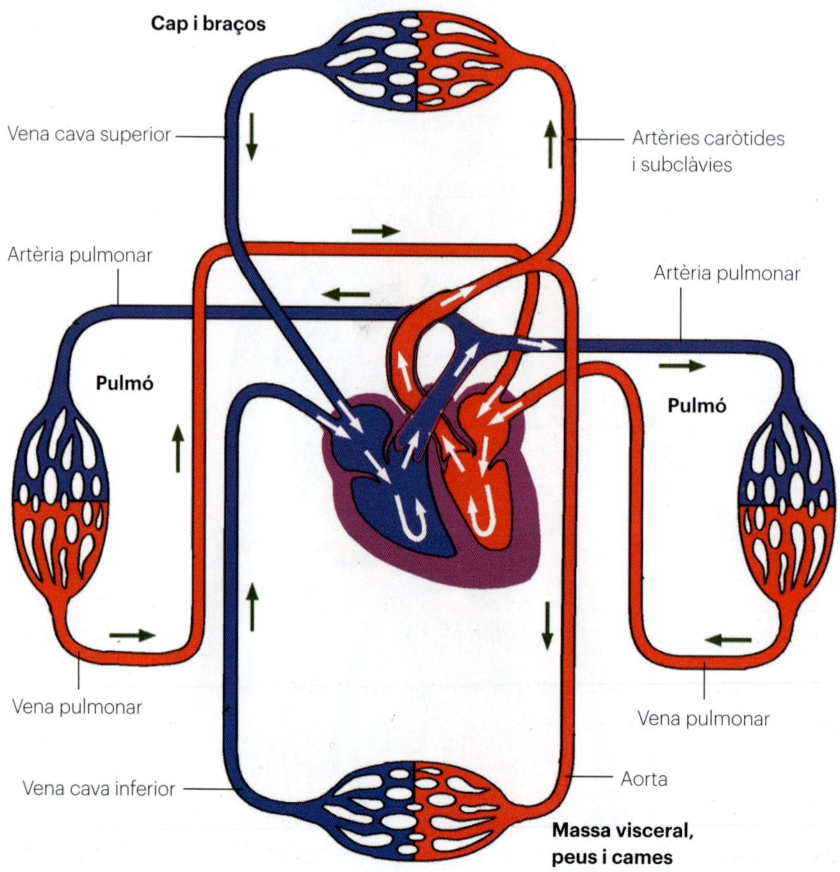

Activitats

7. AL Justifica si estàs d'acord amb aquesta afirmació: «Inhalem l'oxigen gràcies a la respiració, el transformem en diòxid de carboni als pulmons, que s'expulsa mitjançant l'exhalació.»

8. AP Per què pintem uns vasos sanguinis de color vermell i uns altres de color blau?

9. Visualitza el vídeo. Quantes vegades, aproximadament, viatja la sang per tot el cos en una hora?

10. AD En grups, estudieu els diferents tipus de circulació (oberta/tancada, simple/doble, incompleta/completa). Trieu una característica, cerqueu-ne informació, feu un pòster en què s'il·lustrin les diferències entre els dos tipus i presenteu-lo a la resta de la classe.

4 Són diferents els ventricles del cor?

Personal / Ciència i tecnologia AA AP

Aprèn a...

Utilitzar correctament els materials de laboratori i seguir les normes de seguretat.

Elaborar i argumentar conclusions a partir dels resultats obtinguts en una recerca.

Formula hipòtesis

Si hi ha dues circulacions diferents, és possible hi hagi alguna diferència anatòmica al cor. Penses que és així? Tria una hipòtesi i justifica-la. Després, fes la dissecció d'un cor de xai (només els metges i les metgesses i els estudiants de medicina poden treballar amb cors humans).

Hipòtesi

a El ventricle esquerre serà més gruixut i resistent.
b El ventricle dret serà més gruixut i resistent.
c No hi ha cap diferència anatòmica important.

Experimenta

1. Col·loca el cor a la cubeta de dissecció de manera que la part plana descansi sobre el fons (dibuix 1). Fes un dibuix del natural i indica'n les dimensions.
2. Localitza i identifica les aurícules i els ventricles i anota'n els noms en el dibuix.
3. Introdueix l'agulla amb mànec per l'artèria pulmonar perquè et serveixi de guia.
4. Amb les tisores, obre el ventricle dret des de l'artèria pulmonar, seguint el recorregut marcat per la línia A, que està situada a mig centímetre per sobre del solc interventricular. Dibuixa l'interior del cor.
5. Descarrega i observa el dibuix 2 sobre l'anatomia interna i anota en el teu dibuix el gruix, l'aspecte i el nom de les vàlvules del ventricle dret.
6. Introdueix l'agulla amb mànec per l'aorta perquè et serveixi de guia per iniciar el tall.
7. Amb les tisores, obre el ventricle esquerre, començant a tallar al lloc per on has introduït l'agulla amb mànec, a l'aorta. Segueix el recorregut assenyalat amb la lletra B, situat mig centímetre per sota del solc que separa els dos ventricles.
8. Descarrega i observa el dibuix 3 i repeteix el punt 5 amb el ventricle esquerre.

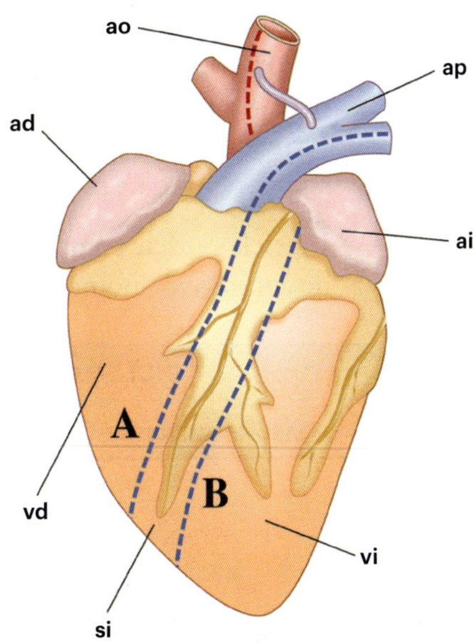

ao Aorta
ai Aurícula esquerra
vi Ventricle esquerre
si Solc interventricular
ap Artèria pulmonar
vd Ventricle dret
ad Aurícula dreta

Dibuix 1. Anatomia externa del cor.

MATERIAL
- Cubeta de dissecció
- Agulla amb mànec
- Pinces
- Tisores
- Cor de xai

Protocol

Rúbrica

Dibuix 1

Dibuix 2

Dibuix 3

Analitza

1 Descriu. Quin dels ventricles és més gruixut? Quina artèria en surt? On envia la sang quan es contreu?

2 Interpreta. Quin dels ventricles té una paret més fina? Quina és la destinació de la sang que bomba?

3 Analitza. El pas de l'aurícula al ventricle està regulat per una vàlvula. Quin nom rep cadascuna? A quin costat es troba la vàlvula més robusta? Per què et sembla que és així?

Conclou

A partir de les observacions, es confirma la teva hipòtesi? Quina és la correcta? Justifica la teva resposta.

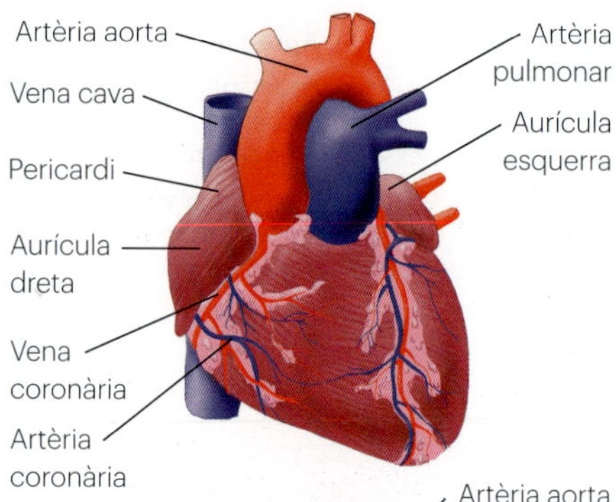

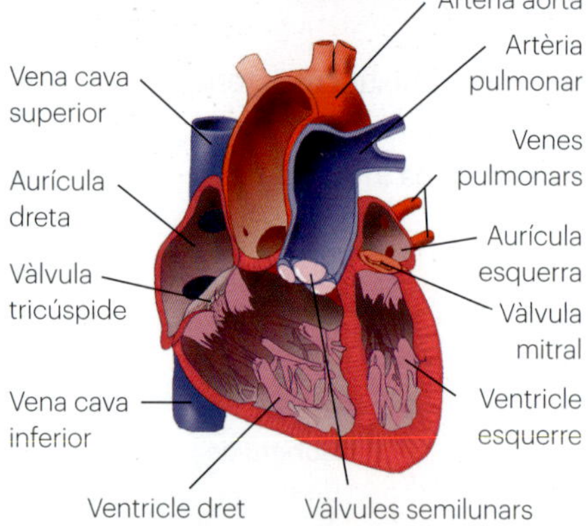

El cor, com qualsevol múscul, necessita que la sang li proporcioni els nutrients i l'oxigen per funcionar. D'aquesta tasca, se n'encarrega el **sistema circulatori coronari**.

4. El cor

4.1 Forma i estructura del cor

El cor de l'ésser humà és un òrgan muscular buit de la mida d'un puny, de forma cònica, amb la punta cap avall i cap a l'esquerra, situat al tòrax, entre els dos pulmons. La seva funció és **bombar la sang** perquè arribi fins a les parts més allunyades del cos.

El múscul cardíac (**miocardi**) està dividit interiorment en quatre cambres: dues de superiors i de parets fines anomenades **aurícules**, que reben la sang que arriba al cor, i dues cambres inferiors de parets gruixudes denominades **ventricles**, que impulsen la sang a l'exterior del cor.

- L'aurícula esquerra està comunicada amb el ventricle esquerre i el pas està regulat per la **vàlvula mitral**. L'aurícula dreta està comunicada amb el ventricle dret i el pas està regulat per la **vàlvula tricúspide**.
- A l'aurícula esquerra arriben les **venes pulmonars** i del ventricle esquerre surt l'artèria aorta. A l'aurícula dreta arriben les dues **venes caves** i del ventricle dret surt l'**artèria pulmonar**.

4.2 Funcionament del cor

El cor es contreu i es dilata de manera rítmica, és el que s'anomena **batec cardíac**. Aquests batecs impulsen la sang per tot el cos. El període comprès entre el final d'una contracció i el final de la següent rep el nom de **cicle cardíac**. El cor en repòs batega entre 70-80 vegades per minut.

Un cicle cardíac comprèn una fase de dilatació denominada **diàstole** i una fase de contracció anomenada **sístole**.

CICLE CARDÍAC		
Diàstole (dura 0,4 s)	**Sístole auricular** (dura 0,1 s)	**Sístole ventricular** (dura 0,3 s)
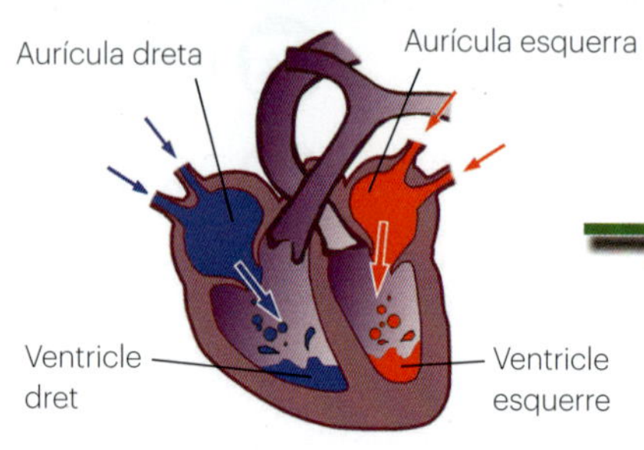	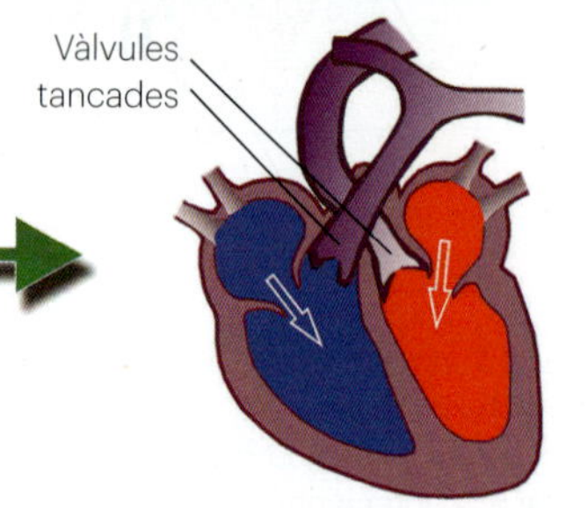	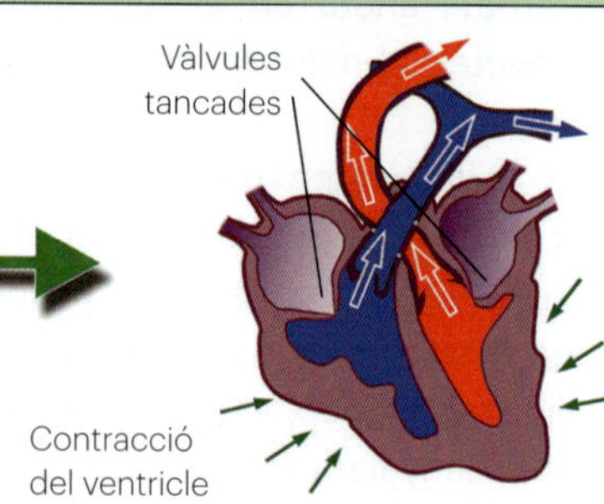
En la fase de diàstole, el cor es dilata i la **sang pobra en oxigen**, que prové del cos, entra a l'aurícula dreta a través de les venes caves. La **sang rica en oxigen**, que ve dels pulmons, entra a l'aurícula esquerra a través de les venes pulmonars. La sang que hi ha a les artèries no retrocedeix al cor, perquè es tanquen les **vàlvules sigmoidals o semilunars**. Això produeix el so més curt o «dup» del batec cardíac.	Les aurícules es contreuen i les **vàlvules tricúspide i mitral** s'obren, cosa que fa que la sang vagi cap als ventricles, que en aquest moment estan relaxats, és a dir, en **diàstole**, i s'acaben d'omplir. Es considera que el 70 % de la sang que omple els ventricles en diàstole és deguda a la diàstole ventricular i només el 30 % a la sístole auricular.	Les **vàlvules mitral i tricúspide** es tanquen, cosa que produeix el so més llarg o «lub» del batec cardíac. Les vàlvules semilunars s'obren i els ventricles es contreuen. Això provoca la sortida de la sang fora del cor. La **sang pobra en oxigen** del ventricle dret surt per l'artèria pulmonar cap als pulmons. La **sang rica en oxigen** del ventricle esquerre surt per l'artèria aorta per ser distribuïda pels diferents òrgans. En aquest moment, les aurícules es relaxen, és a dir, estan en **diàstole**.

4.3 La contracció cardíaca i el pols

El cor mateix produeix els estímuls perquè la seva musculatura es contragui, no com la resta dels músculs, que necessiten ser estimulats pel sistema nerviós. Aquest estímul s'inicia a l'aurícula dreta (en l'anomenat **nòdul sinoauricular** o marcapassos). Després recorre les aurícules, arriba a l'envà que hi ha entre els ventricles, es distribueix per les seves parets i en desencadena la contracció.

Llavors, la sang és impulsada amb força a través de les artèries, que reben la sang dels ventricles i es dilaten, per després contreure's i es dilata, així, el sector següent de les artèries. S'inicia una ona que es propaga de manera intermitent a través de les artèries i que rep el nom de **pols**.

El pols es pot percebre aplicant els tous dels dits sobre una artèria superficial, com la que passa pels canells. La seva freqüència coincideix amb les contraccions del cor (de 70 a 80 pulsacions per minut en repòs).

El cor pot continuar bategant fora del cos durant un cert temps.

Els impulsos elèctrics cardíacs es poden registrar en uns gràfics anomenats **electrocardiogrames**.

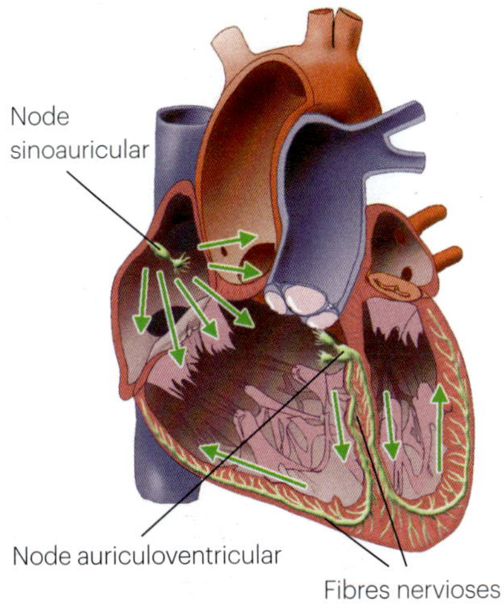

4.4 La pressió sanguínia

La pressió sanguínia és la força que exerceix la sang sobre les parets dels vasos sanguinis. Mèdicament, és més important la **pressió arterial** que la venosa. Aquesta pressió és necessària perquè la sang arribi a totes les parts del cos a la velocitat adequada per poder passar pels capil·lars més fins.

Els ventricles són els responsables bàsics d'aquesta pressió, especialment l'esquerre, que, com que té les parets més gruixudes, es contreu amb més força. La pressió arterial té un valor màxim o **pressió sistòlica**, i un valor mínim o **pressió diastòlica**, que varien segons l'edat.

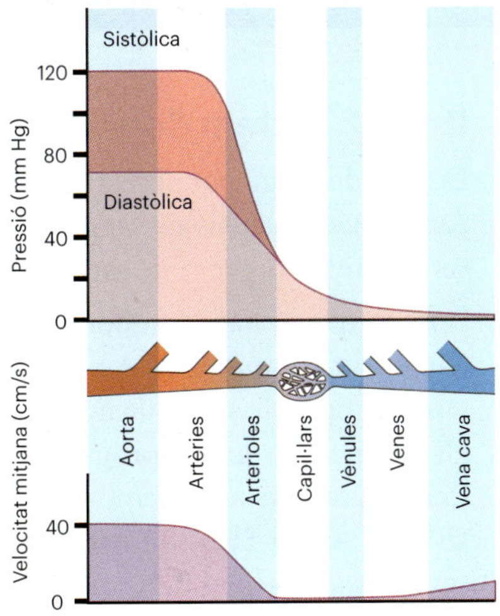

Activitats

11. Observa l'animació del cicle cardíac de l'apartat 4.2 (*Funcionament del cor*) i fes les activitats.

a Quan s'obren i es tanquen les diferents vàlvules?
b Cerca informació sobre el so «lub-dup», que se sent en auscultar un cor. En quins moments de l'animació del cicle cardíac ubicaries cada un dels sorolls?

12. AM AF En parelles, mesureu les vostres pulsacions per minut. Per fer-ho, poseu els dits índex i el del mig al coll o al canell de la vostra parella. Quan trobis el pols, utilitza un rellotge per comptar les pulsacions en un minut. Repetiu l'activitat en repòs, després de caminar un minut i després de córrer un minut.

a Anoteu els diferents resultats.
b Hi ha diferències després de cada una de les activitats?

13. AM Observa el gràfic de la pressió sistòlica i diastòlica.

a De quina manera varien la pressió sistòlica i la diastòlica amb l'edat? Quina n'és la causa?
b Quins valors serien normals amb 20 anys? I amb 60?
c Per què tenim dues pressions?

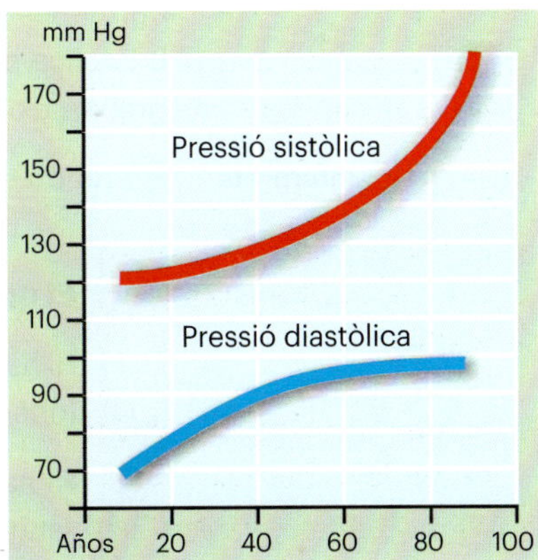

Pressió sistòlica i diastòlica.

5 Tens cura del teu cor? Hi ha diferents tipus de sang?

Social / Salut AS AP AF

Aprèn a...

Argumentar críticament el teu punt de vista sobre temes sociocientífics controvertits.

Ítem 1. Què passa durant un atac de cor?

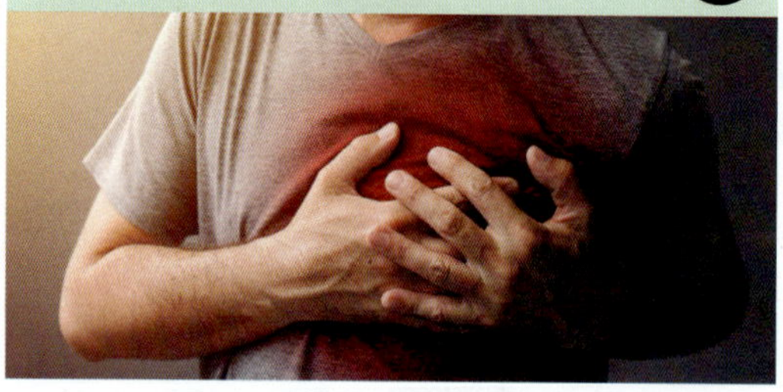

Ítem 2. Factors de risc

Hi ha diversos factors que influeixen en el risc de patir malalties cardiovasculars. Alguns són modificables però d'altres, no.

Factors no modificables	Factors modificables
Sexe (home o dona) Edat Herència genètica o familiar	Alimentació Pes Tabac Activitat (sedentarisme) Estrès

Ítem 3. Podem donar a qualsevol?

De vegades, algú pot necessitar el trasplantament d'un òrgan o una transfusió de sang. Per ajudar els altres, podem ser donants d'òrgans i de sang.

Sempre que hi hagi una donació, el **donant** i el **receptor** han de ser **compatibles**. Això implica que el donant ha de tenir un tipus de sang que no sigui **rebutjada** pel receptor. Hi ha diferents **grups sanguinis**, segons el tipus de molècules presents a la membrana dels glòbuls vermells. El **sistema AB0** i l'**Rh** són especialment importants ja que són els responsables dels principals rebutjos.

Sistema AB0: la sang pot ser A, B, AB o 0.
Sistema Rh: pot ser Rh+ o Rh–.

	Receptor							
Donant	**A+**	**A–**	**B+**	**B–**	**AB+**	**AB–**	**0+**	**0–**
A+	SÍ	NO	NO	NO	SÍ	NO	NO	NO
A–	SÍ	SÍ	NO	NO	SÍ	SÍ	NO	NO
B+	NO	NO	SÍ	NO	SÍ	NO	NO	NO
B–	NO	NO	SÍ	SÍ	SÍ	SÍ	NO	NO
AB+	NO	NO	NO	NO	SÍ	NO	NO	NO
AB–	NO	NO	NO	NO	SÍ	SÍ	NO	NO
0+	SÍ	NO	SÍ	NO	SÍ	NO	SÍ	NO
0–	SÍ	SÍ	SÍ	SÍ	SÍ	SÍ	SÍ	SÍ

Taula de compatibilitat.

Construeix amb el que saps

Aplica

1 Caminant pel carrer, veiem una senyora d'uns 60 anys que, de sobte, s'ajup, crida de dolor i demana auxili. Has de valorar ràpidament si es tracta d'un atac de cor. En quins signes i símptomes t'has de fixar? Consulta el vídeo de l'ítem 1.

Reflexiona

2 Llegeix l'ítem 2 i fes les activitats.

a Observant cada factor (modificable i no modificable), pensa i digues quin tipus de persona corre més risc de patir malalties cardiovasculars (per exemple: l'home té més risc que la dona).
b Explica per què un home sedentari, que fa 1,80 m i pesa 90 kg, amb una alimentació alta en greixos d'origen animal i fumador, té un risc alt de patir una malaltia cardíaca.

Interpreta

3 Amb les dades de l'ítem 3, digues quin grup sanguini és donant universal i quin, receptor universal.

El que has construït

Hi ha diferents **patologies del cor** que poden estar relacionades amb causes modificables (obesitat, tabac, etc.) i no modificables (edat, sexe, etc.).

Hi ha dos **sistemes sanguinis** principals: l'**ABO** i l'**Rh**. Segons el **grup sanguini**, algunes sangs són compatibles i d'altres no, en cas de transfusió o trasplantament. Com que la sang no es pot fabricar, fa falta que la gent en doni de manera altruista.

5. Trastorns de l'aparell circulatori

Hi ha diversos trastorns i malalties de l'aparell circulatori, com per exemple:

- **Hipertensió**. És l'augment crònic de la pressió arterial.
- **Ateroesclerosi**. És l'enduriment de les artèries a causa del dipòsit de plaques (ateromes) d'una substància grassa anomenada colesterol a les parets internes de les artèries. Els ateromes fan que les artèries s'estrenyin i, en conseqüència, provoquen un augment de la pressió arterial que pot comportar el trencament de vasos sanguinis.
- **Arterioesclerosi**. És un enduriment i engruiximent de les parets arterials a causa de les petites lesions que es produeixen amb l'edat.
- **Angina de pit**. És un dolor fort al pit que es produeix perquè el cor no rep prou sang a causa d'una obstrucció a les artèries coronàries. Acostuma a remetre després d'uns quants minuts de repòs.
- **Buf cardíac**. És un soroll característic que es percep en auscultar el cor amb l'estetoscopi i acostuma a indicar anomalies a les vàlvules.
- **Taquicàrdia no fisiològica**. És un increment de la freqüència cardíaca en repòs per sobre de 100 batecs per minut.
- **Infart de miocardi**. És la mort d'un grup de cèl·lules del cor per manca d'irrigació sanguínia (no reben ni nutrients ni oxigen). Si la part afectada és gran, l'òrgan deixa de funcionar. Es manifesta amb un dolor agut que, a diferència de l'angina de pit, no cessa. Pot tenir aquestes causes:
  - El trencament de vasos sanguinis per un traumatisme o un augment de la tensió arterial.
  - Una **trombosi** o obstrucció d'una artèria coronària per un coàgul de sang (trombe).
  - Una **embòlia** o obstrucció provocada per una placa d'ateroma de colesterol (èmbol) que s'ha després d'un altre lloc.

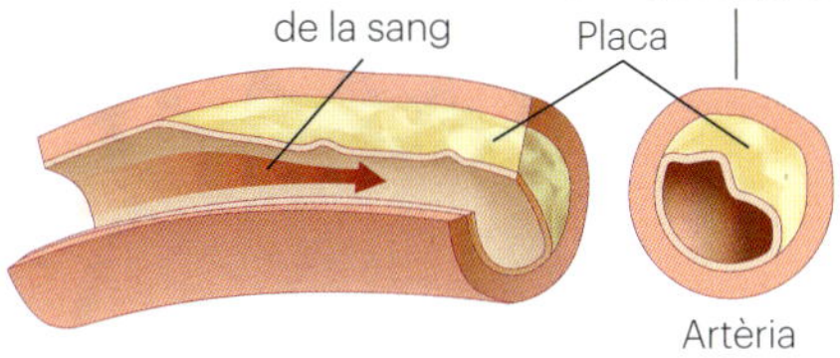

L'ateroesclerosi es produeix com a conseqüència del dipòsit de plaques de colesterol i altres lípids a les artèries.

Recomanacions per a un cor sa

Segueix una alimentació baixa en greixos animals i rica en fruita i verdura, i fes activitat física regularment.

ESTILS DE VIDA QUE AFAVOREIXEN ELS TRASTORNS

Una **alimentació rica en greixos animals**, com carns grasses, brioixeria, mantega, nata i aperitius, incrementa el nivell de colesterol a la sang.

Portar una **vida sedentària** no ajuda, ja que el cor no treballa prou i afavoreix un **excés de pes** que augmenta l'esforç del cor.

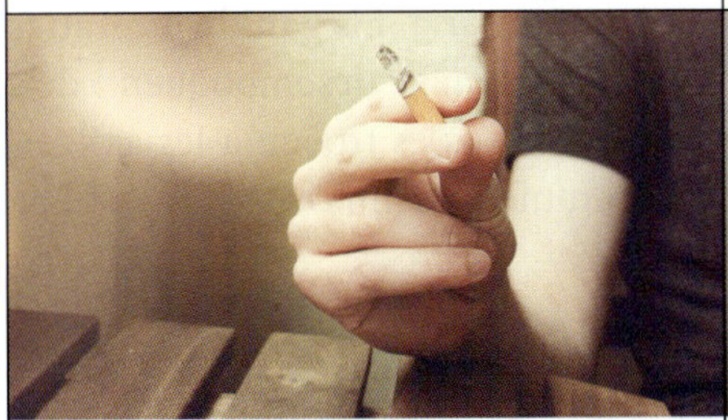

Fumar tabac afavoreix que es produeixin dipòsits de colesterol.

Les **situacions d'estrès** poden provocar taquicàrdies sobtades.

Activitats

14. AS Què diagnosticaries a una persona amb els símptomes següents?

- **a** Una tensió arterial de 150/90 amb 20 anys.
- **b** La presència d'un soroll estrany, com un xiulet, en auscultar el cor d'un home de 55 anys.
- **c** L'ingrés hospitalari d'una dona de 45 anys per un dolor fort al pit, que desapareix quan roman en repòs.

6. El sistema limfàtic

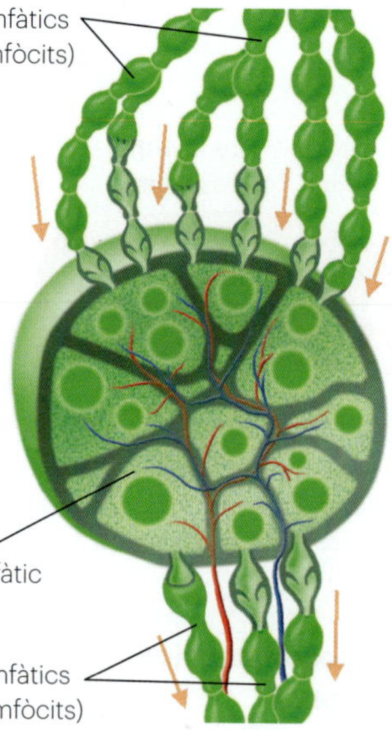

La pressió elevada de la sang que circula pels capil·lars sanguinis provoca que en surti part del plasma sanguini. Aquest líquid, que conté oxigen, glucosa, aminoàcids i lípids, en part no és reabsorbit i queda als espais intercel·lulars i forma el que es coneix com a **plasma intersticial**. Del plasma intersticial, les cèl·lules en prenen l'oxigen i els nutrients, i hi aboquen els productes de rebuig, com el diòxid de carboni i la urea formada al fetge. Per tant, és necessari un sistema que torni el plasma intersticial al sistema sanguini. D'això se n'ocupa el **sistema limfàtic**.

A més, el sistema limfàtic efectua el **transport d'alguns dels greixos** absorbits a l'intestí prim i transporta i emmagatzema els limfòcits, que són les cèl·lules que produeixen els anticossos.

6.1 Components del sistema limfàtic

El **sistema limfàtic** està format pels **capil·lars** limfàtics, els **vasos** limfàtics, els òrgans limfàtics i la **limfa**.

- **Capil·lars limfàtics**. Són vasos petits de parets molt fines i cecs, és a dir, tancats per un extrem. La funció d'aquests capil·lars és reabsorbir el plasma intersticial.
- **Vasos limfàtics**. Són conductes que tenen l'origen en la confluència de molts capil·lars limfàtics. Les seves parets són fines i a l'interior tenen unes vàlvules semblants a les de les venes, que impedeixen que la limfa retrocedeixi. La limfa es desplaça cap a la cavitat toràcica a causa de la pressió del líquid intersticial i de les contraccions dels músculs situats al costat dels vasos limfàtics. Els vasos limfàtics desemboquen en uns conductes limfàtics majors que aboquen el seu contingut al torrent circulatori sanguini. Els més importants són la **gran vena limfàtica**, que desemboca a la vena subclàvia dreta, i el **conducte toràcic**, que desemboca a la vena subclàvia esquerra.
- **Limfa**. És el líquid que circula per l'interior dels vasos limfàtics. Prové del plasma intersticial o intercel·lular, reabsorbit a tot el cos, i greixos resultants de la digestió dels aliments a l'intestí. A més, conté els **limfòcits**, que són un tipus de glòbuls blancs que produeixen **anticossos**, substàncies de defensa que inactiven els antígens o molècules estranyes que entren al cos i poden provocar trastorns.
- Òrgans limfàtics. Hi ha òrgans limfàtics primaris (**medul·la òssia** i **tim**) i secundaris (**ganglis limfàtics** i **melsa**). En els primers, els limfòcits proliferen i s'especialitzen, i en els segons, aquests limfòcits entren en contacte amb els patògens per activar la resposta immunitària. Els **ganglis limfàtics** són engruiximents de la mida d'un pèsol en els quals desemboquen i dels quals surten vasos limfàtics. Els més voluminosos es troben a les axil·les, als engonals i al coll. En aquests punts s'acumulen els limfòcits i, quan hi ha una infecció, s'inflamen.

Per moure's, la limfa no disposa d'una bomba que generi pressió, com en el cas del cor que bombeja la sang. Per això, el moviment de la limfa a través del sistema limfàtic depèn d'altres mecanismes, com la contracció i la relaxació de la musculatura estriada.

La pràctica regular d'exercici físic afavoreix el moviment de la limfa pel cos.

EL SISTEMA LIMFÀTIC

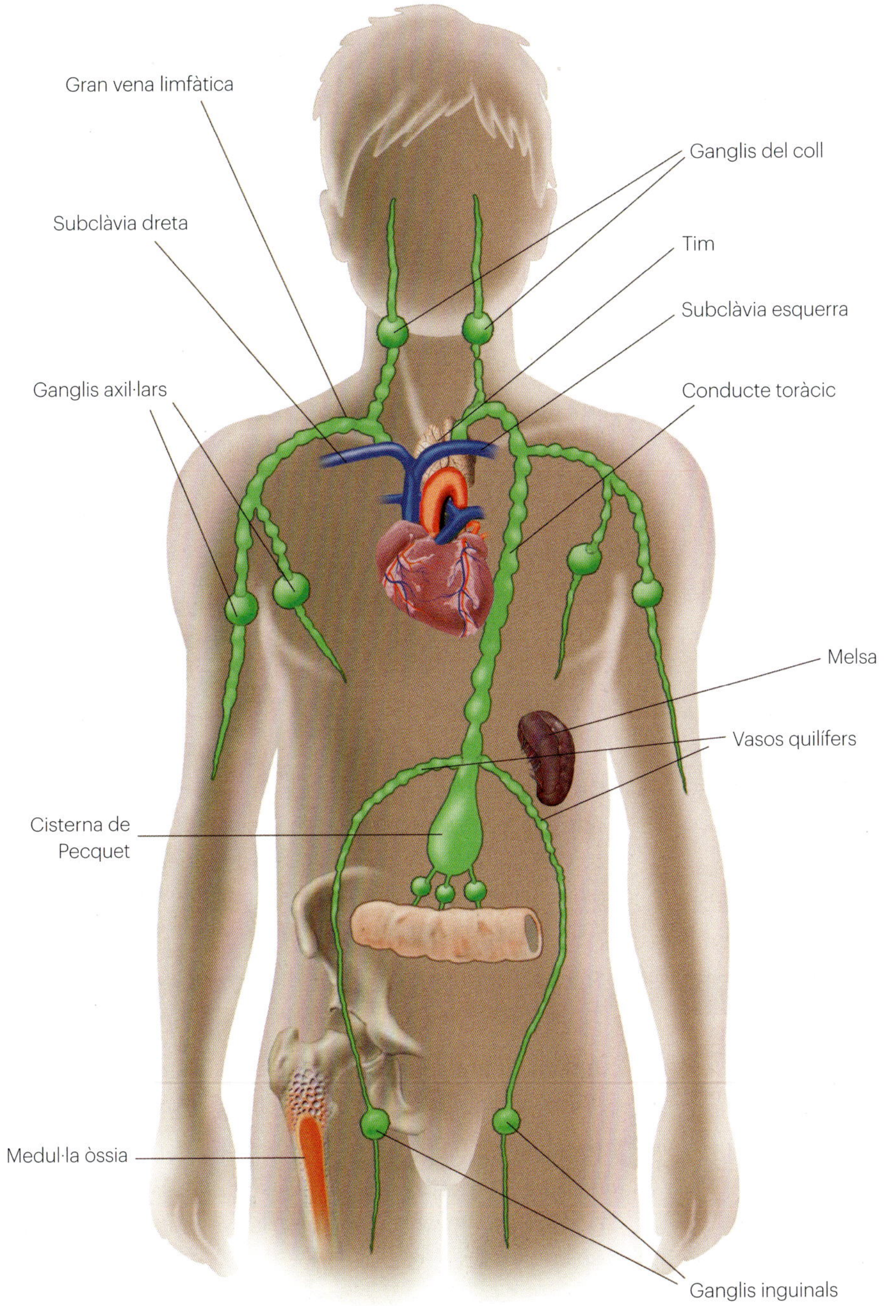

Activitats

15. AL AF La imatge del lateral mostra un mecanisme que permet el moviment de la limfa en sentit oposat a la gravetat.

a Analitza la imatge i explica com es produeix el moviment de la limfa.

b Algunes persones, especialment de la tercera edat, pateixen d'edema o acumulació de líquid a les extremitats. Una de les causes podria ser el sedentarisme. Pensa i redacta per què i com passa aquesta anomalia.

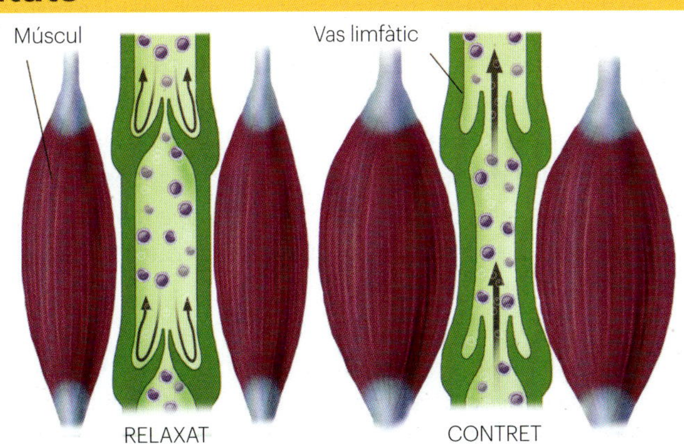

Efecte de bomba muscular.

Ciències en context

1 AS AM Social / Salut La leucèmia

Descriure les funcions de l'aparell circulatori i analitzar la circulació sanguínia.
Conèixer les malalties més freqüents dels òrgans, aparells i sistemes implicats en la nutrició, associar-les amb les seves causes i saber com prevenir-les.
Conèixer la importància de la donació de cèl·lules, sang i òrgans.

Les leucèmies són un tipus de càncer que afecta la medul·la òssia i, per tant, la sang. N'hi ha diferents tipus i es poden presentar durant la infància o en l'edat adulta. La leucèmia infantil representa un 30 % dels càncers pediàtrics i el tipus més comú és la leucèmia limfoblàstica aguda (LLA). Mira el vídeo de la Fundació Josep Carreras que parla sobre la leucèmia infantil.

1 **Interpreta.** Quines són les cèl·lules alterades en aquesta malaltia? Quina funció tenen habitualment en l'organisme? Què et sembla que passa quan aquestes cèl·lules perden la seva funció?

2 **Aplica.** Aquests són els resultats de l'hemograma d'una nena de 10 anys que pateix leucèmia. Tots els valors estan clarament alterats.

Hemograma	Pacient de 10 anys	Normal
Hemoglobina (g/dL)	8,5	11,8-14,6
Leucòcits (x10^9/L)	83	4,5-13,5
Neutròfils (x10^9/L)	1,4	1,8-8,0
Plaquetes (x10^9/L)	8,7	150-450

a Com expliques els resultats tenint en compte la causa d'aquesta malaltia?

b Explica quins problemes experimentarà la pacient a causa dels valors baixos d'hemoglobina i plaquetes, considerant la funció dels dos elements en l'organisme.

3 **Aplica i raona.** El tractament principal de la LLA és la quimioteràpia, seguida d'un trasplantament de cèl·lules mare.

a La quimioteràpia és l'administració de medicaments que *ataquen* les cèl·lules que es divideixen ràpidament. Els efectes secundaris acostumen a ser pèrdua de cabells, úlceres (orificis o lesions) a l'aparell digestiu i tendència a tenir blaus i a sagnar. Escriu una hipòtesi que expliqui per què la quimioteràpia té aquests efectes secundaris.

b El trasplantament de cèl·lules mare sanguínies s'acostuma a fer a partir de les cèl·lules d'un donant. Per a què es trasplanten cèl·lules mare? Es poden utilitzar cèl·lules mare de qualsevol donant?

2 AV AP AF Personal / Salut Rendiment esportiu

Identificar els diferents òrgans, aparells i sistemes implicats en la funció de nutrició.
Descriure les funcions de l'aparell circulatori i analitzar la circulació sanguínia.

Lance Armstrong era un ciclista d'elit que va guanyar set vegades el famós Tour de França. Va ser desposseït de totes les seves victòries en descobrir-se que s'havia dopat. Entre altres tècniques, Armstrong es va administrar EPO, una molècula que estimula la producció de glòbuls vermells nous a la medul·la òssia. Es considera dopatge perquè es tracta d'una administració d'EPO exògena, però el mateix procés té lloc de manera natural. Quan l'organisme detecta un dèficit d'oxigen a la sang, s'allibera EPO que estimula la producció d'eritròcits.

Kilian Jornet és un esportista molt reconegut pels seus èxits a l'alta muntanya. El volum normal d'eritròcits (hematòcrit) a la sang en els homes adults acostuma a ser del 36-45 %. En canvi, de manera natural i sense dopatge, Jornet té un valor del 49-50 %.

1 **Descriu.** Quin circuit fan els eritròcits de nova formació des que surten de la medul·la òssia fins que arriben a les proximitats dels músculs on descarreguen el seu contingut? Justifica la teva resposta esmentant els principals vasos sanguinis i òrgans pels quals viatgen els eritròcits.

2 **Raona.** Per què la generació d'eritròcits nous a la medul·la òssia contribueix a un rendiment esportiu més elevat?

3 **Aplica.** Formula una hipòtesi que expliqui per què l'hematòcrit de Kilian Jornet excedeix els límits normals.

4 **Reflexiona.** Què penses del dopatge en l'esport? Et sembla que és justificable? Raona la teva resposta. Després, poseu en comú les vostres opinions i feune un debat.

3 AP AM Personal / Salut Vàlvules que fallen

Identificar els diferents òrgans, aparells i sistemes implicats en la funció de nutrició.
Descriure les funcions de l'aparell circulatori i analitzar la circulació sanguínia.
Conèixer les malalties més freqüents de l'aparell circulatori, associar-les amb les seves causes i saber com prevenir-les.

Les vàlvules cardíaques s'obren i es tanquen, de mitjana, unes 60 vegades per minut. Les **valvulopaties** són malalties cardíaques en les quals les vàlvules principals deixen de funcionar correctament. Les causes poden ser diverses, però l'envelliment hi juga un paper important en molts casos.

(1) **Descriu.** Descarrega't la imatge. Després, esmenta i assenyala les diferents vàlvules que hi ha al cor.

(2) **Aplica.** +− Quantes vegades s'han obert i tancat les vàlvules del teu cor fins al dia d'avui? I les d'un adult de 55 anys? I les d'una persona de 85 anys?

(3) **Raona.** Per què et sembla que les valvulopaties són especialment freqüents en la tercera edat? Formula una hipòtesi que ho expliqui.

(4) **Aplica.** Hi ha dues anomalies que afecten les vàlvules cardíaques: l'estenosi (estretor d'una vàlvula) i la regurgitació (tancament incorrecte de la vàlvula, que permet el pas de la sang cap al costat equivocat). Explica què li passarà a una persona amb...

a Una estenosi a la vàlvula tricúspide.
b Una regurgitació a les vàlvules semilunars.

4 AL AS AM **Personal / Ciència i tecnologia**

Les teories antigues sobre la sang

Identificar els diferents òrgans, aparells i sistemes implicats en la funció de nutrició.
Descriure les funcions de l'aparell circulatori i analitzar la circulació sanguínia.
Conèixer les malalties més freqüents de l'aparell circulatori, associar-les amb les seves causes i saber com prevenir-les.
Conèixer la importància de la donació de cèl·lules, sang i òrgans.

Històricament parlant, i considerant el concepte que l'ingrés de sang al nostre organisme és vida, l'antecedent de la transfusió sanguínia va ser la ingesta de sang. Entre grups ètnics d'Àsia i Mesoamèrica de fa 2000 anys, sovint es troba la descripció de la ingesta de sang humana dels enemics i també d'alguns animals per adquirir fortalesa i, si escau, les bones qualitats dels animals.

Es considera que Jean-Baptiste Denis va ser el primer a aconseguir fer una transfusió humana amb èxit. El 1667 va administrar tres pintes de sang de xai a una persona, sense efectes nocius aparents, però després va intentar donar sang de vedella a un noi de vida agitada per tal de suavitzar el seu caràcter violent i li va provocar una reacció greu que va desembocar en la mort.

Renan A. Góngora-Biachi, «La sang en la història de la humanitat», *Biomed*, 16, 2005

(1) **Identifica.** Galè va ser un metge i filòsof grec que va desenvolupar la teoria dels quatre humors. Segons aquesta teoria, la proporció entre els quatre fluids corporals (flegma, sang, bilis groga i bilis negra) es corresponia amb diferents temperaments (flegmàtics, sanguinis, colèrics i melancòlics). L'adquisició o la pèrdua d'un fluid era la solució per aconseguir o alliberar un temperament. Indica en quines parts de la lectura de Góngora-Biachi veus reflectida aquesta idea.

(2) **Aplica i raona.** +− Una pinta equival a 473,18 mL. Quants litres de sang va administrar Jean-Baptiste Denis durant la seva primera transfusió? Com es pot explicar que aquesta transfusió no tingués efectes perjudicials i, en canvi, la segona acabés tràgicament?

(3) **Aplica i reflexiona.** En els temps en que Galè vivia, es considerava que la dona era un ésser impur els dies que tenia la menstruació, i s'argumentava que aquesta vessava el seu excés d'impuresa un cop al mes mitjançant la sang menstrual. Redacta un text en què expliquis per què la teoria dels humors ha de ser refutada i, com a conseqüència, per què la idea de «la dona impura» no té sentit. Utilitza els teus coneixements sobre el sistema circulatori per elaborar alguns dels teus argument en contra d'aquesta teoria.

5 AP AM **Personal / Salut** **Analítiques**

Identificar els diferents òrgans, aparells i sistemes implicats en la funció de nutrició.
Conèixer les malalties més freqüents dels òrgans, aparells i sistemes implicats en la nutrició, associar-les a les seves causes i saber com prevenir-les.

Tots els treballadors tenen dret a fer-se una revisió mèdica anual, o bé aquesta és obligatòria si l'activitat que fan pot posar la seva salut en risc. Imagina't que has rebut les anàlisis de sang de quatre treballadors i treballadores de l'empresa de transport *A Temps*.

		Treballadors			
	Valors normals	A	B	C	D
Sexe	H = home M = dona	H	M	M	H
Edat	En anys	37	26	24	18
Hematies	H (4,55,9) · 10^6/mm^3 M (45,4) ·10^6/mm^3	2,95 · 10^6	4,21 · 10^6	4,56 · 10^6	5,15 · 10^6
Leucòcits	4000 a 10 000/mm^3	7000	9900	16 000	5500
Glucosa	0,7-1,2 g/L	0,9	1,1	1,15	2,7
Colesterol LDL	79-189 mg/dL	102	210	176	150

(1) **Identifica.** Qui té anèmia? Per què?

(2) **Aplica.** Qui sembla que té una infecció? Per què?

(3) **Analitza.** Qui té diabetis? Per què?

(4) **Raona.** Qui podria patir ateroesclerosi? Per què? Fes una llista de recomanacions nutricionals per a aquest treballador o treballadora.

REPASSA LA UNITAT

Fabriquen múscul a partir de cèl·lules mare

Social / Salut AS AL

En només quatre setmanes, un grup de recerca de la Universitat de Colúmbia (EUA) ha fabricat el primer múscul cardíac humà a partir de cèl·lules mare, que té les característiques fonamentals del funcionament del cor humà adult. Els investigadors i les investigadores han estimulat les cèl·lules mare a través d'estimulació elèctrica i mecànica en una etapa primerenca.

El grup subratlla que la possibilitat de generar teixit cardíac humà que es comporti com el múscul cardíac nadiu seria «transformador» per a la recerca biomèdica, ja que els permetria estudiar la fisiologia humana i les malalties cardiovasculars en condicions totalment controlades. A més, aquest teixit facilitaria la identificació de dianes farmacològiques i conduiria a noves modalitats de tractament cardioprotector o curatiu. L'estudi es publica avui a Nature.

ABC, 4 d'abril del 2018

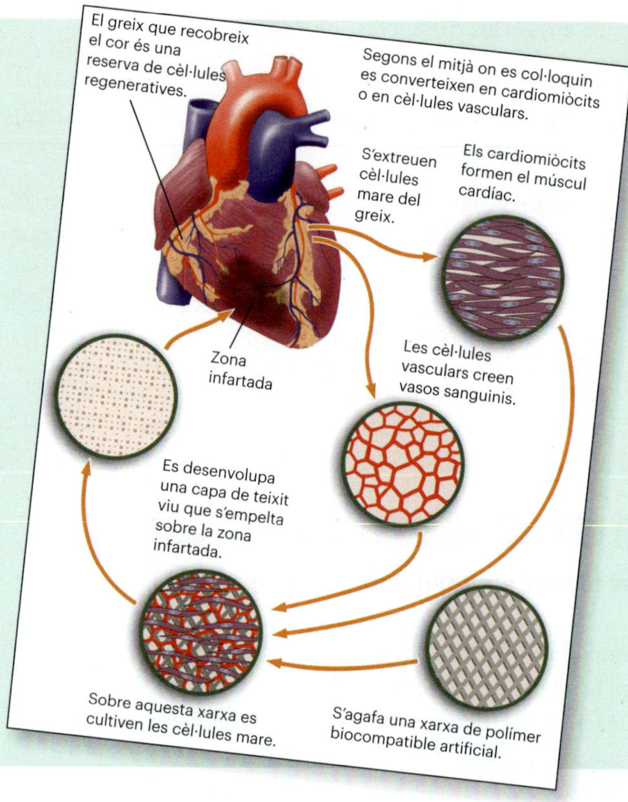

1. Tria l'opció que acaba la frase correctament. «En aquest estudi, les cèl·lules mare juguen un paper essencial perquè...»

a Han permès regenerar un múscul cardíac malmès.
b S'ha aconseguit crear un cor humà funcional.
c S'ha aconseguit que aquestes cèl·lules es converteixin en un múscul cardíac funcional.
d Han permès regenerar la capa de cèl·lules mare de greix.

2. Les cèl·lules mare juguen un paper essencial en la formació de les cèl·lules sanguínies. Relaciona els components cel·lulars següents amb la seva funció.

a Eritròcits	**A** Coagulació de la sang
b Leucòcits	**B** Transport d'oxigen
c Plaquetes	**C** Defensa i neteja de la sang

3. El múscul cardíac *fabricat* «té les característiques fonamentals del cor humà adult».

a Quines són les característiques fonamentals d'un cor humà que ha de tenir aquest múscul generat?
b Quina funció du a terme?

4. Una de les aplicacions de les cèl·lules mare podria ser la reparació de les vàlvules cardíaques. Marca quina de les vàlvules següents, afectada per una valvulopatia, dificultaria la sortida de sang des del cor cap als teixits de l'organisme, i quina vena o arteria hi estaria implicada.

a Vàlvules: semilunars, tricúspide o mitral.
b Venes o artèries: pulmonar, aorta o cava superior.

5. Una dona de 32 anys s'ha pres la pressió i els valors de l'esfigmomanòmetre marquen 135/91.

a Digues a quina pressió fan referència els dos valors, fent referència als moviments de bombament del cor.
b Quines recomanacions nutricionals i d'estil de vida li donaries?

6. Es pot fer donació de cèl·lules mare per ajudar a la recuperació de les persones amb leucèmia. Es poden extreure mitjançant una punció a la medul·la òssia del donant.

a Per què es fa una punció a la medul·la òssia?
b Si un donant té sang tipus A–, quin tipus de receptors rebutjaran la seva sang?
c Per què és important la donació de sang?

C1: 1, 2 | C2: 3, 4 | C3: 5, 6

PROJECTE 2

Podem ser un salvavides?

8 sessions

Mou les teves capacitats

Resolució de problemes · **Treball en equip** · **Pensament crític**

Et faries donant d'òrgans?

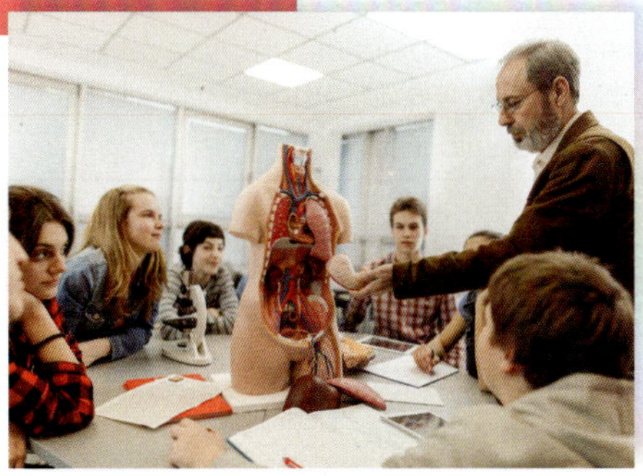

PRESENTACIÓ DEL PROJECTE

Què penses de **la donació d'òrgans**? Et faries donant? I si qui necessita un òrgan és un familiar o alguna persona que coneixes i estimes?

En aquest projecte haureu de **resoldre un cas real** de persones que esperen un òrgan. A continuació, haureu de realitzar un **audiovisual** per explicar la situació i donar una resposta al cas de cada receptor.

Fareu un concurs per escollir l'audiovisual més creatiu i que resolgui millor el cas.

Us atreviu a resoldre el cas? Som-hi!

QUÈ HEU DE SABER PER RESOLDRE ELS CASOS?

Per resoldre els casos és important que entengueu bé els processos següents:

- Conceptes bàsics d'anatomia i fisiologia humanes
- La respiració, l'excreció i les funcions del fetge
- El sistema immunològic

I no us oblideu d'aplicar el mètode científic que ja coneixeu!

PRODUCTE FINAL

Heu d'elaborar el vostre **audiovisual** amb la resolució del cas. Com més creatius sigueu, millor!

En l'audiovisual haureu d'incloure, com a mínim:

- L'explicació del vostre cas.
- Les respostes a les qüestions plantejades.
- Algunes reflexions sobre el dilema ètic de les donacions.

L'audiovisual guanyador es projectarà a l'escola i també se'n podrà fer difusió entre les famílies.

Què aprendrem?

Resolució de problemes

Utilitzeu els vostres coneixements i la vostra intuïció científica per resoldre el cas. Us hi atreviu?

Treball en equip

Junts, sumem! Per aconseguir el repte heu de ser un equip ben cohesionat.

Pensament crític

Aquest cas no té només una solució... Exposeu els vostres arguments i doneu la vostra opinió.

Projecte 2 Podem ser un salvavides?

QUÈ FAREU?

Sessió 1 **Un accident inesperat**	Es llegiran titulars de diari. Què li ha passat a en Joan? Parlarem del seu estat a l'hospital.
Sessió 2 **Punts forts i punts febles**	On van els òrgans d'en Joan? Exposareu un pòster amb arguments a favor i en contra de la donació d'òrgans. Fareu un debat a l'aula.
Sessió 3 **Cas per cas**	Explicació del projecte: objectius, grups i avaluació. Us distribuireu els rols dins del grup de treball. Lliurareu l'article d'opinió individual.
Sessió 4 **Engeguem!**	Cercareu informació per resoldre el cas.
Sessió 5 **Què hem trobat?**	Posareu en comú tota la informació que haureu trobat i, contrastant les fonts, seleccionareu aquella que considereu més rellevant.
Sessió 6 **Som guionistes**	Redactareu el guió de l'audiovisual procurant que s'hi responguin totes les preguntes.
Sessió 7 **1, 2, 3... Acció!**	Realitzareu el rodatge, la producció i l'edició de l'audiovisual.
Sessió 8 **Som els protagonistes**	Presentareu l'audiovisual. Lliurareu l'activitat de síntesi.

Podeu ser un salvavides! M'ajudeu?

SOM ELS PROTAGONISTES

La darrera sessió del projecte serà un gran dia. Sereu bons salvavides?

- Primer heu d'explicar breument a la resta de la classe el cas que heu treballat.
- En segon lloc, heu de projectar l'audiovisual que heu elaborat.
- Finalment, es valorarà entre tota la classe el millor audiovisual, que serà seleccionat per mostrar-lo a l'escola i/o per fer-ne difusió entre les famílies.
- No us oblideu de lliurar l'activitat de síntesi. Recordeu també que és una activitat que engloba tot el que heu après, per tant, cal que utilitzeu un vocabulari adient.

QUÈ AVALUAREM?

Per avaluar el projecte, es valoraran principalment aquests factors:

- Com us heu sentit i com ha funcionat el treball en grup (la participació de tots els membres, i la capacitat d'organització, d'escolta i resolució de problemes).
- La informació donada per resoldre el cas i l'argumentació reflexiva per comunicar les diverses opinions que han sorgit fent el treball.
- El rigor científic en la resposta donada. Ser creatiu no vol dir oblidar-se del vocabulari científic!

S'avaluarà la tasca tant des del punt de vista individual com de grup.

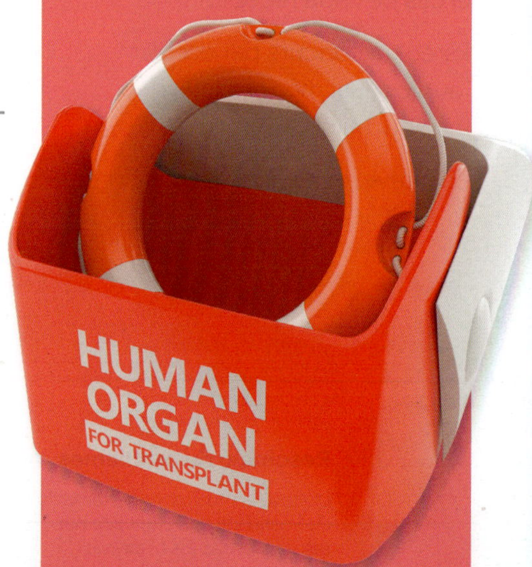

4 La respiració pulmonar i l'excreció

EN AQUESTA UNITAT APRENDRÀS A...	Situació d'aprenentatge	Activitats	Ciències en context
Identificar els diferents òrgans, aparells i sistemes implicats en la funció de nutrició i relacionar-los amb la seva contribució al procés. Competències científiques: 2, 4, 5, 6	1, 2		1, 2, 4, 5
Detallar la ventilació pulmonar, analitzar l'intercanvi gasós i relacionar-lo amb la respiració cel·lular. Competències científiques: 2	1, 2	1, 4, 5	2, 5
Explicar l'excreció, relacionar-la amb l'activitat cel·lular i descriure el procés de formació de l'orina. Competències científiques: 2	3	6, 7, 8, 9	4, 5
Conèixer les malalties més freqüents dels òrgans, els aparells i els sistemes implicats en la nutrició, associar-los amb les seves causes i saber com prevenir-les. Competències científiques: 2, 12, 13	1, 3	2, 3, 5, 7, 10, 11	3, 5

1 Per què inspirem aire?

Personal / Ciència i tecnologia AL AP AF

Aprèn a...
Identificar els termes del vocabulari científic i expressar-se correctament, tant oralment com per escrit, fent servir diversos suports.

Ítem 1. La primera inspiració

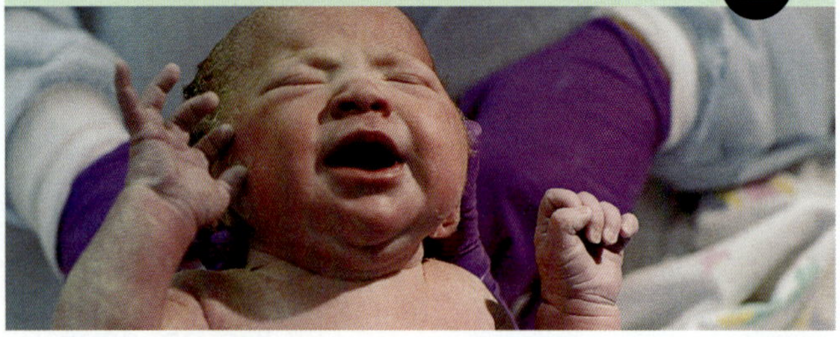

Ítem 2. Les sensacions de la dispnea

Jo mateix soc, malgrat els meus 39 anys encara no complerts, un veterà de la dispnea. Dificultat per respirar, diu el diccionari. Però el diccionari no pot explicar els matisos. La primera vegada que un experimenta aquesta dificultat, pensa per descomptat que ha arribat l'hora final. Després un s'hi acostuma, sap que darrere d'aquesta falsa agonia sobrevindrà la glopada salvadora, i llavors deixa de posar-se nerviós, d'esgarrapar amb esglai els llençols, d'obrir els ulls amb desesperació. Però la primera vegada és suficient per advertir, amb el pànic corresponent, que el ritme d'expiracions i inspiracions es va fent cada cop més dificultós i entretallat, per immediatament calcular que arribarà un instant en què els bronquis clausurin la seva última escletxa i sobrevingui la mortal i definitiva asfíxia. [...] El millor que es pot (o es podia) fer, davant d'un asmàtic en ple atac, és deixar-lo sol.

Mario Benedetti, *El fin de la disnea*

Ítem 3. Salut respiratòria

A

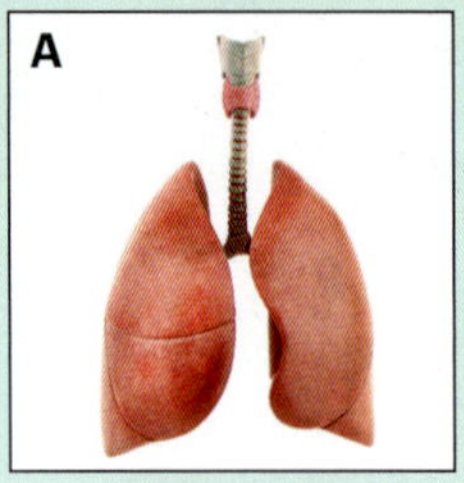

B

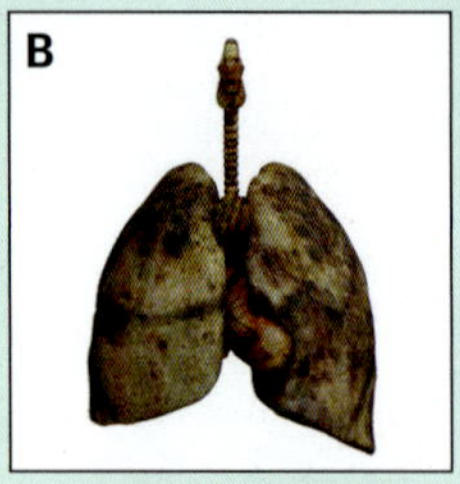

Construeix amb el que saps

Raona 1 Un nadó necessita oxigen abans de néixer? Com expliques que el cordó umbilical es pugui tallar únicament després de la primera inspiració?

Identifica 2 En la imatge A, ítem 3, identifica les estructures per les quals viatja l'oxigen fins que arriba a la sang.

Identifica i raona 3 Què és la dispnea i quins símptomes experimenten les persones que la pateixen? Què passaria si la dispnea es prolongués més temps del normal?

Reflexiona i comunica 4 En l'ítem 3 es mostren els pulmons d'una persona no fumadora (A) i els pulmons d'una persona que fuma des de fa 30 anys (B).

a Quines diferències hi observes? Com et sembla que aquestes diferències afecten el funcionament dels pulmons i la capacitat respiratòria de cada persona?

b Opines que una persona pot patir problemes pulmonars només si és fumadora? Quines altres situacions se t'acudeixen?

c En grup, investigueu quin es l'impacte del tabaquisme a Catalunya (percentatge de fumadors, de morts per tabaquisme, cost sanitari, etc.) i penseu en mesures per millorar aquesta situació. Elaboreu un informe i, finalment, comuniqueu les vostres conclusions a la resta del grup.

El que has construït

La **respiració pulmonar** permet la captació de l'oxigen de l'aire i l'expulsió del diòxid de carboni. En aquest procés, hi estan implicades moltes estructures i molts òrgans.

La funció respiratòria es pot veure alterada per diferents patologies o conductes, com ara l'asma o el tabaquisme. Un dels símptomes és la dificultat per respirar o dispnea.

1. L'aparell respiratori

L'**aparell respiratori** és el que s'encarrega de captar l'oxigen (O_2) de l'aire i conduir-lo a l'aparell circulatori, i també d'expulsar el diòxid de carboni (CO_2) que transporta l'aparell circulatori i que prové de la respiració mitocondrial. Està constituït per les fosses nasals, la faringe, la laringe, la tràquea, els bronquis i els pulmons.

- **Fosses nasals**. Son dues cavitats àmplies que comuniquen l'aparell respiratori amb l'exterior. A la part superior és on es detecten les substàncies oloroses. Disposen d'uns plecs anomenats *cornets*, que frenen l'aire i que permeten que s'humitegi i s'escalfi.
- **Faringe**. És un conducte que es comunica amb les fosses nasals, la boca, l'esòfag, la laringe i les trompes d'Eustaqui. Comunica, per tant, les vies respiratòries amb les digestives.
- **Laringe**. És un petit conducte d'uns quatre centímetres de longitud, situat entre la faringe i la tràquea, a l'interior del qual hi ha les cordes vocals, que en vibrar amb l'aire que surt dels pulmons produeixen els sorolls.
- **Tràquea**. És un conducte d'uns 13 cm format per anells cartilaginosos flexibles, gairebé circulars. Interiorment està entapissada per un teixit epitelial ciliat que segrega mucositat. Gràcies a això és capaç d'atrapar i fer ascendir les partícules que pugui portar l'aire.
- **Bronquis**. Són els dos conductes en els quals es bifurca la tràquea. Cada bronqui es dirigeix a un pulmó.
- **Pulmons**. Són dues masses esponjoses formades per milers de ramificacions dels bronquis, anomenades **bronquíols**, que acaben en unes formacions globoses anomenades **alvèols pulmonars**. Aquests alvèols tenen les parets epitelials molt fines per permetre l'intercanvi dels gasos. El pulmó dret té tres lòbuls, mentre que l'esquerre en té dos.

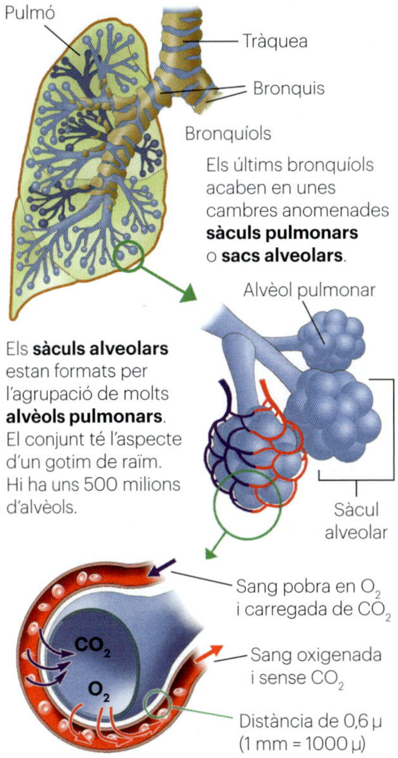

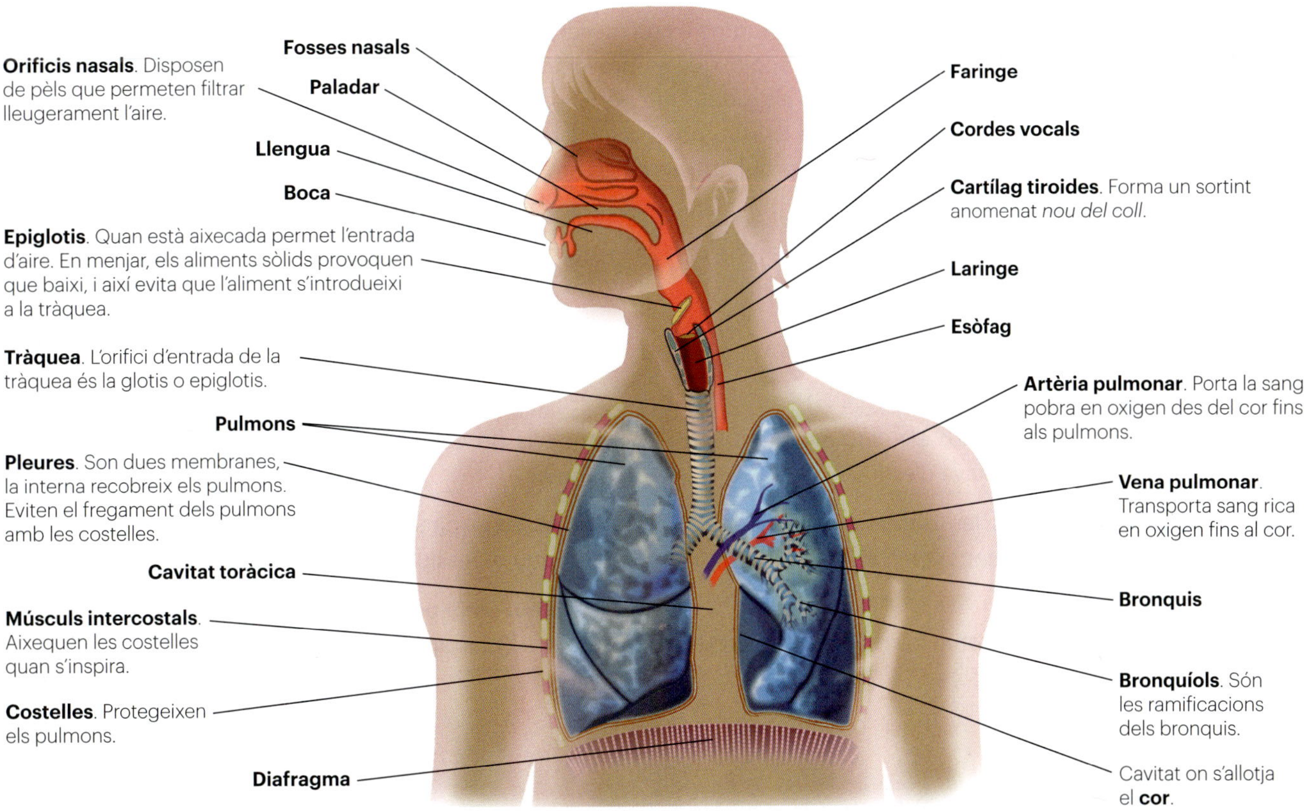

2 Quina funció té el diafragma?

Personal / Ciència i tecnologia AP

Aprèn a...

Dissenyar i planificar el treball experimental fent servir el material adequat i interpretant-ne els resultats.

Elaborar i argumentar conclusions a partir dels resultats obtinguts.

Formula hipòtesis

En la respiració pulmonar de l'ésser humà, un dels moviments clau que es produeixen és el descens i l'ascens del diafragma (múscul laminar amb forma de cúpula que separa la cavitat toràcica de l'abdominal). El descens del diafragma provoca un augment de pressió sobre la cavitat abdominal, per la qual cosa aquesta es bomba, mentre que el seu ascens permet que aquesta cavitat recuperi la seva forma habitual.

Quina relació té el diafragma amb el fet que els pulmons s'omplin i es buidin? Redacta'n una **hipòtesi** i fes l'activitat per comprovar si és certa.

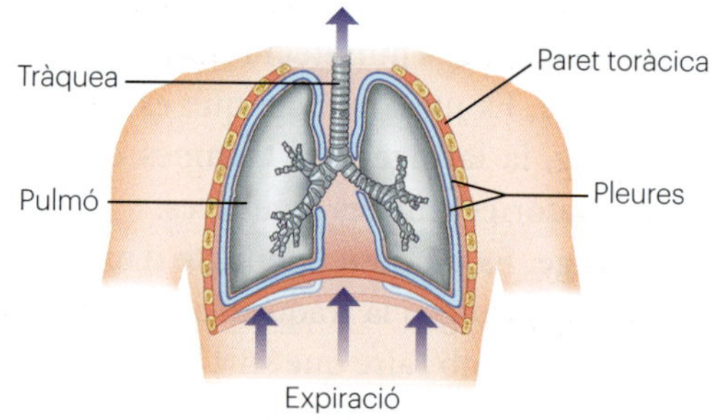

Experimenta

Construirem un model de pulmó.

1. Retalla la part inferior de l'ampolla de plàstic.
2. Uneix el globus petit a una canya fent servir la cinta aïllant i introdueix-lo a la boca de l'ampolla. Repeteix el mateix amb un altre globus petit.
3. Segella la part superior de l'ampolla amb plastilina i ajusta els tubs, tal com s'indica en el dibuix.
4. Posa un globus gran a la part inferior de l'ampolla i segella'l bé amb la cinta. Els globus petits representen els pulmons i els dos tubs, la tràquea i els bronquis. El globus gran representa el diafragma.
5. Estira el globus gran cap enfora. Atès que el diafragma és un múscul amb forma de cúpula, això equival a una contracció, que en provoca el descens. Observa i anota el que passa amb els globus interiors.
6. Deixa anar el globus gran per tal que torni a la seva posició inicial. Això equival a la relaxació del múscul. Pren nota del que els passa ara als globus de l'interior.
7. Repeteix el moviment unes quantes vegades.

Protocol   Rúbrica

MATERIAL

- Una ampolla de plàstic transparent
- Dos globus petits
- Un globus gran
- Dues canyes de plàstic
- Cinta aïllant o adhesiva
- Plastilina
- Tisores

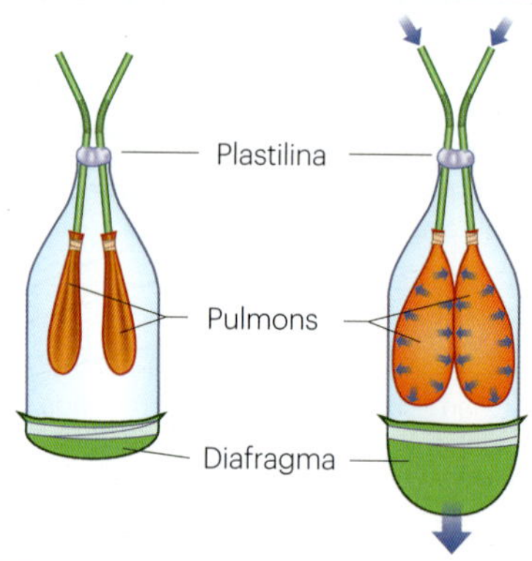

Analitza

1 Interpreta. Què ha passat amb els globus petits quan s'estirava el gran? I quan es deixava d'estirar?

2 Analitza. Com relaciones les observacions anteriors amb el que els passa als pulmons quan el diafragma descendeix? I quan ascendeix?

3 Identifica. En el model pulmonar que has construït, quina part representa l'abdomen?

Com canvia de volum l'abdomen amb els moviments del diafragma?

4 Raona. La inspiració o entrada d'aire als pulmons és un procés actiu o passiu? I l'expiració o sortida d'aire?

5 Conclou. Seria possible la respiració pulmonar sense la presència de diafragma?

Conclou

Quina funció té el diafragma? S'ha confirmat la teva hipòtesi? Raona la resposta.

2. La respiració pulmonar

LA VENTILACIÓ PULMONAR

La **ventilació pulmonar** és el procés que fa fluir l'aire entre l'atmosfera i els pulmons. Hi intervenen els músculs intercostals, les costelles, el diafragma i les parets dels pulmons. Es desenvolupa en dues etapes: inspiració i expiració.

- **Inspiració**. És l'etapa en la qual l'aire entra als pulmons. Per aconseguir-ho els músculs intercostals estiren les costelles cap enfora, és a dir, cap als costats i cap amunt, i el diafragma descendeix, de manera que augmenta la capacitat toràcica. Això provoca un descens de pressió a l'interior dels alvèols que arriba a ser inferior a la pressió exterior. A causa d'això es produeix l'entrada d'aire.
- **Expiració**. S'expulsa part de l'aire contingut als pulmons. Per aconseguir-ho, els músculs intercostals es relaxen i el diafragma també es relaxa i ascendeix. Com a conseqüència d'això, la pressió sobre l'aire que omple els pulmons augmenta, es fa superior a l'externa i això provoca la sortida d'aire.

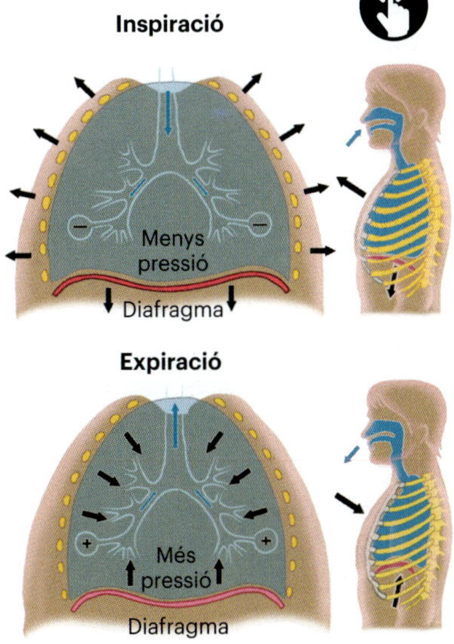

L'INTERCANVI DE GASOS

Es denomina **intercanvi de gasos** el **trànsit d'oxigen** (O_2) des dels alvèols pulmonars fins a la sang que circula pels capil·lars pulmonars i el **trànsit de diòxid de carboni** (CO_2) des de la sang fins a l'interior dels alvèols pulmonars.

Un **pulmó** és, bàsicament, una estructura interna formada per bosses de parets molt fines (**alvèols**) envoltades per molts **capil·lars sanguinis**. Com que es tracta d'una cavitat interna, s'evita la dessecació d'aquestes parets i el fet que aquestes siguin molt fines fa possible l'intercanvi de gasos, és a dir, el pas d'oxigen (O_2) des de l'aire que ha entrat als alvèols pulmonars cap a la sang dels capil·lars i la sortida de diòxid de carboni (CO_2) des de la sang cap a l'aire que hi ha en els alvèols pulmonars.

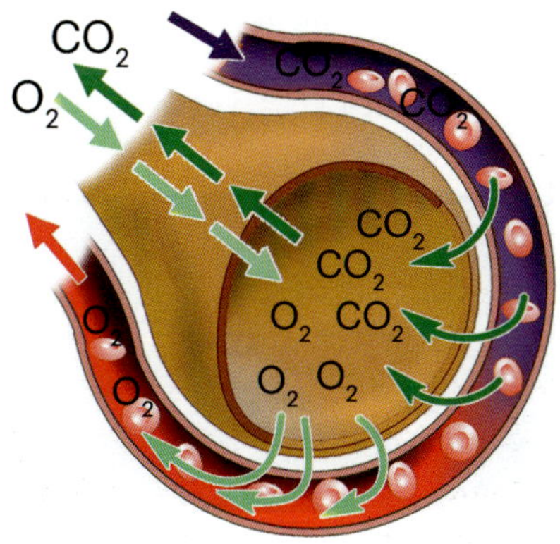

Capacitat pulmonar. Després d'una inspiració normal, és d'uns 3 L.

- **Volum corrent (VC).** És l'aire que entra o surt en una inspiració o expiració normal. És un volum de 0,5 litres.
- **Volum de reserva inspiratori (VRI).** És l'aire que entra en una inspiració forçada. A part dels 0,5 litres anteriors, s'hi afegeixen gairebé 3 litres més.
- **Volum de reserva expiratori (VRE).** És l'aire que surt en una expiració forçada. A part dels 0,5 litres, surt 1 litre d'aire més.
- **Capacitat vital (CV).** És el volum que es pot expirar totalment després d'una inspiració màxima. És la suma de VC + VRI + VRE.
- **Volum residual (VR).** És l'aire que queda als pulmons després d'una expiració forçada. Equival a 1,5 litres d'aire.
- **Capacitat pulmonar total (CPT).** És la quantitat màxima d'aire que poden contenir els pulmons. És de 6 litres en els homes i una mica menys en les dones.

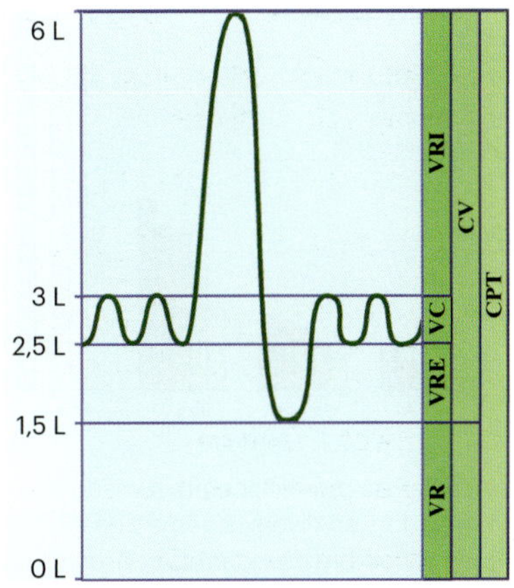

Activitats

1. AP AM Descarrega't el document i fes la pràctica per calcular aproximadament la teva capacitat vital (CV) pulmonar.

a Quina és la teva capacitat vital?

b Elaboreu un gràfic amb els resultats de tota la classe. Feu-ne diferents versions per comparar diversos grups de població: nois/noies, esportistes/no esportistes, etc. Després analitzeu-ne els resultats.

3. Malalties de l'aparell respiratori

Efectes dels components del tabac

Quitrà
Es diposita sobre la superfície respiratòria i impedeix l'intercanvi gasós. També afavoreix la formació de cèl·lules canceroses.

Nicotina
Produeix un augment de la freqüència respiratòria i cardíaca i de la secreció gàstrica. Crea dependència.

Monòxid de carboni
Provoca arterioesclerosi (pèrdua de flexibilitat de les artèries), disminució de l'agilitat mental i mal de cap.

Altres substàncies
Disminueixen la mobilitat dels cilis de la tràquea, cosa que provoca la típica tos del fumador.

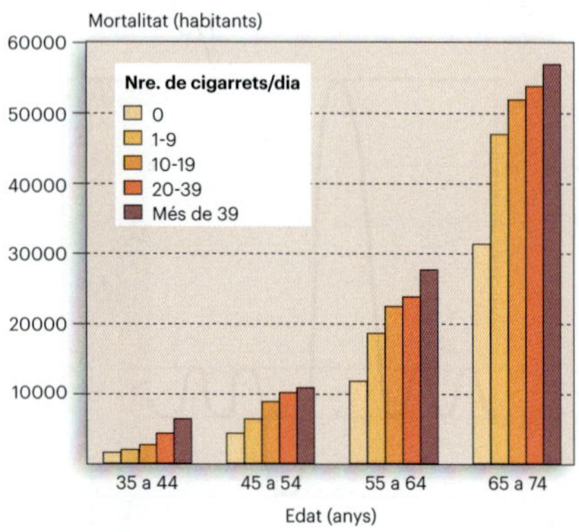

Diferències de mortalitat entre fumadors i no fumadors en diversos trams d'edat, segons el nombre de cigarrets consumits.

MALALTIES PRODUÏDES PER BACTERIS

- **Sinusitis**. Inflamació de la mucosa que recobreix les **cavitats internes** o **si** dels ossos que delimiten les cavitats de les fosses nasals. Provoca dolor a sobre de les celles.
- **Faringitis i amigdalitis**. És una inflamació de la faringe. Si queda localitzada a les amígdales, s'anomena *amigdalitis*. Totes dues poden estar causades per microbis, per l'aire fred o per substàncies irritants com l'alcohol i el tabac, que lesionen les cèl·lules de la faringe i afavoreixen el desenvolupament dels microbis. Els símptomes són mal en empassar, sequedat de gola i, de vegades, febre.
- **Laringitis**. És una inflamació de la laringe que provoca l'alteració de la veu, afonia i tos. Acostuma a estar provocada per microbis i es veu afavorida per factors com el tabac, l'alcohol, l'aire contaminat i el mas ús de la veu.
- **Asma bronquial**. És una disminució del diàmetre dels bronquis i bronquíols que dificulta el pas de l'aire cap als alvèols pulmonars. Produeix sensació d'ofec en respirar. La seva causa més freqüent són les al·lèrgies.
- **Tuberculosi**. Malaltia infecciosa causada pel bacteri de Koch, que destrueix el pulmó i hi origina cavitats. Es cura amb antibiòtics.

MALALTIES PRODUÏDES PER VIRUS

- **Refredat**. Malaltia infecciosa provocada per un virus. Es caracteritza per l'abundància de mucositat nasal i d'esternuts. Desapareix al cap d'una setmana.
- **Grip**. Malaltia causada per un virus que provoca dolors ossis i musculars, febre alta i sovint, també, mucositat nasal. Dura unes dues setmanes i pot arribar a ser mortal en persones grans i de salut delicada, per la qual cosa és convenient que es vacunin. Com que el virus de la grip muta amb facilitat, la vacuna d'un any generalment no serveix per a l'any següent.

EL TABAQUISME

El **tabaquisme** o **consum de tabac** consisteix a cremar fulles de la planta del tabac i aspirar-ne el fum que desprèn.

L'acte de fumar crea dependència física i psíquica, per la qual cosa ràpidament es converteix en un hàbit. En moltes societats, el tabac és una droga tolerada, a causa dels grans beneficis monetaris que proporciona a determinats grups econòmics.

Moltes malalties respiratòries es veuen afavorides pel consum de tabac. En el cas de dones embarassades o que donen de mamar al seu fill, el tabac resulta especialment perillós pels efectes que produeix en el fill. Una altra situació problemàtica és la del **fumador passiu**, que és aquella persona no fumadora que aspira el fum del tabac en romandre en un lloc on es fuma.

Activitats

2. AS AF Moltes de les malalties esmentades són causades per microbis patògens i un dels seus símptomes és la tos. Pensa i escriu una llista de conductes correctes per al malalt amb la finalitat de disminuir la transmissió d'aquests microbis a altres persones sanes.

3. AP AV AF Descarregueu el document i, amb l'ajuda del docent, feu servir el model pulmonar de la recerca científica per simular els canvis als pulmons d'una persona fumadora. Observeu i descriviu què passa. Reflexioneu-hi entre tots.

4. La respiració cel·lular

La **respiració cel·lular** és la reacció que fan la majoria de cèl·lules per obtenir l'energia necessària per viure. Es fa a l'interior dels **mitocondris** i la seva reacció és la següent:

(C, H, O)	+	O_2	→	CO_2	+	H_2O	+	Energia
Matèria orgànica		Oxigen		Diòxid de carboni		Aigua		

En el cas dels éssers humans, com molts animals, les petites molècules orgàniques i l'oxigen arriben a les cèl·lules transportades per la sang.

L'energia que s'obté en la respiració cel·lular no es desprèn en forma de calor, sinó que s'emmagatzema en els **enllaços químics que constitueixen determinades molècules, com l'ATP**.

L'**ATP** es forma per la unió de la substància **ADP** i un grup fosfat **(P_i)**, gràcies a una gran quantitat d'energia.

Síntesi d'ATP:

$$ADP + P_i + Energia \rightarrow ATP + H_2O$$

Quan la cèl·lula necessita energia, les molècules d'ATP es descomponen i alliberen l'energia que contenen.

Despesa d'ATP:

$$ATP + H_2O \rightarrow ADP + P_i + Energia$$

ATP = Adenosinatrifosfat
ADP = Adenosinadifosfat
P_i = Fosfat inorgànic

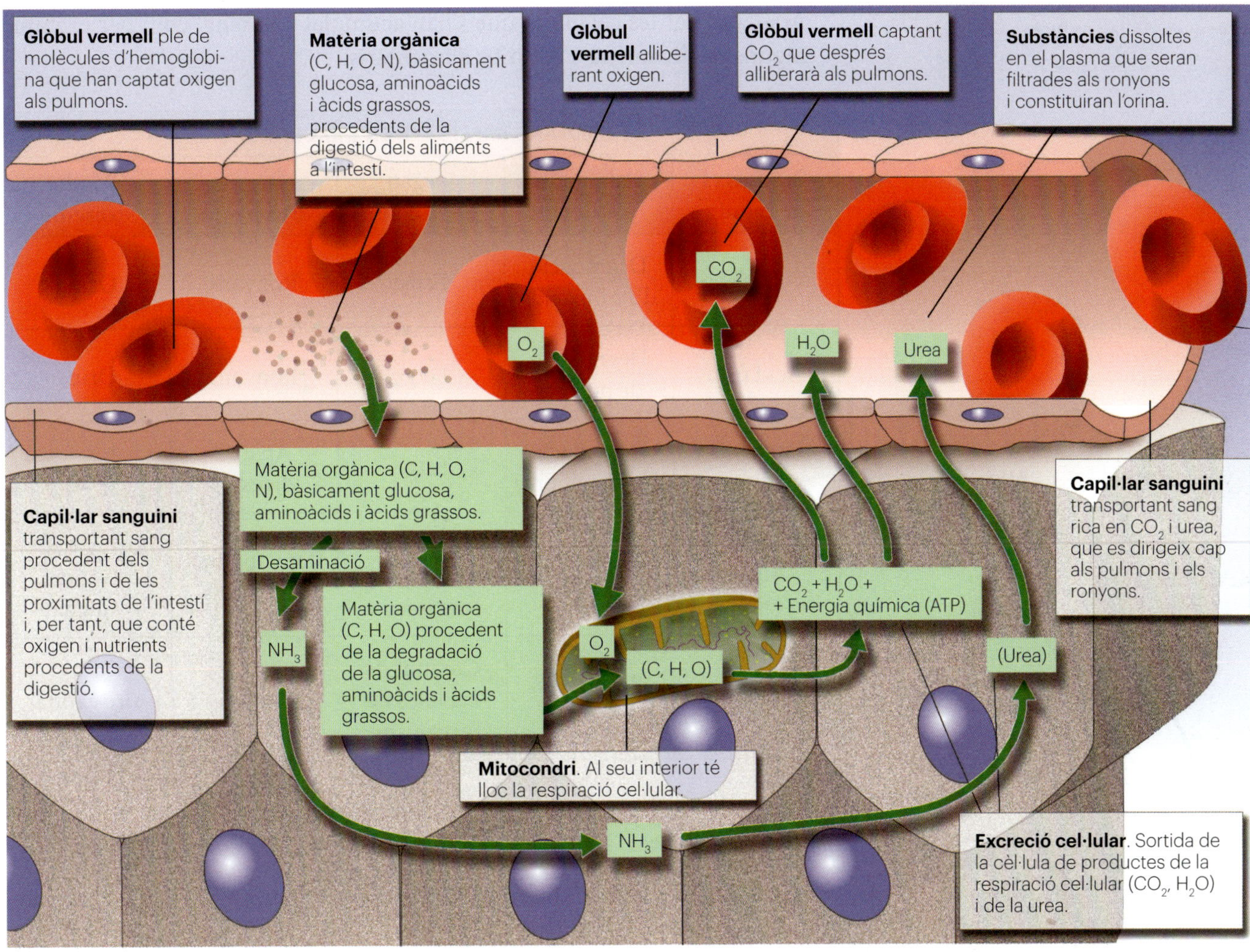

Activitats

4. Llegeix aquesta afirmació: «Són tan importants els nutrients que ingerim com l'oxigen que respirem».

a Hi estàs d'acord? Justifica la teva resposta.

b Per què podem viure sense menjar uns quants dies, però ens morim si no podem respirar durant alguns minuts?

c Quants aparells o sistemes estan involucrats en l'obtenció d'energia mitjançant la respiració cel·lular?

5. Hi ha moltes malalties que afecten els mitocondris i els impedeixen fer la seva funció correctament.

a Quines parts de l'organisme es veuran perjudicades en una malaltia mitocondrial?

b Per què en la majoria de les malalties de l'aparell respiratori, un dels símptomes més freqüents és el cansament i la fatiga?

5. L'excreció

La suor que es produeix durant l'exercici físic intens, a més d'actuar com a sistema de refrigeració, té una funció excretora.

L'**excreció** és la retirada de la sang i l'expulsió a l'exterior de l'organisme de les substàncies perjudicials o inútils que aquesta sang conté. La major part són els productes del metabolisme cel·lular i l'excés de sals, per la qual cosa es considera que l'excreció forma part de la funció de nutrició.

Les principals substàncies que s'excreten són:

- **Urea**. Substància que sintetitzen les cèl·lules del fetge a partir de l'amoníac que es produeix durant el metabolisme de les proteïnes.
- **Àcid úric**. Substància derivada de la degradació de les purines, que són unes molècules que constitueixen els àcids nucleics.
- **Sals minerals dissoltes**. Només s'excreten quan n'hi ha un excés a la sang; la més abundant és el clorur sòdic.
- **Substàncies estranyes a l'organisme**. Són aquelles que no han estat degradades per les cèl·lules i que s'han acumulat a la sang, com per exemple alguns medicaments i additius alimentaris.

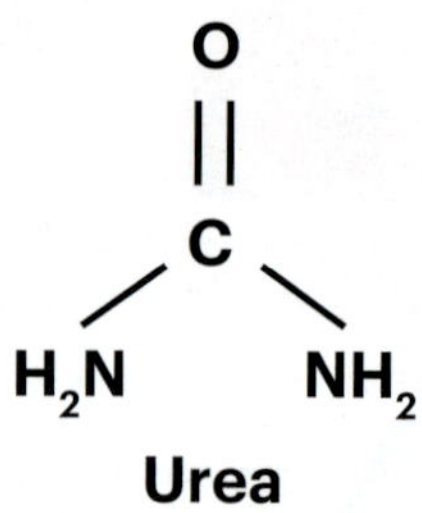

Molècula de la urea.

ÒRGANS IMPLICATS EN L'EXCRECIÓ				
Productes de rebuig	**Origen del producte**	**Òrgan productor**	**Òrgan d'excreció**	**Medi excretor**
Urea	Degradació d'aminoàcids	Fetge	Ronyons	Orina
Àcid úric	Degradació de purines	Fetge	Ronyons	Orina
Pigments biliars	Degradació d'hemoglobina	Fetge	Aparell digestiu	Femtes
Aigua	Respiració cel·lular	Conjunt de cèl·lules de l'organisme	Ronyons, pell i pulmons	Orina, suor i vapor d'aigua
CO_2	Respiració cel·lular	Conjunt de cèl·lules de l'organisme	Pulmons	Aire expirat

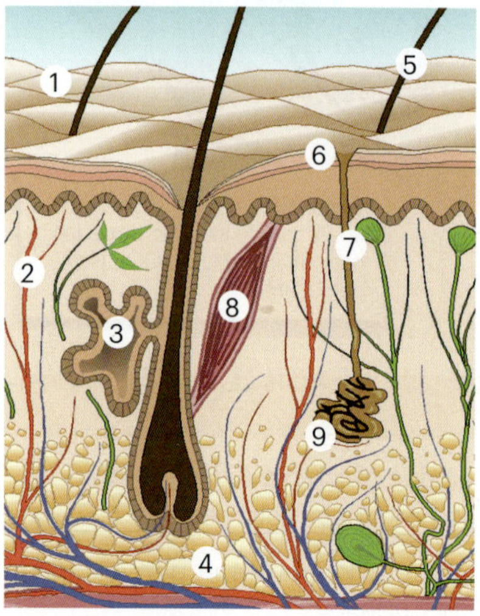

1. Epidermis. 2. Dermis. 3. Glàndula sebàcia. 4. Cèl·lules adiposes. 5. Pèl. 6. Porus excretor. 7. Conducte excretor. 8. Múscul erector dels pèls. 9. Glàndula sudorípara.

La funció de l'excreció la fa, principalment, l'**aparell urinari**, que expulsa l'orina, composta d'urea, àcid úric i sals minerals.

A més de l'aparell urinari, hi ha altres organs que realitzen la funció excretora. Són els següents:

- Les **glàndules sudorípares de la pell**. Produeixen la suor a partir de l'aigua que ha sortit dels capil·lars sanguinis per filtració, per la qual cosa la seva composició és molt semblant a una orina molt diluïda, és a dir, conté urea, sals minerals i àcid úric.
- Els **pulmons** expulsen el diòxid de carboni (CO_2) que conté la sang i que prové de la respiració cel·lular.
- El **fetge** degrada l'hemoglobina inservible i la transforma en pigments biliars que passen a l'intestí prim, des d'on surten a l'exterior com a part de les matèries fecals.

3 Què passa si el ronyó falla?

Personal / Salut AV AS AP

Aprèn a...
Seleccionar i utilitzar la informació científica per formar-te una opinió.

Ítem 1. Com funciona un ronyó normal?

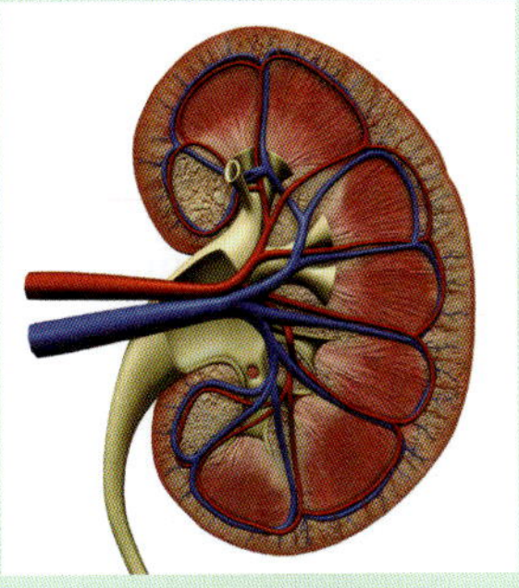

Cada ronyó té prop d'1,2 milions de nefrones.

Ítem 2. Quan alguna cosa no va bé

Vaig començar amb símptomes com nàusees, cansament i vòmit. Fins que una nit vaig sentir que no podia respirar, per això el pare em va portar a la clínica pensant que tenia un problema cardíac. En arribar em van fer un electrocardiograma i en veure que, efectivament, hi havia alguna cosa anormal al cor, em van fer una placa de tòrax. La radiografia va revelar unes taques enormes als pulmons. Llavors va arribar la cap del laboratori clínic amb els resultats i els va dir: «No cerqueu més metges, aquest noi està malalt dels ronyons». Tenia la creatinina per sobre de 8 mg/dL i l'hemoglobina a penes arribava a 5 g/dL. Les taques als pulmons eren aigua retinguda.

Eliot G. S., 29 anys (Adaptació)

Ítem 3. L'analítica

El ronyó produeix **eritropoetina**, una hormona que estimula la formació d'eritròcits.

La **creatinina** és un producte de rebuig del metabolisme del múscul.

Els valors normals de l'**hemograma** en un home adult són:

- Creatinina: 0,9-1,2 mg/dL
- Hemoglobina: 13-16 g/dL

Ítem 4. Solucions

Quan hi ha **insuficiència renal**, els productes de rebuig s'acumulen i la vida de la persona corre perill. Per solucionar-ho, s'aplica **hemodiàlisi** que consisteix a passar la sang del pacient per un **ronyó artificial** o **dialitzador**. Si el problema persisteix, la solució és el **transplantament de ronyó.**

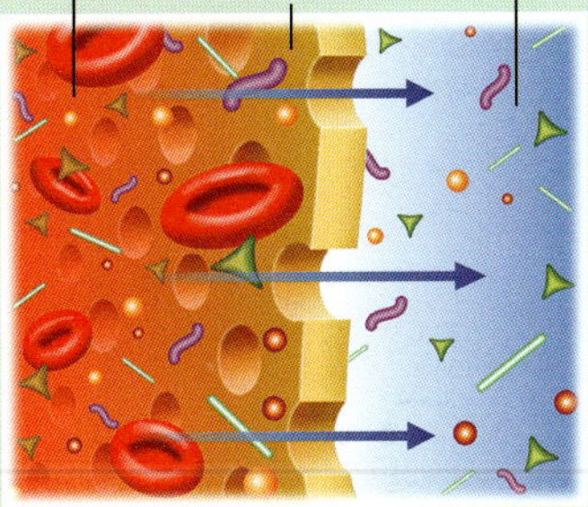

El ronyó artificial filtra la sang mitjançant una membrana semipermeable.

Construeix amb el que saps

Observa i raona

1 Explora l'anatomia i el funcionament del ronyó mitjançant el simulador de l'ítem 1.

a On es troben les nefrones? Quina és la seva estructura?

b On van a parar les següents substàncies filtrades per la càpsula renal des de la sang?

A. Urea B. Glucosa C. Aigua D. Proteïnes E. Sodi

c Per què algunes substàncies s'eliminen mitjançant l'orina i d'altres són reabsorbides?

Identifica i raona

2 Llegeix els ítems 2 i 3. Per què diries que la creatinina i l'hemoglobina estan alterades en l'analítica? Per què el noi té taques als pulmons? Quina relació tenen les taques amb la seva malaltia renal?

Aplica

3 L'hemodiàlisi és un procés artificial molt semblant a la filtració que fa el ronyó. Observa la imatge de l'ítem 4 i explica com funciona el mecanisme de filtració.

El que has construït

La **nefrona** és la unitat del ronyó encarregada de **filtrar** les substàncies de rebuig que s'eliminen per l'orina i de **reabsorbir** les substàncies útils per a l'organisme, que són retornades a la circulació sanguínia.

6. L'aparell urinari i la formació de l'orina

6.1 L'aparell urinari

L'**aparell urinari** elabora l'**orina** a partir de l'aigua i de les substàncies nocives per a l'organisme que hi ha a la **sang** i l'expulsa a l'exterior.

Està constituït pels òrgans següents:

- **Ronyons**. Són dos òrgans que filtren la sang i n'eliminen la **urea**, que en determinades concentracions és tòxica, l'àcid úric i l'excés de **sals minerals**. El líquid que s'origina s'anomena **orina**. Estan situats a la part baixa de l'esquena, just per sobre de la cintura.
- **Urèters**. Són dos conductes que surten cadascun d'un ronyó. Transporten l'orina (aigua, urea i sals) a la bufeta urinària.
- **Bufeta urinària**. És una bossa muscular on s'acumula l'orina fins al moment en què és expulsada del cos. A la sortida presenta un múscul anul·lar, l'esfínter, que en regula l'obertura. Es comunica amb l'exterior a través de la uretra.
- **Uretra**. És el conducte encarregat de la **micció**, que és l'expulsió de l'orina a l'exterior. En els homes és més llarg que en les dones ja que forma part de l'aparell reproductor.

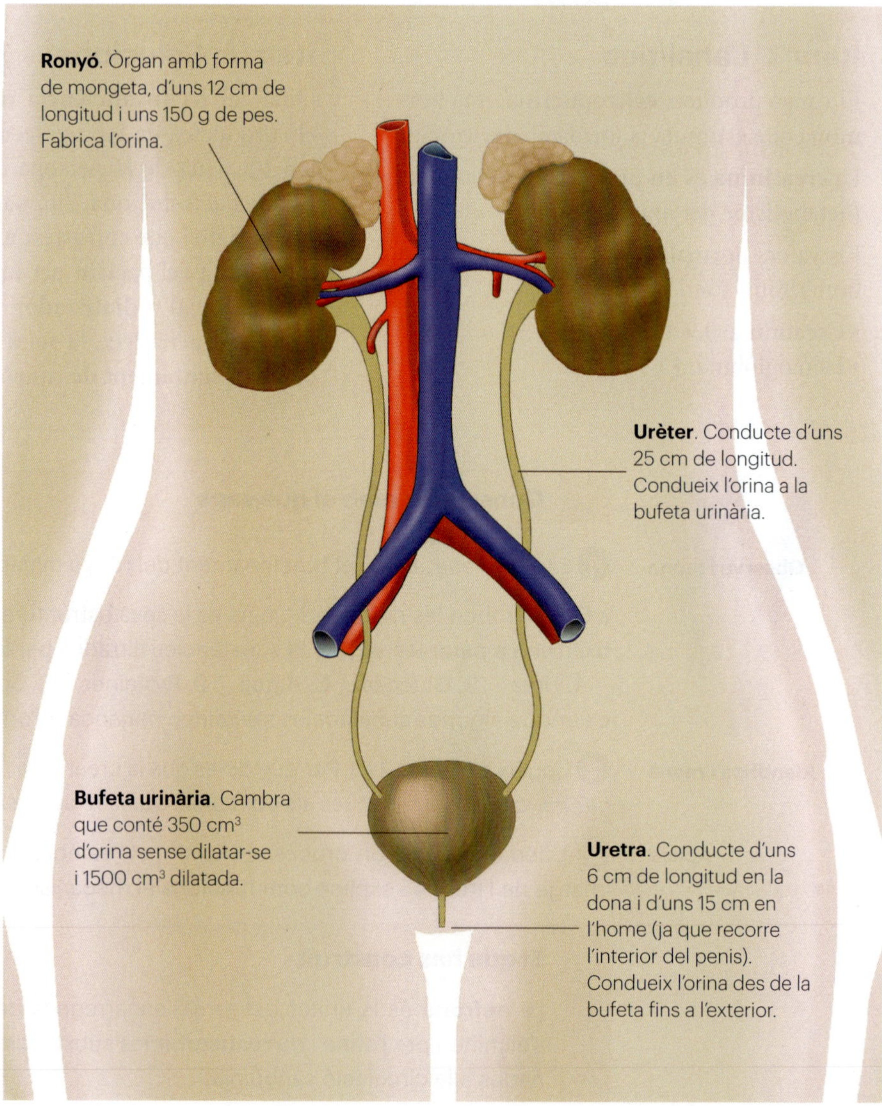

6.2 El ronyó i la nefrona

Els **ronyons** són dos òrgans amb forma de mongeta que a l'interior tenen milions d'estructures tubulars que reben el nom de **nefrones**.

Cada nefrona està constituïda per un cap globós anomenat **corpuscle renal** i per un conducte llarg anomenat **túbul renal**. El corpuscle renal es compon d'una estructura amb forma de copa denominada **càpsula de Bowman**, que a l'interior conté un conjunt de capil·lars sanguinis que rep el nom de **glomèrul renal**. Al túbul renal es distingeixen tres parts denominades **túbul contort proximal**, **nansa de Henle** i **túbul contort distal**. (El dibuix de la nefrona es pot veure a la pàgina següent.)

En un ronyó humà es poden distingir les parts que s'expliquen a continuació:

- **Càpsula renal**. Capa de teixit conjuntiu que presenta el ronyó a la superfície.
- **Zona cortical**. Està situada sota la càpsula. Té un aspecte granulós perquè hi abunden els corpuscles renals.
- **Zona medul·lar**. Està situada sota la zona cortical. Mostra un aspecte fibrós ja que aquí hi ha les **nanses de Henle** i els **conductes col·lectors** de les nefrones. Tots aquests conductes estan agrupats en diversos conjunts, anomenats **piràmides renals** o **piràmides de Malpighi**.
- **Pelvis renal**. Cavitat interna del ronyó que disposa de diverses cambres en forma d'embuts anomenades **calzes renals**, que recullen l'orina produïda en cada una de les piràmides de Malpighi i l'aboquen a l'urèter.

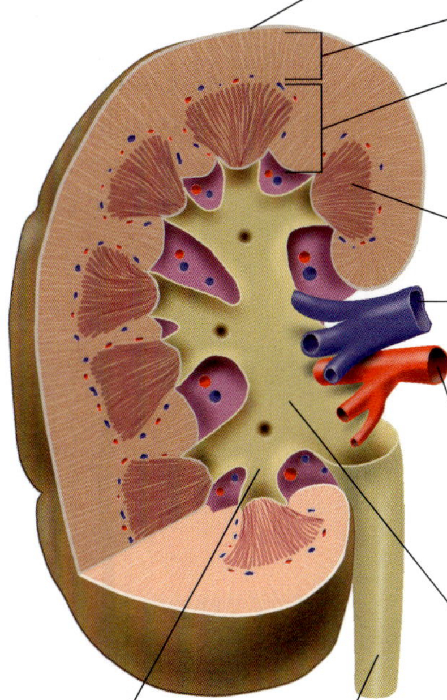

Activitats

6. AM En un home adult, cada dia passen pels ronyons uns 1600 L de sang, aproximadament. D'aquests només es filtren 125 L de plasma sanguini, i d'aquests, tan sols 1 L acaba formant l'orina. Si es té en compte que el volum total de sang és d'uns 5 L, quantes vegades passa cada dia pels ronyons? Quantes vegades és filtrada? Quin percentatge del plasma sanguini filtrat és reabsorbit?

7. AS Els éssers humans tenim dos ronyons i podem donar-ne un a algú que hagi perdut la funció dels dos. El ronyó trasplantat s'insereix a prop de l'os del maluc, i els dos ronyons malalts no s'extreuen.

a Per què no cal extreure els dos ronyons malalts?

b Com és possible que es pugui viure només amb un ronyó? Penses que seria possible viure amb un sol pulmó? Argumenta les teves respostes i, en cas afirmatiu, pensa si les persones trasplantades han de canviar o no d'estil de vida.

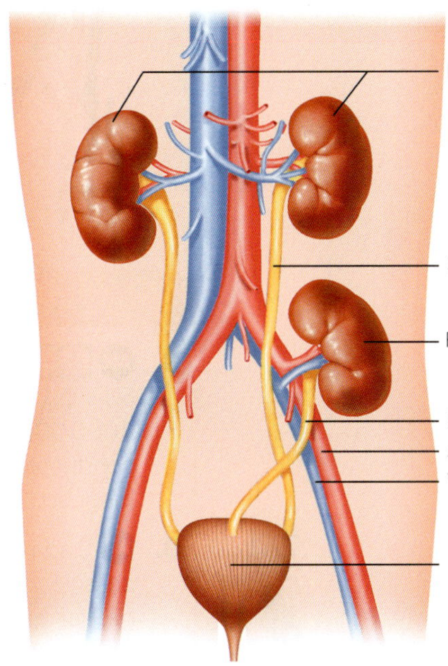

6.3 La formació de l'orina

L'**orina** es forma als ronyons. En aquest procés es poden distingir les tres etapes següents:

- **Filtració**. A causa de la pressió sanguínia i la permeabilitat dels capil·lars del glomèrul, gran part de l'aigua de la sang i de les petites molècules que porta dissoltes es filtra des d'aquests capil·lars cap a la càpsula de Bowman; així es forma una orina molt diluïda i amb moltes substàncies dissoltes.
- **Reabsorció**. Els capil·lars que envolten el túbul renal reabsorbeixen aigua, glucosa i aminoàcids, de manera que la sang recupera tots els components, menys la major part de la urea i certa quantitat de sal. El líquid que queda al final del túbul renal està format bàsicament per aigua i urea i és una orina diluïda.
- **Conducció**. L'orina passa del túbul contort distal al conducte col·lector. Les cèl·lules de les seves parets provoquen la sortida de la major part de l'aigua, que passa als capil·lars sanguinis. A l'interior hi queda una orina molt concentrada que va a parar a la pelvis renal i després a l'urèter.

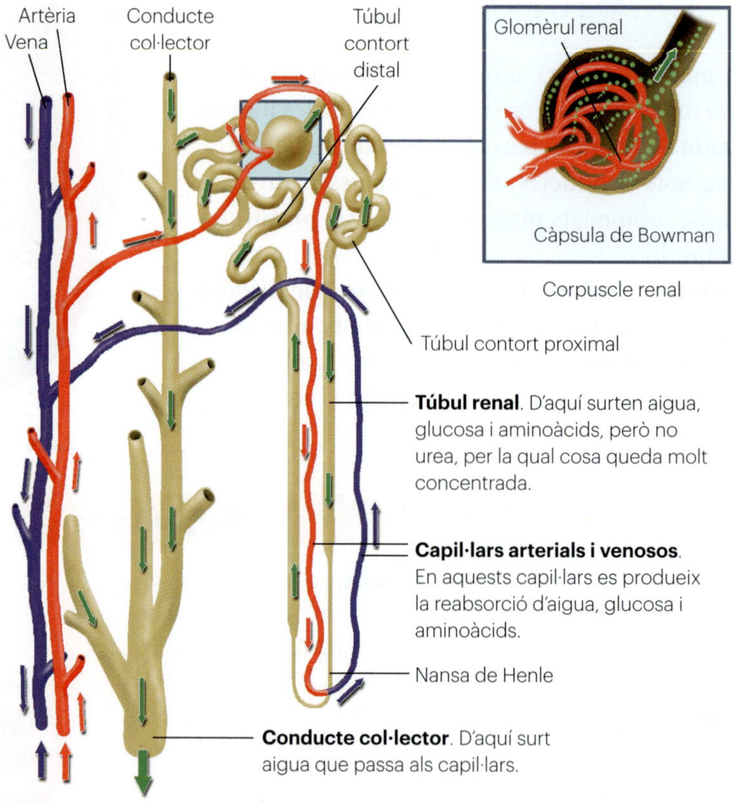

Activitats

8. AM +− Cada nefrona té un conducte sinuós d'uns 0,2 mm de radi i d'uns 50 a 60 mm de longitud. Considerant que entre els dos ronyons hi ha uns 2 000 000 de nefrones, quants metres quadrats i quants quilòmetres de conducte filtrant hi ha en total? Per què són necessàries tanta àrea i tanta longitud?

9. AP Cada dia passen dels glomèruls als túbuls, sumant les filtracions successives, 1140 g de sal dissolta, però només 4 g de sal són excretats en l'orina. Per què? En canvi, d'urea, que es presenta en la sang en una concentració semblant, se n'excreten uns 30 g cada dia. Com justifiques aquesta diferència?

7. Malalties de l'aparell urinari

Les malalties més freqüents són:

- **Còlic nefrític.** És un espasme molt dolorós de l'urèter, produït quan hi baixen substàncies cristal·litzades, denominades **pedres** o **càlculs renals**, que de manera anormal es poden formar en l'orina. Per prevenir-ne la formació es recomana beure molta aigua.
- **Cistitis.** És una inflamació de la bufeta urinària originada per una infecció bacteriana. Produeix coïssor en orinar i, de vegades, emissions involuntàries d'orina (incontinència urinària).
- **Prostatitis.** És la inflamació de la pròstata, que és una glàndula exclusiva de l'home que té la funció de generar el líquid on neden els espermatozoides. Quan s'inflama, la pròstata exerceix pressió sobre la uretra, cosa que provoca dificultats en la micció. A partir dels 50 anys, es recomana fer revisions anuals per prevenir càncer i altres patologies.
- **Insuficiència renal.** És una fallada en la funció de les nefrones que fa que el ronyó sigui incapaç de retirar la urea de la sang i que aquesta s'hi acumuli. El malalt s'ha de sotmetre periòdicament a **hemodiàlisi.**

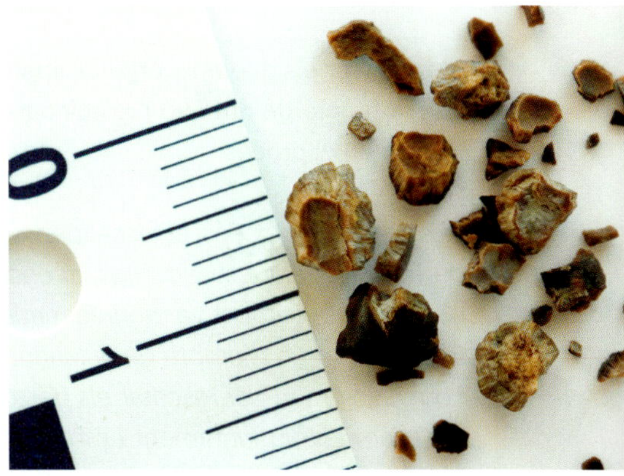

Càlculs renals extrets de l'aparell urinari d'alguns pacients.

L'hemodiàlisi

Els malalts que pateixen insuficiència renal s'han de sotmetre cada tres o quatre dies a sessions de purificació de la sang (hemodiàlisi) que acostumen a durar unes dues o tres hores. La purificació de la sang es fa en un aparell anomenat **ronyó artificial**, que consisteix en un conducte llarg de parets semipermeables per l'interior del qual es fa circular la sang del malalt.

Les parets del conducte d'hemodiàlisi permeten que en surti la urea, però que no ho facin ni els glòbuls vermells ni les proteïnes sanguínies. El tub d'hemodiàlisi està immers en aigua exempta d'urea, ja que es va renovant periòdicament.

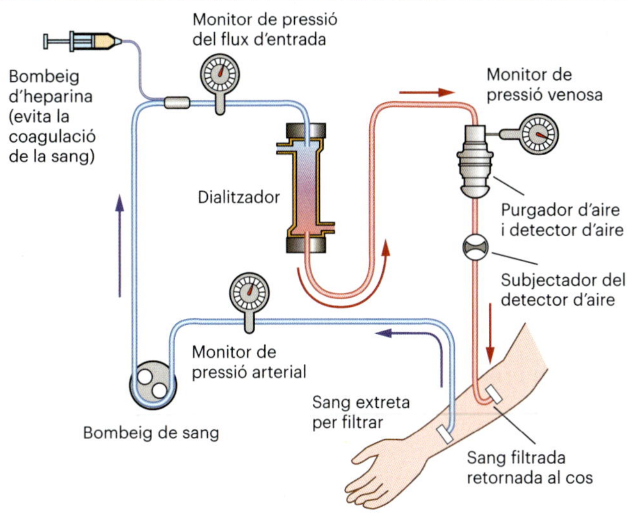

Activitats

10. AL AS AF La cistitis és quatre vegades més freqüent en dones que en homes. Les dones tenen la uretra més curta que els homes i la seva obertura està ubicada a prop de la vagina i de l'anus.

a Redacta una hipòtesi que expliqui per què les dones tenen més probabilitats de patir cistitis.

b Indica què es pot fer per minimitzar la probabilitat de patir cistitis. Cerca informació sobre el que es recomana i explica el perquè de cada recomanació.

11. Llegeix el requadre, observa el funcionament de la màquina d'hemodiàlisi i respon les preguntes.

a Per què et sembla que s'injecta heparina?

b Els tres monitors de pressió mostren el mateix valor. Què passaria si no fos així?

c Per què s'extreu sang de les artèries i es retorna a les venes? Què passaria si fos a l'inrevés?

Ciències en context

1 AS AL Personal / Ciència i tecnologia

Atrapats a la gruta

Identificar els diferents òrgans, aparells i sistemes implicats en la funció de nutrició i relacionar-los amb la seva contribució en el procés.

Si ja era difícil de per si el rescat dels nens atrapats en una cova de Tailàndia, ahir es va complicar encara més. Un bus del dispositiu de salvament va morir la matinada passada. El bus, de 38 anys, era un membre de la Marina retirat que s'havia ofert com a voluntari per rescatar els dotze nens atrapats a la cova de Tham Luang juntament amb el seu entrenador de futbol. Refugiats des de fa dues setmanes en una cavitat parcialment negada, el grup ha de sortir a través de grutes inundades estretes, amb corrents forts i visibilitat nul·la a causa del fang. Es tracta d'una odissea de 4 km que els professionals triguen a recórrer entre cinc i sis hores, ja que les obertures entre les roques són molt petites i n'hi ha una que només fa 72 cm. Perquè els nens hagin de bussejar el mínim possible, s'està drenant l'aigua i s'està introduint aire a la cova, ja que el nivell d'oxigen ha baixat del 21 al 15 % a la seva gruta.

La pluja i la manca d'aire compliquen la sortida dels nens d'una cova a Tailàndia
Pablo M. Diez, *ABC Internacional*, 7 de juliol del 2018

1 **Descriu i raona.** El bus de salvament va morir durant el retorn de la gruta perquè la seva bombona es va quedar sense oxigen.

a Explica el recorregut que fa l'oxigen de l'aire des que entra a l'organisme fins que arriba a la sang.
b L'aigua, poc o molt, sempre conté un percentatge significatiu d'oxigen dissolt. Llavors, per què no podem respirar dins de l'aigua, mentre que altres organismes sí que poden?

2 **Aplica.** La hipòxia és la caiguda del nivell d'oxigen de l'atmosfera i és comuna en altres situacions, com quan es puja a altituds molt elevades. Què li passa a l'organisme quan disminueix la quantitat d'oxigen disponible a l'aire?

3 **Aplica.** Fins que no van ser trobats, els nois van sobreviure deu dies amb unes reserves escasses de menjar, bevent aigua de la gruta i respirant aire pobre en oxigen. Tots van experimentar debilitat i esgotament.

a Haurien experimentat els mateixos símptomes amb escassetat d'oxigen, però no de menjar? I a la inversa?
b Per què la disponibilitat d'aigua va jugar un paper clau en la supervivència dels nois?

2 AS AL AM Personal / Salut **Tipus de respiració**

Identificar els diferents òrgans, aparells i sistemes implicats en la funció de nutrició i relacionar-los amb la seva contribució en el procés.
Detallar la ventilació pulmonar, analitzar l'intercanvi gasós i relacionar-lo amb la respiració cel·lular.

1 **Aplica i raona.** Hi ha tres tipus de respiracions. Llegeix, fes un parell d'inspiracions de cada tipus i resol les activitats.

Respiració abdominal	Situa les mans a l'abdomen i infla la panxa amb una inspiració. Després desinfla-la lentament mitjançant l'expiració.
Respiració costal	Situa les mans sobre el pit i fes una inspiració i una expiració profundes.
Respiració clavicular	Situa les mans sobre les clavícules i fes una inspiració i una expiració profundes.

a Amb quin tipus de respiració és més gran la capacitat pulmonar? I amb quina és més petita?
b Quina et sembla que utilitzem més quan estem relaxats? I quan estem fent esport?
c Fes un cicle complet d'inspiració, en el qual l'aire vagi a parar primer a l'abdomen, després al tòrax i acabi a la zona pròxima a les clavícules. Després, fes una expiració en ordre invers. Si respires així, sents que la teva capacitat pulmonar augmenta, disminueix o es queda igual?

2 **Interpreta.** Observa la taula i contesta les preguntes:

	Aire inspirat	Aire expirat
O_2	20,48 %	15,26 %
CO_2	0,04 %	3,42 %
N_2	78,62 %	75,13 %
H_2O	0,5 %	6,19 %

a Tot l'oxigen disponible a l'aire passa a la sang després d'una inspiració?
b Quin procés permet l'entrada d'oxigen i la sortida de diòxid de carboni?
c Si fem una inspiració màxima, aconseguirem inspirar un percentatge més gran d'oxigen?

3 AS AA AF AL Social / Salut

Una malaltia de vegades «evitable»

Conèixer les malalties més freqüents dels òrgans, aparells i sistemes implicats en la nutrició, associar-les amb les seves causes i saber com prevenir-les.

L'EPOC (malaltia pulmonar obstructiva crònica) és un mal poc conegut però molt freqüent a Catalunya (la pateixen un 9,2 % de la població major de 40 anys).

Competències científiques: 2 (act. 1, 2, 3), 4 (act. 2), 5 (act. 1, 2, 3), 13 (act. 3)

1 **Identifica.** Mira el vídeo i explica en què consisteixen les dues manifestacions clíniques principals de l'EPOC: bronquitis i emfisema.

2 **Reflexiona i comunica.** El tabac és la causa principal de l'EPOC, així com de moltes altres patologies. Observa les imatges següents.

a Quin missatge transmeten aquestes imatges? Comenta la intencionalitat de cadascuna i per què les han triat.

b Quins altres problemes comporta fumar, tant per a la persona que ho fa com per als qui l'envolten? Cerca informació sobre el tema.

c Imagineu-vos que treballeu en una empresa de publicitat a la qual han demanat que dissenyi un cartell per a una campanya informativa adreçada als joves de 14 a 18 anys amb l'objectiu que no s'iniciïn en el tabaquisme i fes aquesta campanya.

4 AS AL Personal / Ciència i tecnologia

L'excreció dels ocells

Identificar els diferents òrgans, aparells i sistemes implicats en la funció de nutrició i relacionar-los amb la seva contribució en el procés.
Explicar l'excreció, relacionar-la amb l'activitat cel·lular i descriure el procés de formació de l'orina.

El sistema d'excreció dels ocells és diferent del dels mamífers. Si bé també disposen d'un parell de ronyons i urèters, no tenen bufeta. Els rebuigs nitrogenats són expulsats en forma d'àcid úric, un compost gairebé insoluble en aigua, de color blanc i consistència pastosa que s'excreta pel mateix conducte (cloaca) que els rebuigs de la digestió.

1 **Descriu.** Explica quin és el producte principal de rebuig del metabolisme nitrogenat en el cos humà i explica el camí que segueix aquest compost des que surt del fetge fins que arriba a l'exterior.

2 **Raona.** El producte d'excreció dels ocells és semisòlid, mentre que l'orina és líquida. Quin dels dos mecanismes et sembla que és més eficient per evitar la deshidratació? Un ocell necessitarà beure més o menys proporció d'aigua que un humà?

3 **Aplica.** Els ronyons dels ocells també funcionen gràcies a les nefrones. Esmenta les fases que tenen lloc durant la formació de l'orina i explica en què et sembla que es diferenciarà aquest procés del de la nefrona humana.

4 **Descriu.** A part d'excretar el nitrogen en forma d'àcid úric, els ocells tenen altres adaptacions per a la funció excretora, com és el fet de no tenir bufeta urinària, mesclar a la cloaca l'orina molt concentrada d'àcid úric amb les defecacions i, en alguns ocells marins, presentar dues glàndules que desemboquen en dos orificis del bec capaces d'excretar gotes saturades de sal. Explica quins altres sistemes, a part de l'urinari, tenim els humans per eliminar productes de rebuig.

5 AS AL AV Social / Salut **Malaltia rara**

Identificar els diferents òrgans, aparells i sistemes implicats en la funció de nutrició i relacionar-los amb la seva contribució en el procés.
Detallar la ventilació pulmonar, analitzar l'intercanvi gasós i relacionar-lo amb la respiració cel·lular.
Explicar l'excreció, relacionar-la amb l'activitat cel·lular i descriure el procés de formació de l'orina.
Conèixer les malalties més freqüents dels òrgans, aparells i sistemes implicats en la nutrició, associar-les a les seves causes i saber com prevenir-les.

La síndrome de Goodpasture és una malaltia rara autoimmunitària en la qual el cos mateix genera anticossos que destrueixen els capil·lars renals i pulmonars.

1 **Identifica i raona.** Se sospita que el pacient pateix aquesta malaltia si té *hemoptisi* i *hematúria*. Cerca el significat d'aquestes paraules i escriu una hipòtesi que expliqui per què aquests dos signes són indicatius de patir la síndrome de Goodpasture.

2 **Aplica.** Explica per què els pacients pateixen els símptomes de dispnea, debilitat i fatiga, utilitzant els termes següents: *funció pulmonar, intercanvi de gasos, sang, mitocondri, respiració cel·lular*.

3 **Raona.** Un altre signe d'alarma és la *proteïnúria*, és a dir, un excés de proteïnes a l'orina. Per què els pacients d'aquesta síndrome la pateixen?

4 **Reflexiona.** En grups, feu un petit debat per respondre aquesta pregunta: és important i necessària la recerca i la destinació de recursos a les malalties rares?

REPASSA LA UNITAT

Un risc per a la salut?

Personal / Salut AL AS

Imagina't que vius a prop d'una gran fàbrica de productes químics que produeix fertilitzants per a l'agricultura. Els últims anys s'han detectat diversos casos de persones de la zona que pateixen problemes respiratoris crònics. Molts veïns de la localitat pensen que aquests símptomes són produïts per l'emissió de gasos tòxics procedents de la fàbrica de fertilitzants químics.

S'ha organitzat una reunió pública per discutir sobre els perills potencials de la fàbrica de productes químics per a la salut dels habitants de la zona. En aquesta reunió, dos grups de científics i científiques van declarar el següent:

1. **Grup que treballa per a l'empresa de productes químics**
Hem fet un estudi de la toxicitat del sòl en aquesta zona. En les mostres analitzades, no hi hem trobat cap rastre de productes químics tòxics.
2. **Grup que treballa per a la comunitat local**
Hem estudiat el nombre de casos de problemes respiratoris crònics en aquesta zona i l'hem comparat amb el nombre de casos que es presenten en zones allunyades de la fàbrica. El nombre de casos és més gran a la zona que hi ha a prop de la fàbrica de productes químics.

Prova PISA alliberada

1. Com pots veure, cada grup ha extret conclusions diferents.

a El propietari de la fàbrica de productes químics va utilitzar la declaració dels científics i científiques que treballaven per a l'empresa per afirmar que «els gasos emesos per la fàbrica no constitueixen un risc per a la salut dels habitants de la zona». Dona una raó que permeti dubtar de la declaració que ha fet aquest grup.

b Els dos grups han utilitzat el mateix objecte d'estudi per treure les seves conclusions? Quines conseqüències pot tenir això a l'hora d'extreure conclusions?

c El grup que treballa per a la comunitat va comparar el nombre de persones amb problemes respiratoris crònics que vivien a prop de la fàbrica de productes químics amb el nombre de casos observats en una zona allunyada de la fàbrica. Descriu una possible diferència entre les dues zones que et faria pensar que la comparació no fos vàlida.

2. Un dels símptomes que pateixen els ciutadans amb problemes respiratoris crònics és la fatiga. Explica per què.

3. Les persones que pateixen una malaltia respiratòria crònica han d'evitar les malalties infeccioses de l'aparell respiratori. Marca quines de les següents són causades per virus.

a Asma
b Tuberculosi
c Grip
d Constipat

4. De les afirmacions següents sobre la respiració, quina és falsa? Corregeix-la.

a L'intercanvi de gasos es produeix als alvèols.
b La inspiració és l'etapa en la qual l'aire entra als pulmons.
c Quan la musculatura estira les costelles cap enfora, baixa la pressió a l'interior dels pulmons i això fa que entri l'aire.
d Quan els músculs intercostals fan força, es produeix l'expiració.

5. Relaciona les substàncies de rebuig següents amb els elements de la segona columna.

A. Urea
B. Àcid úric
C. Aigua
D. CO_2
E. Pigments biliars

1. S'excreten per les femtes.
2. S'eliminen als pulmons.
3. Es pot excretar a través de la suor.
4. El fetge el sintetitza a partir del metabolisme dels aminoàcids.
5. És el producte de rebuig de les purines.

C1: 1b, 3, 5 | C2: 2, 4 | C3: 1a, 1c

5 La coordinació

EN AQUESTA UNITAT APRENDRÀS A...	Situació d'aprenentatge	Activitats	Ciències en context
Especificar la funció concreta de cada un dels aparells i sistemes implicats en la funció de relació i descriure el funcionament del sistema nerviós i endocrí. Competències científiques: 2, 5	4	2, 4	1
Enumerar les glàndules endocrines i associar-hi les hormones segregades i la seva funció. Competències científiques: 2, 5	4	11, 12	2
Identificar algunes malalties comunes del sistema nerviós, i relacionar-les amb les seves causes, els factors de risc i la seva prevenció. Competències científiques: 2, 12, 13	2, 4	2	1
Identificar les situacions de risc relacionades amb el consum de drogues, conèixer les conseqüències de prendre'n i proposar mesures de prevenció i control. Competències científiques: 2, 12, 13	2	9, 10	3, 4
Classificar diferents tipus de receptors sensorials, relacionar-los amb els òrgans dels sentits i conèixer les pràctiques apropiades per a la cura i la prevenció de les seves malalties. Competències científiques: 2, 4, 5, 6	3	5, 6, 7, 8	1
Reconèixer les parts de la neurona i explicar les sinapsis. Competències científiques: 2	1	1	1
Identificar les vies sensitiva i motora, comparar el funcionament dels sistemes nerviosos autònom i somàtic i dels actes voluntaris i reflexos. Competències científiques: 2		3, 4	1

1 Com funciona una neurona?

Personal / Ciència i tecnologia AD AA AM

Aprèn a...

Identificar els termes del vocabulari científic i expressar-te correctament, tant oralment com per escrit, utilitzant diversos suports.

Ítem 1. Què és una neurona?

El sistema nerviós està format per uns 86 000 milions de neurones, cèl·lules molt especialitzades a transmetre els **impulsos nerviosos**, que són de tipus elèctric. Per fer-ho, les neurones presenten una prolongació llarga del cos, denominada **àxon**, que està recoberta per una capa aïllant denominada **beina de mielina**. L'impuls nerviós es propaga a una velocitat de fins a 430 km/h.

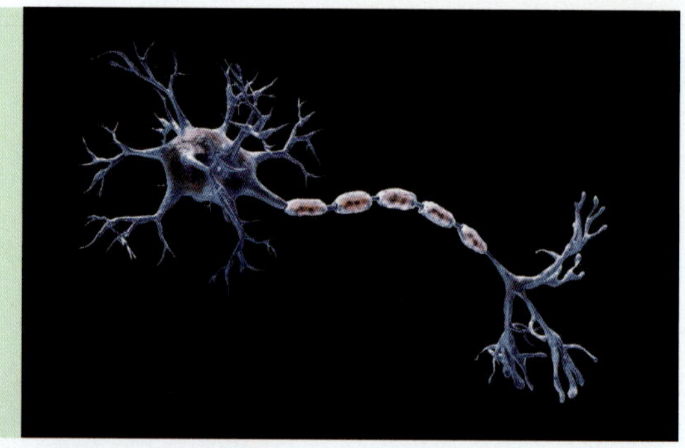

Ítem 2. Com es comuniquen les neurones entre si?

Les neurones del cervell humà formen una xarxa complexa. En 1 cm^3 hi pot haver fins a 80 milions de neurones, entre les quals s'estableixen milions de connexions o **sinapsis**.

En una sinapsi no hi ha contacte físic entre les dues neurones, sinó que entre elles es manté una petita distància. La transmissió del senyal nerviós d'una neurona a la següent es produeix mitjançant l'alliberament d'unes substàncies químiques denominades **neurotransmissors**.

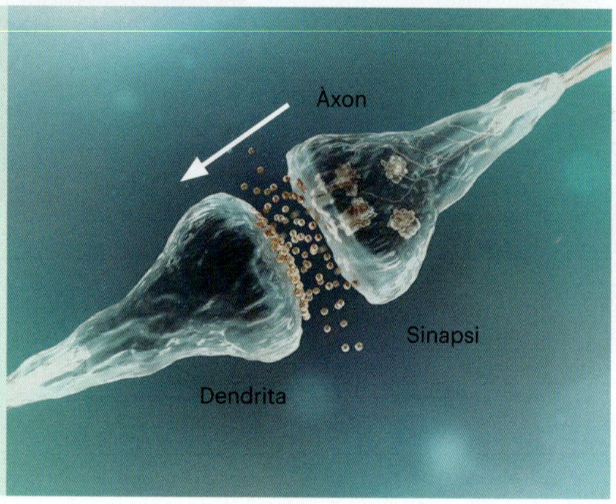

Construeix amb el que saps

Descriu (1) Quines són les parts d'una neurona?

Identifica (2) En quina direcció es propaga l'impuls nerviós al llarg de la neurona?

Interpreta (3) Com s'evita que un impuls nerviós que circula per un àxon pugui passar a l'àxon d'una altra neurona?

Aplica (4) Un impuls nerviós es desplaça a una velocitat d'entre 18 i 430 km/h. Imagina't que vols moure el dit gros del peu. Quants segons triga a arribar el missatge des que ho penses fins que es mou el dit? (Utilitza la velocitat més lenta.)

Conclou (5) Redacteu una explicació sobre com es transmet un impuls nerviós a través de tres neurones i presenteu-la a la resta de la classe. Incloeu-hi un dibuix que il·lustri la vostra explicació.

El que has construït

Les **neurones** són cèl·lules especialitzades que transmeten l'impuls nerviós i formen el **sistema nerviós**. Estan constituïdes per les dendrites, el cos cel·lular i l'àxon.

L'impuls nerviós, de naturalesa elèctrica, circula entrant per les dendrites i propagant-se fins al final de l'àxon, on provoca l'alliberament de **neurotransmissors**, que són captats per la neurona següent, que s'activa i continua la transmissió de l'impuls.

1. El sistema nerviós i les neurones

El **sistema nerviós** és l'encarregat de percebre, interpretar i emetre respostes enfront dels estímuls externs i interns.

Transmet i processa tota la informació que ens arriba des dels òrgans dels sentits i, una vegada processada, pot respondre als estímuls i provocar la contracció dels músculs o la secreció de determinades substàncies per una o diverses glàndules.

El sistema nerviós està constituït per unes cèl·lules molt especialitzades, les **neurones**, capaces de transmetre els **impulsos nerviosos**. Estan formades per tres parts o regions: el **cos neuronal**, les **dendrites** i l'**àxon**. Poden ser de dos tipus:

- **Sensitives**, si transmeten impulsos nerviosos des dels receptors (òrgans dels sentits) fins als centres nerviosos.
- **Motores**, si la transmissió és dels centres nerviosos fins als efectors (músculs o glàndules).

Els impulsos nerviosos entren a la neurona a través de les dendrites, recorren el cos neuronal i en surten a través de l'àxon. La connexió entre dues neurones es fa, sense que s'arribin a tocar, mitjançant els **botons sinàptics**. Aquestes estructures permeten el pas de l'impuls nerviós d'una neurona a la següent mitjançant la secreció d'unes substàncies químiques, els **neurotransmissors**.

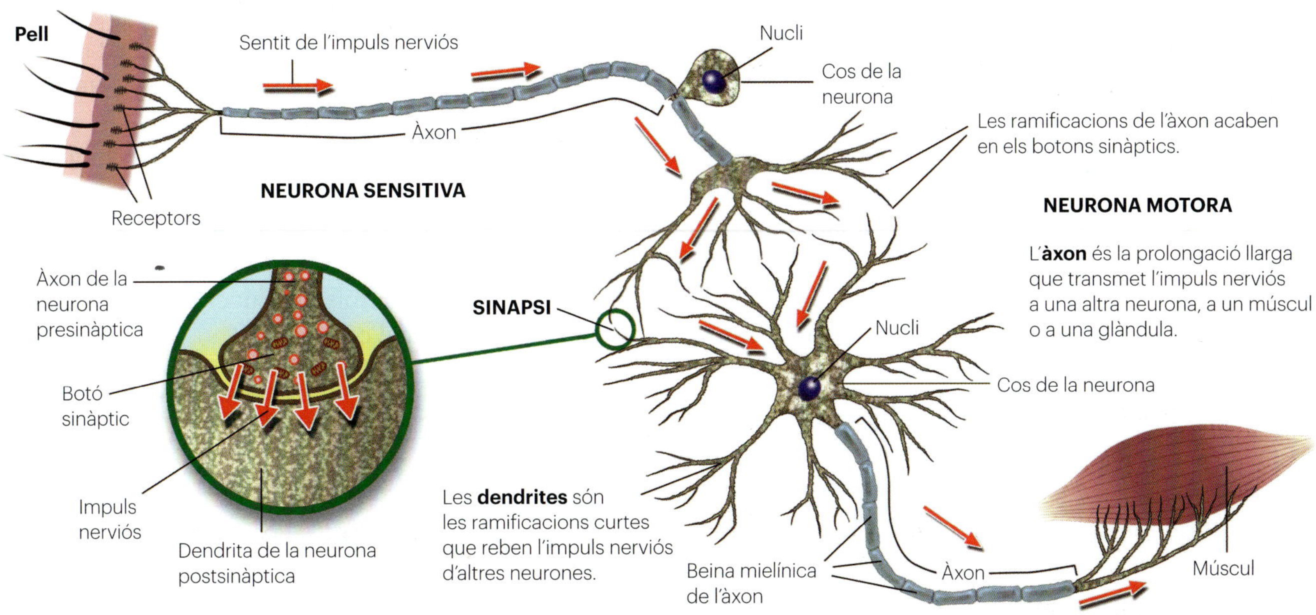

Activitats

1. AL El nostre organisme té més de 60 tipus de neurotransmissors. Per exemple, la dopamina participa en el mecanisme de recompensa cerebral, la serotonina regula el nostre nivell de tranquil·litat, l'endorfina estimula la sensació de plaer de l'organisme... La hipòfisi produeix l'endorfina, un pèptid que estimula les àrees cerebrals que produeixen plaer a l'organisme. Aquests neurotransmissors es coneixen com a opiacis endògens, ja que la seva composició química i la seva actuació és semblant a la dels derivats de l'opi: l'heroïna i la morfina.

a En quins orgànuls cel·lulars de la neurona es produeix l'endorfina?

b Quina funció fan els neurotransmissors en les sinapsis neuronals?

c Com arriben aquestes molècules fins a la sinapsi?

2. Organització del sistema nerviós

Segons la seva **estructura**, es poden distingir dues parts:

- El **sistema nerviós central** (**SNC**), que està format per l'**encèfal** i la **medul·la espinal**. Rep informació procedent de l'exterior i de l'interior del cos, la integra i elabora la resposta que cal donar.
- El **sistema nerviós perifèric** (**SNP**), que està format pels **nervis motors** i **sensitius**. Aquests nervis connecten el sistema nerviós central amb les diferents parts del cos.

Segons la seva **funció**, el sistema nerviós es classifica en dos sistemes:

- El **sistema nerviós somàtic** (**SNS**), que té la funció de regular el funcionament dels músculs, tant dels **actes voluntaris** com dels **actes reflexos**.
- El **sistema nerviós vegetatiu** o **autònom** (**SNA**), que controla algunes funcions involuntàries del cos, com el batec cardíac, la dilatació de les pupil·les, respiració i la digestió.

Substància blanca i substància grisa

El **cos cel·lular** de les neurones és de color gris, mentre que el dels àxons, a causa de la beina de mielina que els recobreix, és blanc.

L'escorça de l'encèfal és de color gris (es diu que és de **substància grisa**), perquè conté neurones sense àxons o amb àxons molt curts. També l'interior de la medul·la és de substància grisa, ja que està format per neurones amb àxons molt curts.

Per contra, l'interior de l'encèfal i els sectors externs de la medul·la espinal presenten un color blanc (es diu que són de **substància blanca**), perquè estan constituïts pels àxons llargs de les neurones.

2.1 El sistema nerviós central

El **SNC** està format per l'**encèfal** i la **medul·la espinal**. L'encèfal està protegit pels ossos del crani, mentre que la medul·la discorre per l'interior de la columna vertebral.

A l'**encèfal** es diferencien el **cervell**, el **cerebel** i el **bulb raquidi**.

- El **cervell** és la part més voluminosa i és on resideixen la memòria, la intel·ligència i la consciència. Té una superfície amb molts replecs i està dividit en dos **hemisferis cerebrals** per una cissura o un solc profund. També rep la informació dels òrgans dels sentits i elabora respostes.
- El **cerebel** està ubicat a sota del cervell i manté el to muscular, l'equilibri del cos i les activitats que requereixen una coordinació de moviments involuntària, com caminar, córrer, pedalar, ballar, etc.
- El **bulb raquidi** es troba a sota del cerebel i connecta el cervell amb la medul·la espinal. Des del bulb raquidi es controlen les funcions automàtiques, com el ritme de la respiració i el batec del cor.

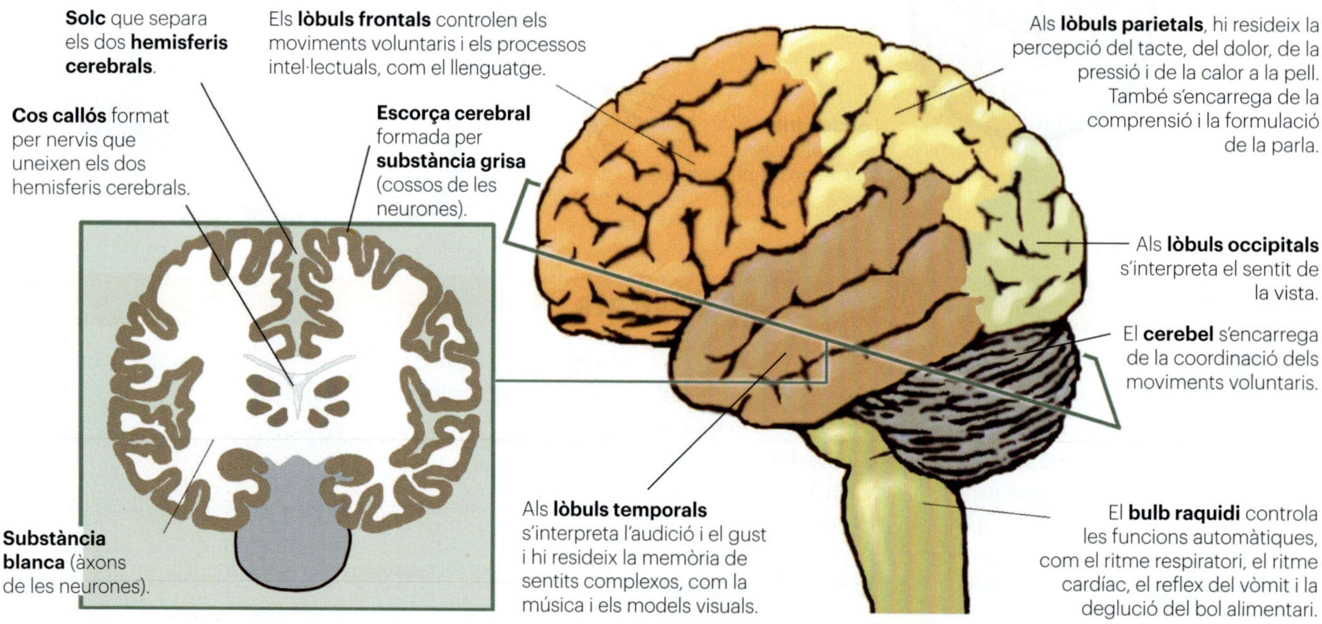

La **medul·la espinal** és un cilindre nerviós que s'origina a la base de l'encèfal i recorre l'interior de la columna vertebral. De la medul·la, en surten els **nervis motors** i hi arriben els **nervis sensitius** de gairebé tot el cos. Pot generar moviments sense intervenció del cervell, anomenats **moviments reflexos**.

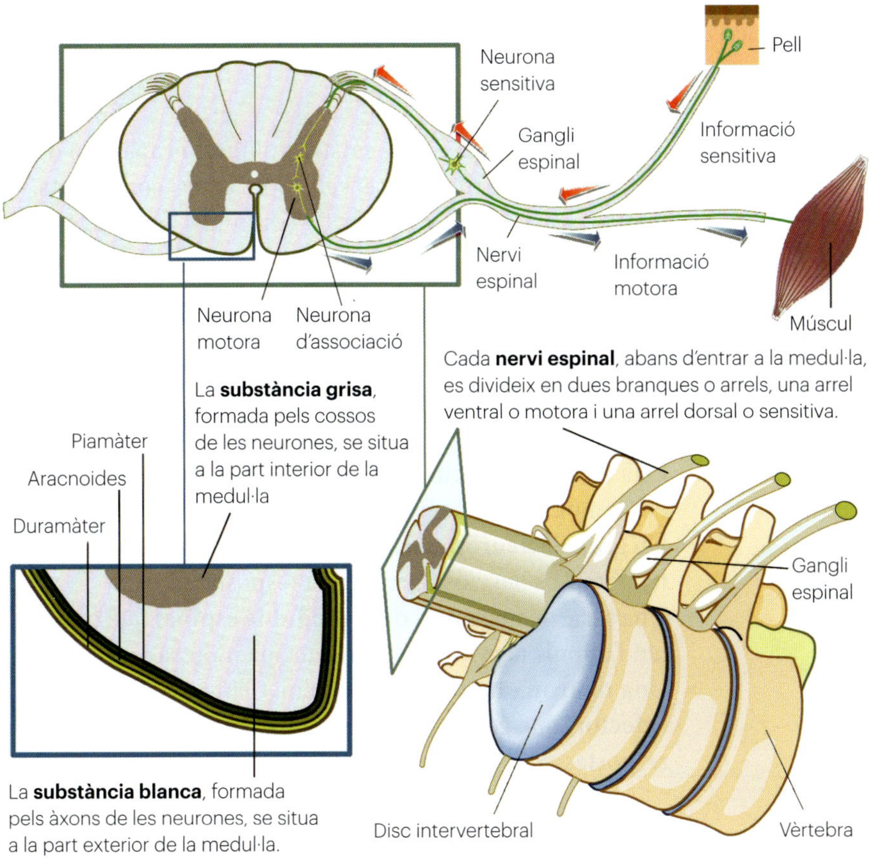

2.2 El sistema nerviós perifèric

El **sistema nerviós perifèric** (**SNP**) està format pels **nervis** que connecten l'encèfal i la medul·la espinal amb les diferents parts del cos. Els nervis són feixos de llargues prolongacions (àxons) de les cèl·lules nervioses o neurones que transmeten els senyals mitjançant els anomenats **impulsos nerviosos**. Segons el **tipus d'informació** que transmeten, es poden distingir dos tipus de nervis:

- **Nervis sensitius**, que condueixen la informació des dels receptors sensorials fins al SNC.
- **Nervis motors**, que porten la informació des del SNC fins als músculs i les glàndules.

Activitats

2. El SNC està envoltat per tres membranes protectores, les **meninges**, que de fora a dins reben el nom de **duramàter**, **aracnoide** i **piamàter**. A més, el SNC està banyat pel **líquid cefalorraquidi**, que es troba en les seves cavitats internes, i entre la piamàter i l'aracnoide.

a Per a què serveixen les meninges?
b On se situen?
c Cerca informació i explica què és una meningitis.

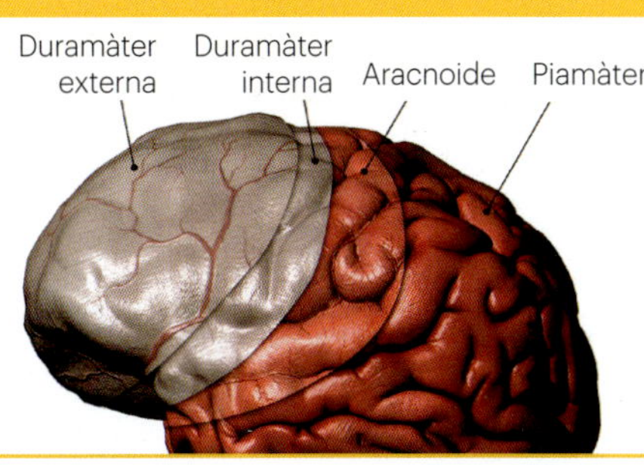

2.3 El sistema nerviós somàtic

El **sistema nerviós somàtic** regula les respostes en les quals els **efectors** són **músculs**.

Es diferencien dos tipus de processos: els **actes voluntaris** i els **actes reflexos**.

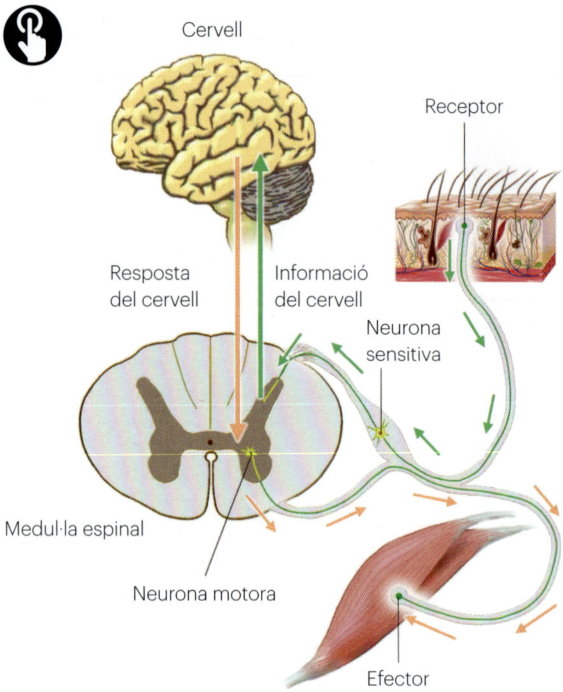

L'ACTE VOLUNTARI

Requereix una decisió de la nostra voluntat i l'aparició d'una resposta que s'elabora al cervell. Són actes **conscients**, ja que la persona nota l'arribada de l'estímul i l'execució de la resposta.

En un acte voluntari intervenen diferents tipus de neurones:

- Una **neurona sensitiva**, que recull la informació d'un receptor, la transforma en impuls nerviós i l'envia fins a la medul·la espinal.
- Una sèrie de **neurones de la medul·la espinal**, que fan arribar l'impuls nerviós fins al cervell.
- Un grup de **neurones d'associació** del cervell, que interpreten l'impuls nerviós i generen la resposta.
- Una sèrie de **neurones de la medul·la espinal** que transmeten l'impuls nerviós fins a la neurona motora.
- Una **neurona motora** que transmet l'impuls nerviós fins a l'**efector**, que generalment és un múscul, que du a terme la resposta.

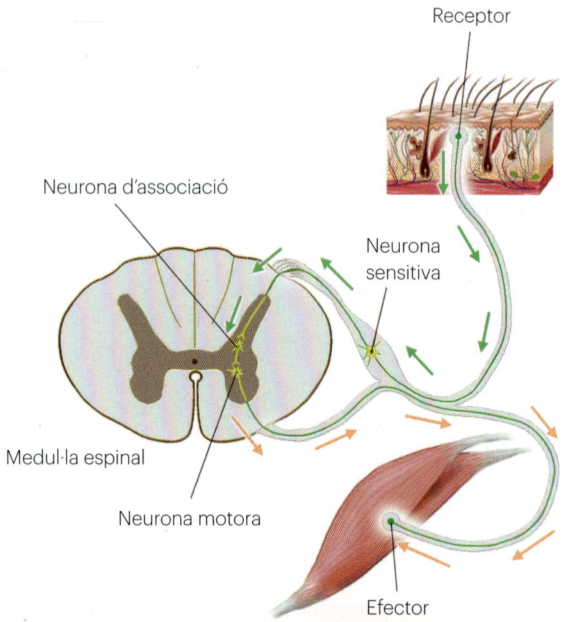

L'ACTE REFLEX

És una resposta involuntària i molt ràpida que s'elabora a la medul·la espinal, és a dir, és un acte **inconscient** perquè no hi intervé el cervell.

L'acte reflex es produeix en situacions de perill o que poden generar un dany i que, per aquest motiu, requereixen una resposta immediata.

En la seva coordinació, només hi intervenen:

- Una **neurona sensitiva**, que transmet la informació rebuda per un receptor a la medul·la espinal.
- Una **neurona d'associació** de la medul·la espinal, que genera la resposta.
- Una **neurona motora**, que porta l'impuls nerviós fins a l'efector, generalment un múscul, que fa la resposta.

Activitats

3. AA Un acte reflex és una resposta automàtica davant d'un estímul.

a Quins avantatges té per a una persona l'existència dels actes reflexos? Posa'n un exemple.

b Es produeixen actes reflexos al cap, situat per sobre de la columna vertebral?

c Dibuixa una silueta humana i el seu SNC i escriu el nom a cada part. Després, dibuixa-hi el recorregut de la neurona sensitiva que transmet l'estímul d'una punxada al peu. Assenyala on es rep i on es dona la resposta. Finalment, dibuixa-hi el recorregut de la neurona motora que genera la resposta.

2.4 El sistema nerviós autònom

El **sistema nerviós autònom** o **vegetatiu** (**SNA**), anomenat així perquè actua fora del control de la voluntat, regula, per exemple, els batecs del cor, la freqüència respiratòria i la pressió arterial.

Sistema d'alarma

El SNA està format pel sistema simpàtic i el sistema parasimpàtic.

SNA SIMPÀTIC	SNA PARASIMPÀTIC
Actua en moments en els quals l'organisme està sotmès a una **tensió**, **estrès** o **perill**. Provoca una sèrie de canvis que comporten un **augment de la despesa d'energia** i que preparen l'organisme per enfrontar-se a situacions adverses, com per exemple dilatar la pupil·la, accelerar el ritme cardíac, contreure els vasos sanguinis de la pell (la persona empal·lideix), etc.	Actua quan l'**organisme es relaxa.** Produeix canvis que comporten una **disminució de la despesa d'energia** i que afavoreixen que l'organisme torni a la normalitat. En general, la seva actuació és oposada a la del sistema simpàtic. Alguns exemples de la seva activitat són la disminució del ritme cardíac, la dilatació dels vasos sanguinis de la pell (la persona recupera el color), etc.

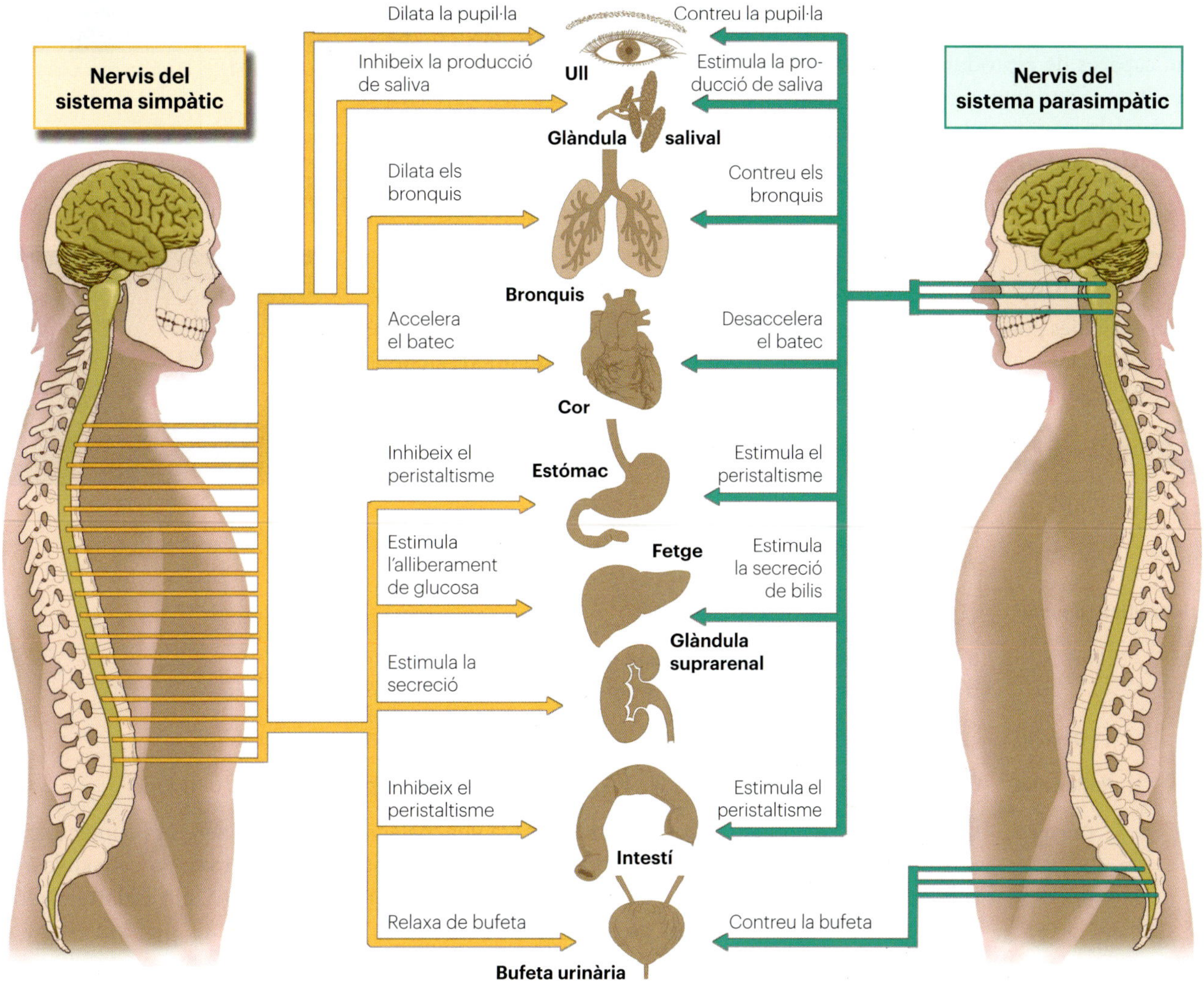

Activitats

4. Raona si les afirmacions següents són vertaderes o falses.

a Quan estàs tranquil·lament al sofà, s'inhibeix el peristaltisme intestinal per l'acció del sistema simpàtic.

b En moments de perill, la pupil·la de l'ull es dilata perquè arribi més informació visual al cervell.

c Quan es té por, s'empal·lideix perquè els vasos sanguinis de la pell es contreuen per permetre que la sang vagi als músculs i al cervell.

d Les glàndules salivals produeixen molta saliva en moments de tensió.

2 Com pot emmalaltir el sistema nerviós?

Personal / Salut AS AD AF

Aprèn a...

Seleccionar i utilitzar la informació científica per formar-te una opinió.

Expressar-te correctament tant oralment com per escrit, utilitzant diversos suports.

Ítem 1. Tota la vida amb les mateixes neurones?

La capacitat reproductiva d'aquestes cèl·lules és pràcticament nul·la, per la qual cosa es diu que «morim amb les mateixes neurones amb què naixem». Per això, és extraordinàriament perillós patir malalties que matin o perjudiquin les neurones.

Fa poc s'han descobert «cèl·lules mare nervioses» a l'encèfal, capaces de reproduir-se i, fins i tot, de migrar a altres llocs. S'està investigant si això podria servir per curar malalties provocades per traumatismes o la degeneració del teixit nerviós.

Ítem 2. Què mata neurones?

No dormir prou	Una mala dieta	Abús de drogues

La manca de son prolongada pot produir mort de neurones.	Si no s'esmorza, al cervell li falten els nutrients necessaris i pot desembocar en degeneració neuronal.	El tabac causa que els leucòcits ataquin cèl·lules cerebrals sanes del SNC.

Ítem 3. Quines malalties pateix el sistema nerviós?

Moltes malalties poden danyar les neurones del nostre sistema nerviós. Entre les més conegudes hi ha la meningitis, el Parkinson, l'Alzheimer, l'esclerosi múltiple, l'ictus, la depressió, l'esquizofrènia, l'autisme, etc.

▶ Ictus ▶ Esclerosi múltiple

El meningococ provoca meningitis.

Construeix amb el que saps

Identifica i descriu

1 Visualitza el vídeo sobre l'ictus.

a Explica com es produeix aquesta malaltia.
b Quines mesures preventives podem prendre per evitar-lo?

Descriu

2 Visualitza el vídeo sobre l'esclerosi múltiple i explica com es produeix.

Reflexiona

3 Per què és tan perillós que les neurones del nostre cos pateixin danys o morin?

Conclou

4 Formeu grups. Cadascun triarà una malaltia del sistema nerviós i confeccionarà una presentació que després explicarà a la resta de la classe. De cada malaltia cal explicar-ne l'origen, el tipus al qual pertany, els símptomes, el tractament o les mesures que endarrereixen el desenvolupament i les mesures de prevenció.

El que has construït

Una **neurona** és una cèl·lula especialitzada que té una **capacitat reproductiva gairebé nul·la**, per això és molt perillós que morin, ja que no es poden reposar.

Algunes de les malalties del SN més conegudes són la meningitis, el Parkinson, l'Alzheimer, l'esclerosi múltiple, l'ictus, la depressió, l'esquizofrènia, l'autisme, l'epilèpsia, etc. Podem prevenir o endarrerir l'aparició d'algunes d'aquestes malalties tenint **hàbits de vida saludables**.

3. Trastorns del sistema nerviós

El sistema nerviós pot deixar de funcionar correctament a causa d'accidents o malalties.

- **Accidents**: alguns poden provocar lesions irreversibles a l'encèfal i la medul·la, com la tetraplegia i la paraplegia.
- **Malalties**: poden ser provocades per causes diverses i algunes es mostren en el quadre següent.

TIPUS	ORIGEN	EXEMPLE	CARACTERÍSTIQUES
Infeccioses	Produïdes per **virus i bacteris** que aconsegueixen travessar la barrera immunitària que protegeix el sistema nerviós i ocasionar malalties greus.	**Meningitis**	Inflamació de les meninges o membranes que protegeixen el SNC. Les víriques acostumen a ser benignes, en canvi, les bacterianes són més perilloses i es tracten amb antibiòtic.
Degeneratives	Malaltia degenerativa de les **cèl·lules cerebrals** que produeix un **neurotransmissor**: la dopamina, que controla i coordina el moviment muscular.	**Malaltia de Parkinson**	Provoca tremolors a diverses parts del cos, rigidesa muscular i dificultat per caminar. El tractament es basa en l'administració de dosis altes de L-dopa, fàrmac que fa que remetin els símptomes d'aquesta afecció.
	S'origina per la degeneració d'alguns **sectors del cervell**, com l'escorça cerebral, produïda per la **mort de les neurones**.	**Malaltia d'Alzheimer**	Els símptomes són pèrdua de pes i de memòria; els malalts arriben a oblidar activitats com menjar i vestir-se, i fins i tot poden no reconèixer els familiars més pròxims. Acostuma a desenvolupar-se a partir dels 65 anys.
Autoimmunes	Alteracions del sistema immunitari que provoca l'atac dels limfòcits a la **beina de mielina** dels àxons de les neurones.	**Esclerosi múltiple**	Provoca alteracions en la transmissió dels impulsos nerviosos. Els símptomes d'aquesta dolència són dolor i falta de força als braços i a les cames, problemes en la visió i alteracions de l'equilibri.
Lesions en el sistema circulatori	Es produeixen per obstruccions o per trencaments en **vasos sanguinis del cervell**.	**Embòlia**	Té lloc quan un coàgul sanguini o greix bloqueja la irrigació del cervell, cosa que provoca un infart cerebral. Els seus efectes depenen de la part del cervell afectada.
Trastorns psíquics	Molts són d'origen desconegut, encara que es pensa que la majoria estan relacionats amb una disminució de la quantitat o l'eficàcia dels **neurotransmissors** que segreguen les neurones. Acostumen a aparèixer també com a conseqüència del **consum de drogues**.	**Depressió**	És una situació de tristesa extrema, prolongada, acompanyada d'ansietat, sensació d'impotència, culpabilitat i desig d'aïllament social. És la malaltia mental més freqüent, ja que afecta el 10 % de la població adulta. Es tracta amb antidepressius o amb sessions de psicoteràpia.
		Esquizofrènia	És una alteració greu de la capacitat del pensament, percepció de l'entorn, pèrdua del contacte amb la realitat, etc. i pot arribar a provocar al·lucinacions. Es tracta amb antipsicòtics.

4. Funcions de relació

Aquests jugadors veuen la pilota (estímul exterior) amb els ulls (receptors sensorials). Aquesta informació arriba al seu SN, on es processa la informació i s'elabora la resposta de copejar la pilota. Els músculs (òrgans efectors) executen aquesta ordre.

S'anomena **relació** el conjunt de processos pels quals tot ésser viu obté **informació** i **pren les decisions** per respondre adequadament.

Per detectar els canvis de l'ambient, tant intern com extern, i coordinar una resposta, el cos humà disposa de diferents elements:

- Els **receptors sensorials**, que capten estímuls procedents de l'exterior.
- El **sistema nerviós** i el **sistema endocrí**, que processen la informació i elaboren les respostes adequades.
- Els **òrgans efectors** (músculs i glàndules), que executen les respostes. L'aparell locomotor, constituït pel sistema muscular i el sistema esquelètic, efectua les respostes de moviment o desplaçament.

5. Els òrgans dels sentits

5.1 Els receptors sensorials

Gairebé tots els òrgans dels sentits estan ubicats a cap, perquè així la informació que perceben pot arribar més ràpid al cervell.

Els **receptors sensorials** estan formats per **neurones** especialitzades a captar **estímuls** i generar **impulsos nerviosos** que transmeten a través dels nervis. Poden estar repartides per tot el cos, com els corpuscles sensorials de la nostra pell, o agrupar-se per formar els òrgans dels sentits, com els ulls o l'orella.

Els receptors sensitius es poden classificar en dos grans grups: interns i externs. Els **interns** detecten variacions en les condicions internes del nostre cos, mentre que els **externs** detecten canvis en l'ambient extern de l'individu, com la llum o la temperatura.

Segons l'estímul davant del qual reaccionen, es distingeixen diferents **tipus** de receptors:

- **Quimioreceptors.** Perceben estímuls de tipus químic. Els que capten substàncies de l'aire estan situats a la pituïtària del nas i els que capten substàncies dissoltes es troben a les papil·les gustatives de la llengua.
- **Termoreceptors.** Perceben estímuls tèrmics, és a dir, sensacions de calor i de fred. Es localitzen a la pell.
- **Mecanoreceptors.** Capten estímuls mecànics, com la pressió i les vibracions. Hi ha receptors de pressió distribuïts per la pell de tot el cos i receptors de vibracions a l'orella interna.
- **Fotoreceptors.** Perceben estímuls de tipus lluminós. Estan situats a la retina dels ulls.

Activitats

5. AL Visualitza i fes el vídeo interactiu següent. Després respon per què et sembla que la distribució dels mecanoreceptors no és homogènia?

6. AP La necessitat d'ingerir líquids està controlada per l'hipotàlem, regió situada a la base de l'encèfal. Disposa de dos receptors: l'un mesura la proporció de les sals dissoltes a la sang i l'altre mesura la pressió de la sang sobre les parets internes del cor, la qual cosa informa sobre el volum de sang en circulació.

Quan capten un dèficit d'aigua o un augment de la concentració de sals a la sang, envien l'ordre de beure.

a Quin tipus de receptors actuen en la captura d'estímuls?

b Quina de les accions següents pot arribar a desencadenar que l'hipotàlem doni l'ordre de beure?

A. Banyar-se al mar. B. Fer esport.
C. Menjar aliments insípids. D. Prendre el sol.

5.2 L'olfacte

L'**olfacte** és el sentit que ens permet detectar les substàncies químiques que transporta l'aire.

L'òrgan del sentit de l'olfacte es localitza a la **pituïtària groga**, situada a la part superior de les **fosses nasals**. La pituïtària conté prop de 20 milions de cèl·lules olfactives que actuen com a neurones de tipus quimioreceptor. Aquestes neurones tenen àxons que travessen un os del carni, l'**etmoide**, i arriben al bulb olfactiu, situat a sota del cervell. L'olfacte actua quan les substàncies de l'aire es dissolen en la mucosa olfactòria i estimulen les dendrites de les cèl·lules olfactives que transmeten els impulsos nerviosos cap a les àrees del cervell que identifiquen les olors.

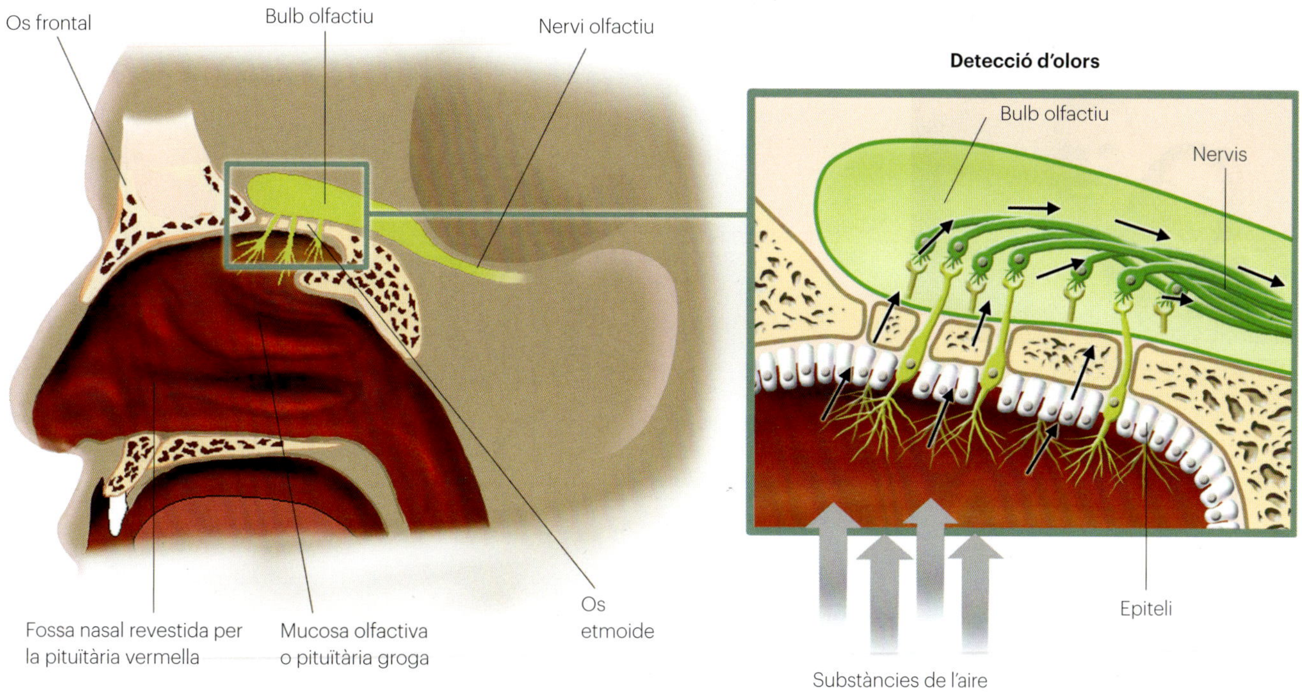

LA CURA DEL SENTIT DE L'OLFACTE

És convenient evitar olorar substàncies irritants, ja que afecten la sensibilitat de la mucosa olfactiva. Per tant, no s'han d'olorar mai substàncies químiques desconegudes.

Per prevenir lesions greus, no s'han de furgar les fosses nasals amb els dits o objectes punxeguts. És aconsellable utilitzar un mocador per netejar-se el nas.

Activitats

7. El refredat comú o constipat està produït per la infecció d'un rinovirus. Aquest virus afecta, principalment, el coll i les cavitats bucal i nasal. Per defensar-se de l'atac d'aquest virus les cèl·lules de la mucosa que entapissen aquestes cavitats s'inflamen i supuren una gran quantitat de mucositat.

a Per què la nostra capacitat olfactiva disminueix durant un refredat?

b Explica com pot ser que en perdre l'olfacte el menjar que ingerim sembli que té menys sabor.

c Per quin motiu, durant el refredat, ens molesten les orelles?

5.3 El gust

El **gust** és el sentit que detecta les substàncies líquides o dissoltes en la saliva. Els receptors del gust es troben a la llengua, un òrgan musculós que a la superfície té unes protuberàncies, les **papil·les gustatives**, que contenen a l'interior els **botons gustatius** constituïts per cèl·lules quimioreceptores.

Aquestes neurones reconeixen les substàncies dissoltes a la saliva i que generalment provenen dels aliments i envien impulsos nerviosos al cervell, on s'identifiquen amb un sabor determinat. Hi ha quatre sabors bàsics: **dolç**, **salat**, **àcid** i **amarg**. Cada un d'aquests sabors és percebut amb una intensitat distinta en diferents zones de la llengua. La resta dels sabors són combinacions d'aquests sabors bàsics. Hi ha un cinquè sabor, l'**umami**, descobert per un químic japonès, que s'assimila al sabor de les proteïnes, especialment les d'origen animal o carn.

Tenir cura del sentit del gust

- S'ha de ser moderat en el consum de substàncies irritants, ja que poden afectar la sensibilitat de les papil·les gustatives. Es consideren substàncies irritants les begudes alcohòliques, el fum dels cigarrets, els aliments picants i els excessivament condimentats.
- La raspallada o neteja de la llengua evita el creixement bacterià i la mala olor oral.

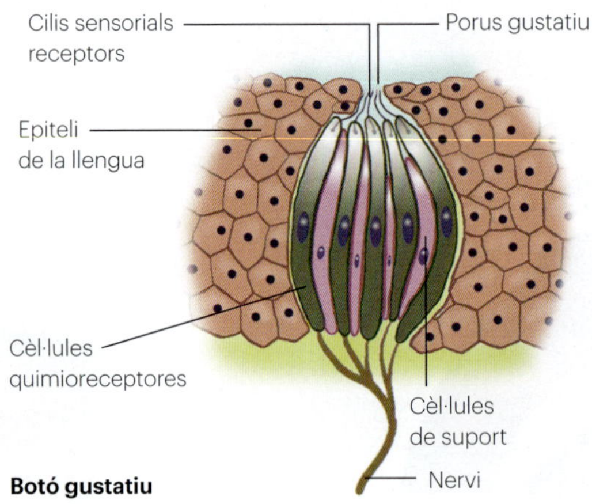

Botó gustatiu

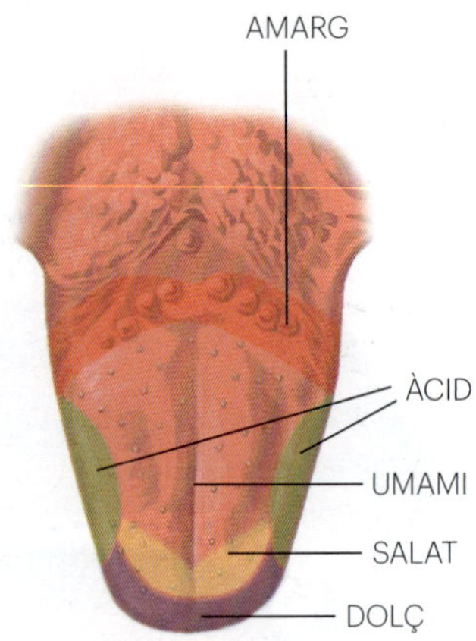

5.4 El tacte

El sentit del **tacte** s'origina quan s'estimulen els receptors sensitius de la pell. Els estímuls són transformats en impulsos nerviosos que es transmeten pels nervis fins a l'escorça cerebral, on s'interpreten en forma de sensacions de **tacte**, **calor**, **fred**, **pressió** i **dolor**.

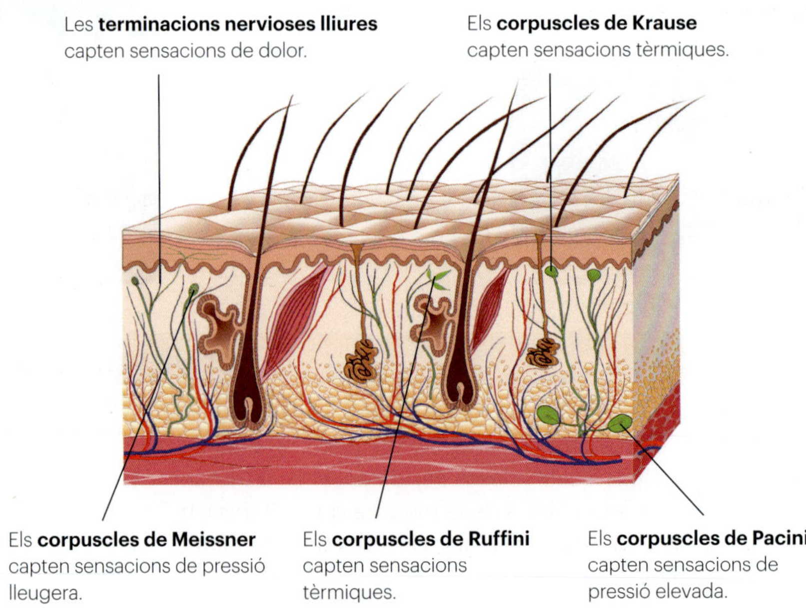

Tenir cura de la pell

- Rentar-nos cada dia amb aigua i sabó abundants. Cal utilitzar sabons d'acidesa semblant a la de la pell (pH 6) per no ressecar-la.
- Evitar l'excés de sol. No superar la mitja hora d'insolació durant els primers dies. Si apareixen pigues o si aquestes creixen, cal anar al metge, ja que hi ha perill de patir càncer de pell.
- En cas de fer-se una ferida, rentar-la immediatament amb aigua i sabó i aplicar-hi algun antisèptic.
- És aconsellable utilitzar desodorants que actuïn contra els bacteris i els fongs que produeixen substàncies que fan mala olor, però no els que tenen acció antitranspirant, ja que impedeixen la sudoració i priven l'organisme dels beneficis que la transpiració aporta.

3 Es pot reconèixer un sabor a qualsevol lloc de la llengua?

Personal / Ciència i tecnologia AP

Aprèn a...

Aplicar el mètode científic en les teves recerques.

Utilitzar correctament els materials de laboratori i seguir les normes de seguretat.

Formula hipòtesis

El sentit del gust, ajudat per l'olfacte, ens permet reconèixer els sabors. Bàsicament, captem quatre sabors: salat, àcid, dolç i amarg. La sensació gustativa que obtenim en menjar és una combinació de tots. Els sabors són percebuts a través de les papil·les gustatives que recobreixen la superfície de la llengua.

Les papil·les gustatives de la llengua estan especialitzades a percebre un tipus concret de sabor i no poden reconèixer-ne la resta.

Hipòtesi: un sabor, pot ser reconegut a qualsevol lloc de la llengua o només en un lloc determinat? Redacta la teva hipòtesi i comprova-la fent l'activitat següent.

Experimenta

1. Copia el dibuix de la llengua o imprimeix la imatge del protocol.
2. Per parelles, prepareu tres dissolucions concentrades, una de sucre, una de sal i una altra de cafè o te, dissolent una cullerada de cadascuna en tres gots diferents. Després, a poc a poc, afegiu-hi aigua fins aconseguir dissoldre-les.
   [**Nota:** prepareu el cafè o el te concentrat abans i deixeu-lo refredar.]
3. Talleu la llimona per la meitat i espremeu-la en un got, sense afegir-hi aigua.
4. Amb el comptagotes, agafeu una petita quantitat d'un dels sabors. Després, dipositeu-ne una gota en un punt concret de la llengua del vostre company sense que ell sàpiga ni el lloc ni la substància utilitzada.
5. Pregunteu-li si ha reconegut el sabor. Si l'ha identificat correctament, marqueu-ne la posició en el dibuix de la llengua.
6. Us heu d'esbandir la llengua amb aigua després de tastar cada mostra.
7. Si no l'ha identificat, repetiu el procediment amb el mateix sabor, però a altres llocs de la llengua, fins que pugueu identificar en quin sector es percep més bé i en quins no s'identifica.
8. Repetiu l'experiment amb cadascuna de les substàncies.

MATERIAL

- 4 gots
- Comptagotes o bastonets amb cotó
- Cullera
- Llapis de colors
- Aigua
- Llimona
- Sucre
- Sal
- Cafè soluble

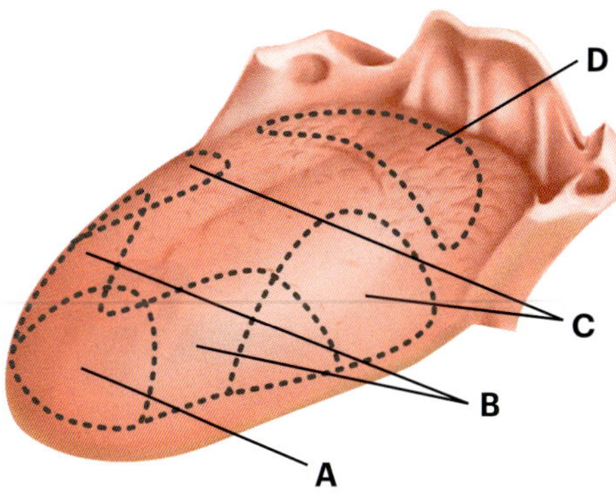

Protocol

Rúbrica

Analitza

1 **Identifica.** Copia i completa una taula com aquesta.

Sabor o sabors	A	B	C	D
Salat				
Dolç				
Àcid				
Amarg				

2 **Reflexiona.** Es percebrien de la mateixa manera els sabors si la llengua estigués seca?

3 **Analitza.** Compareu els resultats obtinguts entre els diferents grups.

4 **Conclou.** Explica si els diferents sabors poden ser detectats a totes les regions de la llengua.

Conclou

Amb la informació que has obtingut, pots refutar o corroborar la teva hipòtesi sense cap dubte?

Tenir cura del sentit de l'oïda

- Netejar l'orella externa evitant que quedi aigua al conducte. Utilitzar els bastonets de cotó únicament per eixugar els plecs de l'orella. No introduir objectes durs i punxeguts a l'orella, ja que poden perforar el timpà.
- Obrir la boca o tapar-se les orelles quan es produeixen sorolls forts o explosions per evitar el trencament del timpà.
- Si s'està refredat, convé mocar-se sovint per evitar que les mucositats passin a l'orella i arribin a infectar-la.

5.5 L'oïda i l'equilibri

El sentit de l'**oïda** permet percebre les ones sonores. Aquestes vibracions són recollides i conduïdes per l'**orella externa** fins al **timpà**, que és una membrana fina i elàstica que vibra en rebre el so. Aquesta vibració es transmet mitjançant la **cadena d'ossets** fins a la membrana de la **finestra oval** de l'**orella interna**. Aquesta zona està immersa en un líquid denominat **perilimfa**. S'hi distingeixen els **tres canals semicirculars**, l'**utricle**, el **sàcul** i el **cargol** o **còclea**. A l'interior d'aquestes estructures hi ha un líquid denominat **endolimfa**. Quan arriba una vibració a la finestra oval, la perilimfa es mou al voltant del cargol i provoca el moviment de l'endolimfa al seu interior. Això activa unes **cèl·lules sensitives de tipus mecanoreceptor internes**, que envien un impuls nerviós pel **nervi auditiu** fins al cervell.

A més, l'orella interna també és responsable del **sentit de l'equilibri**. Hi ha dos tipus d'equilibri: l'estàtic i el dinàmic. El sentit de l'equilibri estàtic (en repòs) resideix a l'**utricle** i al **sàcul**. En aquestes cavitats hi ha unes concrecions calcàries que, per gravetat, fan pressió en unes cèl·lules sensitives. Així informen el cervell sobre la posició corporal.

Per la seva part, el **sentit de l'equilibri dinàmic** (o en moviment) resideix en tres canals semicirculars, disposats en les tres dimensions de l'espai. Quan la persona es mou, l'endolimfa que contenen també es mou i estimula uns receptors sensitius que envien la informació al cervell.

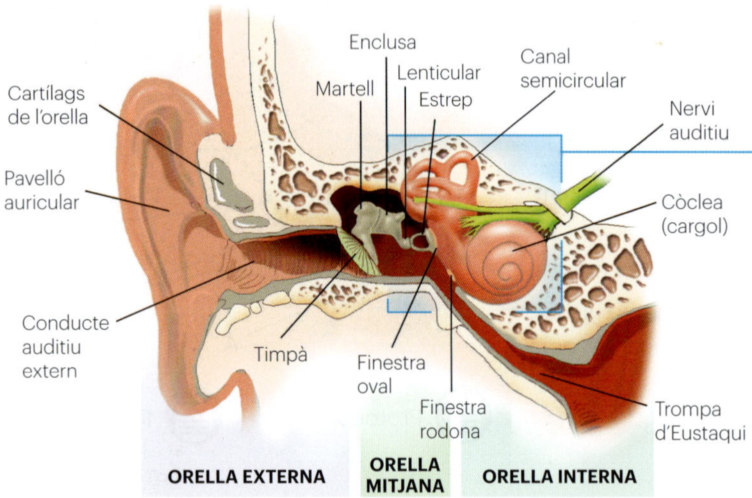

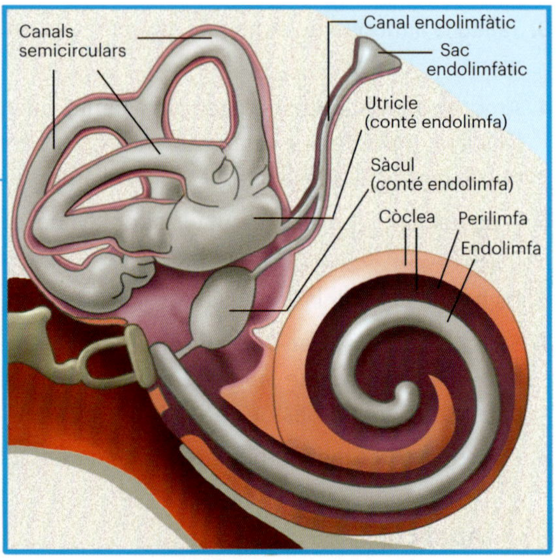

Activitats

8. AP AF El Joan està amoïnat perquè, després de llançar uns petards, sent xiulets i ha perdut capacitat auditiva. Una companya li ha comentat que per evitar danys al timpà, causats per sorolls molt forts, és aconsellable mantenir la boca oberta.

a On se situa la trompa d'Eustaqui?
b Quina és la utilitat d'aquest conducte?
c Com es comunica el timpà amb l'exterior?
d Per què si obrim la boca quan es tiren petards es poden evitar lesions al timpà?

5.6 La vista

El sentit de la **vista** és el que ens permet captar les formes, els colors, les llums i les mides de tot el que ens envolta. L'òrgan encarregat de la visió és l'ull, que consta de les parts següents:

- **Escleròtica**. És la membrana externa i és de color blanc. La part anterior és transparent i rep el nom de **còrnia**.
- **Coroides**. Capa que se situa entre l'escleròtica i la retina. Conté capil·lars sanguinis i és l'encarregada de la nutrició de l'ull. A la part anterior es troba l'**iris**, que és una membrana acolorida que té al centre un orifici, la **pupil·la**, que es pot ampliar o reduir, cosa que regula la llum que penetra a l'ull. Rere la pupil·la hi ha el **cristal·lí**, que és transparent i contribueix a enfocar les imatges a la retina.
- **Retina**. És la capa més interna i conté les cèl·lules fotosensibles, que són de dos tipus: els **cons**, que aprecien els colors, i els **bastons**, responsables de la visió en condicions de poca llum (colors grisos). La **fòvea** és el punt on enfoquem la visió en color, per la qual cosa té molts cons i no hi ha bastons.

A l'interior de l'ull hi ha dos líquids transparents: l'**humor aquós** i l'**humor vitri**.

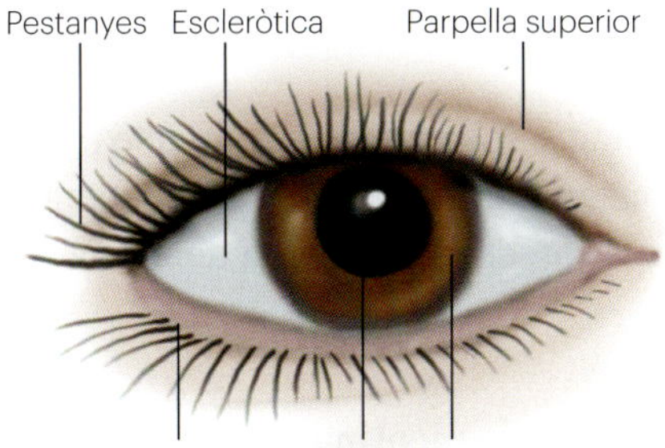

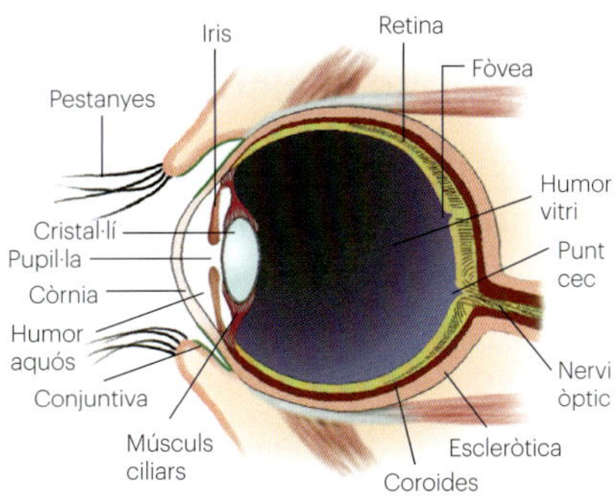

La llum de les imatges travessa la **còrnia** i l'**humor aquós**, i arriba al **cristal·lí**. Aquest, gràcies als **músculs de l'iris**, s'acomoda i enfoca la imatge sobre la retina. La llum estimula els cons i bastons de la retina, que envia la informació al cervell pel nervi òptic.

ALTERACIONS DEL SENTIT DE LA VISTA

- **Presbícia o vista cansada**. És una alteració que dificulta la visió de prop, a causa de l'enduriment del cristal·lí o a l'afebliment dels músculs ciliars. La presbícia augmenta amb l'edat.
- **Astigmatisme**. És una alteració de la visió produïda per una curvatura irregular de la còrnia de l'ull que impedeix enfocar les imatges i, en conseqüència, que es vegin amb claredat.
- **Cataractes**. És una alteració del cristal·lí, que el fa opac i no deixa passar la llum.
- **Hipermetropia**. És la incapacitat d'enfocar **objectes pròxims**, perquè el globus ocular és excessivament curt o perquè el cristal·lí està massa aplanat i no es pot bombar. En la hipermetropia, la imatge es projecta per darrere la retina.
- **Miopia**. És la incapacitat d'enfocar **objectes llunyans**, perquè el globus ocular és massa allargat o perquè el cristal·lí està massa bombat i no es pot aplanar per enfocar. En la miopia, la imatge es projecta per davant de la retina.

Tenir cura del sentit de la vista

- Cada any convé que un metge oftalmòleg ens faci una revisió ocular, sobretot si es té algun problema de visió.
- Evitar tocar-se els ulls amb les mans brutes per prevenir infeccions oculars i en cas de tenir-hi ferides, anar ràpidament a l'oculista.
- Evitar que la llum sigui excessiva, insuficient o parpellejant. Per estudiar, a més, cal evitar les brillantors al paper.
- S'ha de mantenir una distància adequada quan s'utilitzen ordinadors o es mira la televisió (1,5 m com a mínim) i no passar massa temps mirant aquests aparells.

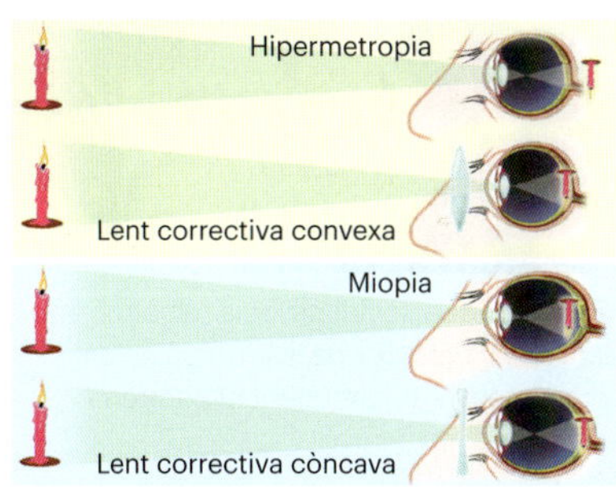

6. Les drogues

Tipus de drogues

Estimulants. Aclareixen l'activitat mental i produeixen estat d'excitació: amfetamines, cocaïna, *crack*, tabac, cafeïna, etc.

Depressores. Produeixen sensació de tranquil·litat i calma: morfina, codeïna, heroïna, metadona, derivats del cànnabis i barbitúrics.

Psicotròpiques. Alteren les percepcions dels sentits: LSD, èxtasi i MDA.

Es considera **droga** tota **substància química** que, introduïda en un organisme, alterna una o diverses de les seves funcions i crea **tolerància** i **dependència**.

- La **tolerància** a una droga és la capacitat que té la persona a adaptar-s'hi, de manera que cada vegada necessita dosis més altes perquè la substància produeixi el mateix efecte.
- La **dependència** pot ser **psicològica**, quan es necessita per sentir-se bé, i/o **física**, quan el cos la necessita per funcionar amb normalitat.
- La **síndrome d'abstinència** són els trastorns físics i psíquics que provoca en l'organisme la interrupció de la presa de la droga.

No només és perillós l'ús de les drogues, sinó que, de vegades, la manera d'administrar-les també ho és. Per exemple, la cocaïna s'absorbeix pel nas i produeix hemorràgies i destrucció del septe nasal, mentre que les que s'injecten, com l'heroïna, poden provocar el contagi de malalties com la sida i l'hepatitis, si es comparteixen xeringues.

Les drogues s'acostumen a classificar en tres grans grups: **estimulants**, **depressores** i **psicotròpiques**.

6.1 El tabac i l'alcohol

Són dues drogues anomenades *legals*, acceptades socialment, encara que provoquen problemes socials i de salut. El seu consum pot portar a experimentar amb drogues no legals i a convertir-se, en algun casos, en la seva porta d'entrada.

EL TABAC

La substància del tabac que produeix addicció és la **nicotina** i és similar a la de l'heroïna o la cocaïna. Per això és tan fàcil caure en aquesta drogodependència, encara que només es fumi de tant en tant, i per aquest motiu és tan complicat que una persona deixi de fumar.

El tabac influeix en la **capacitat pulmonar** perquè el quitrà que conté obstrueix els alvèols pulmonars; en conseqüència, les persones fumadores tenen menys resistència física. Se sap, a més, que el tabac conté substàncies capaces de provocar **càncer de pulmó** i d'altres que irriten les mucoses.

Com totes les drogues, el tabac provoca una **síndrome d'abstinència** que es caracteritza per tensió, dificultat per concentrar-se, irritabilitat, mal de cap i, sobretot, un desig irresistible de fumar.

Hi ha gent que sovint associa l'alcohol amb la diversió, però per passar-ho bé no cal beure, més aviat justament el contrari.

L'ALCOHOL

El seu consum es caracteritza per una sensació inicial d'alegria i desinhibició que acaba amb un estat final de mareigs, visió borrosa, dificultat per concentrar-se i fatiga muscular. El consum excessiu d'alcohol pot provocar un **coma etílic** i la mort. La persona que abusa de l'alcohol pateix vòmits i diarrees freqüents, set, mals de cap forts i deshidratació.

La retirada de l'alcohol en una persona alcohòlica acostuma a desencadenar una **síndrome d'abstinència** que es caracteritza per una gran ansietat i irritabilitat, vòmits i rampes musculars. En els casos més greus es produeix confusió mental, al·lucinacions i tremolors fortes.

6.2 Mesures de prevenció contra les drogues

Per evitar el consum de les drogues és important que la persona disposi d'una informació i una educació apropiada sobre aquestes substàncies i que la relació amb la seva família i amb les amistats contribueixi a evitar el contacte amb aquest tipus de substàncies.

A més, la majoria dels països en restringeixen l'ús i n'eviten el tràfic il·legal i el consum.

RELACIONAT AMB...	FACTORS DE PREVENCIÓ
El subjecte	Comprendre els efectes negatius del consum de drogues. Tenir capacitat d'autocontrol. Tenir una personalitat responsable.
La família	Adquirir hàbits de vida sans, sense models propers (pares, familiars, amics...) lligats al consum. Gaudir de forts vincles emocionals positius amb els pares/tutors. Tenir una estabilitat i cohesió familiar correctes.
Grups d'iguals	No integrar-se en grups que pressionin a consumir drogues. Relacionar-se amb grups d'amics que no consumeixin drogues. Tenir independència de criteri pel que fa al grup.
Aspectes socioculturals	Rebre un bon suport social. Tenir normes, creences i comportaments coherents que tendeixin a oposar-se a l'ús de drogues.
Medi educatiu	Rebre una bona motivació i expectatives de futur. Gaudir d'una adaptació i integració escolar adequades. Tenir una bona comunicació entre pares i escola.

Factors de protecció contra el consum de drogues (font: MEC).

La família i els amics són les influències més importants en la vida d'una persona, sobretot durant l'adolescència.

Activitats

9. AV AL AF Entra en l'enllaç següent, que inclou un resum d'efectes i riscos de diferents drogues, i fes les activitats.

a Classifica les diferents drogues en els tres tipus que hi ha: estimulants, depressores i psicotròpiques.

b L'alcohol té dos efectes que, en principi, semblen contraris. Com ho explicaries? Classifica quins dels riscos són produïts per un efecte i quins pel contrari.

c Hi ha alguna droga que no generi dependència? Llavors, per què algunes són legals? Feu un debat a classe sobre el tema.

10. AV AD AF Entra al portal d'Infodrogas, publicat per Rioja Salud.

a Quina és la substància química que produeix els efectes típics de les begudes alcohòliques? Quins efectes són aquests?

b Els efectes del consum d'alcohol varien segons les persones i les quantitats ingerides. Quins són els factors principals que influeixen en l'acció de l'alcohol?

c Quan es produeix l'estat de confusió? Quins símptomes té?

d Fes el test (AUDIT) de dependència a l'alcohol.

4 Què provoca la diabetis?

Personal / Salut AL AS AD

Aprèn a...
Identificar els termes del vocabulari científic i expressar-te correctament, tant oralment com per escrit, utilitzant diversos suports.

Ítem 1. Qui controla el nostre cos?

A més del sistema nerviós, en la coordinació del nostre cos actua el **sistema endocrí**, que està format pel conjunt d'òrgans i teixits amb funció glandular que produeixen unes substàncies denominades **hormones** que aboquen a la sang.

El sistema endocrí regula el metabolisme cel·lular, la maduració sexual, el creixement, l'estat d'ànim, la composició de la sang, etc.

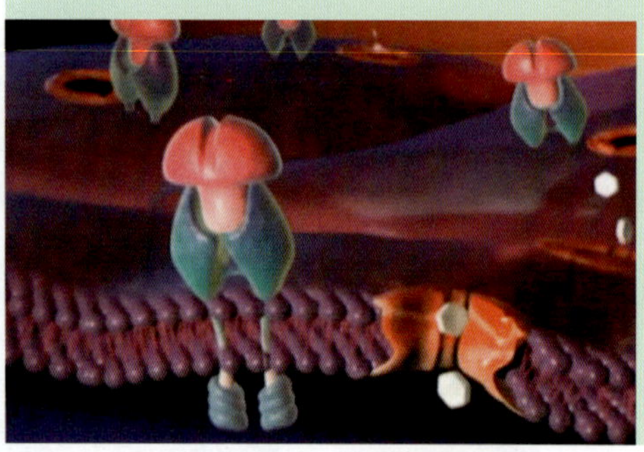

Diabetis

Ítem 2. Per a què serveix el pàncrees?

El pàncrees és un òrgan petit i allargat, d'uns 15 cm de longitud i d'uns 100 g de pes, situat darrere de l'estómac, a sota del fetge i en contacte amb l'intestí prim i l'artèria aorta.

El pàncrees és una glàndula amb doble funció, ja que produeix el suc pancreàtic que aboca al tub digestiu per facilitar la digestió de proteïnes, greixos i glúcids, i també produeix l'hormona **insulina**, que regula la concentració de la glucosa a la sang.

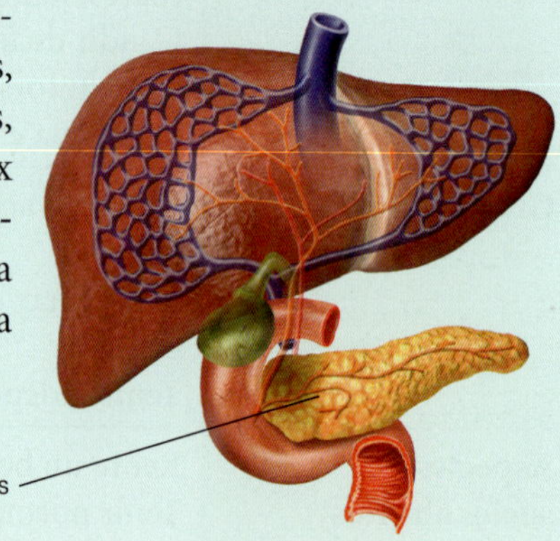

Construeix amb el que saps

Descriu 1 En la coordinació del nostre cos també intervé el sistema endocrí, que funciona sense generar impulsos nerviosos. Com fa aquesta coordinació el sistema endocrí?

Aplica 2 Per què és tan important que la glucosa penetri a l'interior de les cèl·lules?

Interpreta 3 Explica quina funció fa la insulina perquè la glucosa pugui entrar a l'interior de les cèl·lules.

Raona 4 Argumenta quin dels dos tipus de diabetis requereix sempre ser tractat amb injeccions d'insulina.

Conclou 5 En grups, prepareu una presentació en PowerPoint o un programa similar, en la qual s'expliquin els punts següents:

a Què és la diabetis?
b Tipus de diabetis
c Trastorns
d Tractament i eficàcia

El que has construït

El **sistema endocrí** està format per un conjunt de glàndules que regulen el funcionament del cos mitjançant la secreció d'**hormones** (substàncies químiques) a la sang.

El **pàncrees** és una glàndula del sistema digestiu que segrega el suc pancreàtic i també és una glàndula del sistema endocrí que segrega **insulina** per regular la concentració de glucosa a la sang.

La **diabetis** és una malaltia produïda per la presència d'una concentració elevada de glucosa a la sang, per falta d'insulina o pel seu mal funcionament.

7. El sistema endocrí

El **sistema hormonal** o **endocrí** està format pel conjunt de glàndules que produeixen unes substàncies denominades **hormones** que aboquen a la sang.

7.1 Hormones i glàndules

Les **hormones** són substàncies químiques produïdes per les glàndules endocrines que la sang distribueix per tot el cos i que actuen només sobre els òrgans formats per cèl·lules que tenen receptors específics per a aquestes substàncies, els anomenats **òrgans diana**.

El sistema hormonal regula el metabolisme cel·lular, la maduració sexual, el creixement, l'equilibri de la composició de la sang, etc.

Les hormones produeixen respostes més lentes, però d'efectes més duradors que les induïdes pel sistema nerviós.

El sistema endocrí està regulat per l'**hipotàlem** i la glàndula **hipòfisi**, que se situen a la base de l'encèfal. L'hipotàlem té dues funcions: una de **nerviosa**, relacionada amb el son i les sensacions de set i gana, i una altra d'**endocrina**, consistent a segregar els «factors alliberadors» que regulen l'activitat de la hipòfisi. La hipòfisi és una petita glàndula endocrina situada a sota de l'hipotàlem.

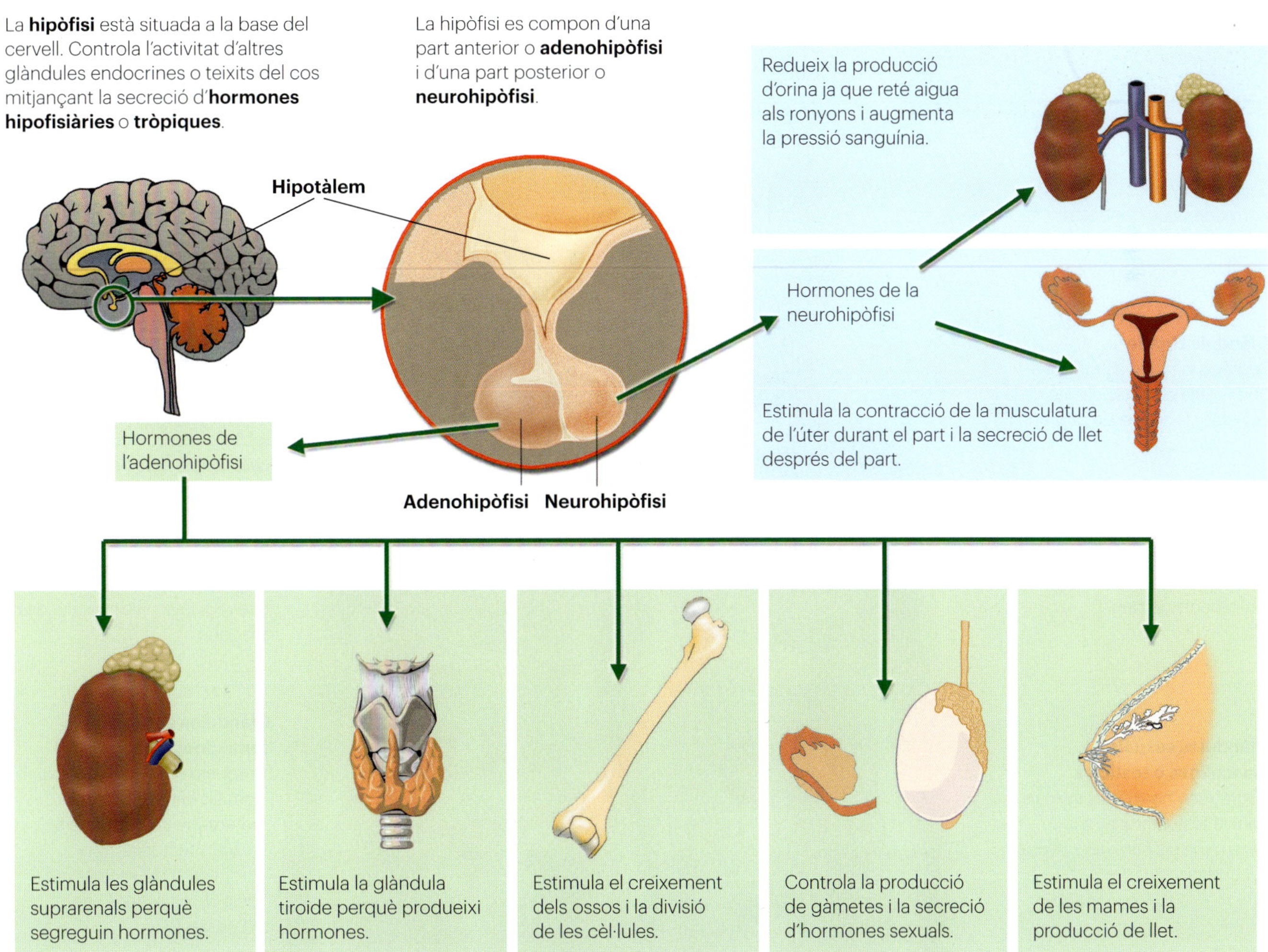

7.2 El control de la producció hormonal

L'organisme és capaç de mantenir constant la concentració de la majoria de les hormones mitjançant un complex sistema de control en el qual té un paper important la glàndula **hipòfisi**.

Quan es produeix una disminució de la concentració a la sang d'una determinada hormona, la **glàndula hipòfisi** la detecta i s'activa. Llavors produeix l'**hormona tròfica** o **hipofisiària** corresponent i l'aboca a la sang. Aquesta, quan arriba a la **glàndula endocrina blanc** o **glàndula diana**, que és l'única que la pot detectar, l'estimula perquè produeixi i segregui a la sang l'hormona deficitària. Quan es recupera la concentració sanguínia normal d'aquesta hormona, la hipòfisi ho detecta, s'inhibeix i deixa de segregar l'hormona tròfica o hipofisiària. Aquest sistema d'autoregulació rep el nom de **retroalimentació** o *feedback*.

Tanmateix, en el sistema endocrí hi ha dues glàndules la producció hormonal de les quals no està regulada per les hormones hipofisiàries: el paratiroides i el pàncrees.

- **Paratiroides**. Glàndula adossada al tiroides que produeix l'**hormona paratiroidal**. Regula el metabolisme del calci que necessiten els ossos per a la seva formació. Aquesta glàndula regula la seva secreció hormonal segons la concentració de calci a la sang.
- **Pàncrees**. A més de ser una glàndula exocrina, ja que produeix el suc pancreàtic que aboca al tub digestiu, també és una glàndula endocrina, ja que produeix l'hormona **insulina**, que regula la concentració de glucosa a la sang. La secreció d'insulina està en funció de la concentració de glucosa a la sang.

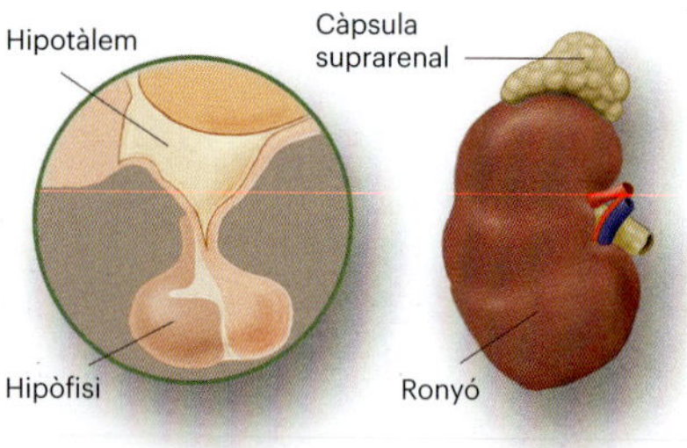

Si la concentració de cortisol en sang és baixa, s'activa la hipòfisi, que segrega una **hormona adrenocorticòtropa**. Aquesta hormona viatja per la sang fins a les càpsules suprarenals i allí torna a segregar cortisol. Si la concentració de cortisol és normal o alta, la hipòfisi no actua.

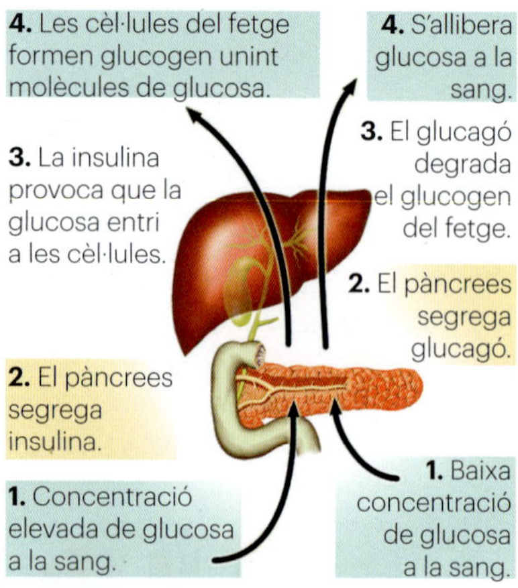

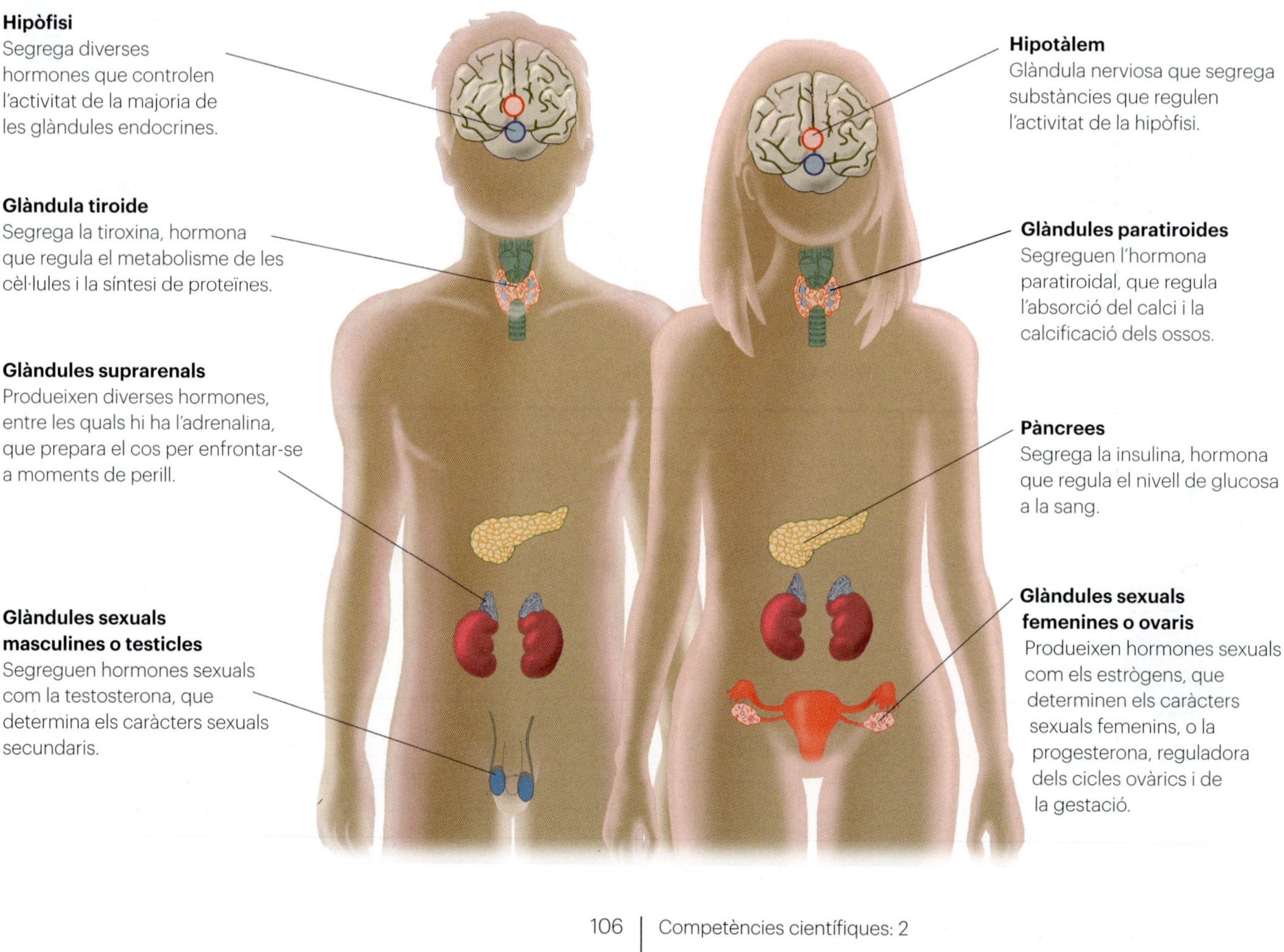

7.3 Malalties del sistema endocrí

Algunes de les malalties més comunes són:

MALALTIA	CAUSES	SÍMPTOMES	TRACTAMENT I PREVENCIÓ
Goll exoftàlmic	Aquesta malaltia es caracteritza per una **hiperfunció de la glàndula tiroide**.	Augment del volum d'aquesta glàndula, que provoca inflor del coll (goll), prominència excessiva dels ulls (exoftàlmia), augment del metabolisme, sudoració excessiva, taquicàrdia i pèrdua de pes, entre moltes altres conseqüències.	Es pot originar per absència de iode a la dieta o perquè el mateix sistema immunitari el destrueix (malaltia autoimmune). Per prevenir el goll associat al dèficit de iode, s'aconsella introduir aliments rics en aquesta substància (sal iodada, peix, etc.).
Nanisme hipofisiari	És degut a un defecte en el funcionament de la **glàndula hipòfisi**, que segrega poca quantitat de l'**hormona del creixement** durant el desenvolupament d'una persona.	Els individus amb nanisme hipofisiari no acostumen a superar el metre d'alçada. A diferència d'altres tipus de nanisme, en aquest cas la proporció corporal és correcta.	Es tracta administrant hormona del creixement humana.
Gegantisme	S'origina per un **excés** de secreció de l'**hormona del creixement**.	Si es produeix durant la fase de desenvolupament de la persona, provoca l'allargament dels ossos. Quan té lloc en adults, els ossos llargs ja no poden créixer més però, en canvi, sí que ho fan els ossos de les mans, els peus, la mandíbula i els pòmuls, que es fan gegantins. Aquesta malaltia s'anomena **acromegàlia**.	Hi ha diverses teràpies destinades a reduir l'activitat de la glàndula, com la cirurgia o l'administració de substàncies que la regulen.
Diabetis	Aquesta malaltia és deguda a un **dèficit** en la secreció de l'**hormona insulina**, produïda per les cèl·lules del pàncrees.	Aquesta dolència es manifesta amb una quantitat excessiva de glucosa a la sang (hiperglucèmia). En condicions normals hi ha entre 80 i 120 mg de glucosa per cada 100 mL de sang (aproximadament, 1 g/L), mentre que entre els diabètics pot arribar a valors de 500 mg per cada 100 mL.	La diabetis es tracta en els casos més greus amb injeccions d'insulina, mentre que en els més lleus n'hi ha prou amb un control de la dieta, evitant aliments rics en glúcids i greixos, i amb l'hàbit de fer una mica d'exercici per consumir els possibles excessos de sucre.

Activitats

11. AP Descarrega't i observa el gràfic que mostra els nivells de concentració de glucosa sanguínia en dues persones que han menjat la mateixa quantitat de pastís. Si la concentració normal de glucosa a la sang és entre 90 i 110 mg/dL, raona quina de les següents explicacions és la correcta.

- **a** La persona A és normal i la persona B pateix un dèficit d'insulina.
- **b** La persona B és normal i la persona A pateix un dèficit d'insulina.
- **c** La resposta de les dues persones és normal.

12. AP Ordena les frases següents que expliquen el procés d'autoregulació d'una secreció hormonal.

- **a** La hipòfisi produeix una hormona que aboca a la sang.
- **b** La disminució de la concentració a la sang d'una hormona activa la glàndula hipòfisi.
- **c** La glàndula endocrina diana segrega l'hormona deficitària.
- **d** Si la concentració a la sang de l'hormona és excessiva, la hipòfisi s'inhibeix i deixa d'estimular la secreció hormonal de la glàndula endocrina diana.
- **e** L'hormona hipofisiària arriba fins a la glàndula endocrina diana, a la qual estimula.

Ciències en context

1 AS AL Personal / Salut

Els accidents de trànsit són la causa més habitual de lesions medul·lars

Especificar la funció correcta de cada un dels aparells i sistemes implicats en la funció de relació i descriure el funcionament del sistema nerviós i endocrí.
Identificar algunes malalties comunes del sistema nerviós, i relacionar-les amb les seves causes, factors de risc i prevenció.
Reconèixer les parts de la neurona i explicar la sinapsi.
Identificar les vies sensitiva i motora, comparar el funcionament dels sistemes nerviosos autònom i somàtic i dels actes voluntaris i reflexos.
Classificar diferents tipus de receptors sensorials i relacionar-los amb les òrgans dels sentits.

L'Albert, un jove universitari, va patir un greu accident quan circulava en moto per la ciutat. Tenia pressa i anava a més velocitat de la permesa, va veure un semàfor en taronja i va accelerar per creuar-lo, però no va calcular bé i va travessar en vermell. Una furgoneta se li va creuar i li va donar un cop molt fort, va saltar pels aires i va caure sobre un cotxe aparcat. Es va fracturar diverses vèrtebres i es va lesionar de manera irreversible la medul·la espinal. Des de llavors no pot caminar i ha perdut la sensibilitat de cintura cap avall.

1 **Descriu.** Imagina't que ets el metge que porta el cas de l'Albert i que ell et demana que li expliquis exactament quina lesió té (òrgan afectat, sistema al qual pertany, etc.), per què té aquestes conseqüències i quines possibilitats té de curar-se. Què li diries?

2 **Descriu.** Quines cèl·lules formen l'òrgan que s'ha lesionat l'Albert? Aquestes cèl·lules estan connectades entre si? Com es transmeten els missatges?

3 **Identifica.** A urgències li van dir que havia tingut molta sort de portar el casc posat. Si s'hagués copejat el cap segurament hauria mort. Quin òrgan o òrgans es podria haver lesionat? Explica'n les funcions.

4 **Interpreta.** La lesió li ha afectat parcialment el tacte, però no la resta de sentits. Quin són els altres sentits? On es localitzen? Per què no s'han vist afectats?

5 **Identifica.** Quan valoraven la seva lesió, li van fer proves de sensibilitat a les cames mitjançant punxades lleugeres que ell no notava. Normalment, quan notem una punxada en una extremitat, la movem de manera ràpida i sense pensar. Com s'anomena aquest tipus de moviment involuntari? Quina diferència hi ha entre aquest moviment involuntari i un de voluntari?

6 **Raona.** Christopher Reeve va ser un actor conegut principalment pel seu paper de Superman en diverses pel·lícules. Va tenir un accident anant a cavall que el va deixar paralitzat. Visiona el vídeo i respon les preguntes.

- **a** Quin accident va tenir i com el va afectar?
- **b** Per què una lesió del coll pot provocar la paràlisi del cos però no afecta el pensament ni els sentits situats al cap?
- **c** Reeve va necessitar un respirador per poder continuar vivint, en canvi, el seu cor continuava bategant; per què? Cerca la informació necessària per respondre raonadament.

2 AS AP Social / Salut La hipoglucèmia

Enumerar les glàndules endocrines i associar les hormones que segreguen i la seva funció.

La hipoglucèmia es produeix quan el nivell de glucosa a la sang baixa dels 55 mg/dL i s'acostuma a donar en diabètics. Els seus primers símptomes són lleus, com ara mareigs, sensació d'ansietat, debilitat, gana intensa, nerviosisme o irritabilitat. A continuació apareixen símptomes més greus, com nàusees, vòmits, llenguatge confús i desorientació, fins a perdre la consciència. És necessària una atenció urgent ja que afecta principalment el sistema nerviós i pot produir coma diabètic i, fins i tot, la mort.

1 **IInterpreta.** Per què la hipoglucèmia va acompanyada de debilitat?

2 **Aplica.** +− Si una persona té normalment 5 L de sang, quants grams de glucosa té al seu torrent circulatori aquesta persona?

3 **Raona.** Raona quines d'aquestes accions penses que són correctes per tractar una persona amb hipoglucèmia.

- **a** Ingerir aliments ensucrats.
- **b** Injectar insulina.
- **c** Injectar glucagó.
- **d** Fer exercici.

3 AS AF AM Social / Salut Fumar tabac

Aplicar el mètode científic en les teves recerques.
Identificar les situacions de risc relacionades amb el consum de drogues, conèixer les conseqüències de prendre'n i proposar mesures de prevenció i control.

Diverses recerques han demostrat que les malalties relacionades amb el tabac maten cada dia unes 13 500 persones al món. El fum del tabac conté substàncies nocives. Les substàncies més perjudicials són el quitrà, la nicotina i el monòxid de carboni.

Prova PISA alliberada

Competències científiques: 2 (act. 1, 2, 3), 4 (act. 3), 5 (act. 1, 2, 3), 12 (act. 1), 13 (act. 3), 14 (act. 2)

1 **Identifica.** Quins d'aquests sistemes o aparells es veuen afectats pel tabac?

a L'aparell respiratori
b El sistema endocrí
c L'aparell excretor
d El sistema nerviós

2 **Interpreta.** Algunes persones utilitzen pegats de nicotina per deixar de fumar. Els pegats s'enganxen a la pell i alliberen nicotina a la sang. Això ajuda a reduir l'ansietat i eliminar els símptomes d'abstinència quan la gent deixa de fumar. Per estudiar l'efectivitat dels pegats de nicotina, es tria a l'atzar un grup de 100 fumadors que volen abandonar aquest mal hàbit. El grup serà sotmès a estudi durant sis mesos. L'efectivitat dels pegats de nicotina es determinarà comptant el nombre de persones que no han aconseguit deixar de fumar al final de la recerca. Entre els següents, quin és el millor disseny experimental?

a Posar pegats a totes les persones el grup.
b Posar pegats a tot el grup, excepte a una persona, que mirarà de deixar de fumar sense pegats.
c Cada persona tria si vol portar pegat o no per deixar de fumar.
d Es tria a l'atzar una meitat del grup que portarà pegats, i l'altra meitat no en portarà.

3 **Aplica.** (+−) Al món, quantes persones moren al mes com a conseqüència del tabac?

a 13 500
b 4 927 500
c 405 000
d 450

4 **Comunica.** Dissenya un test de cinc preguntes per determinar si una persona té dependència respecte al tabac. Després, aplica'l a diverses persones que coneguis.

4 AM AS AF Social / Salut Les «drogues toves»

Identificar les situacions de risc relacionades amb el consum de drogues, conèixer les conseqüències de prendre'n i proposar mesures de prevenció i control.

	Tabac	Alcohol	Cànnabis
Tipus de droga	Estimulant	Depressora	Al·lucinògena
Tolerància	**	***	*
Dependència física	**	***	*
Dependència psíquica	***	**	***
Síndrome d'abstinència	Nerviosisme i irritabilitat	Tremolors, ansietat i sudoració, fins a *delirium tremens*	Irritabilitat i trastorns d'ansietat
Addicció	***	***	**

1 **Interpreta.** Observa la taula i respon les preguntes següents.

a Què és la tolerància? Què significa que el cànnabis tingui un nivell baix de tolerància?
b Quins efectes produeix el cànnabis a curt termini? I quan s'ha consumit durant un cert temps?

2 **Identifica.** Descarrega't el document, llegeix la lectura *El perill del consum de les anomenades «drogues toves»* i respon les preguntes següents:

a Què és la síndrome amotivacional?
b Quina droga produeix aquesta síndrome?

3 **Identifica.** Quins d'aquests efectes s'originen en els casos greus d'abús de l'alcohol?

a Vulnerabilitat enfront de malalties infeccioses
b Al·lucinacions
c Confusió mental
d Disminució de la resistència física

4 **Raona.** Es pot considerar l'alcohol una droga? Raona la resposta.

5 **Reflexiona.** De vegades, es diu que el tabac no és una droga. Com ja saps, les drogues provoquen la síndrome d'abstinència. El tabac provoca aquesta síndrome? Per tant, es pot considerar una droga?

6 **Reflexiona.** Raoneu quina pot ser la droga tova més perillosa i per què el seu consum té un grau de permissivitat tan alt en la nostra societat. Feu un debat sobre el tema.

7 **Aplica.** (+−) A Catalunya, la llei no permet la conducció de vehicles si la «taxa d'alcoholèmia» supera els 0,5 g/L en sang.

Per calcular la taxa d'alcoholèmia s'utilitza la fórmula d'Erik M. P. Widmark:

$$C = A / (m \cdot r)$$

C = concentració d'alcohol a la sang
A = massa (quantitat) d'alcohol ingerit en grams
r = factor de distribució de l'individu (en homes adults = 0,70 i en dones o joves = 0,60)
m = massa de la persona en quilograms

a Calcula la concentració d'alcohol a la sang si ingereixes dues llaunes de cervesa. Podries conduir?
b Quantes copes de vi et pots prendre per no sobrepassar la taxa?
c I quants gintònics?

Dades:
1 llauna de cervesa conté 13,3 g d'alcohol.
1 copa de vi conté 9,6 g d'alcohol.
1 gintònic conté 19,2 g d'alcohol.

REPASSA LA UNITAT

L'estrès

Social / Salut AS AL AF

QUÈ ÉS L'ESTRÈS?

L'**estrès** és un procés natural del cos humà que es genera automàticament davant una situació o esdeveniment amenaçador o desafiant. Es pot considerar un problema si es converteix en **estrès crònic**, que es prolonga durant un període temps llarg.

Davant d'una amenaça, el cos entra en estat d'alerta i utilitza tots els recursos energètics i fisiològics disponibles.

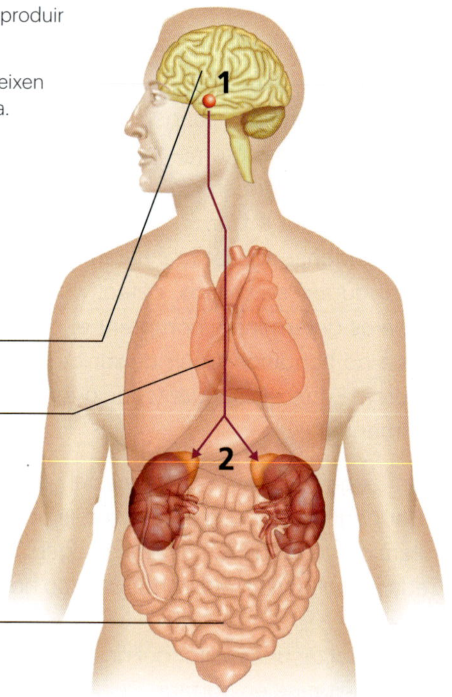

1. En els moments d'estrès, el cos, entre altres respostes, dilata les pupil·les dels ulls.

a Què és la pupil·la?
b Com pot l'ull modificar la mida de la pupil·la?

2. Durant un procés d'estrès, a més del sistema endocrí, també s'activa part del sistema nerviós.

a Quina part del sistema nerviós s'activa?
b Com es prepara l'organisme per fer front a les situacions d'estrès o d'alerta?

3. El sistema nerviós d'una persona sotmesa a una situació de tensió o perill es prepara per a una possible i ràpida reacció.

a Explica com actua el sistema nerviós per iniciar una carrera.
b Actuen neurones motores o sensitives en aquesta acció?
c És un acte reflex o voluntari?

4. Dibuixa dues neurones connectades per un botó sinàptic i indica la direcció de l'impuls nerviós i les diferents parts de les neurones. Explica com es fa la transmissió de l'impuls nerviós d'una neurona a la següent.

5. Alguns estudis conclouen que l'estrès pot fer augmentar el consum d'alcohol.

a Quins són els efectes inicials de l'alcohol?
b Per què l'alcohol es considera una droga?

6. El cortisol és alliberat a la sang com a resposta a l'estrès.

a Què és el cortisol?

A. Una hormona
B. Una droga
C. Una glàndula
D. Un neurotransmissor

b Quines funcions té?
c Quina és la glàndula d'activació i quina és la glàndula blanc en la regulació del cortisol?

7. L'adrenalina és una hormona i un neurotransmissor.

a Quines diferències permeten distingir aquests dos tipus de molècules?
b Explica què és un neurotransmissor.

8. De vegades l'estrès pot provocar depressió. Quin tipus de trastorn és la depressió?

C1: 1a, 4, 5a, 6a, 7, 8 | C2: 1b, 2, 6b | C3: 3, 5b

6 La locomoció

1. De què està format l'aparell locomotor?
2. Què provoca la rigidesa dels ossos?
3. Per què hi ha diferents fibres musculars?
4. Com es produeix una contracció muscular?

EN AQUESTA UNITAT APRENDRÀS A...	Situació d'aprenentatge	Activitats	Ciències en context
Localitzar els principals ossos i músculs del cos humà en esquemes de l'aparell locomotor. Competències científiques: 2, 5, 12	1	1, 2, 3, 4, 5, 6	2, 3
Diferenciar els diversos tipus de músculs en funció del tipus de contracció i relacionar-los amb el sistema nerviós que els controla. Competències científiques: 2	3, 4	7, 8, 9, 10, 11	1, 3
Distingir els elements d'una articulació i diferenciar els diversos tipus d'articulacions. Competències científiques: 2, 5	1		2, 3
Identificar els factors de risc més freqüents que poden afectar l'aparell locomotor i relacionar-los amb les lesions que produeixen. Competències científiques: 2, 5, 12	2	10, 12, 13	3, 4

1 De què està constituït l'aparell locomotor?

Personal / Salut AL AP

Aprèn a...
Identificar els termes del vocabulari científic i expressar-te correctament, tant oralment com per escrit, utilitzant diferents suports.

Ítem 1. Què li ha passat a la Maria?

A la Maria li agrada anar a córrer sempre que pot. En l'última sortida al camp va posar el peu sobre una pedra, va caure i es va torçar el genoll. Com que li feia mal i se li va inflamar molt, va anar a urgències. A l'hospital li van fer una radiografia per veure si tenia algun os trencat i una ressonància magnètica per obtenir imatges de l'articulació i dels músculs. Finalment, li van diagnosticar un esquinç a causa de la torsió d'un dels lligaments del genoll. La Maria està preocupada perquè trigarà unes quantes setmanes a recuperar-se, però es consola sabent que no es tracta de cap trencament tan greu com el del tendó d'Aquil·les, que va patir el seu germà mentre jugava a futbol l'any passat.

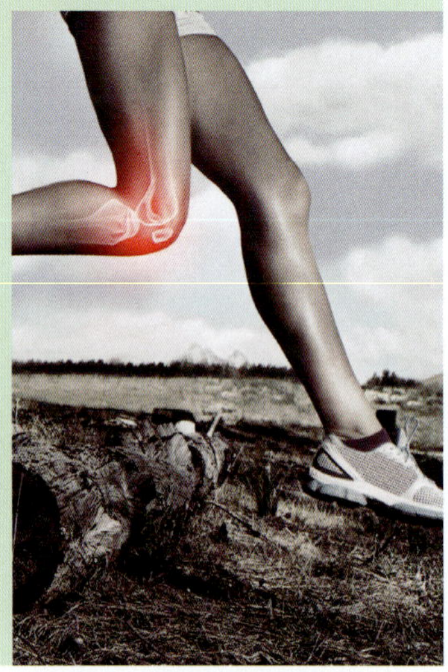

Ítem 2. Com és el genoll?

El genoll

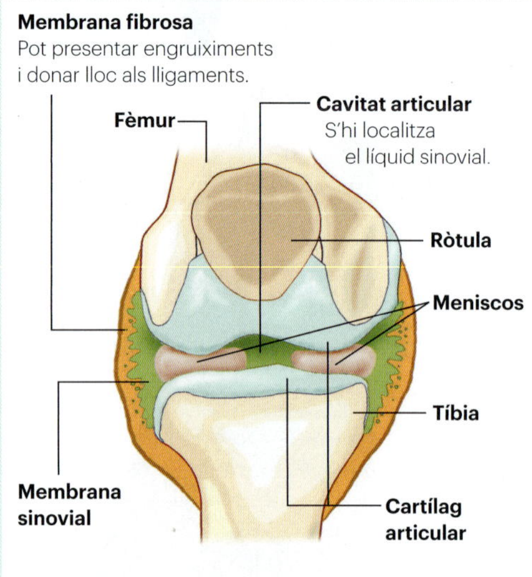

Construeix amb el que saps

Identifica 1 Esmenta els elements de l'aparell locomotor que s'esmenten en l'ítem 1. Escriu de quin teixit estan formats.

Descriu 2 Explica breument com s'uneixen els ossos entre si i els músculs als ossos.

Interpreta 3 Cerca informació sobre com s'obtenen les imatges de les radiografies i les de les ressonàncies magnètiques. En quins casos s'utilitza un sistema de diagnòstic o un altre?

Analitza 4 Indica quins elements esquelètics constitueixen l'articulació del genoll, i distingeix els elements ossis dels elements no ossis.

El que has construït

L'aparell locomotor està format pel **sistema esquelètic** i el **sistema muscular**.

- El **sistema esquelètic** està format per **ossos, articulacions i lligaments.** Els ossos estan formats per **teixit ossi** i les articulacions, per **teixit cartilaginós**.
- El **sistema muscular** consta de **músculs i tendons**. Els músculs estan formats per **teixit muscular**.

Lligaments i tendons són estructures de **teixit conjuntiu** que uneixen ossos entre si o ossos i músculs, respectivament.

Els raigs X permeten visualitzar fractures d'ossos i les ressonàncies magnètiques permeten obtenir imatges de teixits menys rígids, com els músculs, els lligaments i els tendons.

1. L'aparell locomotor

La **locomoció** és l'acció de translació d'un lloc a un altre.

En els éssers humans la du a terme l'**aparell locomotor**, constituït pel sistema esquelètic i el sistema muscular.

- **Sistema esquelètic.** Comprèn les parts dures i passives de l'aparell locomotor. Està constituït pels **ossos**, els **cartílags**, les **articulacions** i els **lligaments**.
- **Sistema muscular.** Comprèn les parts actives o contràctils de l'aparell locomotor, és a dir, els **músculs** i els **tendons**. Els tendons uneixen els músculs als ossos.

El moviment corporal és el resultat de l'acció combinada dels ossos i els músculs que constitueixen l'aparell locomotor.

2. El sistema esquelètic

2.1 Estructura i funcions del sistema esquelètic

ESTRUCTURA

El sistema esquelètic està constituït per ossos, cartílags i lligaments.

- **Ossos.** Són estructures rígides constituïdes per **teixit ossi.**
- **Cartílags.** Són estructures flexibles formades per **teixit cartilaginós.**
- **Lligaments.** Són estructures allargades i elàstiques de **teixit conjuntiu** que serveixen per unir ossos entre si o ossos amb cartílags.

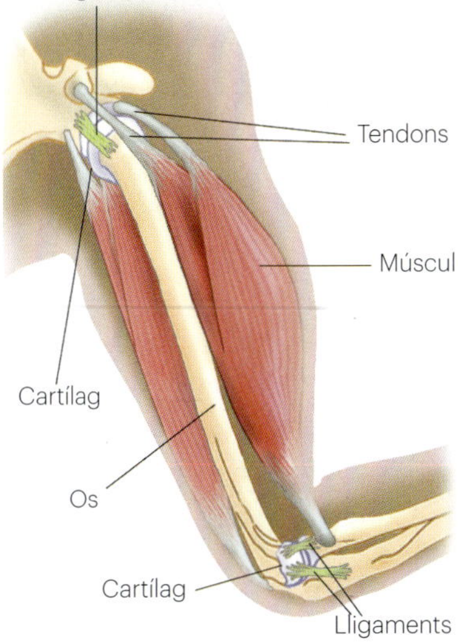

FUNCIONS

Les funcions del sistema esquelètic són:

- **Sostenir el cos i mantenir-lo en posició erecta.** Per exemple, la columna vertebral i els ossos de les extremitats inferiors.
- **Protegir determinats òrgans vitals.** Per exemple, els ossos del crani protegeixen el cervell i les costelles protegeixen el cor i els pulmons.
- **Servir de punt d'inserció als músculs.** Per exemple, el fèmur i la tíbia actuen com a palanques que es mouen gràcies a les contraccions musculars del quàdriceps i dels isquiotibials.
- **Produir cèl·lules sanguínies (funció hematopoètica).** Aquestes cèl·lules són les **cèl·lules mare dels glòbuls vermells, els glòbuls blancs i les plaquetes.** Es formen a la **medul·la òssia vermella** que hi ha a l'interior dels caps dels ossos llargs i a l'interior dels ossos plans.

Activitats

1. Per què et sembla que es diu que el sistema esquelètic és la part passiva de l'aparell locomotor i el muscular n'és la part activa?

2. Esmenta dos ossos que tinguin funció de suport, dos que tinguin funció de protecció i uns altres dos que tinguin les dues funcions.

3. Per què la medul·la òssia vermella és essencial per al sistema immunitari, per transportar l'oxigen a la sang i per potenciar la coagulació?

4. AL AP Investiga en quin tipus de malalties es fan trasplantaments de medul·la òssia vermella i d'on s'acostuma a extreure. Després, redacta un text que expliqui per què és necessari aquest trasplantament.

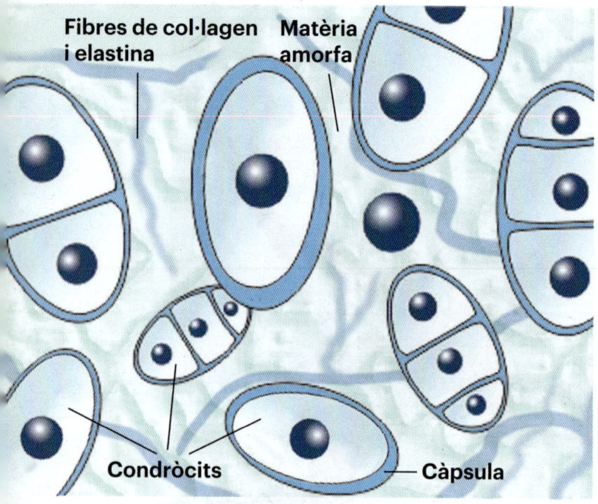

Teixit cartilaginós.

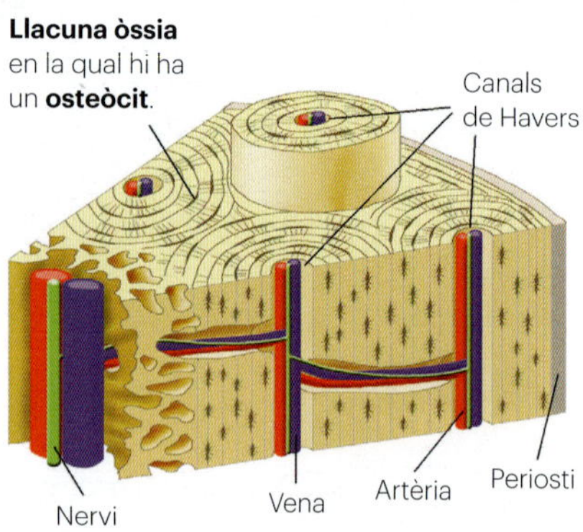

Teixit ossi.

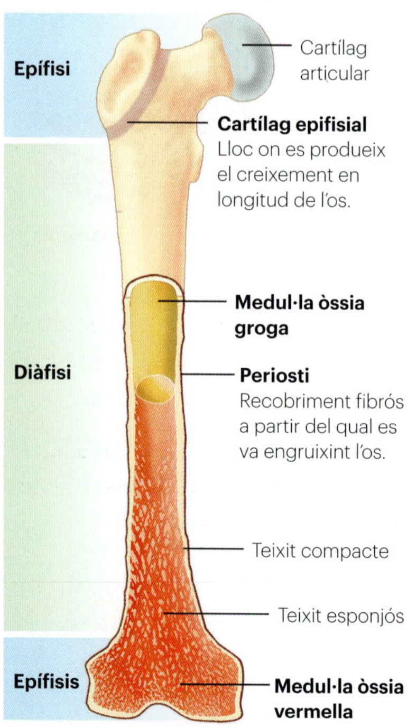

Estructura d'un os llarg.

2.2 Els cartílags

Els cartílags són les **estructures esquelètiques flexibles.** Es localitzen a les orelles, el nas, la tràquea, els bronquis i als extrems dels ossos llargs. Estan constituïts per **teixit cartilaginós**, que al seu torn es compon de...:

- **Condròcits.** Són cèl·lules que segreguen una gran quantitat de **matèria intercel·lular.** Per aquest motiu, al final queden separades de la resta i tancades en unes cavitats anomenades **càpsules.**
- **Matèria intercel·lular.** Està formada per **matèria amorfa proteica** i per **fibres**, també compostes per proteïnes, com el **col·lagen** i l'**elastina.**

2.3 Els ossos

Els ossos són les **estructures rígides** del sistema esquelètic. Estan constituïts per **teixit ossi.** Aquest, al seu torn, està format per dos elements:

- **Osteòcits.** Són les cèl·lules que produeixen la matèria orgànica que constitueix la **matèria intercel·lular òssia.** Al final, queden aïllades entre si i tancades en unes cavitats anomenades **llacunes**. Els nutrients arriben als osteòcits a través dels **canals de Havers**, que són uns conductes que contenen capil·lars sanguinis i nervis.
- **Matèria intercel·lular òssia.** Està constituïda per **fibres proteiques de col·lagen**, sobre les quals es dipositen **sals minerals**, bàsicament d'hidroxiapatita, un derivat del fosfat de tricalci.

TIPUS DE TEIXIT OSSI

Segons l'**estructura** i la **densitat** del teixit, es distingeixen dos tipus de teixit ossi:

- **Teixit ossi esponjós.** Està format per **làmines entrecreuades** que deixen forats que contenen la **medul·la òssia vermella**. Constitueix l'interior dels ossos plans i els caps dels ossos llargs.
- **Teixit ossi compacte.** Està format per **làmines superposades** sense espais entremig. Constitueix la part tubular dels ossos llargs i l'exterior dels ossos plans.

TIPUS D'OSSOS

Segons la **forma**, es distingeixen quatre tipus d'ossos:

- **Plans.** Per exemple, els parietals o l'omòplat.
- **Irregulars.** Per exemple, les vèrtebres.
- **Curts.** Per exemple, els carpians del canell.
- **Llargs.** Per exemple, el fèmur, la tíbia, el peroné, l'húmer i el cúbit. En els ossos llargs es distingeixen els extrems o **epífisi**, que són de teixit ossi esponjós, i la zona central o canya, denominada **diàfisi**, que és de teixit ossi compacte.

A les epífisis hi ha **medul·la òssia vermella,** constituïda per les **cèl·lules mare de les cèl·lules sanguínies,** i a les diàfisis hi ha **medul·la òssia groga**, que és molt rica en lípids. La zona de l'epífisi que contacta amb un altre os presenta l'anomenat **cartílag articular.** L'os té una capa exterior fibrosa, el **periosti**, que li permet créixer en gruix. El creixement en longitud es fa a partir dels **cartílags epifisials** o de creixement, situats entre l'epífisi i la diàfisi, i està regulat per l'**hormona del creixement.**

2 Què provoca la rigidesa dels ossos?

Personal / Ciència i tecnologia AL AD AF

Aprèn a...

Utilitzar correctament els materials de laboratori i seguir les normes de seguretat.

Dissenyar i planificar el treball experimental utilitzant el material adequat i interpretant-ne els seus resultats.

Formula hipòtesis

Els ossos estan constituïts en un 60 % de fosfat de tricalci, en un 30 % de matèria orgànica (bàsicament, col·lagen) i en un 10 % d'aigua. El fosfat de tricalci és molt insoluble i la seva funció és donar rigidesa i duresa als ossos. Una altra de les seves funcions és ser un reservori de calci i de fòsfor: constitueix el 99 % del total de calci del cos humà i del 90 % del fòsfor. Si les cèl·lules necessiten calci o fòsfor, unes hormones mobilitzen el fosfat de tricalci i la sang els distribueix.

En aquest experiment, volem demostrar que el fosfat de tricalci és el responsable de la rigidesa i la duresa dels ossos. Com que no disposem de les hormones que el transformen, utilitzarem un àcid amb el qual les sals reaccionen. Podem utilitzar àcid clorhídric al 10 % (salfumant), àcid acètic (vinagre), àcid cítric (suc de llimona) o àcid ortofosfòric (una beguda de cola). Pensa i redacta la **hipòtesi** que volem corroborar mitjançant aquesta experiència.

Experimenta

1. Dissenyeu els passos de l'experiment. Escriviu el que fareu tenint en compte les variables independents, les dependents, el control i les rèpliques.
2. Ensenyeu-ho al docent perquè us aprovi el protocol.
3. Feu la pràctica i anoteu el que passa cada dos dies a tots els ossos, inclòs el de control.

Heu de tenir en compte que l'experiment requereix canviar el líquid cada dos dies; si utilitzeu HCl, ha de ser al 10 %. Observeu si canvia l'olor dels pots i si varia la consistència dels ossos.

[Nota: és recomanable utilitzar guants de làtex i ulleres de laboratori.]

MATERIAL

- Vasos de precipitats
- Ossos de pollastre nets i secs
- Aigua
- Àcid (vinagre, refresc de cola, suc de llimona o àcid clorhídric al 10 %)
- Guants de làtex

Protocol   Rúbrica

Analitza

1 **Observa, experimenta i analitza.** Observeu els quatre ossos i expliqueu què passa quan doblegueu cada un dels ossos: os control, os 1, os 2 i os 3.

2 **Raona.** Penseu que afegir vinagre a l'amanida o menjar productes que contenen vinagre pot ser perjudicial per als ossos? I beure moltes begudes de cola? Per què?

3 **Interpreta.** Quins problemes deriven d'una escassetat de calci als ossos? En quins casos és important prevenir aquest dèficit?

4 **Descriu.** A més de formar part dels ossos, quines altres funcions compleix el calci en el nostre organisme? Quines són les principals fonts alimentàries de calci?

Conclou

S'ha confirmat la vostra hipòtesi inicial? Redacteu una presentació en la qual expliqueu el vostre experiment i els resultats obtinguts, i expliqueu-los a la resta de la classe.

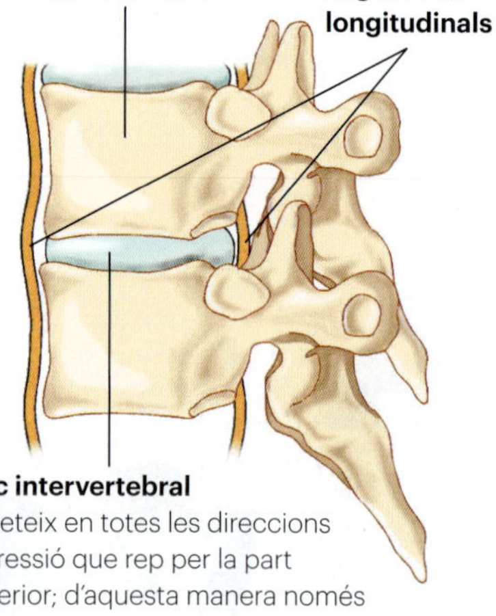

Disc intervertebral
Repeteix en totes les direccions la pressió que rep per la part superior; d'aquesta manera només es transmet una tercera o una quarta part de la pressió a la vèrtebra següent.

2.4 Les articulacions

Les **articulacions** són les **unions dels ossos** entre si. Segons el grau de mobilitat que permeten, es distingeixen tres tipus d'articulacions: immòbils, semimòbils i mòbils.

- **Immòbils o fixes.** Són les que no permeten cap moviment. Per exemple, les que hi ha entre els ossos que formen la volta del crani. També s'anomenen **sutures**.
- **Semimòbils.** Són les que tan sols permeten un petit grau de moviment, com, per exemple, les que es troben entre les vèrtebres. Entre una vèrtebra i la següent s'insereix un **disc intervertebral** de teixit cartilaginós que evita el fregament directe entre les vèrtebres.
- **Mòbils.** Són les que permeten un grau alt de moviment, per exemple, les que hi ha en la unió del fèmur amb la pelvis, al genoll i al colze. Els ossos que hi intervenen presenten a les zones de contacte **cartílags articulars.** En totes aquestes articulacions hi ha una **càpsula articular** formada per dues membranes: una **membrana fibrosa** de teixit conjuntiu que presenta prolongacions cap enfora denominades **lligaments**, que serveixen per unir els ossos, i una **membrana sinovial**, que produeix un líquid viscós i lubrificant denominat **sinòvia**, que omple tota la **cavitat articular.** En l'articulació del genoll, a més, hi ha una falca cartilaginosa denominada **menisc**.

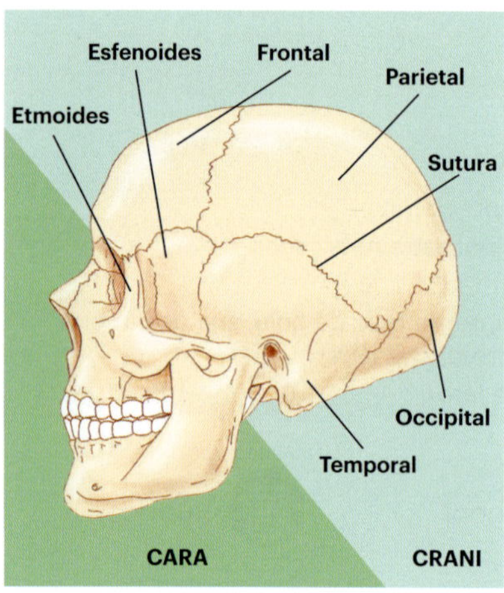

2.5 L'esquelet humà

L'esquelet humà adult està format per 214 ossos. Aquests ossos es poden agrupar en l'**esquelet axial** (ossos del cap i del tronc) i l'**esquelet apendicular** (ossos de les cintures escapular i pelviana i de les extremitats).

ESQUELET AXIAL	ESQUELET APENDICULAR
Crani (8 ossos): frontal, occipital, parietals (2), temporals (2), etmoides i esfenoides.	**Cintura escapular** (4 ossos): clavícules (2) i omòplats (2).
Cara (15 ossos): maxil·lar inferior o mandíbula, maxil·lars superiors, nasals, unguis o lacrimals, vòmer, pòmuls o malars, cornets inferiors, palatins o hioides.	**Extremitats superiors** (60 ossos): húmer, cúbit, radi, carpians, metacarpians i falanges.
Columna vertebral (33 ossos): vèrtebres cervicals (7), dorsals (12), lumbars (5), sacres (5), coccigeals soldades (4) o còccix.	**Cintura pelviana** (6 ossos): cada coxal (2) resulta de la unió d'ili, isqui i pubis soldats.
Costelles (24 ossos): costelles vertaderes (14), falses (6) i flotants (4).	**Extremitats inferiors** (58 ossos): fèmur, ròtula, tíbia, peroné, tarsians, metatarsians i falanges.
Estèrnum (1 os).	

Activitats

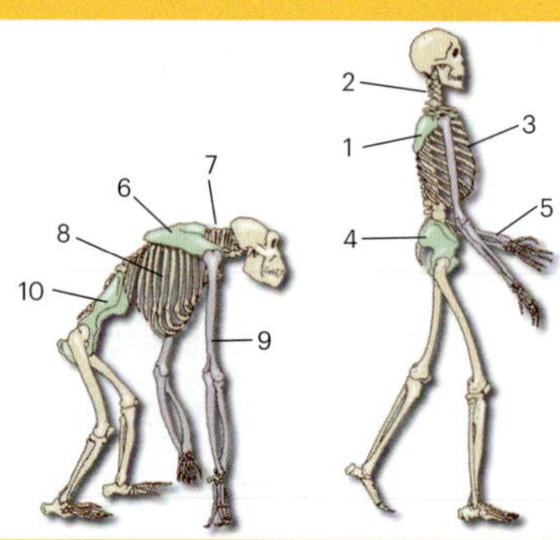

5. AS Feu un estudi per respondre la hipòtesi següent: «La mida del peu està més relacionada amb l'alçada que amb el pes». Descarregueu el protocol i feu-lo en grups de sis a vuit alumnes.

6. AL La columna vertebral, la caixa toràcica, les cintures escapulars i pelviana i les extremitats presenten, en l'espècie humana, un grau notable d'adaptació a la finalitat que els correspon: suportar el cos i el cap i permetre els moviments més complicats. Aquesta capacitat ja va començar a manifestar-se en els antecessors de l'*Homo sapiens*. Descarregueu el document i feu l'activitat.

L'ESQUELET HUMÀ

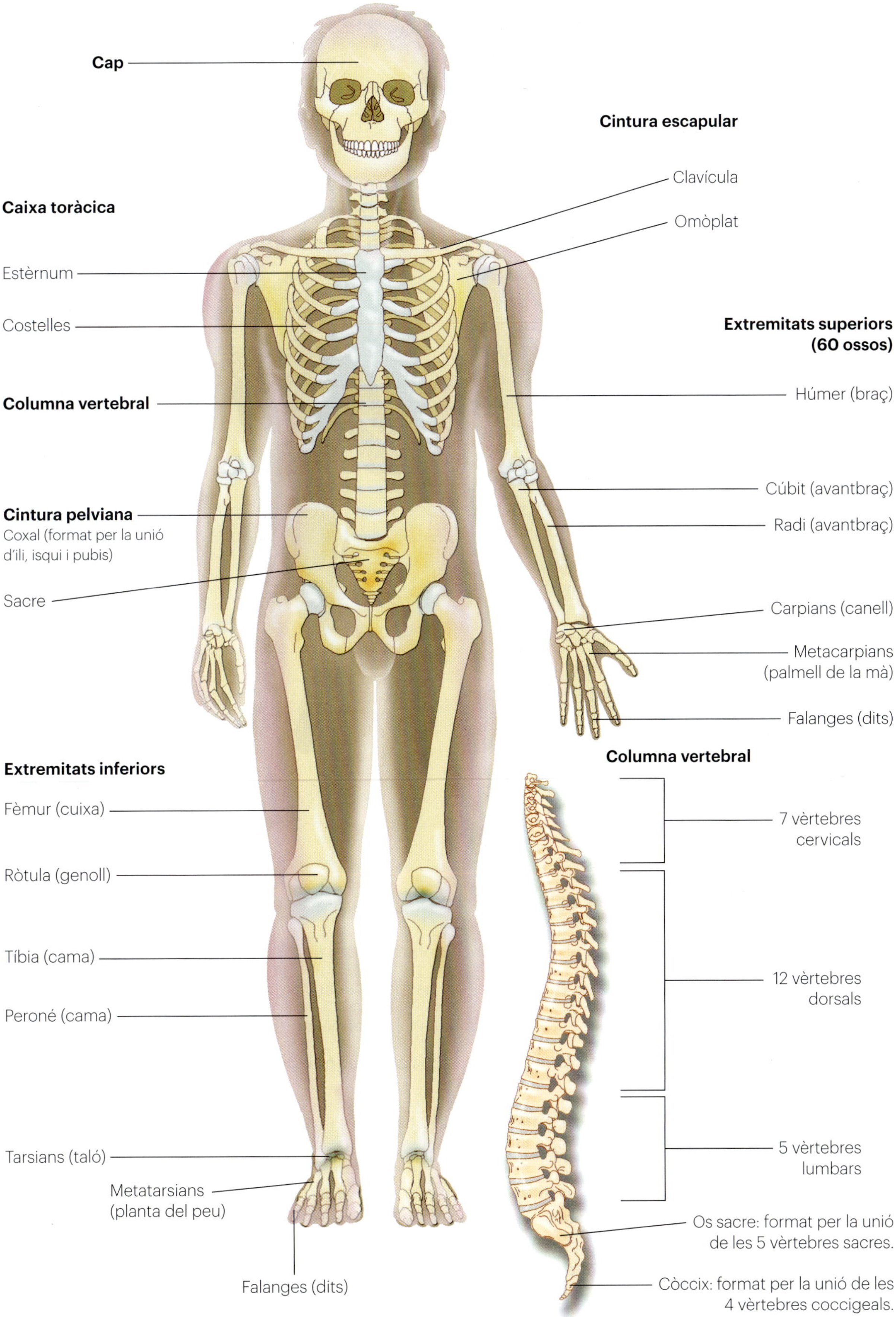

3 Per què hi ha diferents fibres musculars?

Personal / Ciència i tecnologia AP AL

Aprèn a...

Elaborar i argumentar conclusions a partir dels resultats obtinguts en una recerca.

Seleccionar i utilitzar la informació científica per formar-te una opinió.

Ítem 1. Les fibres musculars

En els músculs que intervenen en el moviment voluntari hi ha dos tipus de fibres:

- **Fibres de contracció lenta.** Obtenen l'energia degradant el glicogen i els lípids fent reaccionar els seus productes amb l'oxigen als mitocondris (metabolisme aeròbic). Se les denomina **fibres vermelles** perquè contenen molta mioglobina (proteïna muscular vermella que capta l'oxigen transportat per l'hemoglobina) i perquè estan molt irrigades. Aquest tipus de metabolisme energètic és un procés llarg, per la qual cosa aquestes fibres no es poden contreure ràpidament i, per això, no estan involucrades en els moviments ràpids. En contrapartida, tenen una gran tolerància a la fatiga.
- **Fibres de contracció ràpida.** Tenen menys capil·lars sanguinis i mioglobina, per la qual cosa no són vermelloses. Per això es coneixen com a **fibres blanques**. Obtenen l'energia degradant el glicogen al citoplasma i fermentant la glucosa resultant, un procés que no necessita oxigen (metabolisme anaeròbic). Aquest tipus de metabolisme proporciona energia ràpidament, per la qual cosa es poden contreure ràpidament. En contrapartida, aquestes fibres són les primeres a cansar-se i, per això, són les últimes que activa el cos.

Ítem 2. Per què el cos d'un velocista és diferent del d'un maratonià?

Construeix amb el que saps

Conclou 1 Fes una taula amb les diferències entre els dos tipus de fibres.

Descriu 2 Recordes què és el glicogen? Quina funció té en l'organisme?

Identifica 3 Dedueix quines fibres, les blanques o les vermelles, tindran més mitocondris i justifica-ho.

Interpreta 4 Explica de manera raonada quin tipus de fibres predominaran en un maratonià i en un velocista.

El que has construït

Hi ha dos tipus de fibres musculars:

- Les **fibres vermelles** tenen molts **capil·lars** que els proporcionen oxigen, tenen abundant **mioglobina**, fan un **metabolisme aeròbic**, són de **contracció lenta** i triguen a fatigar-se.
- Les **fibres blanques**, en canvi, tenen menys capil·lars i mioglobina (i, per això, **menys contingut en oxigen**), fan **metabolisme anaeròbic**, són de **contracció ràpida** i es cansen ràpidament.

3. El sistema muscular

Està constituït pels **músculs**, que són els òrgans contràctils de l'aparell locomotor.

Els músculs

3.1 Els músculs

Els músculs estan formats, bàsicament, per teixit muscular, que al seu torn està constituït per cèl·lules, anomenades **fibres musculars**, que són capaces de contreure's. Aquesta característica és deguda a la presència al seu interior de dos tipus de filaments proteics, denominats **miofilaments d'actina** i **miofilaments de miosina**, que quan s'aproximen entre si provoquen la contracció muscular.

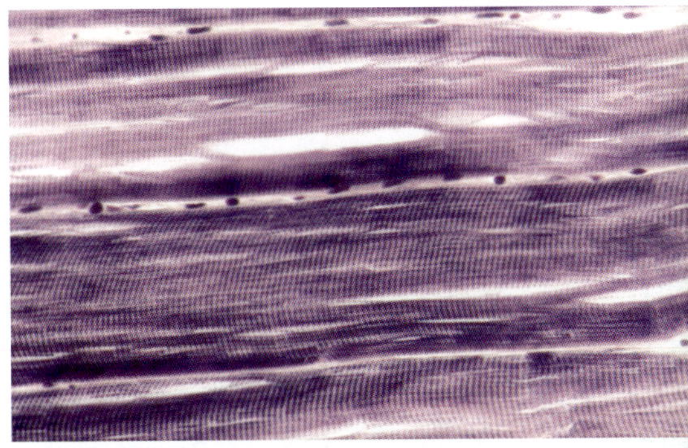
Teixit muscular estriat contret (augment x15 000)

TIPUS DE TEIXIT MUSCULAR

Se'n distingeixen tres tipus segons la seva **estructura** i el seu **funcionament**:

- **Teixit muscular estriat o esquelètic.** És el que forma els músculs que s'insereixen als ossos, com els que intervenen en la locomoció. Són músculs de **contracció voluntària**, que pot ser molt ràpida i que pateixen fatiga muscular.
- **Teixit muscular llis o visceral.** És el que forma els músculs dels òrgans interns, és a dir, els de les parets del tub digestiu, vies respiratòries, parets d'artèries i venes, urèters, bufeta urinària, oviductes, úter, etc. Són músculs de **contracció involuntària**, lenta, que no pateixen fatiga muscular. S'anomena llis perquè els seus miofilaments no es disposen formant bandes fosques i clares alternes, com passa amb l'estriat.
- **Teixit muscular cardíac.** És el que forma el múscul del cor o **miocardi**. Té estructura estriada, és de **contracció involuntària** i no pateix fatiga muscular.

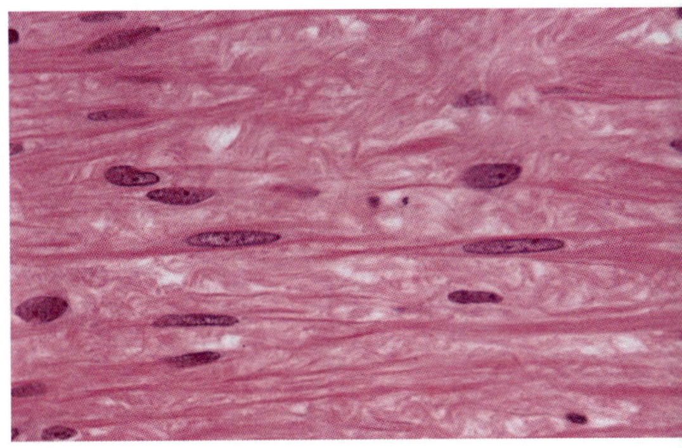
Teixit muscular llis (augment x140)

ESTRUCTURA DEL MÚSCUL ESTRIAT

El terme *estriat* fa referència al fet que, si es mira amb el microscopi, s'hi observa una alternança regular de bandes fosques o bandes A (formades per miofilaments de miosina i d'actina) i bandes clares o bandes I (formades només per miofilaments d'actina).

Les **fibres** o **cèl·lules musculars** estan agrupades formant **fascicles musculars**; aquests, al seu torn, s'agrupen i donen lloc als **músculs**. Cadascun d'aquests grups (fibres, fascicles i músculs) presenta membranes envoltants de teixit conjuntiu.

Als extrems del múscul les prolongacions de totes les membranes conjuntives s'uneixen i formen els **tendons**, amb els quals s'uneixen fortament als ossos.

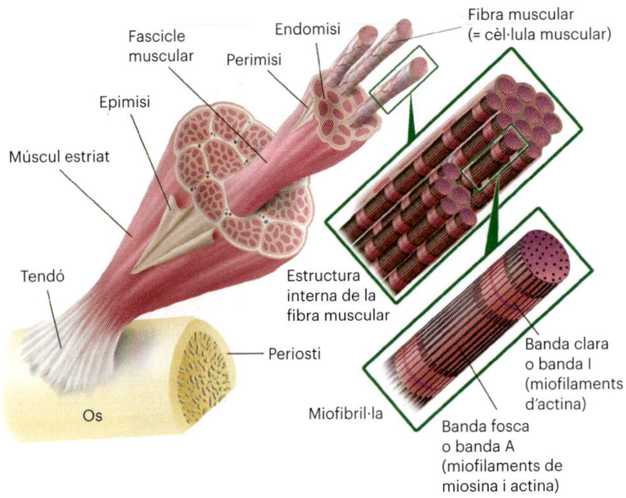

Activitats

7. AS El múscul cardíac està format per un tipus de fibra diferent del muscular estriat i del muscular llis. Pensa una explicació per respondre les qüestions següents. Després, a classe, entre tots, redacteu les respostes correctes.

a Quina podria ser la causa que fa que el múscul cardíac no es cansi? Per què convé que sigui així?

b Els batecs del cor s'originen al mateix múscul cardíac. Llavors, quin paper té el sistema nerviós en aquest cas?

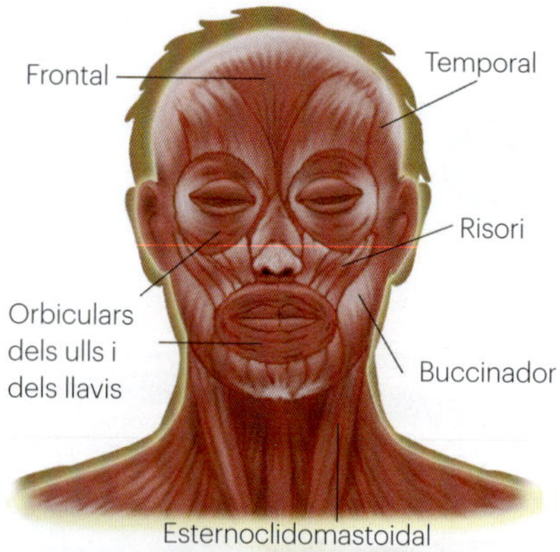

Músculs del cap i del coll.

TIPUS DE MÚSCULS

Segons la **forma**, es distingeixen cinc tipus de músculs:

- **Llargs** o **fusiformes**. Tenen forma de fus (bessó).
- **Curts**. Es troben entre els ossos curts (mandíbula).
- **Circulars**. Tanquen un conducte (anal).
- **Orbiculars**. Dos músculs que constitueixen una mena de trau (parpelles).
- **Amples**. Formen una espècie de ventall (pectorals).

3.2 Els músculs del cos humà

Els principals músculs del cos humà es poden agrupar segons les diferents regions d'aquest:

REGIÓ	MÚSCULS
Cap	Frontal, orbiculars dels ulls i dels llavis, risori, buccinador, masseter, temporals i occipital.
Coll	Esternoclidomastoidal i espleni.
Tronc	**Davant**: pectorals majors, intercostals i rectes de l'abdomen. **Darrere**: trapezi i dorsals. **Costats**: oblics de l'abdomen i serrats. **Interior**: diafragma.
Extremitats superiors	**Espatlla**: deltoides. **Braç**: bíceps braquial i tríceps braquial. **Avantbraç**: pronadors i supinadors de la mà, i flexors i extensors dels dits.
Extremitats inferiors	**Natges**: glutis. **Cuixa**: sartori, bíceps femoral i quàdriceps femoral. **Cama**: bessons, flexors i extensors dels dits.

MUSCULATURA HUMANA

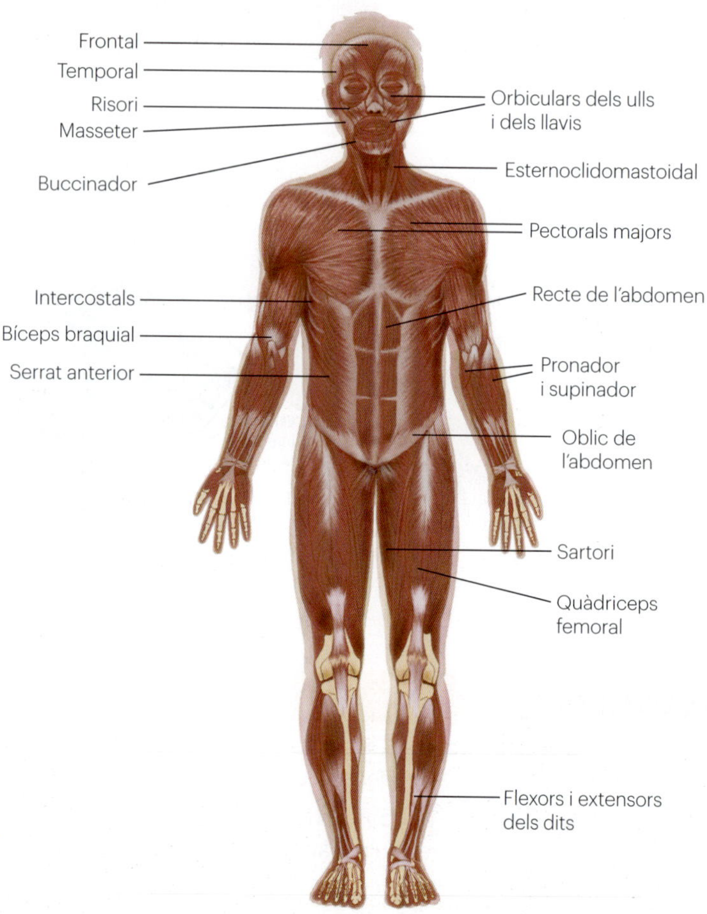

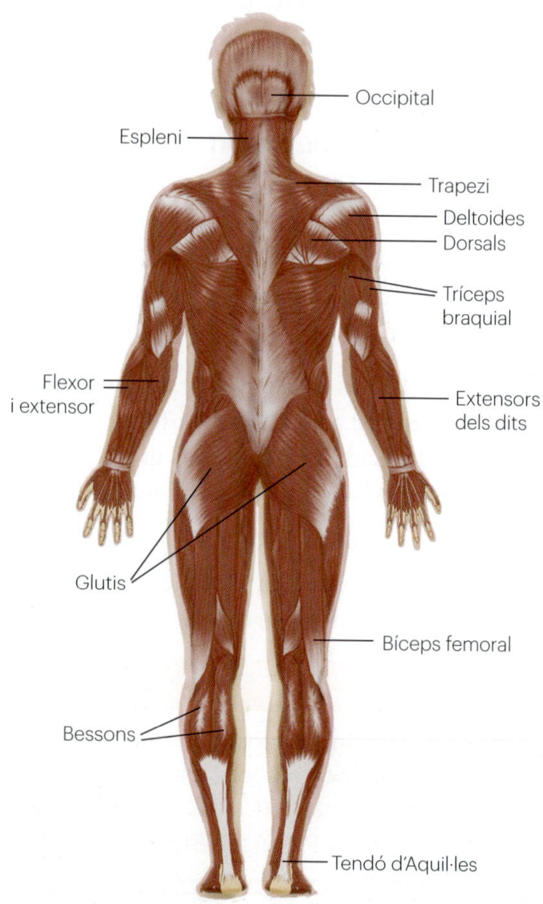

3.3 La fisiologia del múscul

Els músculs esquelètics s'insereixen en els ossos mitjançant tendons. En general, en contreure's el múscul, un dels ossos en els quals està inserit roman immòbil, mentre que el situat a l'altre extrem es mou. Si després d'una contracció, un múscul que mou una articulació es relaxa, aquesta recupera la seva forma inicial. De vegades, per tornar a aquesta posició inicial es contreu un altre múscul, que és **antagonista** de l'anterior (fa un moviment en sentit contrari). Per exemple, el bíceps doblega el braç, mentre que el tríceps, en contreure's, l'estira.

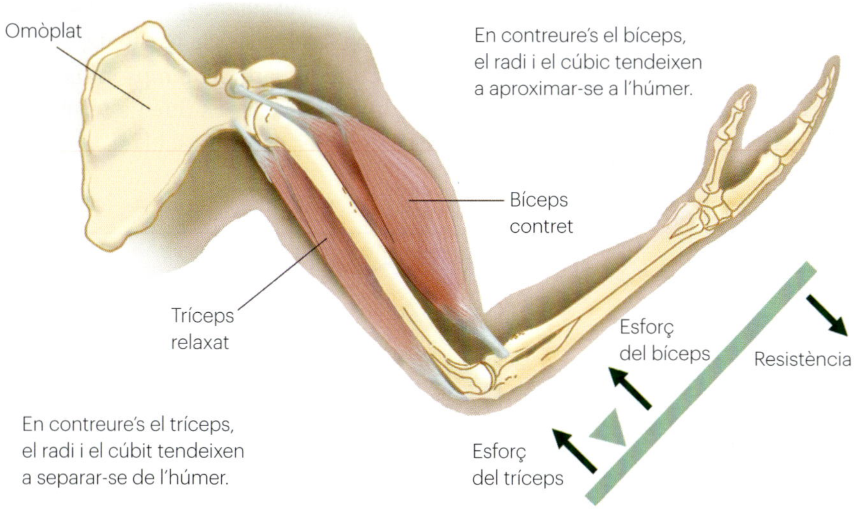

LA FATIGA MUSCULAR

Per contreure's, el múscul necessita l'energia que aporten les molècules d'ATP, que s'origina als mitocondris, bàsicament a partir de la glucosa i de l'oxigen que aporta la sang, mitjançant el procés de **respiració cel·lular**.

En situacions d'esforç molt intens o quan no s'hi està acostumat, pot ser que no arribi prou oxigen a les cèl·lules; llavors, aquestes metabolitzen la glucosa per **fermentació**, que és una manera d'obtenir ATP, que, tot i que menys eficient, té l'avantatge de no necessitar oxigen. Un altre inconvenient és que produeix radicals lliures i diverses toxines que, quan s'acumulen als músculs, en dificulten la contracció i originen **fatiga muscular, rampes** i **microtrencament de fibres musculars**, que provoquen el dolor que habitualment anomenem **cruiximent**.

Vocabulari

S'anomena **to muscular** el **grau de contracció** que hi ha en repòs i que permet mantenir les postures. Un bon to muscular és la millor prevenció dels dolors de columna vertebral.

L'ACTIVITAT MUSCULAR: LA PREPARACIÓ, LA FATIGA I LA RECUPERACIÓ		
Abans d'iniciar un exercici intens convé fer exercicis suaus (**escalfament**) i **estiraments** per preparar l'activitat muscular i l'elasticitat dels tendons.	Davant dels primers símptomes de fatiga és aconsellable descansar i ingerir aliments rics en glucosa.	Per recuperar la musculatura, convé fer estiraments, fer-se massatges i ingerir i beure aigua amb una cullerada de bicarbonat sòdic per neutralitzar l'acidesa provocada per l'acumulació de substàncies tòxiques.

4 Com es produeix la contracció muscular?

Social / Salut AS AM AL

Aprèn a...
Identificar els termes del vocabulari científic i expressar-te correctament, tant oralment com per escrit, utilitzant diversos suports.

Ítem 1. La unió neuromuscular

En aquesta unió una **neurona motora** té un extrem a la medul·la espinal i l'altre en una **fibra muscular**. Quan arriba l'impuls, la neurona allibera un **neurotransmissor** a l'espai que hi ha entre la neurona i el múscul. Aquesta substància és captada pels **receptors** del múscul, que produeixen la seva **excitació**.

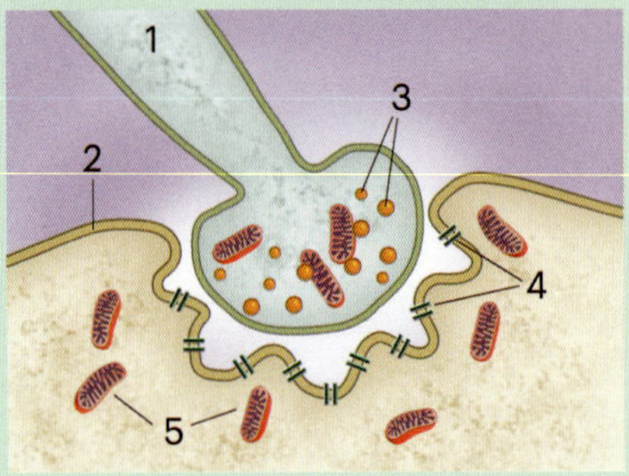

1. Terminal presinàptica
2. Membrana plasmàtica de la cèl·lula muscular
3. Vesícula sinàptica
4. Receptor
5. Mitocondri

Ítem 2. Miograma

Per estudiar la contracció muscular s'aplica una descàrrega elèctrica a un nervi i es registra la tensió. Es pot registrar la tensió muscular al llarg del temps mitjançant un miògraf i s'obté un miograma. Es duen a terme per detectar possibles patologies neuromusculars.

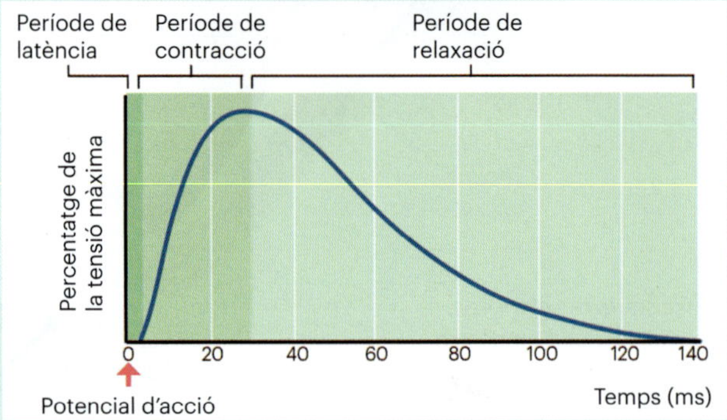

Ítem 3. AME i el primer exoesquelet humà

L'atròfia muscular espinal (AME) és una malaltia genètica que ataca les **neurones motores** de la **medul·la espinal**. Aquestes **neurones** es comuniquen amb els **músculs voluntaris**, com els dels braços i les cames.

El CSIC va presentar el 2016 el primer exoesquelet del món adreçat a nens amb AME. El dispositiu, de 12 kg i fabricat amb alumini i titani, està dissenyat per ajudar el pacient a caminar, en alguns casos per primera vegada.

Construeix amb el que saps

Observa 1 Què és una unió neuromuscular? Quines estructures hi estan implicades?

Identifica 2 Què és necessari que passi perquè s'iniciï la contracció muscular?

Analitza 3 Quin és el paper dels mitocondris en la contracció muscular?

Interpreta 4 Per a què serveix el miograma? Per què s'aplica una descàrrega elèctrica a un nervi?

Conclou 5 Què passaria si es produïssin descàrregues molt seguides i s'activessin totes les fibres musculars de manera continuada? Què indicaria un miograma amb el període de contracció dèbil?

Raona 6 Per què els nens amb AME no poden caminar?

Comunica 7 Elaboreu una presentació sobre altres malalties neuromusculars (miastènia gravis, ELA, EM...) i presenteu-la a la resta de la classe. Hi ha de constar la definició, les causes i el tractament.

El que has construït

Una **estimulació elèctrica** del sistema nerviós inicia la **contracció muscular**. Per fer-ho es necessita energia en forma d'**ATP** (produït als **mitocondris** durant la **respiració cel·lular**).

3.4 El mecanisme de la contracció muscular

La causa de la **contracció dels músculs** és el **lliscament dels filaments d'actina** sobre els **filaments de miosina**. Això és possible gràcies al fet que els **miofilaments de miosina** presenten als extrems uns engruiximents o «caps» que es poden moure cap endavant i cap endarrere.

La contracció comença amb l'arribada d'un **impuls nerviós**, que es produeix perquè les neurones alliberen una substància denominada **acetilcolina**. Aquesta substància provoca l'entrada d'**ions de calci** a la **cèl·lula muscular** i això estimula que els **caps de les molècules de miosina** es desplacin cap endavant i s'uneixin a alguns punts més avançats dels filaments d'actina. Per fer-ho necessiten l'energia que aporten les **molècules d'ATP**. Posteriorment, els **caps de miosina** recuperen la seva **forma retreta** i, així, el miofilament d'actina avança sobre el de miosina. Aquest moviment es fa als dos extrems de la molècula de miosina. D'aquesta manera, les fibres musculars s'encongeixen i el múscul disminueix de longitud i es fa més ample.

Un cop fet el moviment, els **ions de calci** surten de la cèl·lula muscular, les molècules d'actina i miosina tornen a la posició primitiva i el múscul es relaxa.

L'exercici físic periòdic i adequat a les condicions físiques de cada persona, les quals varien segons l'edat i les circumstàncies, és molt beneficiós per a la salut.

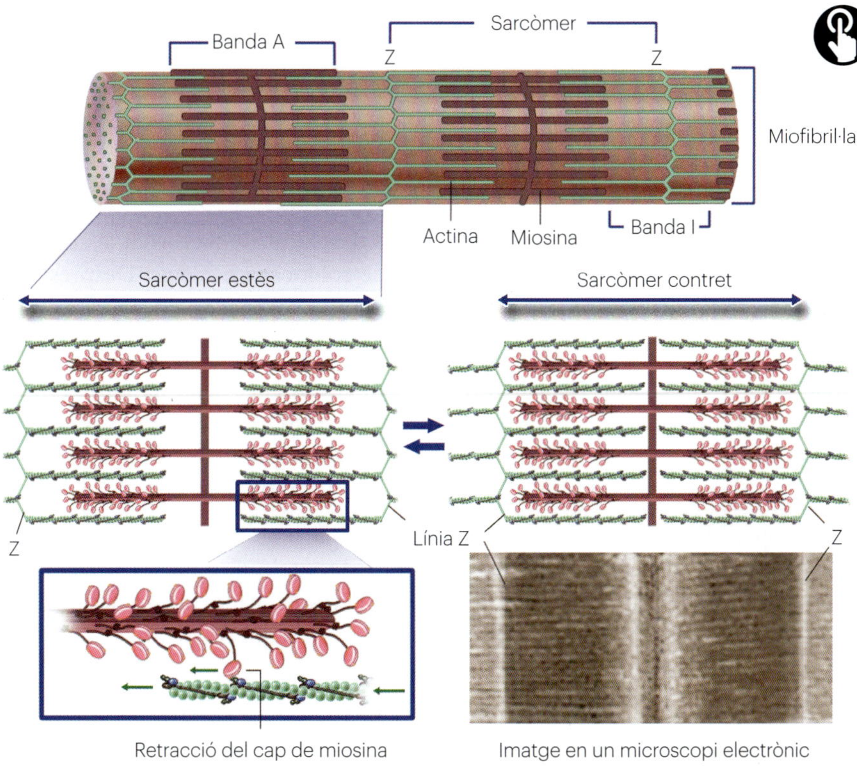

Activitats

8. Raona quin teixit tindrà més mitocondris, l'adipós o el muscular esquelètic?

9. Cerca què és el *rigor mortis*. Per què es produeix?

10. Què són les rampes? Es poden prevenir? Com?

11. AM AF **Experiència sobre la fatiga muscular.** Recolza el dors de la mà sobre una taula, estén el dit del mig totalment i posa damunt del dit el llom d'un llibre. Aixeca'l successivament tan de pressa com puguis durant tres minuts i anota el nombre d'elevacions cada 30 segons. Fes un gràfic que indiqui el temps a l'eix d'abscisses i el nombre d'elevacions a l'eix d'ordenades. Quines conclusions es poden treure sobre l'existència o no de fatiga muscular i sobre si apareix de manera gradual o sobtada?

4. Malalties i traumatismes

Alguns dels més comuns de l'aparell locomotor són els següents:

AFECCIÓ	DEFINICIÓ I CAUSA	CONSEQÜÈNCIES	TRACTAMENT
Artritis	És la **inflamació de la membrana sinovial** que hi ha a les articulacions mòbils. Moltes vegades és deguda a una **infecció microbiana.**	Els símptomes són dolor i rigidesa de l'articulació. De vegades es deformen les articulacions afectades.	La majoria no es curen, però se'n poden pal·liar els efectes amb analgèsics, antiinflamatoris, massatges, aplicació de fred/calor, etc.
Artrosi	És una **degeneració del cartílag articular** a causa del desgast progressiu al llarg dels anys. L'artrosi està afavorida per l'obesitat, la diabetis i l'excés de colesterol i d'àcid úric.	Causa dolor en moure l'articulació i, de vegades, rigidesa.	El dolor es tracta amb analgèsics i antiinflamatoris. La degeneració no es cura, però es pot evitar que augmenti amb medicaments i hàbits de vida saludables (fer esport, vigilar la dieta...).
Osteoporosi	Es produeix una disminució de la densitat de massa òssia. Està relacionada amb l'envelliment i les alteracions hormonals que es produeixen durant la menopausa femenina.	No manifesta símptomes fins que la massa òssia s'ha afeblit tant que es produeixen fractures.	Mantenir hàbits de vida saludable: dieta equilibrada rica en calci, no fumar ni beure alcohol i fer exercici diàriament.
Esquinç	És l'**estirament d'un tendó o d'un lligament** per sobre del seu llindar d'elasticitat, de manera que es pot arribar a trencar.	Dolor, inflamació i rigidesa de l'articulació.	Després de la lesió cal aplicar-hi fred. S'ha d'embenar la zona de manera forta i mantenir-la en repòs un cert temps. Es poden prendre analgèsics i antiinflamatoris.
Luxació o dislocació	És el **desplaçament anòmal** d'un dels ossos d'una **articulació mòbil.**	Dolor intens, entumiment i formigueig.	Si l'os desplaçat no ha tornat al seu lloc, l'ha de col·locar un metge. Després s'ha de fer repòs i prendre analgèsics i antiinflamatoris.
Hèrnia discal	És un **desplaçament del disc intervertebral** de manera que arriba a pressionar un dels nervis que surten de la medul·la espinal.	Pot causar dolor i entumiment.	Al començament s'ha de fer repòs relatiu i es poden prendre analgèsics. Després, la fisioteràpia pot ajudar. De vegades cal una intervenció quirúrgica.
Raquitisme infantil	És una **deformació òssia** pròpia dels **lactants** a causa de l'**escassetat de vitamina D**, que pot estar provocada per una mala absorció intestinal, una dieta deficient o la falta d'insolació.	Pot provocar retard en el creixement, dolor i debilitat muscular. De vegades també deformitat de l'esquelet.	S'acostuma a administrar vitamina D (amb precaució, ja que un excés també és perjudicial). Si hi ha deformitats greus es pot requerir cirurgia.
Fractura òssia	És el **trencament** d'un **os**. La causa més comuna és un accident, un cop fort o una lesió esportiva.	Provoca dolor, entumiment i formigueig, inflor de la zona i moviments limitats.	Per facilitar la reparació de l'os, cal immobilitzar-lo, normalment amb guix, fins que es formi un teixit ossi nou que el soldi.

Procés de soldadura d'un os

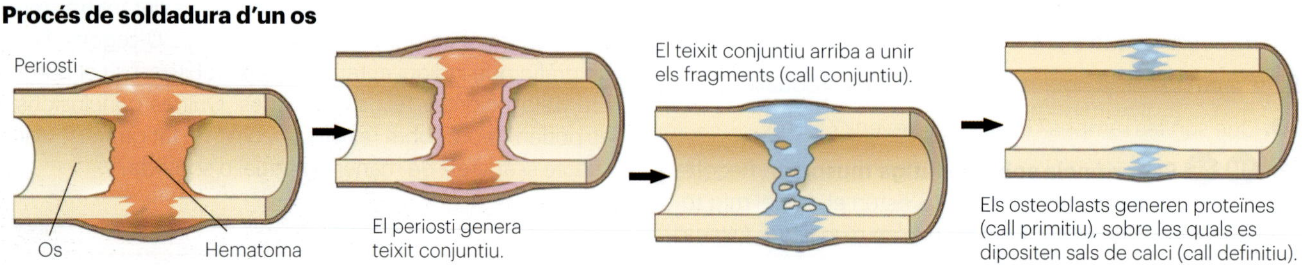

ELS HÀBITS POSTURALS I LA SALUT

Els ossos experimenten contínuament modificacions per poder suportar millor les pressions i les tensions musculars. Lògicament, aquests canvis són més grans durant el creixement. Per això, durant la infància i l'adolescència convé tenir una cura especial dels hàbits posturals. També cal cuidar el calçat, portar motxilla de dues nanses ben col·locades a l'esquena, etc. Les normes bàsiques són les següents.

Cal utilitzar el **calçat** adequat per a l'activitat que estem fent. A més, si és molt estret provocarà deformacions als dits, que a la llarga seran doloroses i difícils de solucionar, així com l'aparició de durícies.

MANERA DE SEURE

Les dues natges s'han de recolzar de la mateixa manera i han de tocar el respatller de la cadira. Això afavoreix que l'**esquena** es mantingui **vertical**. Només en el moment d'escriure s'ha d'inclinar lleugerament cap endavant. Si es recolza més una natja que l'altra, s'afavoreix la curvatura de la columna vertebral cap a la dreta o cap a l'esquerra (**escoliosi**) i amb el temps això pot originar dolors molt forts. Si se separa en excés el seient de la taula, s'afavoreix l'exageració de la curvatura cap endavant de la regió lumbar (**lordosi**). Si les natges es recolzen a la part davantera del seient, s'afavoreix la curvatura de la regió dorsal de la columna, de manera que apareix una esquena arrodonida o fins i tot una gepa (**cifosi**).

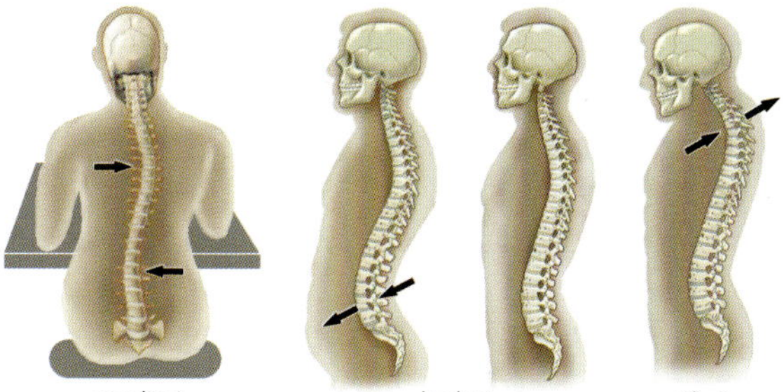

POSICIÓ DAVANT L'ORDINADOR

Cal que el monitor estigui a una distància aproximada d'un braç, que el teclat i el ratolí estiguin a una altura tal que els avantbraços es mantinguin horitzontals i que la cadira sigui anatòmica. Si l'ordinador està massa baix, poden aparèixer dolors a les cervicals. Si el teclat i l'ordinador estan massa alts poden provocar dolors als colzes i als canells. Cada hora convé parar i fer exercicis de coll, girant el cap cap als costats, cap enrere i cap endavant. Si en lloc d'un ordinador de sobretaula s'utilitza un portàtil, s'ha de col·locar sobre un suport o sobre una pila de llibres i utilitzar un teclat i un ratolí externs.

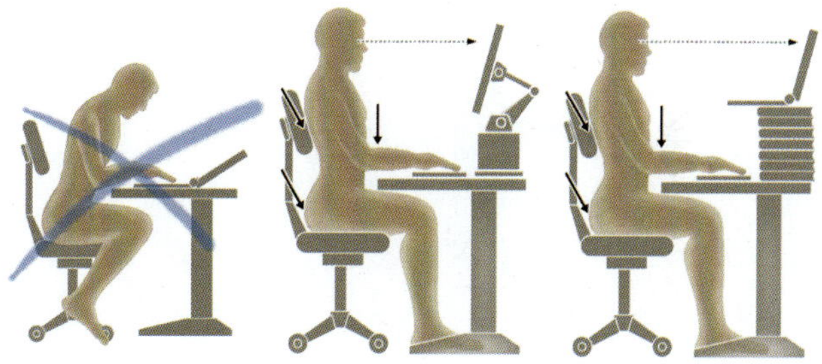

FORMA D'AIXECAR OBJECTES

Els objectes s'han d'aixecar sempre flexionant les cames i agafant-los amb les dues mans. Així, la força més gran per aixecar-los l'exerceixen els músculs de les cames, i no els de l'esquena, que són molt més febles. Quan transportem objectes, cal distribuir el pes igual entre els dos braços per evitar que la columna s'inclini més cap a un costat que cap a l'altre.

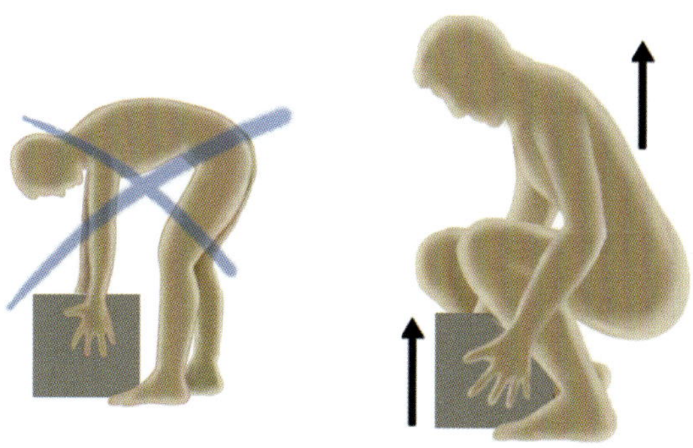

FORMA DE PORTAR PESOS

En el repartiment de la càrrega, Sanitat aconsella que la motxilla quedi molt a prop de l'esquena i en posició vertical, i que el pes estigui repartit equilibradament. Sempre s'ha de penjar dels dos tirants, i no d'un de sol. També és important evitar excessos de càrrega en una sola part del cos, per la qual cosa es desaconsella portar carteres que es transporten en una mà o tipus bandolera que es pengen d'una espatlla, així com les motxilles que s'arrosseguen sobre rodes, ja que poden produir dolències al canell, al colze i a l'espatlla.

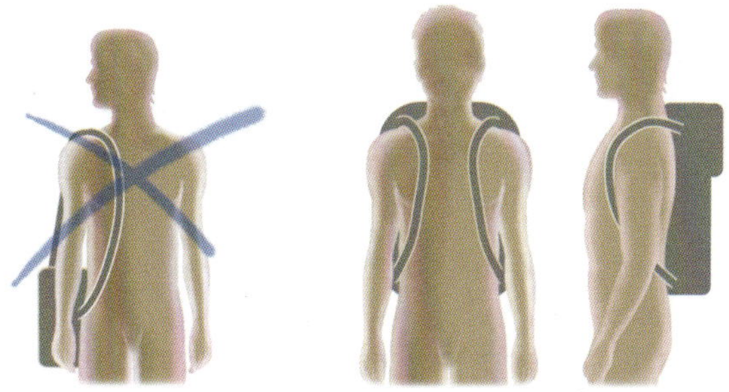

Activitats

12. AV AD Visualitza el vídeo següent que mostra els errors més freqüents a l'hora de seure, els problemes que poden ocasionar a la columna i com seure correctament. Després, fes una presentació en PowerPoint o en un programa semblant que expliqui cada consell.

13. Quin tipus d'afecció pateixen les persones de les imatges? Argumenta les teves respostes.

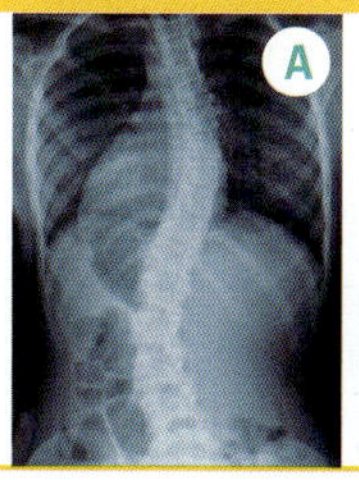

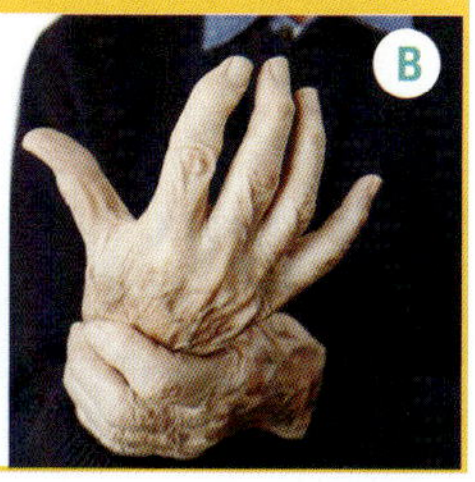

Ciències en context

1 AS AL AF Personal / Salut

Suplements per desenvolupar els músculs

Diferenciar els diversos tipus de músculs en funció del seu tipus de contracció i relacionar-los amb el sistema nerviós que els controla.

Actualment, està de moda lluir músculs. Especialment els nois acostumen a comprar suplements en botigues o a Internet. Però, en realitat, fa falta prendre suplements?

1 **Identifica.** En el vídeo s'anuncien quatre suplements per augmentar la massa muscular, un dels quals és la *proteïna del sèrum*. De què es tracta i de quin aliment la podem obtenir?

2 **Descriu.** Cerca informació i explica què són els aminoàcids essencials i en quins aliments abunden.

3 **Interpreta.** La creatina, un altre producte que es pren com a suplement, se sintetitza de manera natural al fetge, al pàncrees i als ronyons a partir d'aminoàcids com l'arginina, la glicina i la metionina. És un transportador d'ATP i proveeix d'energia les miofibril·les musculars.

a Es pot considerar que la creatina és una molècula essencial? Per què?

b Quins aliments penses que proporcionen creatina abundant?

4 **Raona.** Les fibres que absorbeixen més creatina són les de contracció ràpida. Et sembla que té sentit que un corredor de fons consumeixi aquest tipus de suplement? Raona la resposta.

5 **Interpreta.** El producte anunciat conté proteïnes d'alt valor biològic, a més d'aminoàcids essencials, carbohidrats, vitamines i minerals. Què diries que significa «alt valor biològic»?

6 **Analitza.** Raona si et sembla apropiada la següent dieta d'un dia d'un esportista i completa-la.

Esmorzar: suc de taronja i iogurt amb musli.
A mig matí: 2 galetes de cereals amb panses i un te amb llimona.
Dinar: amanida de salmó amb llenties i verdures. Fruita del temps.
Berenar: torrades amb formatge fresc i mel.
Sopar: crema de verdures, truita de dos ous i amanida de tomàquet. Quallada.

7 **Conclou.** Descarrega't i llegeix l'article següent. Penses que és necessari prendre suplements com el de la publicitat? Dona una resposta argumentada.

2 AA AL AP Personal / Ciència i tecnologia

Crani imprès

Localitzar els principals ossos i músculs del cos humà en esquemes de l'aparell locomotor.
Distingir els elements d'una articulació i diferenciar els diversos tipus d'articulacions.

Una jove holandesa ha estat la primera persona al món a la qual se li ha substituït el crani complet gràcies a una pròtesi construïda a partir d'una impressió 3D. La jove pacient patia una malaltia que provocava que els ossos del cap s'engrossissin, cosa que li produïa mals de cap molt forts, descoordinació i problemes de visió. Abans ja s'havien fet pròtesis utilitzant aquesta tècnica, com una mandíbula, un genoll, un rostre i una pelvis. Malgrat això, hi ha ossos que són prescindibles, com les costelles o la clavícula, és a dir, la seva substitució per una pròtesi no és primordial.

«Aconsegueixen per primera vegada al món implantar un crani de plàstic imprès en 3D», Europa Press

1 **Identifica.** Indica en quina part de l'esquelet es troba cada un dels ossos que s'esmenten al text. Cal dir si es troben a l'esquelet axial o a l'esquelet apendicular i, dins de cadascun, en quina part se situen.

2 **Descriu.** Copia i escriu el nom dels ossos del crani d'aquest esquelet:

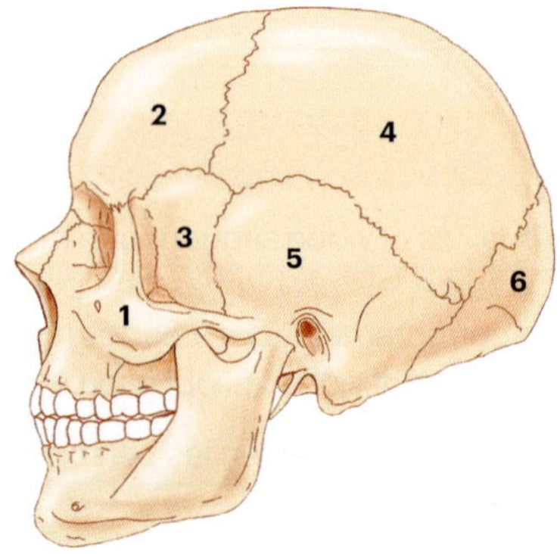

3 **Interpreta.** Quan parlem de la pelvis, a quins ossos ens referim exactament?

4 **Descriu.** Com estan units els ossos del crani?

5 **Aplica.** Quina funció tenen els ossos del crani? I les costelles?

6 **Raona.** Per què diu l'autor que alguns ossos són prescindibles?

3 AF AP AL Personal / Salut

Les lesions de Rafael Nadal

Localitzar els principals ossos i músculs del cos humà en esquemes de l'aparell locomotor.
Diferenciar els diversos tipus de músculs en funció del seu tipus de contracció i relacionar-los amb el sistema nerviós que els controla.
Distingir els elements d'una articulació i diferenciar els diversos tipus d'articulacions.
Identificar els factors de risc més freqüents que poden afectar l'aparell locomotor i relacionar-los amb les lesions que produeixen.

Rafael Nadal, un esportista que basa bona part del seu joc en el seu estat físic, al llarg de la seva carrera esportiva ha patit diverses lesions que li han impedit participar en alguns tornejos. El tennista ha passat uns quants moments crítics durant la seva carrera. El primer gran revés va arribar el 2012. La seva lesió al tendó rotular de la cama esquerra li va fer dir prou després de perdre en la segona ronda de Wimbledon. La lesió el va fer estar set mesos fora de les pistes de tennis.

Els problemes amb les lesions van tornar el 2014. Després d'arribar a la final de l'Open d'Austràlia, es va haver de retirar del partit per dolors forts a l'esquena. Va guanyar Roland Garros, però una lesió al canell dret li va impedir disputar la gira nord-americana.

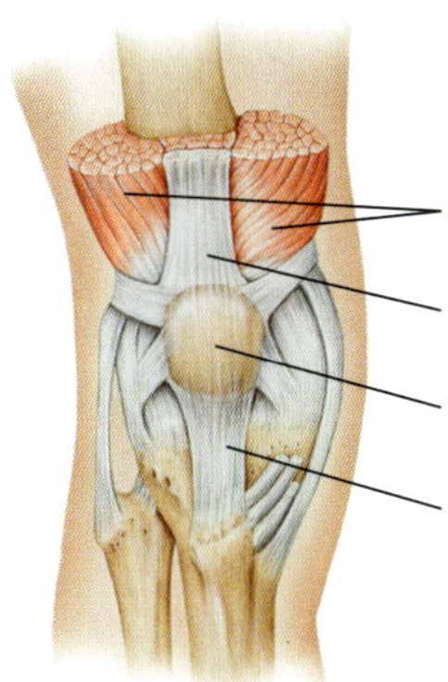

1 **Descriu.** Observa l'esquema del genoll i indica a quina part de l'aparell locomotor pertany. Explica'n breument la funció.

2 **Interpreta.** Quan el quàdriceps es contreu, què passa amb el múscul de la part posterior de la cuixa?

3 **Identifica.** Com s'anomenen les zones on s'uneixen dos ossos? Quan l'un es mou respecte de l'altre, quin teixit hi ha a les zones de contacte?

4 **Aplica.** Compara el grau de mobilitat entre les vèrtebres de l'esquena i el dels ossos del genoll. Classifica aquestes unions segons la mobilitat.

5 **Aplica.** Classifica els ossos de l'esquena i el de la ròtula del genoll segons la seva forma.

6 **Interpreta.** Indica quins són els ossos de l'extremitat inferior i classifica'ls segons la seva forma. Després, explica breument per què és important l'extrem (epífisi) d'aquests ossos.

7 **Analitza.** En el cas d'esportistes d'elit, el grau d'esforç és un dels factors de risc per a les lesions. Pensa i escriu altres tres factors de risc que puguin afectar l'aparell locomotor.

4 AS AF AL Personal / Salut

Què fan malament?

Identificar els factors de risc més freqüents que poden afectar l'aparell locomotor i relacionar-los amb les lesions que produeixen.

1 **Interpreta.** Des del punt de vista de la cura de la salut, què fan malament cada una d'aquestes persones? Cerca informació addicional sobre el tema.

2 **Aplica.** Com ho haurien de fer?

3 **Analitza.** Quins problemes poden tenir?

4 **Reflexiona.** Dels exemples que s'esposen, quins fas tu normalment? Com ho pots solucionar?

REPASSA LA UNITAT

Lesions esportives

Personal / Salut AS AM AL

A continuació tens tres esquemes de diferents lesions que afecten tres esportistes: una jugadora d'handbol, un golfista i un futbolista.

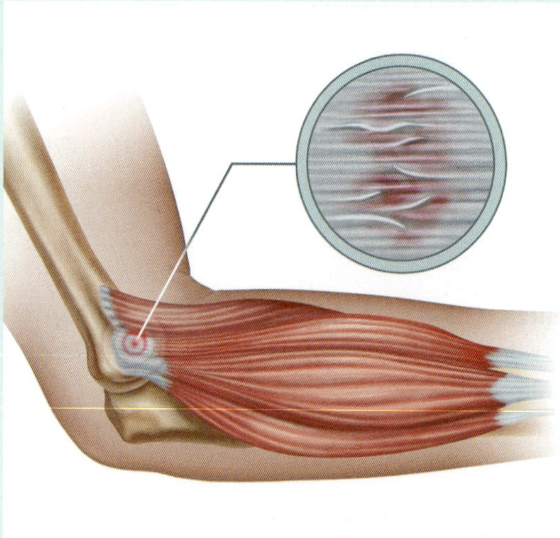

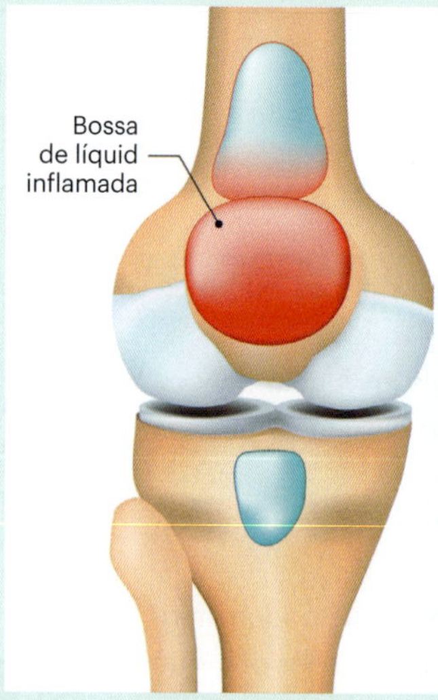

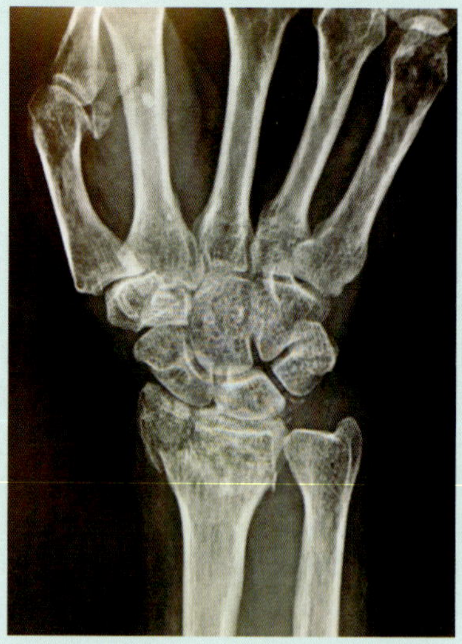

1. Copia i completa el quadre següent.

LESIÓ	QUÈ ÉS (INDICA'N LA LOCALITZACIÓ)	CAUSA	ESPORTISTA
Epicondilitis		Excés d'ús o mal ús de la musculatura de l'avantbraç.	
Bursitis	Inflamació de la bossa de líquid a l'articulació del genoll		
Fractura de canell			Jugadora d'handbol

2. Identifica i descriu el tipus d'ossos, de músculs i d'articulacions que es veu en cada una de les imatges.

3. Quan algú pateix una lesió, els metges pronostiquen un temps aproximat de recuperació. En què es basen per calcular aquest temps?

4. Explica la relació que hi ha entre els músculs i el sistema nerviós.

5. Els ossos no creixen sempre igual. Observa el gràfic, llegeix els enunciats i corregeix les frases incorrectes.

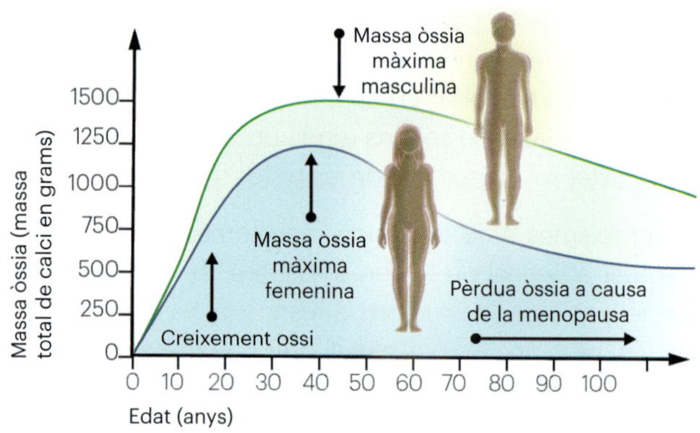

a La màxima quantitat de calci als ossos de les dones és d'1,2 kg aproximadament.

b La massa òssia decreix amb l'edat, a partir de la maduresa.

c Les dones es lesionen més que els homes.

d La massa òssia d'una noia de 18 anys que pesa 50 kg és el 15 % de la seva massa corporal.

C1: 2 | C2: 1, 4 | C3: 3, 5

7 La reproducció

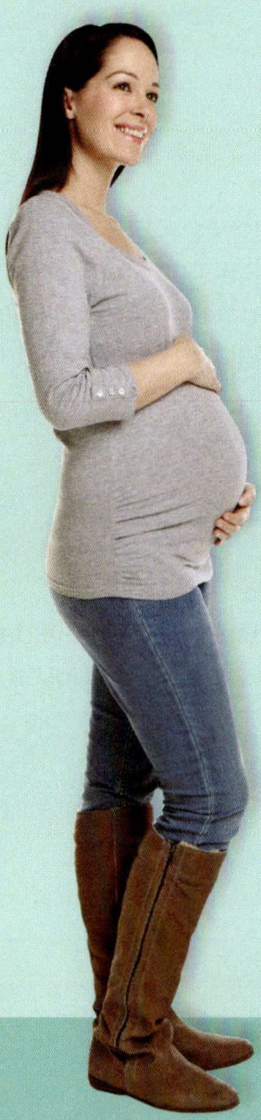

Quin tema de sexualitat interessa més?

Què regula la nostra reproducció?

Per què només un espermatozoide?

Ara neixen més bessons?

EN AQUESTA UNITAT APRENDRÀS A...	Situació d'aprenentatge	Activitats	Ciències en context
Conèixer els diferents òrgans de l'aparell reproductor masculí i femení, i especificar-ne la funció. Competències científiques: 2		3, 4, 5, 6, 15	6
Establir la diferència entre sexualitat i reproducció. Competències científiques: 2, 15		1	4
Descriure les principals etapes del cicle menstrual, i indicar quines glàndules i quines hormones participen en la seva regulació. Competències científiques: 2, 4, 5, 6	2, 4	7, 8	3
Explicar els principals esdeveniments de la fecundació, l'embaràs i el part. Competències científiques: 2	3	6, 8, 9, 10, 11	3, 7
Discriminar els diferents mètodes d'anticoncepció humana i especifica si, a més, prevenen les malalties de transmissió sexual. Competències científiques: 2, 15		13, 14	1, 5
Categoritzar les principals malalties de transmissió sexual i argumentar sobre com prevenir-les. Competències científiques: 2, 12, 15		12	1
Identificar les tècniques de reproducció assistida més freqüents. Competències científiques: 2	4	15	2
Raonar els canvis físics i psíquics produïts en la pubertat i argumentar la importància de la higiene sexual. Competències científiques: 2, 12, 15		2	6

1 Quin tema de sexualitat interessa més?

Social / Salut AM AS AP AV

Aprèn a...

Expressar-te correctament, tant oralment com per escrit, utilitzant diversos suports.

Elaborar i argumentar conclusions a partir dels resultats obtinguts en una recerca.

Formula hipòtesis

Hi ha treballs de recerca que impliquen la recollida continuada de valors de variables biològiques per intentar saber de què depenen.

Altres treballs de recerca pretenen conèixer el que la població sap o opina sobre un tema. En aquests casos, l'instrument que s'utilitza és l'**enquesta**.

Hi ha interès per part de molts joves sobre determinats temes relacionats amb la sexualitat com, per exemple, les MTS, l'embaràs en l'adolescència, l'anticoncepció, les relacions sexuals, l'anatomia i la fisiologia de l'aparell reproductor.

Pensa i redacta una **hipòtesi** sobre quin tema relatiu a la sexualitat és el que més interessa.

Experimenta

Per saber quin tema de la reproducció humana interessa més els alumnes de tercer curs de l'ESO del centre, es proposa fer una enquesta per preguntar a cadascun sobre de quin tema li agradaria tenir més informació.

D'acord amb els professors i les professores, aplica simultàniament l'enquesta a la mostra d'alumnes que has seleccionat, per exemple a dos cursos de 3r de l'ESO (A i B).

Per a la seva aplicació cal el consentiment previ dels alumnes i les seves famílies. Els temes que es proposen són:

- **a** Malalties de transmissió sexual (MTS)
- **b** Embaràs en l'adolescència
- **c** Relacions sexuals
- **d** Anticoncepció
- **e** Aparell reproductor

Analitza

1 Representa. Fes una taula com la de l'exemple, però que estigui en blanc, i emplena-la amb les dades obtingudes en les enquestes.

2 Analitza. Analitza els resultats per grups i a escala global, i ordena els temes que interessen l'alumnat de més a menys, tant per cursos com en general.

En aquest **exemple** se suposa que el grup A està format per 14 noies i 8 nois, mentre que el grup B inclou 10 noies i 12 nois, i que en total el 50 % de les noies i el 30 % dels nois han afirmat que el tema de sexualitat que més els interessa és l'anticoncepció.

	3r ESO A				3r ESO B				Total			
Temes	F	%	M	%	F	%	M	%	F_T	%	M_T	%
MTS												
Embaràs en l'adolescència												
Relacions sexuals												
Anticoncepció	6	42,85	2	25	6	60	4	33,33	12	**50**	6	**30**
Aparell reproductor												
Total	14	100	8	100	10		12	100	24		20	

Temes d'interès sobre sexualitat seleccionats pels adolescents segons grup i sexe

M = nois; F = noies; M_T = nombre total de nois que han triat una opció; F_T = nombre total de noies que han triat aquesta mateixa opció.

Conclou

S'ha confirmat la teva hipòtesi? Redacta un informe sobre això.

1. La funció de reproducció i la sexualitat

En tots els organismes amb reproducció sexual, aquesta està orientada a la propagació de l'espècie. Passa el mateix en l'ésser humà. Tanmateix, hi ha unes diferències fonamentals entre la **sexualitat** animal i la **humana**:

- L'atracció sexual en els animals està restringida al període de zel en què és possible la fecundació. En canvi, **en l'espècie humana l'atracció sexual no està limitada als períodes en els quals la dona és fèrtil.**
- La relació sexual entre humans no és merament instintiva, sinó que **va acompanyada per la voluntat lliure i la intel·ligència.**
- La relació sexual entre humans no és un simple acte fisiològic, sinó que també hi estan relacionades facetes **emocionals** i d'**afectivitat.**

A diferència dels animals, en les persones **la sexualitat no és un fet merament fisiològic.**

Visualitza el fragment següent de la trilogia *El senyor dels anells* i reflexiona sobre si els animals serien capaços de renunciar a tant com la protagonista de l'escena.

2. Pubertat i adolescència

La **pubertat** és la fase de la vida d'una persona en la qual es passa de la infància a l'**adolescència.**

En la pubertat es produeix la **maduració dels òrgans reproductors**, que ja estaven formats en el naixement, juntament amb altres canvis importants, tant en el cos com en el comportament.

- Apareixen els anomenats **caràcters sexuals secundaris**, que diferencien l'home de la dona: desenvolupament dels pits en les dones, aparició de la barba i el bigoti en els homes, diferent distribució del pèl al pubis, veu més greu en els homes, diferents proporcions corporals, etc.
- L'aparell reproductor comença a produir **gàmetes masculins o femenins.** S'inicia la producció de **semen** en els nois i es produeix la **primera menstruació** en les noies.
- Sovint aquests canvis morfològics i fisiològics van acompanyats de determinats **canvis en l'estat d'ànim** i en les relacions amb la família i els altres. Es tracta d'un canvi temporal que forma part de la maduració com a persona.

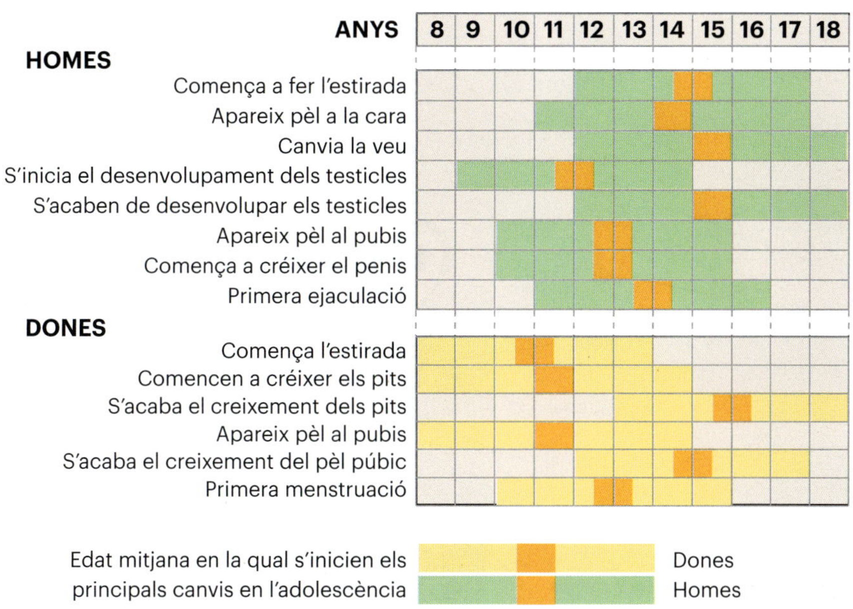

Activitats

1. AL AV AA Escolta el fragment de la cançó *Paraules d'amor,* reflexiona-hi i respon les preguntes.

a Quines són les diferències entre la sexualitat humana i la reproducció animal?

b Quina característica fonamental de la sexualitat humana mostra la cançó?

2. AP Observa la taula i respon les preguntes.

a Quins canvis dels caràcters sexuals que es produeixen durant l'adolescència són comuns en els homes i en les dones? A quina edat s'acostumen a iniciar en cada sexe?

b Quins canvis dels caràcters sexuals que es produeixen durant l'adolescència són diferents en homes i dones? A quina edat se solen iniciar?

3. L'aparell reproductor

L'**aparell reproductor** masculí i femení dels mamífers —també el dels éssers humans— està format pels òrgans següents:

- **Gònades.** Són els òrgans que formen les cèl·lules sexuals o gàmetes. També s'encarreguen de fabricar algunes hormones sexuals.
- **Conductes genitals.** Transporten les cèl·lules sexuals cap a l'exterior.
- **Òrgans copuladors.** Són el **penis** (òrgan masculí), la **vulva** i la **vagina** (òrgans femenins). En la còpula, el penis introdueix els gàmetes masculins a la vagina.

3.1 Els aparells reproductors o genitals

APARELL REPRODUCTOR FEMENÍ

L'**aparell reproductor femení** s'encarrega de la producció dels gàmetes femenins o òvuls i hi tenen lloc la fecundació i el desenvolupament de l'embrió. Està constituït per les estructures següents:

- **Ovaris.** Són dos òrgans d'uns 3 cm de llarg i 1,5 cm d'amplada. Produeixen els òvuls i segreguen les hormones **progesterona** i **estrògens**, que són responsables dels caràcters sexuals secundaris femenins, com el desenvolupament dels pits i l'eixamplament dels malucs.
- **Oviductes o trompes de Fal·lopi.** Són dos conductes d'uns 15 cm de longitud que recullen els ovòcits que produeixen els ovaris per transportar-los fins a l'úter. Aquí es produeix la fecundació.
- **Úter o matriu.** És un òrgan en forma de pera invertida, de parets molt musculoses, d'uns 6 a 9 cm de llarg i de 3 a 4 cm d'amplada. Augmenta de mida durant la gestació quan acull un nou ésser. La seva mucosa interna està molt vascularitzada i, si no es produeix la fecundació, una part es desprèn i es produeix la **menstruació**. La mucosa es regenera en cinc dies.
- **Vagina.** És un conducte musculós i elàstics, d'uns 8 a 12 cm de longitud, que rep el penis en la copulació.
- **Vulva.** És el conjunt d'òrgans sexuals externs: llavis majors, llavis menors, clítoris, orifici vaginal i orifici uretral.

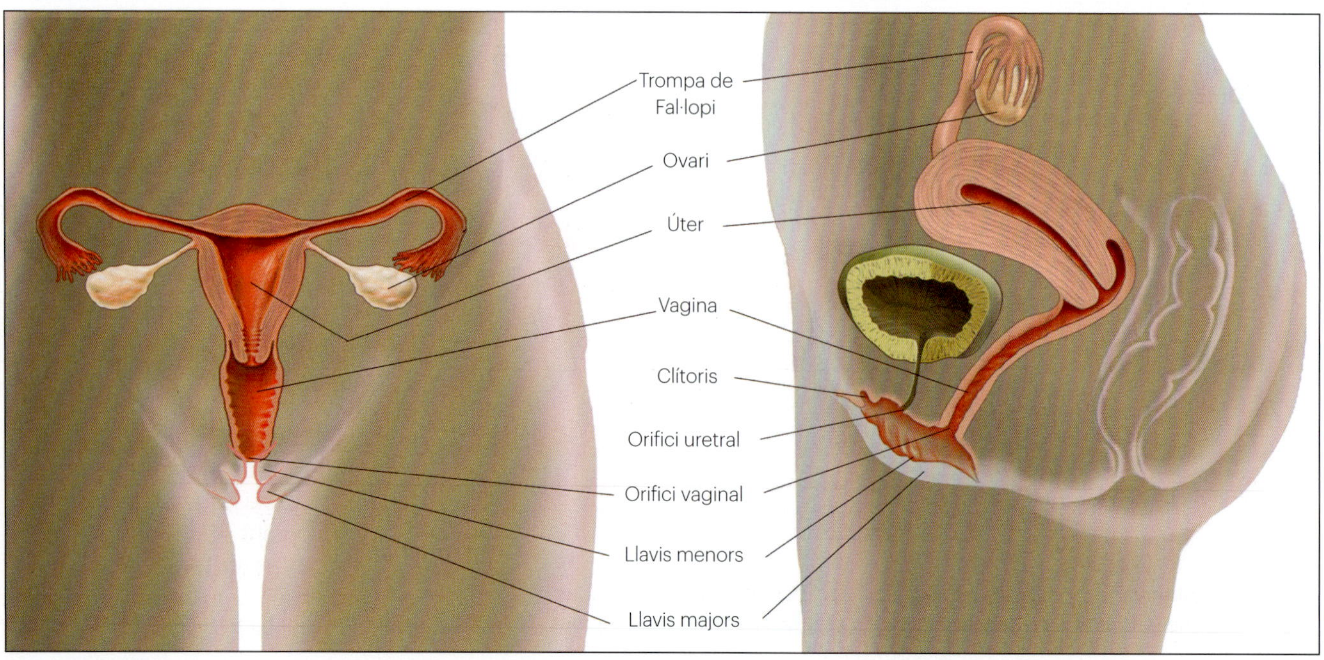

APARELL REPRODUCTOR MASCULÍ

L'**aparell reproductor masculí** té com a funcions la producció dels gàmetes masculins o **espermatozoides** i la seva transmissió a l'aparell sexual femení. Està constituït per les estructures següents:

- **Testicles.** Són dos òrgans ovalats, d'uns 4 cm de longitud, que produeixen els espermatozoides i segreguen **testosterona**.
- **Conductes deferents.** Comuniquen els testicles amb les glàndules annexes i el conducte ejaculador.
- **Glàndules annexes** (vesícules seminals, pròstata i glàndules de Cowper). Segreguen substàncies que formen la part líquida del **semen** o esperma, que és el líquid que conté els espermatozoides.
- **Conductes ejaculadors.** Comuniquen les vesícules amb la uretra.
- **Penis.** És l'òrgan copulador masculí. Està format per un teixit esponjós (els dos cossos cavernosos i els cos esponjós) que, durant l'excitació sexual, s'omple de sang, cosa que en provoca l'erecció.

La **testosterona** és l'hormona responsable dels caràcters sexuals secundaris masculins, com la veu greu, l'esquena ampla, la barba, etc.

Un home fèrtil ha de tenir, com a mínim, 15 milions d'espermatozoides per mil·lilitre de semen.

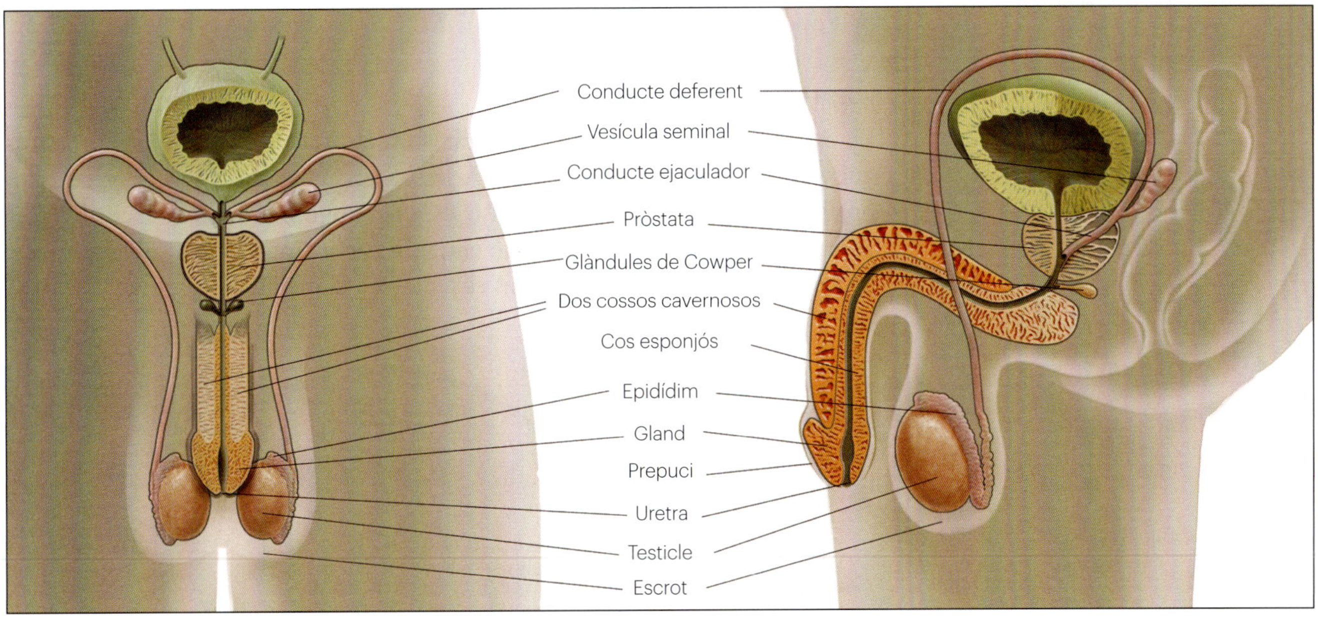

SALUT I HIGIENE SEXUAL

Els hàbits d'higiene i autoexamen ajuden a evitar infeccions i a prevenir el desenvolupament d'una malaltia als òrgans genitals.

	EN LA DONA	EN L'HOME
Higiene	La neteja genital ha de ser diària, però externa, per evitar irritacions. Vigilar les secrecions vaginals i anar al metge si s'observa alguna cosa estranya.	Els òrgans genitals s'han de netejar, comprovant que a la zona del gland no s'hi acumulin secrecions.
Examen	Examinar-se els pits un cop al mes per detectar-hi canvis de forma o bonys interns. Davant de qualsevol anomalia, cal consultar el metge.	Revisar el testicle per detectar-hi canvis de mida o l'aparició d'un bony. Així es preveu el càncer de testicle. En cas de dubte, és millor anar al metge.

Activitats

3. AL Descriu el camí que segueix un espermatozoide des que es forma fins que és ejaculat i quines substàncies rep pel camí que l'ajuden a fer la seva funció.

4. AL Indica quines parts del cos femení segueix un espermatozoide fins que es produeix la fecundació.

5. AD AP AL Durant el desenvolupament dels òrgans de l'aparell reproductor poden aparèixer algunes anomalies o malalties. Cerca informació i elabora un informe sobre els símptomes, la causa i el tractament de la vulvovaginitis, la criptorquídia i la fimosi.

3.2 Les cèl·lules reproductores o gàmetes

Els **gàmetes** són les cèl·lules especialitzades que transmeten la informació hereditària de pares a fills. Els gàmetes femenins són els **òvuls** i els masculins, els **espermatozoides.**

Tant els gàmetes masculins com els femenins tenen la meitat dels cromosomes que la resta de les cèl·lules del cos. En el cas de l'ésser humà, els gàmetes tenen **23 cromosomes** i la resta de cèl·lules del cos, 46. Quan s'uneixen els dos gàmetes, l'espermatozoide i l'òvul, es produeix la primera cèl·lula d'un individu nou, la **cèl·lula ou** o **zigot**, que té 46 cromosomes, 23 del gàmeta masculí i els altres 23 del gàmeta femení.

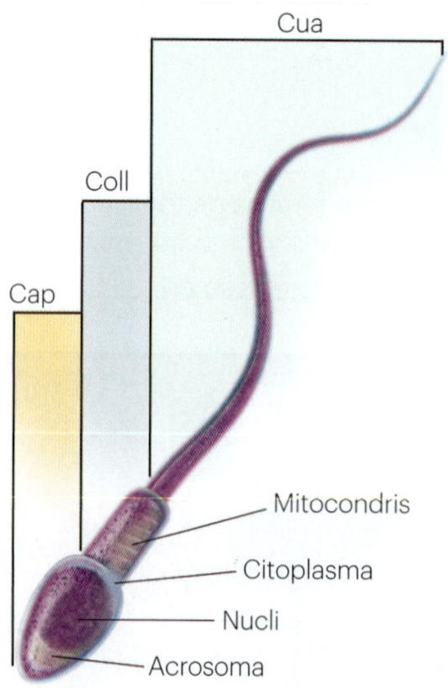

Morfologia d'un espermatozoide.

ELS ESPERMATOZOIDES

Són cèl·lules de mida petita (uns 0,05 mm) i molt especialitzades. La producció d'espermatozoides s'inicia durant la pubertat i es prolonga durant tota la vida dels homes.

FORMACIÓ DELS ESPERMATOZOIDES

Els **espermatozoides** es formen a l'interior dels testicles, en uns tubs finíssims que s'anomenen **tubs seminífers.** A les parets dels túbuls hi ha les cèl·lules precursores dels espermatozoides o **espermatogonis**, que pateixen diverses divisions i maduren a mesura que emigren cap a l'interior del tub. En aquest procés, el nombre de cromosomes es redueix a la meitat per **meiosi.**

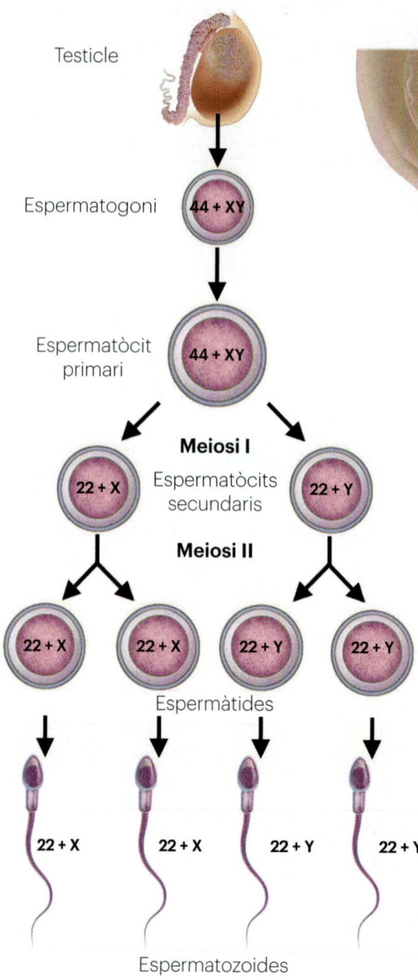

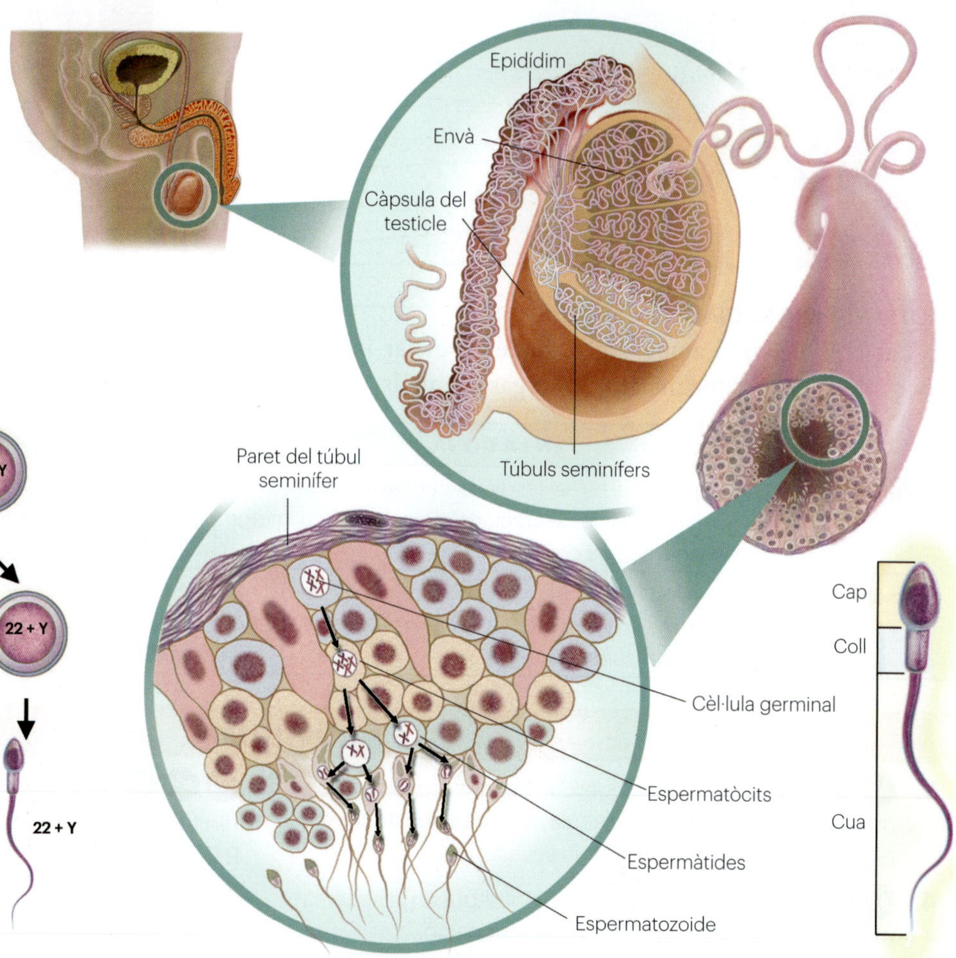

ELS ÒVULS

Són cèl·lules de mida gran, gairebé 0,1 mm de diàmetre. A partir del quart mes del desenvolupament embrionari d'una dona, els seus òvuls comencen a desenvolupar-se, però quan neix encara estan immadurs.

Durant la pubertat, un ovari allibera un òvul immadur al mes a una de les dues trompes de Fal·lopi. Si no es produeix la fecundació és expulsat durant la **menstruació**.

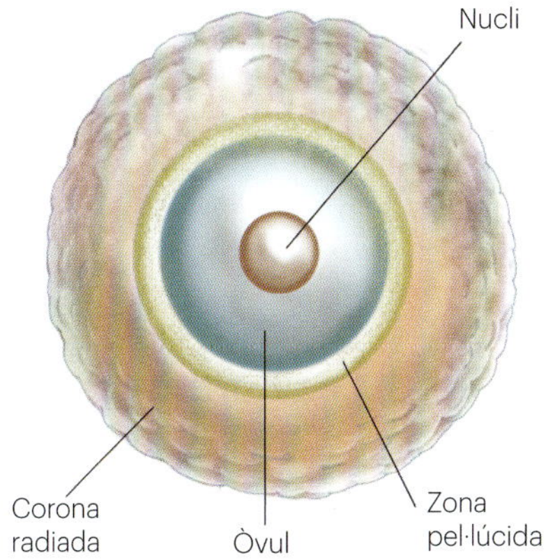

Morfologia d'un òvul.

FORMACIÓ DELS ÒVULS

La formació dels òvuls d'una dona s'inicia abans del seu naixement, aproximadament cap al quart mes de gestació. Les cèl·lules precursores es denominen **oogònies** i pateixen diverses divisions.

Mentre migren cap a l'exterior de l'ovari, el nombre de cromosomes es redueix a la meitat per meiosi, tanmateix, no arriben a madurar completament perquè la seva divisió s'atura quan s'han format els ovòcits secundaris, que estan situats en unes cavitats anomenades **fol·licles** i envoltats d'unes cèl·lules encarregades de protegir-los i nodrir-los.

Cada dona neix amb uns dos milions d'ovòcits, però tan sols uns 400, aproximadament, arribaran a madurar i passaran a les trompes de Fal·lopi, on es pot produir la fecundació.

L'última divisió de l'ovòcit i la seva transformació en òvul només es produeix si hi ha penetrat un espermatozoide a l'interior. Un cop format l'òvul, els nuclis dels dos gàmetes es fusionaran per formar el **zigot**, que és la primera cèl·lula d'un organisme humà.

En la dona, la producció d'ovòcits madurs s'interromp a una edat variable, aproximadament cap als 50 anys. Aquest fenomen rep el nom de **menopausa**.

Activitats

6. AL AP Compara la formació d'un ovòcit i un espermatozoide i explica quan es forma l'òvul humà definitiu.

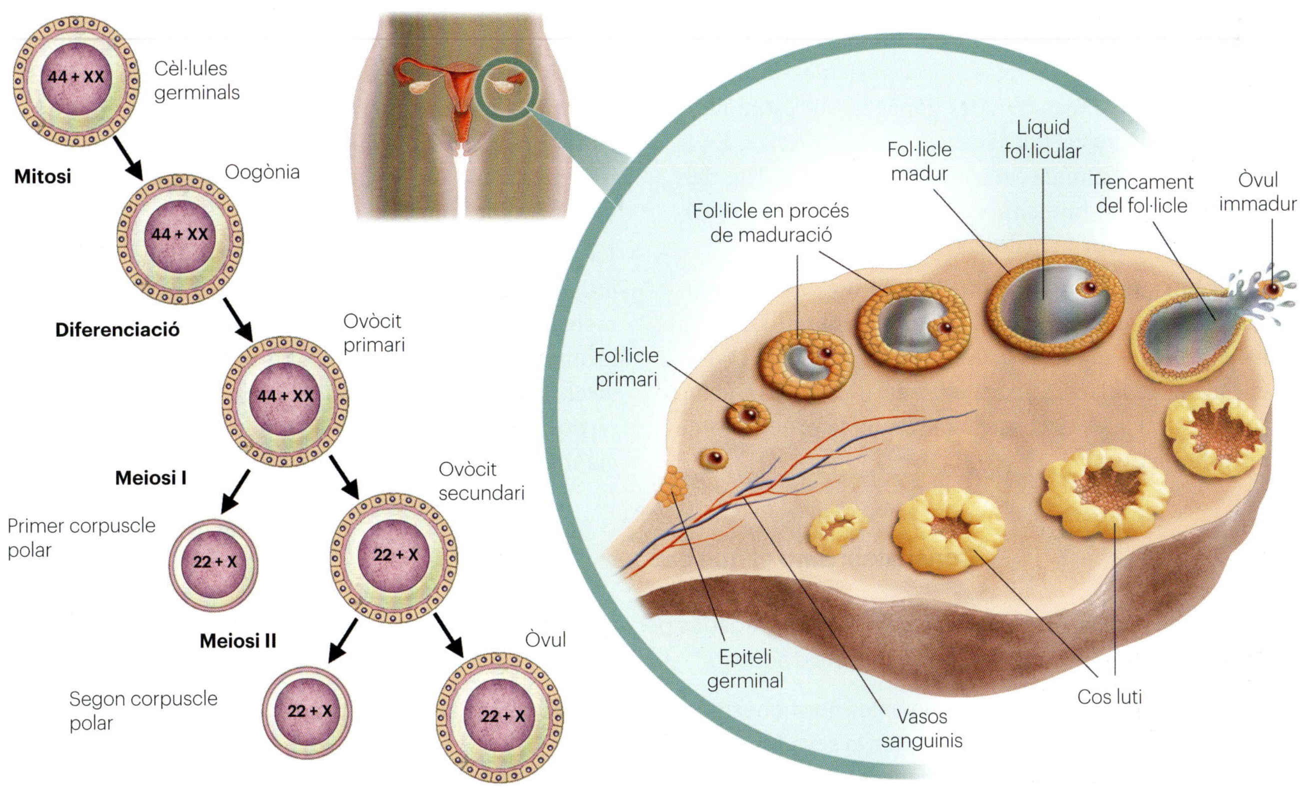

2 Què regula la nostra reproducció?

Personal / Ciència i tecnologia AP AL AM

Aprèn a...

Identificar els termes del vocabulari científic i expressar-te correctament, tant oralment com per escrit.

Seleccionar i utilitzar la informació científica per formar-te una opinió.

Ítem 1. Les hormones

Les **hormones** són substàncies segregades per les **glàndules endocrines** al medi intern, que en el cas dels vertebrats és la sang, que les distribueix per tot el cos. La seva funció és influir en l'activitat de les cèl·lules que són sensibles a la seva presència. Per exemple, les cèl·lules beta del pàncrees segreguen l'**hormona insulina**, que afavoreix l'entrada de la glucosa a les cèl·lules. Les cèl·lules de Leydig dels testicles segreguen l'**hormona testosterona**, que és la responsable dels caràcters sexuals secundaris masculins.

Ítem 2. Hormones de la hipòfisi

La hipòfisi o glàndula pituïtària és una glàndula endocrina de la mida d'un pèsol situada a la base de l'encèfal humà i s'allotja en un espai ossi del crani anomenat *sella turca* de l'os esfenoide. És una glàndula complexa i molt important ja que, a més de segregar hormones, regula l'activitat de la major part de les altres glàndules endocrines.

L'hipotàlem és una regió del cervell que està situada just per sobre de la hipòfisi i en controla l'activitat.

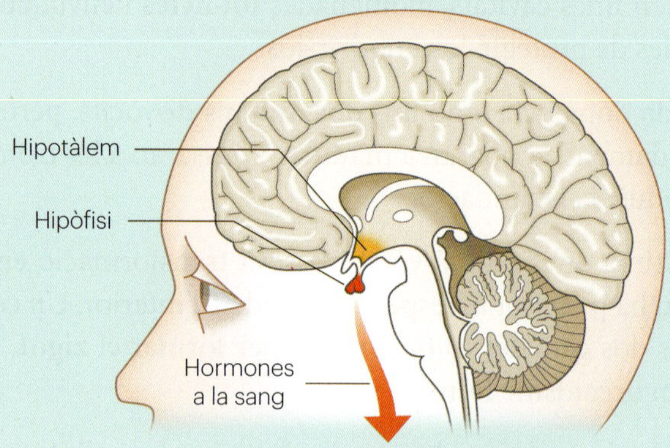

Ítem 3. Hormones del cicle menstrual regulades per la hipòfisi

- **FSH o hormona estimulant del fol·licle.** És una hormona sintetitzada i secretada per les cèl·lules de la glàndula hipòfisi. Actua sobre les gònades i hi estimula la producció de les cèl·lules sexuals en els dos sexes. En la dona, la FSH estimula cada mes el creixement d'un dels fol·licles ovàrics immadurs a l'ovari, que allibera estrògens (estradiol principalment).
- **LH o hormona luteïnitzant.** És una hormona produïda per la glàndula hipòfisi que actua sobre l'ovari. En les dones, un augment acusat de l'**LH** (pic d'**LH**) desencadena l'ovulació. En canvi, en l'home, l'LH actua sobre les cèl·lules del testicle i promou la producció de testosterona.
- **Els estrògens**. Són hormones produïdes principalment als fol·licles dels ovaris i, durant l'embaràs, també a la placenta. Són els responsables dels caràcters sexuals secundaris femenins i, durant el cicle ovàric, promouen l'engruiximent de l'endometri, per facilitar la fixació d'un possible embrió.
- **La progesterona.** És una hormona produïda als cossos lutis dels ovaris que provoca l'engruiximent de l'endometri, que segrega substàncies nutritives per a l'embrió i roman així durant tot l'embaràs per tal que el moc cervical sigui impermeable a l'esperma. A més, inhibeix la resposta immunològica contra l'embrió i estimula les glàndules mamàries per a la lactància.

Construeix amb el que saps

Identifica

1 Les hormones són segregades per les cèl·lules d'un òrgan i exerceixen la seva funció en altres òrgans molt allunyats d'aquest.

a On s'originen les hormones que regulen la fisiologia sexual de l'home i la dona?
b On exerceixen la seva funció?
c Com es transporten?

Ítem 4. Què passa quan se segreguen les hormones?

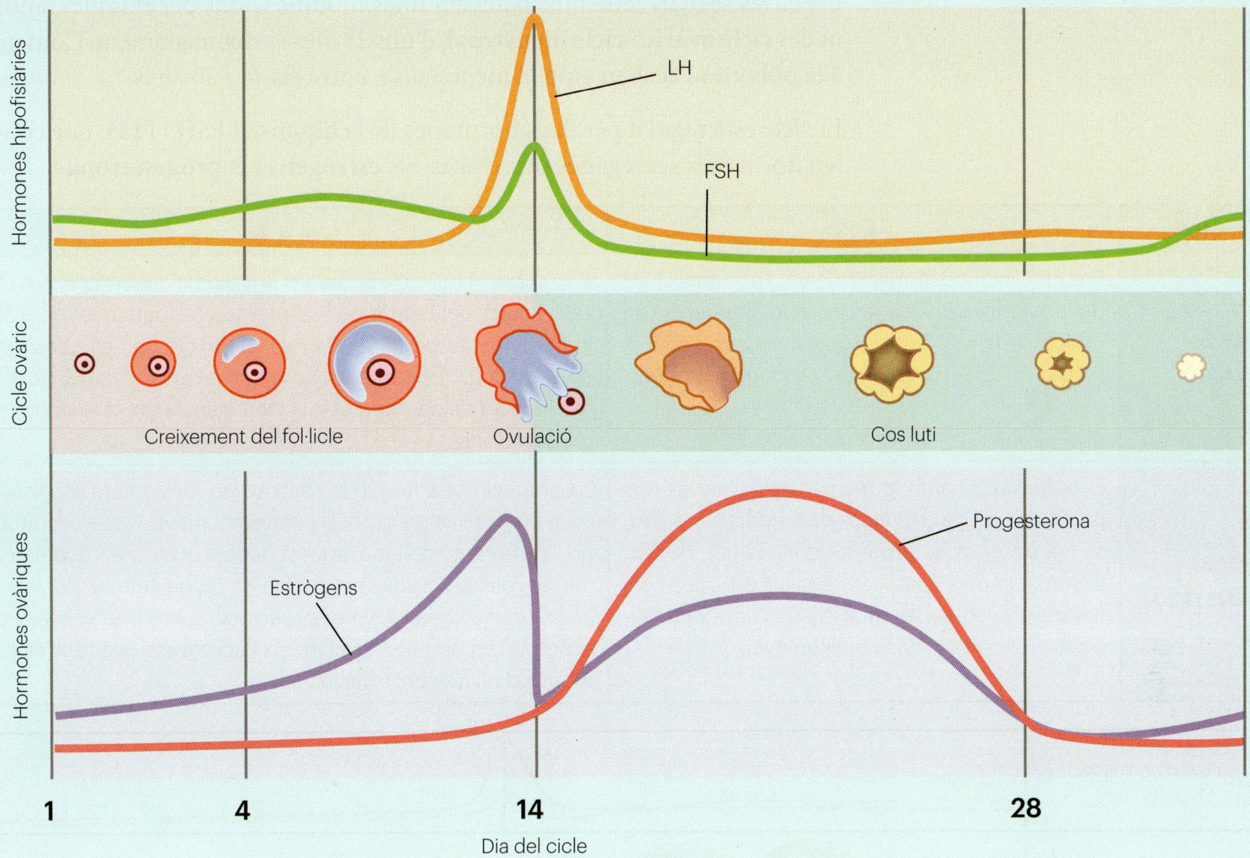

Construeix amb el que saps

Aplica ② Cerca el significat d'*hormona endocrina*. Quins altres tipus d'hormones existeixen? Hi ha hormones hipofisiàries estimulants de les gònades comunes en l'home i en la dona, però amb funcions diferents? En cas afirmatiu, digues quines són.

Interpreta i raona ③ Fixa't en el dibuix de l'ítem 4: la part superior representa la secreció d'hormones hipofisiàries i la central mostra la maduració de l'ovòcit en un ovari.

a Quina relació hi ha entre l'augment brusc (pic) de l'hormona FSH i un fol·licle de l'ovari?
b Quina relació hi ha entre la mida del fol·licle i la secreció d'estrògens? I entre la mida del cos luti i la secreció de progesterona?

Analitza ④ L'estrès, la falta de son o les emocions fortes disminueixen la secreció d'hormones a l'hipotàlem.

a Quins efectes tindria sobre el cicle menstrual?
b Podria ser una causa d'esterilitat?

Conclou ⑤ Explica per què es diu que l'encèfal humà és el que regula la reproducció.

El que has construït

La reproducció humana està relacionada amb les **hormones** segregades a la base de l'encèfal.

Les **hormones de la hipòfisi** activen l'ovulació i preparen l'endometri de l'úter per a la nidificació de l'embrió.

4. El cicle ovàric i menstrual

Els cicles sexuals femenins pateixen unes modificacions periòdiques, anomenades **cicle ovàric** i **cicle menstrual**, d'uns 28 dies aproximadament. Comencen a la pubertat i acaben amb la menopausa, entre els 45 i 50 anys.

El cicle està regulat per dues hormones de la hipòfisi, l'**FSH** i l'**LH**, que controlen hormones segregades pels ovaris: els **estrògens** i la **progesterona**.

DIES	1 A 13	14 A 28
CICLE OVÀRIC	Des de l'inici de la menstruació, l'hormona FSH de la hipòfisi provoca el desenvolupament d'un fol·licle de l'ovari, dins del qual madura un òvul. A més, el fol·licle en maduració produeix estrògens.	Cap al dia 14 del cicle s'assoleix la màxima concentració d'FSH i LH. L'augment sobtat de l'LH provoca l'alliberament d'un òvul immadur a la trompa de Fal·lopi. El fol·licle buit es transforma en el cos luti, que segrega l'hormona progesterona. Si no hi ha fecundació es degrada el cos luti i disminueix la quantitat de progesterona.
CICLE MENSTRUAL	El cicle s'inicia amb la menstruació, que és l'expulsió de part de la mucosa de l'endometri, a causa del descens de progesterona. Té una durada d'entre 4 i 7 dies. Posteriorment, els estrògens del fol·licle provoquen l'engruiximent d'una nova mucosa a l'endometri (fase proliferativa).	La progesterona fa que la mucosa de l'endometri assoleixi el gruix màxim i segregui substàncies nutritives (fase secretora). Si un embrió s'implanta, aquest genera hormones que mantenen el cos luti i la seva producció de progesterona, per la qual cosa s'interrompen les menstruacions. Si no hi ha implantació, el cos luti es degrada, disminueix la progesterona i així es promou una nova menstruació.

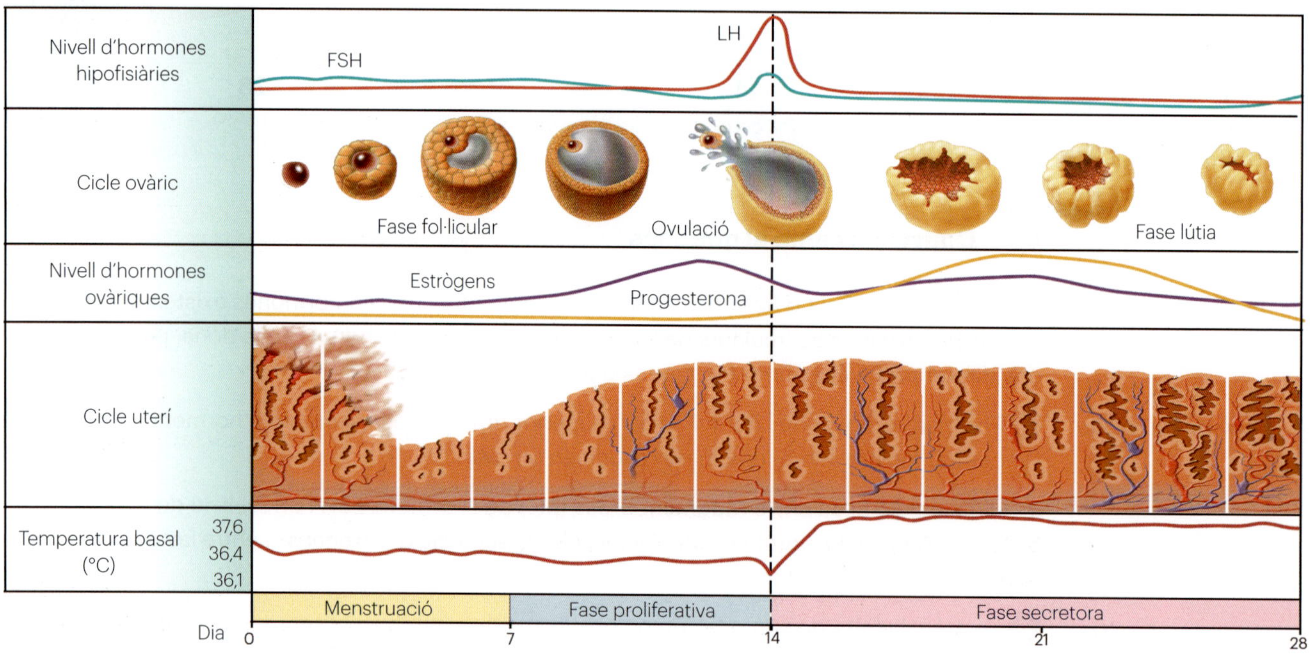

Activitats

7. AP AL Els ovaris i l'endometri experimenten una sèrie de modificacions periòdiques anomenades cicle ovàric i cicle menstrual, respectivament. A partir d'aquests cicles, respon les preguntes següents.

a Quants dies dura el cicle menstrual o uterí?

b Quina hormona provoca l'ovulació, és a dir, l'alliberament de l'ovòcit secundari?

c En quin dia del cicle es produeix, aproximadament, l'ovulació?

d En què es transforma un fol·licle després d'alliberar un òvul? Quina hormona segrega i quin efecte té sobre la mucosa de l'úter?

e Quina diferència hi ha a l'endometri entre la fase proliferativa i la fase secretora?

f Quina utilitat pot tenir saber en quin moment es produeix un augment sobtat de la temperatura basal?

8. AP AL Descriu els canvis hormonals, la mucosa uterina i la temperatura basal quan s'ovula.

3 Per què només un espermatozoide?

Personal / Ciència i tecnologia AP AL

Aprèn a...

Seleccionar i utilitzar la informació científica per formar-te una opinió.

Ítem 1. Per a què serveix l'acrosoma?

L'**acrosoma** és un dipòsit petit situat a l'extrem apical del cap de l'espermatozoide.

Conté enzims que separen les cèl·lules que envolten l'ovòcit i dissol la zona pel·lúcida que l'envolta, cosa que permet l'entrada de l'espermatozoide, ajudat pel moviment del flagel.

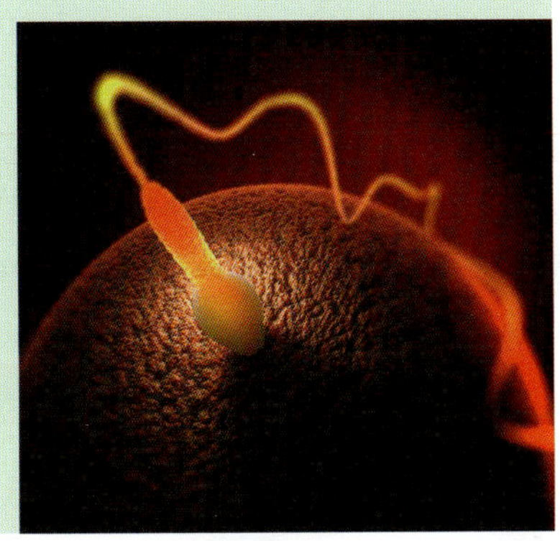

Ítem 2. I els grànuls corticals?

L'ovòcit conté una gran quantitat de vesícules, anomenades **grànuls corticals**, que es localitzen a prop de la superfície de l'ovòcit. Després de la fecundació, es fusionen amb la membrana plasmàtica, alliberen el seu contingut a l'exterior i provoquen un canvi en les proteïnes de la capa pel·lúcida, que fa impossible que entrin altres espermatozoides. Aquesta nova capa s'anomena **membrana de fecundació.**

Ítem 3. Què passa quan un espermatozoide arriba fins a l'òvul?

Construeix amb el que saps

Identifica i interpreta

1 Quina és la funció de l'acrosoma de l'espermatozoide? Què et sembla que passaria si no contingués enzims?

Aplica

2 Per què els grànuls corticals de l'ovòcit es localitzen a l'interior de la membrana, a prop d'aquesta? És imprescindible que l'ovòcit disposi d'aquestes vesícules?

Identifica i interpreta

3 Observa el vídeo de l'ítem 3 i contesta les preguntes:

a Quines barreres han de travessar els espermatozoides fins arribar a la membrana de l'ovòcit?
b La membrana pel·lúcida té una proteïna a la qual s'uneixen espermatozoides. Quina és la seva funció?
c Quan arriba el cap de l'espermatozoide i toca la membrana de l'ovòcit, aquesta es modifica. Quina estructura es forma i quina utilitat té?
d Els grànuls corticals es fonen amb la membrana de l'ovòcit i n'alliberen el contingut. Quins efectes té aquest fet sobre la membrana pel·lúcida? I sobre els espermatozoides que la volen travessar?

Raona

4 S'anomena **polispèrmia** l'entrada de diversos espermatozoides en un ovòcit. Si cada gàmeta conté la meitat dels cromosomes de l'espècie, penses que es produiria un embrió normal si s'unissin els cromosomes de dos espermatozoides amb els de l'òvul?

El que has construït

L'**acrosoma** permet a l'espermatozoide perforar la membrana de l'ovòcit. Quan l'espermatozoide hi penetra, l'ovòcit es divideix i origina un òvul, que és el gàmeta femení madur.

La **polispèrmia** impediria el desenvolupament embrionari dels mamífers, per això hi ha mecanismes que la bloquegen. L'ovòcit només pot ser fecundat per un espermatozoide.

5. La transmissió de la vida

Després del coit o unió sexual, els espermatozoides pugen pel coll de l'úter i uns quants centenars arriben a les trompes de Fal·lopi. Si la relació sexual s'ha produït durant el període de l'ovulació, els dos gàmetes, l'espermatozoide i l'òvul, es poden trobar.

5.1 La fecundació

La fecundació

A les trompes de Fal·lopi, els espermatozoides travessen la capa de cèl·lules que protegeixen l'òvul, s'uneixen a la capa pel·lúcida i intenten travessar-la. Només un espermatozoide es fusiona amb la membrana de l'òvul i introdueix el seu nucli a l'interior. Llavors es produeix una reacció i la membrana de l'òvul canvia, per evitar l'entrada d'altres espermatozoides.

L'òvul acaba de madurar i s'uneix el nucli masculí amb el femení. En aquest moment es forma un zigot, que és la primera cèl·lula d'un individu nou.

Vocabulari

S'anomena **embrió** l'etapa del desenvolupament embrionari des del zigot fins al tercer mes de gestació, durant el qual es formen els òrgans. A partir d'aquest moment l'embrió rep el nom de **fetus**.

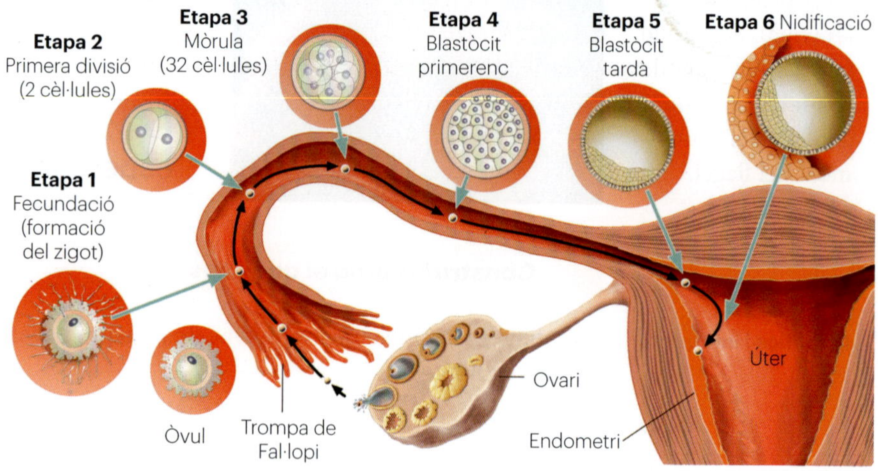

5.2 La nidificació

La nidificació

Immediatament després de la fecundació, el zigot es divideix unes quantes vegades per mitosi i origina l'embrió, format per un grup compacte de cèl·lules que es desplacen per les trompes de Fal·lopi. A partir del quart dia, l'embrió té una forma d'esfera amb una cavitat a l'interior i les seves cèl·lules es comencen a diferenciar: les exteriors contribuiran a formar la primera placenta i les interiors originaran els diferents teixits de l'individu.

Aproximadament el setè dia, l'embrió arriba a l'úter, es fixa a la mucosa de l'endometri i s'hi introdueix. Aquest procés s'anomena **nidificació**. A partir d'aquest moment s'inicia la **gestació**, en la qual té lloc la formació i el desenvolupament de tots els teixits i òrgans de l'individu.

La placenta definitiva es desenvolupa completament cap al tercer mes de l'embaràs i creix paral·lelament al desenvolupament de l'úter. El fetus queda protegit pel sac amniòtic i unit a la placenta mitjançant el cordó umbilical. A través de la placenta, la mare proporciona al fill nutrients i oxigen, i retira i elimina les substàncies de rebuig (urea i diòxid de carboni) que aquest produeix.

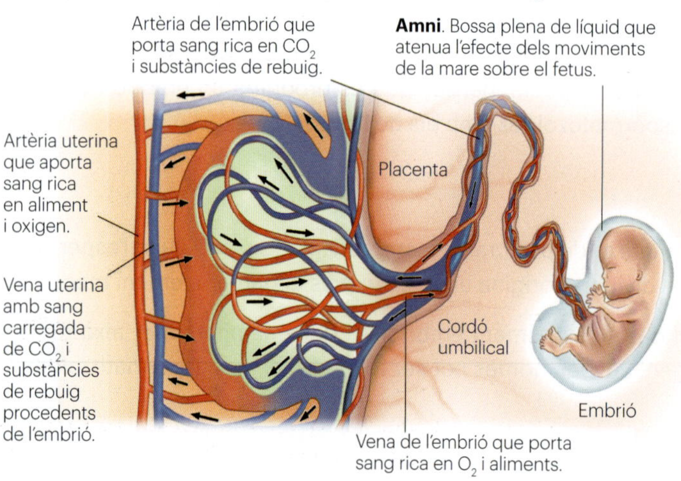

La placenta desenvolupada s'assembla a un disc esponjós de 20 cm de diàmetre i 3 cm de gruix. Pesa de 500 a 600 g.

5.3 La gestació

S'anomena **gestació** el període que transcorre entre la **implantació a l'úter** de l'embrió i el moment del **part**. En l'ésser humà dura uns nou mesos.

MES 1	MES 2	MES 3
Fa 5 mm i pesa 1 g. Desenvolupament incipient dels ulls, el nas i la boca. El **cor ja batega** i comença a formar-se el sistema nerviós.	Fa 3 cm. Es desenvolupen el cervell i la medul·la. Ja estan formats els **ulls**, els **braços** i les **cames**.	Fa 10 cm. Desenvolupament de les parpelles. Tots els òrgans estan **formats**. L'embrió rep el nom de **fetus** i ja se'n pot conèixer el sexe.
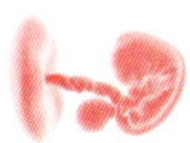	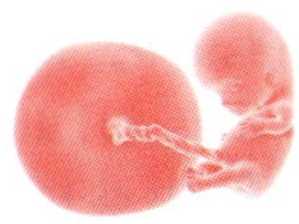	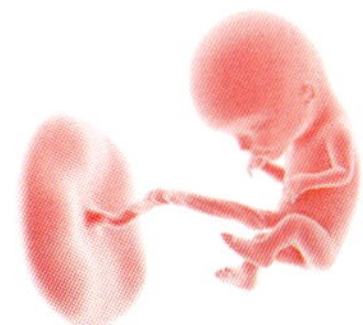
MES 4	**MES 5**	**MES 6**
Fa 15 cm. Augmenta de pes (una mica més de 100 g) i comença a funcionar l'**aparell urinari.** La pell és encara molt fina, gairebé transparent.	Fa 18 cm i pesa uns 500 g. Comença a funcionar l'**aparell digestiu.** La mare en percep els moviments. Creixen els **cabells del cap, les pestanyes i les celles.** Desenvolupament del sistema immunitari.	Fa 25 cm i gairebé pesa 1000 g. La cara ja està completament formada i obre els **ulls**. Pot **olorar, sentir-hi i notar el gust.** La pell es cobreix d'una substància grassa. Ja pot viure fora de la mare, amb les atencions oportunes.
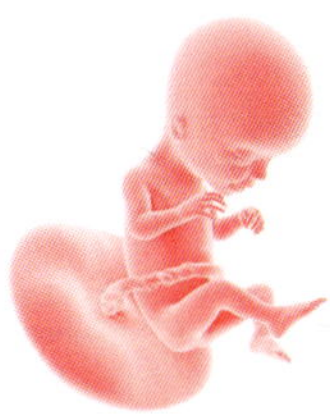	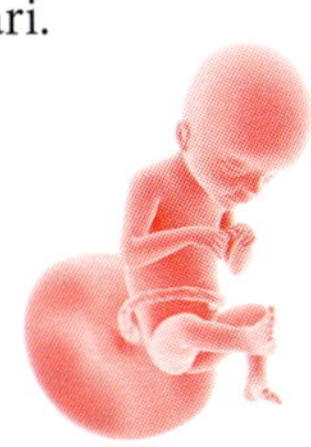	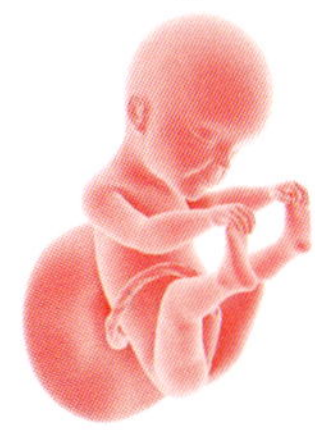
MES 7	**MES 8**	**MES 9**
Fa 30 cm i pesa 1500 g. Acaba la **maduració del cervell i els ronyons.** Comencen a moure's els pulmons. Ja pot viure fora de l'úter.	Fa 35 cm i pesa 2500 g. Generalment, es posa panxa avall, en posició cefàlica, perquè es prepara per sortir. La pell se li fa encara més gruixuda.	Fa 50 cm i pesa uns 3000 g. Els **pulmons estan completament formats** per a la vida exterior i el bebè està preparat per néixer.
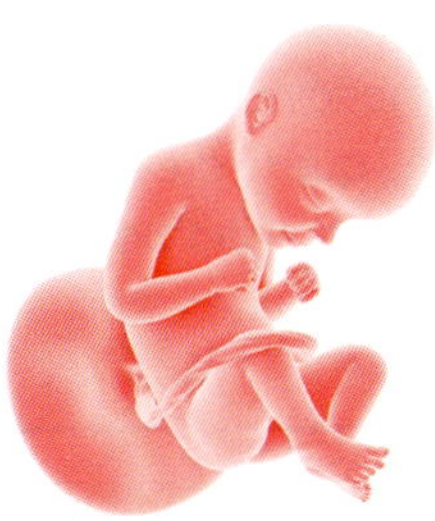	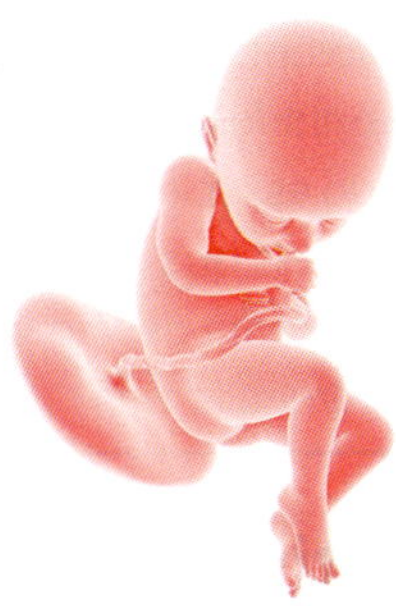	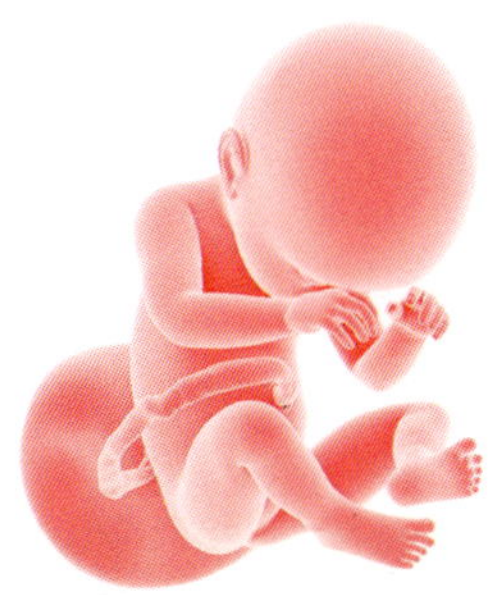

Activitats

9. AL Cerca informació sobre les recomanacions que una dona ha de seguir durant l'embaràs.

a Anota els consells que ha de seguir per tal que l'embaràs sigui saludable.

b Descriu els efectes del tabac o de l'alcohol i altres drogues en el nounat.

10. AL AS Llegeix i resumeix aquest article sobre la biologia i els descobriments de l'embriòloga alemanya Hilde Mangold. Després respon aquesta pregunta raonadament: quina importància té el fet que fos una dona científica qui fes aquest estudi?

5.4 El naixement

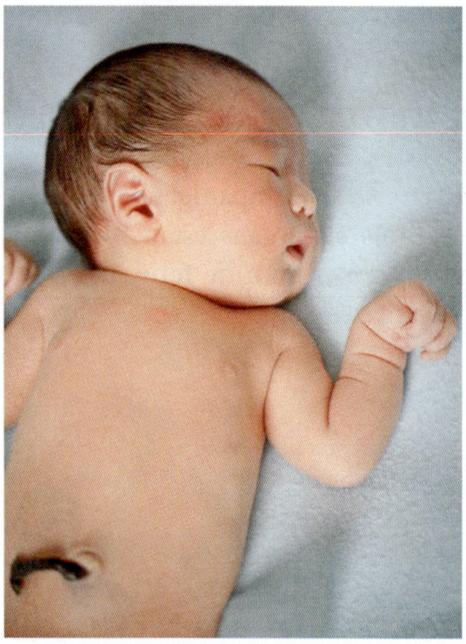

Pocs dies després del part, la resta del cordó umbilical que encara té el nen o la nena s'asseca, cau i deixa una cicatriu anomenada **melic**.

Després dels nou mesos de gestació, el fetus ha acabat de desenvolupar-se i abandona l'úter mitjançant un procés anomenat **part**.

En el part es diferencien tres etapes: dilatació, expulsió del nadó i expulsió de la placenta. L'**expulsió** del nadó, al seu torn, inclou tres fases.

- **Fase de dilatació.** L'úter es contreu de manera involuntària i periòdica, i empeny el fetus cap al coll de l'úter, cosa en provoca la dilatació. Es trenca la bossa amniòtica i el líquid amniòtic surt a l'exterior (és el que es coneix com «trencar aigües»).
- **Fase d'expulsió del nadó.** El nen o la nena surt cap a l'exterior empès per les contraccions de l'úter i els esforços de la mare, i travessa el coll de l'úter i la vagina. Quan es talla el cordó umbilical, el diòxid de carboni s'acumula a la sang del nounat i estimula el centre respiratori del bulb raquidi. Així es produeix la primera inspiració d'aire, que omple els pulmons.
- **Fase d'expulsió de la placenta.** Després del naixement, l'úter es torna a contreure i la placenta es desprèn de la mucosa uterina i és expulsada a l'exterior. Poc després l'úter comença a recuperar la seva mida i a regenerar l'endometri.

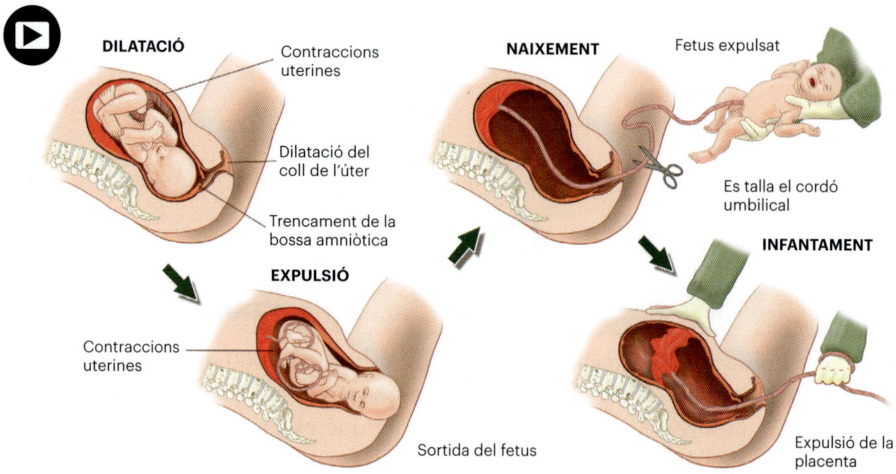

L'avortament voluntari o interrupció voluntària de l'embaràs enfronta dues opinions molt diferents: les persones que defensen que l'embrió no és un ésser humà i el fetus no és un ésser independent de la dona gestant, que té dret a dur a terme l'embaràs o no, i els que defensen que l'embrió i el fetus són individus de l'espècie humana, diferents de la mare i, pel fet de ser humans, tenen drets abans de néixer, com el dret a la vida.

Activitats

11. Observa el quadre següent i justifica la importància que té la lactància materna per al desenvolupament del nounat.

	LLET HUMANA	LLET D'ANIMAL	LLET ARTIFICIAL
Vitamines	Suficients	Insuficients en vitamina A i C	S'hi afegeixen vitamines
Ferro	Petita quantitat que s'absorbeix bé	Petita quantitat que no s'absorbeix bé	Quantitat extra afegida que no s'absorbeix bé
Factors antiinfecciosos	Presents	Absents	Absents
Contaminants bacterians	Cap	Probables	Probables

Curs de promoció i suport a la Lactància Materna d'Unicef.

6. Malalties de transmissió sexual (MTS)

Les MTS són un grup de malalties que es transmeten per contacte sexual. En el quadre següent es resumeixen les característiques de les més importants.

MALALTIA	AGENT	EFECTES	TRACTAMENT
Sida	Virus de la immunodeficiència humana (VIH)	Destrueix el sistema immunitari. El malalt pot morir a causa d'altres malalties com hepatitis, pneumònia, tuberculosi, etc.	S'utilitza una combinació de fàrmacs antivirals que impedeixen la multiplicació del virus i allarguen la vida del malalt.
Papil·loma humà	Virus del papil·loma humà (VPH)	És una de les MTS més comunes. Es transmet per simple contacte cutani entre els genitals. Produeix berrugues genitals en homes i dones, però alguns tipus poden provocar càncer de coll d'úter, vulva, penis, escrot...	No hi ha cura per al VPH, però la majoria de les vegades l'organisme és capaç de combatre el virus. Hi ha vacunes que poden prevenir diversos tipus de VPH d'alt risc.
Hepatitis B	Virus de l'hepatitis B (VHB)	És una infecció del fetge provocada pel virus de l'hepatitis B. Els símptomes són debilitat i cansament a causa de la destrucció de les cèl·lules del fetge.	És greu perquè pot produir la mort per cirrosi. No té cura, però es pot prevenir amb vacunació.
Herpes	Virus VHS	Inflamacions, butllofes i llagues als genitals. Es transmet al nounat i li pot provocar ceguesa i fins i tot la mort.	No té cura. Es redueixen les lesions amb antivirals.
Gonorrea	Bacteri *Neisseria gonorrhoeae*	A les dones pot produir infecció i inflamació als genitals, esterilitat i augment del risc de part prematur i avortament natural. Es pot transmetre al nounat durant el part i produir una infecció greu als ulls. Als homes acostuma a inflamar i infectar la uretra.	Antibiòtics
Sífilis	Bacteri *Treponema pallidum*	Úlceres als genitals. Afecta el cervell, els ossos i el cor. Es pot transmetre durant l'embaràs i produir l'avortament natural o la mort del fetus.	Antibiòtics
Clamidiosi	Bacteri *Chlamydia trachomatis*	Pot passar desapercebuda durant un temps. Provoca inflamació, úlceres i esterilitat, tant en homes com en dones.	Antibiòtics

PREVENCIÓ DE LES MALALTIES DE TRANSMISSIÓ SEXUAL

Una conducta sexual responsable contribueix a la prevenció de les MTS. L'OMS recomana una sèrie de pràctiques preventives per evitar-les:

- **Educar.** Conscienciar sobre l'existència de les MTS, els seus perills, efectes i maneres de prevenir-les.
- **Endarrerir** l'inici de les relacions sexuals en els joves per evitar tant infeccions com embarassos no desitjats.
- **Mantenir relacions estables** amb una parella no infectada, igualment fidel, i sense altres comportaments de risc.
- **Utilitzar mètodes de barrera o químics** per dificultar la infecció, tot i que no és absolutament segur que l'evitin. L'OMS reconeix, per exemple, que el preservatiu té una eficàcia mitjana del 85 %.

Activitats

12. AL AD Elabora una presentació digital sobre una MTS. Ha d'incloure, com a mínim, l'agent, la seva forma de contagi i els símptomes de la malaltia.

7. La planificació familiar

S'anomena **planificació familiar** els procediments que permeten **regular la natalitat**, de manera que impedeixen o faciliten l'embaràs.

Es poden classificar en dos grups: mètodes naturals i mètodes no naturals.

7.1 Mètodes naturals

Són els que apliquen els coneixements actuals sobre el cicle menstrual per determinar quan es produeix l'ovulació i decidir així en quin moment mantenir o no relacions sexuals. No eviten l'entrada dels espermatozoides a l'úter, ni utilitzen substàncies químiques ni mètodes quirúrgics.

Els mètodes naturals són econòmics i, una vegada apresos, es poden utilitzar tant per evitar l'embaràs com per concebre, però requereixen d'un seguiment periòdic del cicle menstrual i que aquest sigui regular. A més, no protegeixen de les malalties de transmissió sexual (sida, hepatitis B...).

MÈTODE	EN QUÈ ES FONAMENTA	OBSERVACIONS
Billings	Es basa en el fet que el coll de l'úter segrega una mucositat fluida i transparent quan falta poc per a l'ovulació.	És un mètode difícil d'aprendre. Ha de ser explicat per persones qualificades.
Temperatura basal	Es basa en el fet que durant l'ovulació es produeix un augment de la temperatura basal, entre 0,3 i 0,5 °C.	S'ha de prendre la temperatura cada dia amb un termòmetre basal a la mateixa hora, de bon matí. Requereix no haver pres antitèrmics durant la nit.
Sintotèrmic	Combina el mètode Billings i el de la temperatura basal.	És més eficaç que utilitzar cada mètode per separat.
Ogino	Consisteix a fer un calendari amb els cicles menstruals durant un temps i tenir en compte que l'ovulació es produeix aproximadament a la meitat.	No és un mètode fiable perquè el cicle pot no ser regular. Està influït per factors com l'estrès, les emocions fortes i determinades malalties.

7.2 Mètodes no naturals

Són els que impedeixen la fecundació mitjançant barreres mecàniques, químiques o quirúrgiques.

Els més importants són els següents:

QUIRÚRGICS: EVITEN LA SORTIDA A L'EXTERIOR D'ÒVULS I ESPERMATOZOIDES			
MÈTODE	**EN QUÈ CONSISTEIX**	**OBSERVACIONS**	**IMATGE**
Lligadura de trompes	Es fa una operació quirúrgica que tanca o bloqueja de manera permanent les trompes de Fal·lopi.	• És irreversible. • No protegeix de les malalties de transmissió sexual.	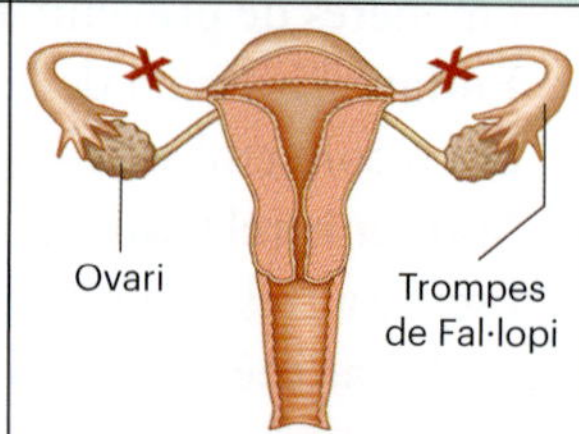
Vasectomia	És una operació quirúrgica senzilla en la qual es tallen o bloquegen els conductes deferents.	• És irreversible. • No protegeix de les malalties de transmissió sexual.	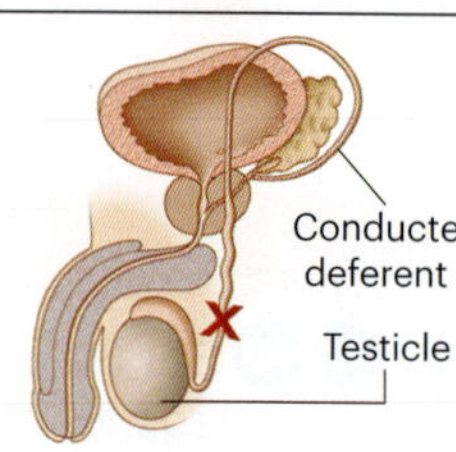

DE BARRERA: EVITEN LA TROBADA ENTRE L'ÒVUL I L'ESPERMATOZOIDE			
MÈTODE	**EN QUÈ CONSISTEIX**	**OBSERVACIONS**	**IMATGE**
Preservatiu masculí o condó	Funda que cobreix el penis i impedeix l'entrada dels espermatozoides a l'úter.	• No requereix control mèdic. Protegeix d'algunes MTS. • Pot produir pèrdua de sensibilitat, irritacions i al·lèrgies.	
Preservatiu femení	Funda prima que s'ajusta a les parets de la vagina per impedir l'entrada dels espermatozoides a l'úter.	• Els mateixos avantatges i inconvenients del preservatiu masculí. • Es pot portar posat fins a 8 hores. • Protegeix d'algunes MTS.	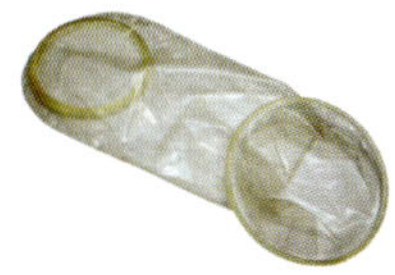
Diafragma	Membrana que tapa el coll de l'úter i impedeix l'entrada dels espermatozoides. S'acostuma a utilitzar amb espermicida.	• Requereix consell ginecològic. • És incòmode perquè es pot moure i perquè no es pot retirar fins a 6 hores després del coit. • L'espermicida pot provocar irritacions vaginals. • No evita les MTS.	
Dispositiu intrauterí (DIU)	Peça de plàstic recoberta de coure que impedeix el pas dels espermatozoides o la nidificació de l'embrió.	• Ha de ser col·locat per un ginecòleg i revisat periòdicament. • Pot provocar dolors abdominals i períodes menstruals irregulars. • No protegeix de les MTS.	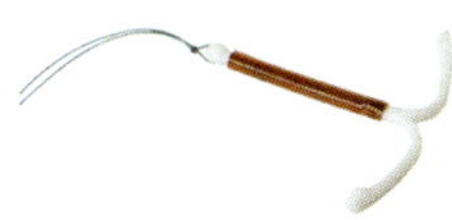

QUÍMICS: DESTRUEIXEN ELS ESPERMATOZOIDES O MODIFIQUEN L'ACCIÓ DE LES HORMONES DEL CICLE MENSTRUAL			
MÈTODE	**EN QUÈ CONSISTEIX**	**OBSERVACIONS**	**IMATGE**
Espermicides	Són substàncies químiques que redueixen la mobilitat dels espermatozoides que entren a la vagina i eviten que arribin a l'òvul.	S'acostumen a utilitzar com a complement dels mètodes de barrera. Poden irritar teixits genitals sensibles i augmentar el risc de contreure VIH i altres MTS.	
Píndola anticonceptiva	Les hormones de la píndola aturen l'ovulació. Hi ha dos tipus de píndoles, les que contenen només progestina (progesterona sintètica) i la píndola anticonceptiva oral combinada (PAOC), que conté una quantitat variable d'estrògens i progestina.	• S'ha de prendre cada dia. Les píndoles amb progestina poden ocasionar sagnat entre períodes, mals de cap i nàusees. Tot i que no és freqüent, l'ús de les PAOC s'associa a complicacions circulatòries greus. • No protegeix contra les MTS.	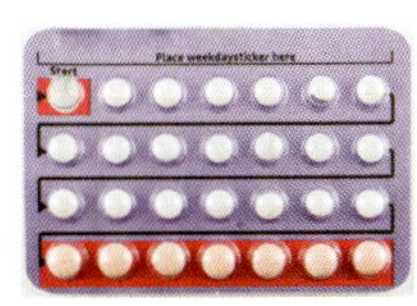
Píndola de l'endemà	N'hi ha dos tipus: • Les **píndoles de l'endemà amb progestina** que impedeixen l'ovulació. Poden provocar períodes irregulars. • Les **píndoles dels cinc dies després** (ELLA) afecten l'ovulació i produeixen canvis en l'endometri, de manera que impedeixen la nidificació eventual de l'embrió.	• S'utilitzen per prevenir un embaràs dins dels 5 dies immediatament posteriors a haver tingut relacions sexuals sense protecció. • L'ELLA necessita recepta mèdica. • Cap d'aquestes píndoles protegeix de les MTS.	

Activitats

13. AP AL Indica quins mètodes de regulació de la natalitat pretenen impedir algun dels processos següents: ovulació, fecundació i implantació de l'embrió.

14. AL AS Analitza la informació del text i indica quin dels mètodes de regulació de la fertilitat protegeix completament de les MTS.

4 Ara neixen més bessons?

Social / Salut AS AP

Aprèn a...
Argumentar críticament el teu punt de vista sobre temes sociocientífics controvertits.

Ítem 1. És el mateix bessons idèntics que bessons fraterns?

Es parla de **bessons idèntics** (o bessons univitel·lins) quan el zigot es forma després de la unió d'un sol òvul amb un espermatozoide i el zigot format es divideix després i origina dos embrions que, lògicament, són genèticament idèntics. Els dos individus comparteixen la mateixa placenta.

Es parla de **bessons fraterns** (o bessons bivitel·lins) quan dos òvuls són fecundats alhora per dos espermatozoides diferents, de manera que es formen dos embrions que nidifiquen per separat i originen dos sacs diferents. Cadascun té la seva placenta pròpia. Els **bessons fraterns** s'assemblen com dos germans nascuts de dos embarassos diferents, per la qual cosa poden ser de sexe diferent.

Ítem 2. Fecundació *in vitro* (FIV)

La **fecundació *in vitro*** és una tècnica de reproducció assistida en la qual s'uneixen l'òvul amb l'espermatozoide al laboratori, per obtenir embrions que es puguin transferir a l'úter matern. Després es fa la transferència embrionària, que consisteix en la introducció d'embrions viables a l'úter. El nombre d'embrions depèn de l'edat de la pacient, del nombre d'intents fets prèviament sense aconseguir la gestació i del criteri mèdic per assegurar l'èxit del procés.

Ítem 3. «Els bessons es tripliquen a Catalunya»

Un embaràs, un sol part i dos naixements, una situació cada vegada més freqüent. En els darrers vint-i-cinc anys s'ha triplicat el nombre de naixements de bessons a Catalunya i la probabilitat de tenir gestacions gemel·lars s'ha duplicat, segons les últimes dades de l'Institut d'Estadística de Catalunya. Alguns dels factors que condicionen l'aparició d'una gestació gemel·lar són els tractaments de reproducció assistida, l'edat del pacient, l'herència, etc.

Vilaweb, 25 de maig del 2017

Construeix amb el que saps

Interpreta 1 Observa la fotografia de l'ítem 1. Semblen bessones idèntiques o fraternes? Per què?

Identifica i aplica 2 En el cas de la fecundació *in vitro*:

a Quina hormona ha provocat la maduració de dos fol·licles alhora?
b On s'ha produït la fecundació dels ovòcits?

Aplica 3 En un part múltiple, un dels individus és del sexe femení i l'altre, masculí. De quin tipus de bessons es tracta? Per què?

Raona 4 Per què et sembla que es transfereix més d'un embrió en una FIV?

Reflexiona 5 Llegeix un altre cop el títol de l'article de l'ítem 3. És correcte? Quin hauria de ser?

Conclou 6 Respon la pregunta del títol: hi ha més bessons ara?

El que has construït

Hi ha dos tipus d'embarassos múltiples i produeixen dos tipus de germans diferents:

- Els **bessons univitel·lins** provenen d'un mateix zigot que es divideix. Són genèticament idèntics i comparteixen la mateixa placenta.
- Els **bessons bivitel·lins** o **fraterns** provenen de dos òvuls diferents, per la qual cosa no són genèticament idèntics i cadascun té la seva pròpia placenta.

8. La reproducció assistida

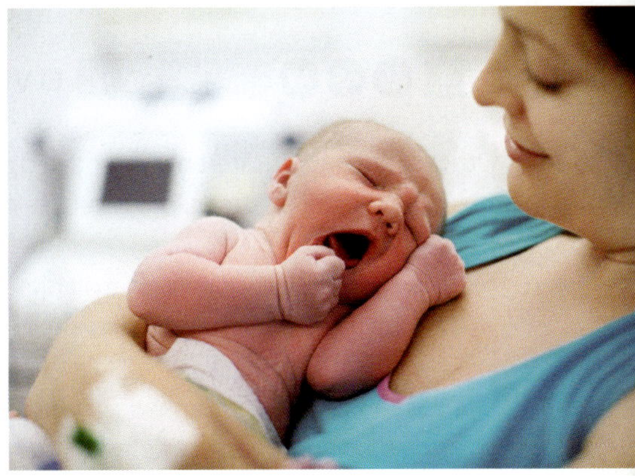

És el conjunt de tècniques destinades a la **reproducció** d'éssers vius mitjançant la **manipulació dels seus gàmetes.** Aquestes tècniques intenten reproduir els processos que s'esdevenen de manera espontània a l'aparell genital femení i no modifiquen genèticament l'embrió. Les principals **tècniques** són:

- **Inseminació artificial (IA).** Consisteix a concentrar els espermatozoides per dipositar-los a l'aparell genital femení en el moment en què s'està produint l'ovulació. Per fer-la cal analitzar amb atenció el cicle menstrual de la dona i dipositar el semen a la vagina o al coll de l'úter en el moment just en què l'ovòcit és alliberat.
- **Fecundació *in vitro* amb transferència d'embrions (FIVTE).** Consisteix en la fecundació d'òvuls amb espermatozoides fora del cos de la mare, en un medi de cultiu, per després transferir els embrions a l'úter matern a fi que es desenvolupin. Es du a terme en diverses fases:

  1. La dona és sotmesa a un tractament hormonal per a la producció d'ovòcits (impròpiament acostumen a rebre el nom d'òvuls).
  2. Al laboratori es fa la fecundació *in vitro* (FIV), és a dir, la unió entre òvuls i espermatozoides, que origina els zigots que es divideixen i formen embrions pluricel·lulars.
  3. A les 24 o 48 hores de la fecundació, s'utilitza una cànula o catèter per transferir un o uns quants embrions a l'úter, a fi que algun nidifiqui i continuï desenvolupant-se.

Els **ovòcits** s'obtenen generalment mitjançant un laparoscopi, que és un aparell òptic que s'introdueix a l'abdomen per observar i aspirar els ovòcits madurs.

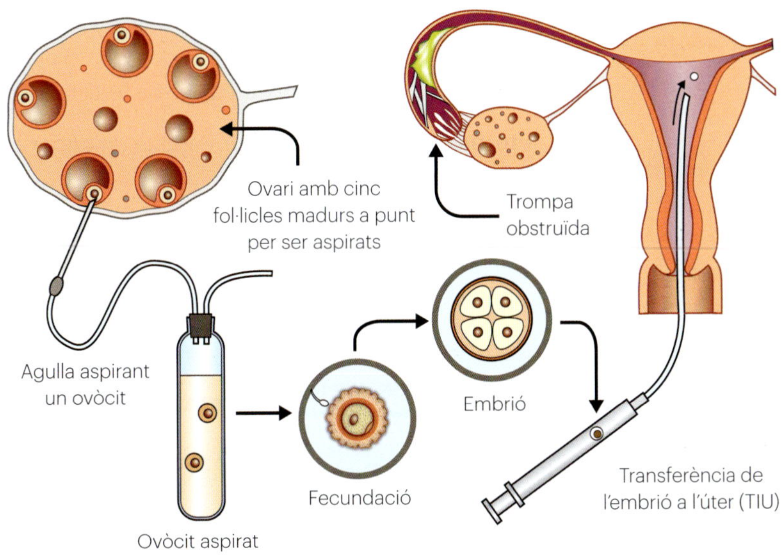

- **Microinjecció espermàtica (ICSI).** S'aplica quan el nombre d'espermatozoides del donant és escàs. Consisteix en la injecció d'un sol espermatozoide dins de l'ovòcit amb l'ajuda d'uns microcapil·lars. Després l'embrió es transfereix a l'úter.

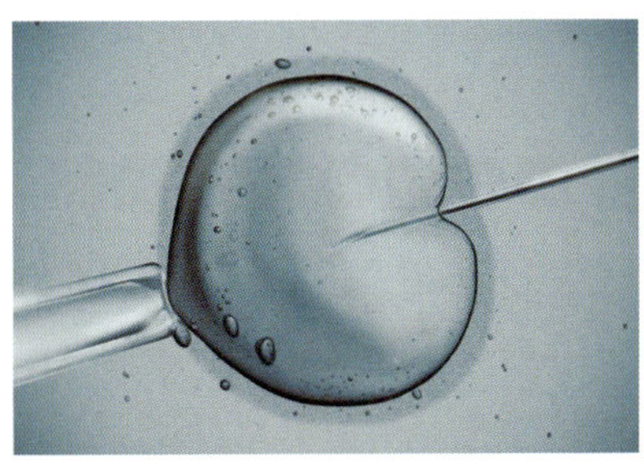

Microinjecció espermàtica.

Activitats

15. AL La vagina és un entorn àcid per naturalesa. Després de la menstruació, el seu pH oscil·la entre 4 i 5, però si els valors de pH disminueixen massa es pot crear un medi molt hostil per als espermatozoides, que no hi poden sobreviure, per la qual cosa les probabilitats de concepció disminueixen dràsticament.

a Explica quina és la funció de la vagina.

b Esbrina per què l'interior de la vagina té un pH àcid durant el cicle menstrual i redacta un text breu que ho expliqui.

c Explica quines tècniques de reproducció assistida es podrien aplicar per evitar aquest problema.

Ciències en context

1 AL AS AV Social / Salut El VPH

Discriminar els diferents mètodes d'anticoncepció humana, especificant si, a més, prevenen les malalties de transmissió sexual.
Categoritzar les principals malalties de transmissió sexual i argumentar sobre la seva prevenció.

Els papil·lomavirus humans (VPH) són la causa de la infecció vírica més comuna del tracte reproductor. El punt àlgid en què homes i dones contrauen la infecció és una mica després d'iniciar la vida sexual. Es transmeten per via sexual, si bé no cal que hi hagi una relació sexual amb penetració per infectar-se. El contacte directe amb la pell de la zona genital és una manera de transmissió reconeguda.

OMS, 15 de febrer de 2018

Web de l'OMS   Dades de l'OMS

1 **Identifica.** Descarrega't i llegeix el document i el contingut del web de l'OMS. Quin papil·lomavirus produeix la majoria de càncers de coll uterí o CCU?

2 **Reflexiona.** El VPH pot infectar zones que el condó no cobreix, per la qual cosa la protecció no és total. Quin és el mètode més eficaç per evitar la infecció per VPH?

3 **Conclou.** La vacuna contra el VPH es va començar a administrar a Catalunya l'any 2007 i ja el 2016 s'havia aconseguit que el 80 % de les nenes d'entre 11 i 14 anys estiguessin vacunades. En el cas dels homes, la immunització no està inclosa en el calendari de vacunació. Feu un debat sobre aquesta pregunta: «Penses que la vacunació dels homes pot ser important per disminuir els contagis del papil·loma humà?»

2 AL AS AV AD Social / Salut Gestació subrogada

Identificar les tècniques de reproducció assistida més freqüents.

L'actual Llei de reproducció assistida de 2006 declara nul qualsevol contracte de gestació subrogada, però són moltes les parelles espanyoles que recorren a aquesta tècnica a l'estranger, cosa que planteja el problema del reconeixement legal dels fills nascuts gràcies a aquest mètode.

1 **Descriu.** Cerca informació i explica què és la gestació subrogada.

2 **Identifica.** Descarrega't i llegeix l'article complet. Què és la maternitat subrogada altruista?

3 **Analitza.** Quin tipus de reproducció assistida s'utilitza perquè la mare gestant o de lloguer quedi embarassada?

4 **Reflexiona.** Opines que la dona que gesta de manera subrogada pateix algun risc per a la seva salut fisiològica o psicològica?

5 **Conclou.** A classe, feu un debat sobre si la legislació hauria de permetre o no la gestació subrogada.

3 AL Personal / Ciència i tecnologia Amenorrea

Descriure les principals etapes del cicle menstrual, i indicar quines glàndules i quines hormones participen en la seva regulació. Explicar els principals esdeveniments de la fecundació, l'embaràs i el part.

1 **Identifica.** Descarrega't i llegeix l'article. Quina hormona de l'embaràs és la responsable de l'amenorrea més freqüent? Té algun benefici per a l'embrió que s'està desenvolupant?

2 **Aplica.** Amb el sobrepès, el cos pot produir un excés d'estrògens.

a Com regula aquesta hormona el sistema reproductiu de les dones?

b Cerca informació i explica per què una dieta rica en greixos pot tenir un impacte sobre la fertilitat femenina.

3 **Interpreta.** Què és la hipòfisi? Per què un tumor hipofisiari pot provocar amenorrea?

4 **Conclou i comunica.** Cerca informació i descriu alguns hàbits i actituds que ajuden a evitar les amenorrees secundàries que s'indiquen en el text.

4 AL AS Personal / Salut Internet: solució errònia

Establir la diferència entre sexualitat i reproducció.

Hi ha moltes pàgines web dedicades a continguts de sexualitat humana que podem trobar a Internet. El problema és que hi ha un volum tan gran d'informació, que els joves han d'aprendre a valorar quan es tracta d'informació veraç o quan ha estat escrita per un redactor no especialitzat. L'ideal seria que els joves tinguessin l'opció de fer totes aquestes preguntes a casa sense necessitat que es tracti el tema com un tabú en ple segle XXI. Per això, els pares amb fills en edats adolescents han d'aprendre a comunicar-se amb ells i donar-los llibertat per preguntar els seus dubtes sobre amor i sexualitat.

Europa Press, 14 de novembre de 2016 (Adaptació)

1 **Identifica.** Gran part de la informació sexual d'Internet es refereix a l'acte sexual, als mètodes de regulació de la

fertilitat, etc. Quin aspecte important de la sexualitat humana penses que es deixa de tractar en aquesta informació?

2 **Analitza.** De vegades, els anuncis publicitaris utilitzen símbols sexuals per cridar l'atenció del públic. Analitza alguns anuncis publicitaris que, en la teva opinió, utilitzin aquest sistema. Argumenta la teva opinió sobre l'ús que es fa de la sexualitat humana.

3 **Representa i raona.** L'histograma mostra l'evolució dels casos de dones assassinades per les seves parelles o exparelles des del 2003 fins al 2017.

a Analitza i representa un gràfic sobre com ha evolucionat la violència de gènere durant aquests anys.
b Calcula la mitjana anual d'agressions que s'han produït en aquest període de temps.
c La violència de gènere es basa en la creença que els homes són superiors a les dones. Et sembla que per erradicar-la és important educar en la igualtat de tracte i d'oportunitats des del naixement? Anota les actituds discriminatòries envers la dona que hagis observat personalment o a través de les notícies d'Internet, ràdio, televisió, etc.

5 AS AM Personal / Salut Planificació familiar

Discriminar els diferents mètodes d'anticoncepció humana i especificar si, a més, prevenen les malalties de transmissió sexual.

	Ús real	Ús perfecte*	% eficàcia ús perfecte	Protegeix de les MTS completament?
Sintotèrmic	–	0,4	99,6	NO
Ogino	22	4	96	NO
Preservatiu masculí	18	2	98	NO
Preservatiu femení	21	5	95	NO
Píndola anticonceptiva	9	0,3	99,7	NO

Percentatge d'embarassos no desitjats durant el primer any d'ús típic i durant el primer any d'ús perfecte de l'anticoncepció (OMS).
* L'ús perfecte es refereix a aquell que exclou els errors humans en la seva aplicació.

1 **Identifica.** Llegeix el text i digues si l'OMS recomana algun mètode d'anticoncepció determinat.

2 **Raona.** Quins aspectes recomana l'OMS tenir en compte a les persones que es decideixen a utilitzar mètodes de planificació familiar? Per què diries que demana que s'exerceixin i respectin els drets humans?

3 **Analitza.** Identifica els mètodes de planificació familiar més eficaços, explica en què consisteixen i classifica'ls en naturals i no naturals.

6 AP Personal / Ciència i tecnologia

L'origen comú dels genitals externs

Conèixer els diferents òrgans de l'aparell reproductor masculí i femení, i especificar-ne la funció.
Raonar els canvis físics i psíquics produïts en la pubertat i argumentar la importància de la higiene sexual.

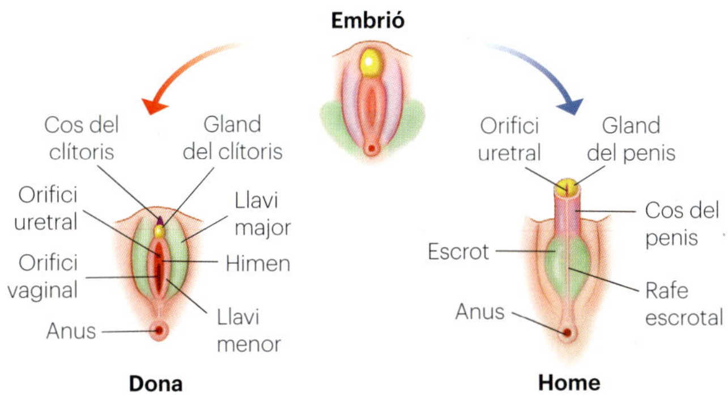

1 **Identifica i descriu.** Com s'anomena l'estructura femenina que embriològicament correspon a aquestes estructures masculines?

a Cos del penis
b Gland del penis
c Escrot

2 **Aplica.** Quina funció té el cromosoma Y en el desenvolupament dels genitals externs masculins?

3 **Identifica i descriu.** Les gònades segreguen hormones que indueixen les diferències corporals que apareixen en la pubertat. Indica els caràcters sexuals secundaris que diferencien l'home de la dona.

7 AS AL Personal / Ciència i tecnologia

Què sent el fetus?

Explicar els principals esdeveniments de la fecundació, l'embaràs i el part.

1 **Observa i representa.** Descarrega't i analitza el text. Representa en un quadre les setmanes en les quals els bebès desenvolupen les diferents capacitats: reconeixen la veu de la mare, responen als canvis d'humor materns, etc.

2 **Identifica.** Observa el vídeo i respon les preguntes.

a Com reconeix el fetus alguns sabors del menjar?
b Quin so és el que millor identifica el fetus? Com afecta això la relació entre la mare i el bebè?

3 **Conclou.** Explica si el fetus que està creixent es limita a desenvolupar els òrgans dels sentits o els exercita abans del part.

REPASSA LA UNITAT

La clonació

Personal / Ciència i tecnologia AP AL AS

El terme *clonació* descriu una varietat de processos que es poden utilitzar per produir còpies genèticament idèntiques d'un ens biològic. El material copiat, que té la mateixa composició genètica que l'original, es coneix com a clon. En el dibuix es mostra el procés per a la clonació reproductiva d'un animal. La clonació reproductiva humana està prohibida per respecte a la dignitat humana.

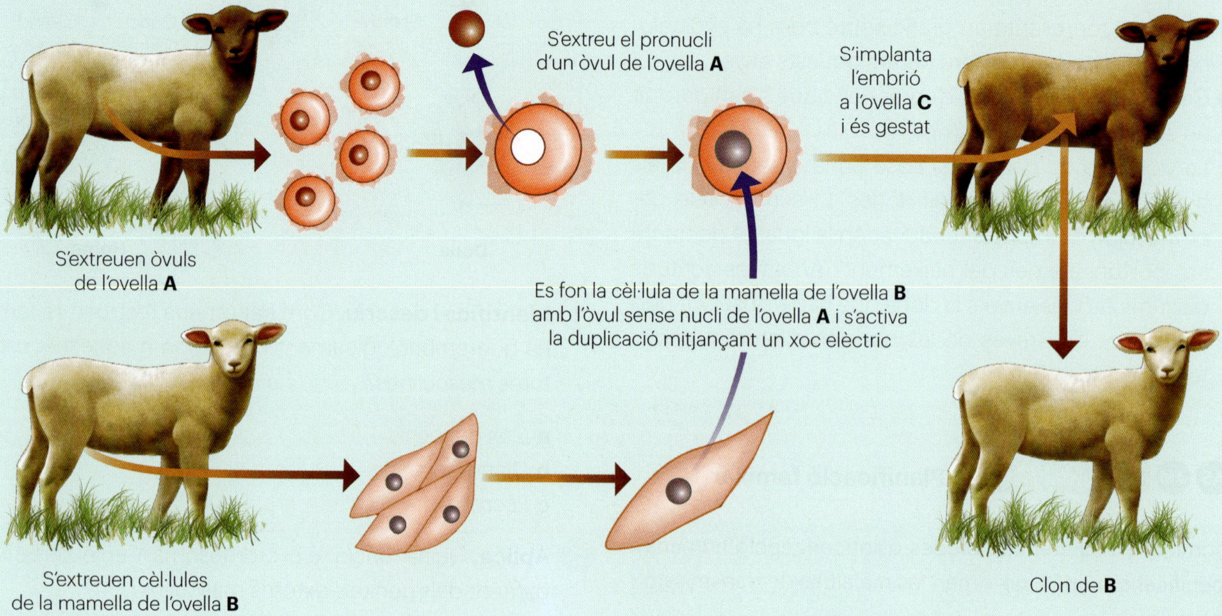

1. La clonació és un procés tècnic per obtenir individus idèntics.

a És una forma de reproducció sexual?
b Quina seria la diferència entre sexualitat i reproducció en l'ésser humà?

2. Quin dels elements següents no forma part de l'òvul d'un animal? De què forma part?

a Acrosoma
b Membrana pel·lúcida
c Corona radiada
d Grànuls corticals

3. Aquesta tècnica de reproducció animal, la clonació, és una FIV? Per què?

4. La reprogramació cel·lular ens permet convertir qualsevol cèl·lula del cos en una cèl·lula mare pluripotent, capaç de generar la major part dels teixits. Aquestes cèl·lules mare es poden utilitzar en experiments fets amb l'objectiu d'entendre malalties i desenvolupar tractaments nous, per exemple contra les MTS. Quina d'aquestes malalties és transmesa per bacteris?

a VIH
b Herpes
c Papil·loma humà
d Gonorrea

5. En una clonació, es manipula tècnicament el part de l'animal? Quines són les fases del part d'un mamífer com l'ésser humà?

6. Per obtenir els ovòcits i fer una clonació cal estimular l'ovari perquè els produeixi. Quina hormona és la que, en els humans, provoca la maduració dels fol·licles?

7. La clonació reproductiva humana està prohibida a Espanya. En el cas que es poguessin clonar persones, uneix cada canvi físic segons si es produeix en l'home, en la dona o en tots dos, quan aquests arriben a la pubertat.

a Desenvolupament dels pits
b Veu més greu
c Canvis en les proporcions corporals
d Aparició de la barba i el bigoti

A. Home
B. Dona
C. Tots dos

8. Hi ha mètodes d'anticoncepció en els quals s'intenta evitar que maduri un ovòcit i es produeixi l'ovulació. Quins són?

C1: 2, 4, 5b, 6, 7 **C2: 1, 8** **C3: 3, 5a**

PROJECTE 3

Prepara el millor viatge!

Heu organitzat mai un viatge? Què heu de saber abans d'anar de viatge a algun lloc?

6 sessions

Mou les teves capacitats

Autonomia i iniciativa · **Resolució de problemes** · **Salut i benestar**

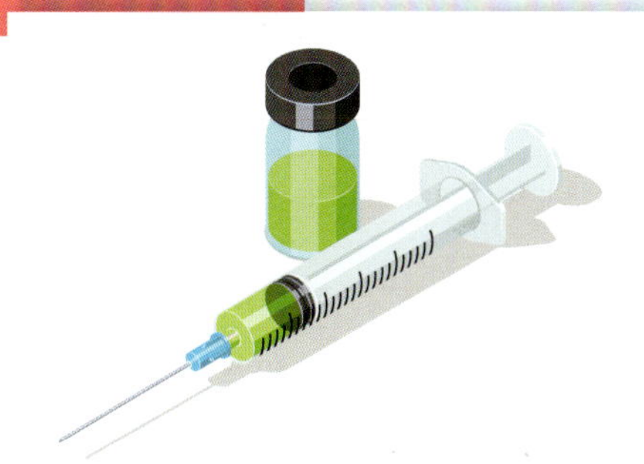

PRESENTACIÓ DEL PROJECTE

Sabeu què és una malaltia tropical? Quan feu un viatge i us poseu malalts, sabeu què heu de fer? Sabeu quines vacunes us heu de posar abans de viatjar?

Trobareu la resposta a totes aquestes preguntes i més gràcies a aquest projecte viatjant pel món.

Fem les maletes?

QUÈ HEU DE SABER PER PLANIFICAR UN VIATGE?

Per donar resposta a aquesta pregunta és important que entengueu bé aquests processos:

- Malaltia i salut
- Situació del país i el seu context
- Transport internacional de substàncies
- Vacunes, repel·lents, medecines, etc.

No us oblideu d'aplicar el mètode científic!

PRODUCTE FINAL

Heu de ser la millor agència de viatges i per això haureu de preparar el següent:

- Una **farmaciola** amb els fàrmacs i els materials necessaris
- Un **calendari de vacunacions** per al viatge
- Un **tríptic** informatiu

Amb tots els materials muntarem una **fira d'estands turístics** a l'aula.

Què aprendrem?

Autonomia i iniciativa

Informeu-vos-en a través d'un conegut, de pàgines oficials, de les ambaixades, dels centres sanitaris, etc.

Quines dades penseu que necessitaríeu saber abans de viatjar?

Resolució de problemes

Utilitzeu el vostre sisè sentit per esbrinar el context que hi ha en el país de destinació. Sabeu quins problemes hi ha? Per exemple, quins fàrmacs podeu passar per la duana?

Salut i benestar

Aquest viatge serà apassionant però és important adoptar mesures de salut. Quines considereu que s'haurien de prendre?

Projecte 3 Prepara el millor viatge!

QUÈ FAREU?

Sessió 1 **On anem?**	Es presentaran les destinacions i els grups de treball. S'explicaran els objectius d'aprenentatge, els continguts que es treballaran, els productes que s'han lliurar i els criteris d'avaluació. Llegireu per grups cada viatge. Anotareu les idees clau per començar a buscar-ne informació.
Sessió 2 **Arrenquem!**	Us distribuireu la recerca de la informació entre els membres del grup. Cercareu la informació.
Sessió 3 **La millor oferta**	Posareu en comú tota la informació entre els membres del grup. Intercanviareu informació i seleccionareu la més rellevant.
Sessions 4 i 5 **Com muntem l'agència?**	Distribuireu les tasques entre els membres del grup. Realitzareu el tríptic, el calendari de vacunacions i la farmaciola.
Sessió 6 **Quin viatge farem aquest estiu?**	Galeria dels estands turístics de les agències: - Presentació del tríptic - Presentació de la farmaciola - Presentació del calendari de vacunacions Els companys valoraran quina agència promociona millor el seu viatge.

Destinació exòtica?
Cap problema!

QUIN VIATGE FAREM AQUEST ESTIU?

A la darrera sessió presentareu el vostre producte. L'aula es convertirà en una fira d'estands turístics, en què cada agència (grup) es posarà en escena per promocionar la seva destinació. Per fer-ho, caldrà que prepareu bé un calendari de vacunacions, una farmaciola amb tot allò que us hauríeu d'emportar al viatge i un tríptic que inclogui un mapa del país seleccionat, amb la indicació dels llocs i els punts més turístics i que aconselleu que es visitin.

Finalment, cada grup haurà de valorar tots els estands. L'estand guanyador farà una representació a la resta de l'escola.

QUÈ AVALUAREM?

Per avaluar el projecte es valoraran principalment aquests factors:

- El format del producte que presenteu (tríptic, farmaciola i calendari de vacunacions del viatge). Com més creatius i il·lustrats quedin tant la posada en escena com el tríptic, millor!
- El rigor en la informació, tant oral, com escrita, visual i escènica. Ser creatiu no vol dir oblidar-se del vocabulari científic!

S'avaluarà la tasca tant des del punt de vista individual com de grup.

8 La salut i les malalties

EN AQUESTA UNITAT APRENDRÀS A...	Situació d'aprenentatge	Activitats	Ciències en context
Valorar els hàbits de vida com a mitjà per prevenir les malalties. Competències científiques: 2, 5, 12, 13	1	2	1
Reconèixer les malalties i les infeccions més comunes i relacionar-les amb les seves causes. Competències científiques: 2, 5, 12	1, 3	1	2
Explicar els diferents mecanismes de transmissió de les malalties infeccioses i proposar mètodes per evitar-ne el contagi. Competències científiques: 2, 4, 5, 6, 12	2, 3	3	1, 2
Explicar el procés d'immunitat i valorar el paper de les vacunes com a mètode de prevenció de les malalties. Competències científiques: 2, 12	3	4, 5	2, 4
Argumentar la importància de la recerca biomèdica en el tractament de les malalties. Competències científiques: 2, 12	4		2, 3, 4
Conèixer la importància de la donació de cèl·lules, sang i òrgans. Competències científiques: 2, 12		6, 7, 8	3

1 Què vol dir realment estar sa?

Personal / Salut AS AF AP

Aprèn a...
Identificar els termes del vocabulari científic i expressar-te correctament, tant de manera oral com per escrit, utilitzant diversos suports.

Ítem 1. *Mens sana in corpore sano*

Aquesta frase s'atribueix a l'escriptor romà Juvenal i apareix en la seva obra *Sàtires*, escrita en el segle II dC. El significat original al·ludia a la necessitat de resar als déus perquè ens concedissin un esperit equilibrat en un cos equilibrat. Actualment li donem altres significats, com, per exemple, que «és necessari tenir una ment sana per gaudir d'un cos saludable» o viceversa.

Ítem 2. Però, què és tenir salut?

Segons l'OMS, la **salut** es defineix com: «l'estat complet de benestar físic i social d'una persona», per la qual cosa no implica només l'absència de malaltia. Es compon de:

La **salut física** consisteix en el benestar del cos i el funcionament òptim de l'organisme. L'estat fisiològic depèn de l'alimentació, l'activitat física, etc.
La **salut mental** és un estat de benestar psicològic i emocional que permet a una persona fer ús de les seves habilitats mentals, socials i emocionals per desenvolupar amb èxit la seva vida quotidiana.
La **salut social** és un estat de benestar que permet a una persona relacionar-se apropiadament amb els altres i amb el seu entorn.

Ítem 3. De què depèn la nostra salut?

La salut es veu afectada per molts factors, que es poden classificar en quatre grups:

- La **biologia** humana o informació genètica de cada individu.
- El **medi ambient**, és a dir, el clima, la contaminació, les malalties locals, el tipus de societat, etc.
- L'**estil de vida**, és a dir, el tipus d'alimentació, la pràctica d'exercici, el consum de drogues, etc.
- El **sistema sanitari**, és a dir, el tipus i la qualitat dels serveis mèdics als quals es pot accedir.

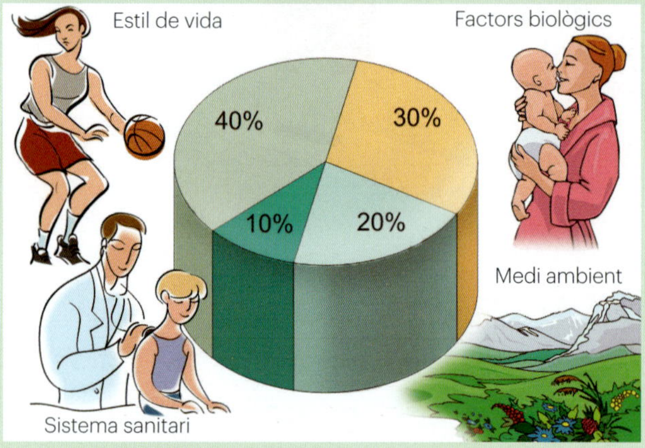

Construeix amb el que saps

Interpreta 1 Debateu en grups quin pot ser el significat correcte de la frase «una ment sana en un cos sa».

Identifica 2 L'Organització Mundial de la Salut (OMS) reconeix el trastorn d'addicció als videojocs com un problema de salut i per primera vegada formarà part de la classificació internacional de malalties. Es considera que aquest trastorn es pot convertir en un problema seriós d'addicció i aïllament. A quin tipus de salut afecta aquesta malaltia?

Analitza i raona 3 L'alcoholisme (el consum excessiu de begudes alcohòliques) és considerat una malaltia. Argumenteu a quin tipus de salut pot afectar aquesta addicció.

Reflexiona 4 Un individu celíac que presenta una intolerància al gluten (proteïna del blat), però que segueix una dieta estricta sense gluten, és un malalt? Raona la teva resposta.

Conclou 5 Explica què és estar sa.

El que has construït

La **salut** és un estat de benestar físic, mental i social, i no només l'absència de malaltia.

1. La salut

S'anomena **salut** l'estat en què l'organisme exerceix les seves funcions normalment i tots els seus òrgans i sistemes funcionen de manera adequada. Quan un organisme experimenta una alteració i deixa de dur a terme correctament les seves funcions, es produeix el trastorn anomenat **malaltia**.

L'OMS defineix el terme **salut** com el «benestar físic, mental i social complet».

Quan apareix una malaltia, el nostre organisme manifesta senyals que es coneixen com a **símptomes**. Els més freqüents són augment de la temperatura corporal (febre), canvis en la composició de la sang, dolor, etc. Els metges interpreten els símptomes per diagnosticar la malaltia i aplicar el **tractament** adequat per recuperar la salut.

TIPUS DE MALALTIES		EXEMPLES
Infeccioses	Són les provocades per microorganismes patògens, com els virus, alguns bacteris, fongs i protozous.	Grip, varicel·la, còlera, malària, tètanus, xarampió, refredat, etc.
Per carència	Són les causades pel dèficit d'algun nutrient, com proteïnes, vitamines, oligoelements, etc.	Raquitisme, anèmia, goll, pel·lagra, escorbut, etc.
Degeneratives	Són les degudes a la degradació de l'estructura o la funció d'algun òrgan o teixit.	Esclerosi múltiple, Alzheimer, Parkinson, diabetis tipus 2, etc.
Genètiques	Són les degudes a errors en la informació genètica, ja siguin per herència (hereditàries) o per errors produïts durant l'embaràs o el part (congènites).	Hemofília, fenilcetonúria, fibrosi quística, espina bífida, etc.
Mentals	Són les que afecten les funcions del raonament i de la personalitat.	Esquizofrènia, anorèxia, neurosi, paranoia, etc.

1.1 La medicina

La **medicina** és la ciència encarregada de prevenir i curar les malalties i de rehabilitar els malalts.

Es distingeixen tres tipus de medicina:

- **Preventiva.** Té l'objectiu d'evitar l'aparició i la propagació de les malalties.
- **Curativa.** Es basa a diagnosticar correctament la malaltia i determinar-ne un tractament adequat.
- **Rehabilitadora.** Comprèn les tècniques per fer desaparèixer o, almenys, pal·liar els efectes de la malaltia.

La rehabilitació és la disciplina mèdica que intenta pal·liar els efectes de la malaltia.

Activitats

1. AD AP En parelles o grups, distribuïu-vos els diferents tipus de malalties que hi ha. Cada grup triarà una malaltia del tipus que li hagi tocat i haurà de fer una presentació per explicar aquesta malaltia davant la resta de la classe. La presentació ha de constar, com a mínim, dels apartats següents: tipus de malaltia, com es contreu, símptomes, tractament i prevenció.

1.2 Factors que determinen la salut

Menjar fruita i verdura cada dia és indispensable per prevenir molts trastorns.

Per tenir una bona salut és tan important la prevenció precoç de les malalties com l'adquisició d'uns **hàbits de vida saludables**.

Alguns hàbits saludables són els següents:

- **Seguir una bona dieta**. La dieta ha de ser equilibrada, amb abundància de fruita i verdures, i pocs greixos. És aconsellable fer quatre o cinc àpats al dia, menjar a poc a poc i en un ambient relaxat.
- **Fer exercici**. És convenient fer de 15 a 30 minuts d'exercici moderat, tres o quatre dies per setmana, per mantenir el cos en condicions òptimes.
- **Anar al metge periòdicament**. Cal anar al metge quan apareixen símptomes de malaltia i també cal evitar l'automedicació. A més, convé fer revisions periòdiques de la vista, l'oïda, la dentadura, etc.
- **No consumir drogues**, com per exemple:
  - **El tabac**. És altament addictiu a causa de la presència de nicotina. A més, inclou quitrà, un producte que conté més d'una desena de substàncies cancerígenes i centenars de substàncies químiques tòxiques. Per això, l'hàbit de fumar augmenta la possibilitat de desenvolupar càncer de pulmó i de patir un infart de miocardi.
  - **Begudes alcohòliques**. L'alcohol en grans quantitats produeix embriaguesa, amb pèrdua del control de la parla i falta de coordinació de moviments. El consum continuat crea dependència (alcoholisme) i pot produir la destrucció del fetge (cirrosi).
  - **Drogues no legals**. Com, per exemple, el haixix, la cocaïna o l'heroïna. Totes les drogues perjudiquen la salut i generen dependència. Per al drogoaddicte, el consum de droga es converteix en el principal objectiu i, per això, acaba abandonant la família, la feina, la seva pròpia cura i la seva salut.

Fer exercici és fonamental per mantenir-se sa.

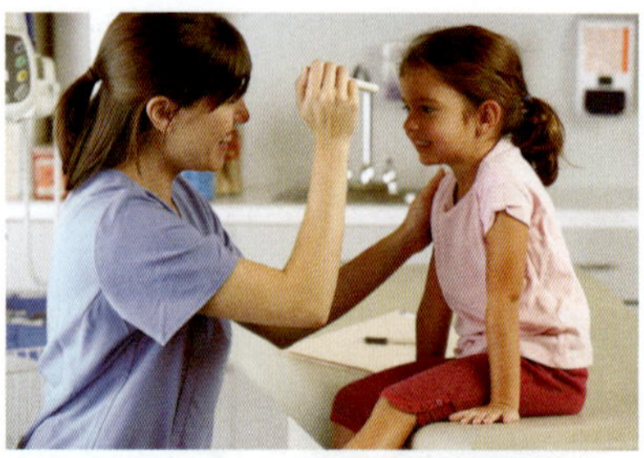

Les revisions mèdiques poden detectar problemes de manera precoç.

Hi ha quatre **variables** molt importants que influeixen en la salut:

VARIABLES	DESCRIPCIÓ	EXEMPLES
Factors ambientals	Característiques de l'ambient que poden influir en la salut.	La presència o no de microbis patògens, la contaminació ambiental, el clima, etc.
Dotació genètica	Conjunt de gens que rep un individu dels seus progenitors.	Malalties congènites, la longevitat, la resistència o no a diferents malalties, etc.
Hàbits i costums	Estil de vida que la persona té.	L'estil de vida depèn dels costums personals i familiars, de l'ambient social, del tipus de feina, etc.
Sistema sanitari	Qualitat del conjunt de serveis mèdics que hi ha en un país, així com el grau d'accessibilitat per part de tota la població.	Si hi ha un sistema sanitari públic al país, la quantitat i la qualitat de bons centres mèdics i professionals, etc.

Activitats

2. AP AV AD La llei espanyola antitabac del 2010 va prohibir fumar en llocs públics tancats, entre altres mesures. Des de llavors, el nombre de morts associades al tabaquisme ha disminuït notablement. El 2018, els metges van sol·licitar al Govern un enduriment de la llei per evitar més casos. Imagineu-vos que sou un grup que vol presentar aquesta petició. Penseu quines mesures es podrien sol·licitar i elaboreu una presentació que defensi aquesta petició.

2 Hi ha presència de microbis a l'aigua?

Personal / Ciència i tecnologia AD AP

Aprèn a...

Aplicar el mètode científic en les teves recerques.

Utilitzar correctament els materials de laboratori i seguir les normes de seguretat.

Formula hipòtesis

Antigament es desconeixia l'existència dels microbis a causa de la seva mida, fins que l'aparició dels microscopis primitius va permetre descobrir-los, observar-los i estudiar-los. Avui dia sabem que en el nostre entorn n'hi ha una gran quantitat, alguns dels quals són patògens. Malgrat que no els puguem veure, també a l'aigua podem trobar virus, bacteris, fongs, algues, protozous i també animals microscopis. Però, n'hi ha més a la superfície o al fons? Quin és el tipus de microbi més abundant que viu al fons de l'aigua? I a la superfície? Tria una d'aquestes preguntes o pensa'n una altra i redacta una **hipòtesi** que intenti resoldre-la. Per exemple, *les algues són més abundants al fons que a la superfície*.

Experimenta

1. Agafa en un pot una mica d'aigua que porti uns quants dies acumulada en un bassal o un estany. Intenta agafar també una mica de matèria del fons o de les vores (fulles, fang, etc.).
2. Posa-ho tot en un pot de vidre i tapa-ho amb un drap de manera que hi pugui entrar aire.
3. Deixa-ho reposar uns quants dies en un lloc càlid i il·luminat.
4. Amb un comptagotes, agafa una mica d'aigua amb matèria orgànica de la que sura sobre l'aigua i col·loca-ho sobre un portaobjectes.
5. Tapa amb cura l'aigua del portaobjectes amb un cobreobjectes de manera que no es formin bombolles d'aire i observa la preparació a 400 augments.
6. Repeteix el procés agafant aigua amb una mica de matèria que s'hagi quedat al fons del pot.

MATERIAL
- Pot de vidre
- Aigua d'un bassal
- Drap i goma
- Comptagotes
- Portaobjectes
- Cobreobjectes
- Agulla amb mànec
- Microscopi

Protocol

Rúbrica

Taula d'identificació

Analitza

(1) **Descriu.** Observa i dibuixa cada microorganisme que trobis, i descriu-ne la forma, el comportament, el tipus de desplaçament i l'abundància (recorda anotar el nombre d'augments que utilitzes).

(2) **Identifica.** Amb l'ajuda de la taula d'identificació i la taula següent, reconeix cada organisme.

	ALGUES	PROTOZOUS	ANIMALS
Són de color verd?	Sí	No	No
Es mouen?	Les unicel·lulars, sí; les filamentoses, no	Sí	Sí
Són unicel·lulars?	N'hi ha d'unicel·lulars i de pluricel·lulars que formen filaments	Sí	No

(3) **Comunica.** Fes una fitxa de cada organisme amb totes les dades que has recopilat.

(4) **Conclou.** On has trobat més organismes, a la superfície o al fons? Quin era l'organisme més abundant a la superfície? I al fons?

(5) **Reflexiona.** Et beuries aquesta aigua? Què s'hauria de fer amb l'aigua abans de poder-la ingerir?

Conclou

Amb la informació que has obtingut, pots refutar o corroborar la teva hipòtesi sense cap dubte?

2. La infecció i la immunitat

Una **infecció** és la invasió de l'organisme per part de **microbis patògens**, que s'hi estableixen, proliferen i poden causar una malaltia infecciosa.

Vocabulari

Germen és sinònim de **microbi patogen**.

Un **microorganisme** o **microbi** és un organisme de mida tan petita que només es pot observar amb el microscopi.

Aquest grup heterogeni engloba bacteris, virus, fongs microscòpics i paràsits protozoaris. Poden ser de dos tipus:

- **Innocus**. No causen cap dany. Alguns s'han adaptat a viure a la nostra pell, d'altres viuen als conductes de l'aparell digestiu i a les vies respiratòries, però no ens provoquen cap perjudici. Alguns fins i tots són beneficiosos.
- **Patògens**. Són els causants d'infeccions perjudicials per a la nostra salut. Els principals són **virus**, **bacteris**, **fongs** i **protozous**.

El **contagi** és la **transmissió d'un germen patogen** d'un individu malalt a un altre de sa.

El contagi es pot produir de diferents maneres:

- Per **contagi directe**. El germen passa directament d'un malalt a una persona sana a través de la sang, la saliva, fluids sexuals, etc. És el cas de malalties com la grip i la tuberculosi (per inhalació de gotetes de saliva infectades), la sífilis i la gonorrea (per transmissió sexual), etc.
- Per **contagi indirecte**. La transmissió del germen implica la participació d'un intermediari en la propagació de la malaltia: aliments o aigua contaminats, la picada o la mossegada d'animals, ús d'objectes o instruments infectats, etc. Per exemple, la malària es propaga per la picada de mosquits; la ràbia, per la mossegada d'animals; el còlera, en beure aigua contaminada; la salmonel·losi, en menjar aliments infectats, etc.

Vocabulari

Un **vector** és qualsevol organisme (persona, animal o microorganisme) que transporta i transmet un patogen des de l'organisme infectat fins a un altre organisme viu.

Hi ha diverses **vies d'infecció**:

VIA D'INFECCIÓ	A TRAVÉS DE...	EXEMPLES
Ingestió	Aliments o líquids amb microbis	Còlera, tifus, hepatitis A...
Contacte amb la pell	Persones o objectes infectats	Galteres, peu d'atleta...
Contacte sexual	Secrecions, semen	Sífilis, sida, hepatitis B
Inhalació	Esternuts, tos	Grip, refredat...
Sang	Picades, mossegades i talls	Paludisme, ràbia, tètanus

Activitats

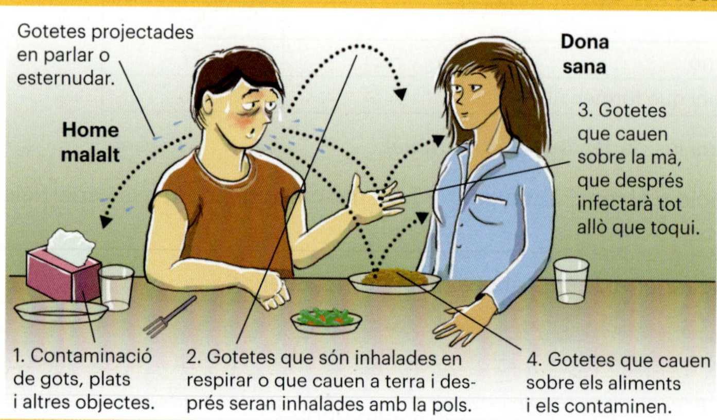

3. AL AV Observa la imatge següent i fes les activitats.

a Explica com s'evitaria la transmissió d'una malaltia a través de cada una de les quatre vies que mostra el dibuix.

b Indica, en cada un d'aquests quatre casos, si és un contagi directe o indirecte.

c Quin et sembla que és el tipus de malaltia que es pot propagar en les gotetes emeses per la persona malalta?

3 Com aconseguim curar-nos de la grip?

Social / Salut AV AS AD

Aprèn a...

Seleccionar i utilitzar la informació científica per formar-te una opinió.

Elaborar i argumentar conclusions a partir dels resultats obtinguts en una recerca.

Ítem 1. Què és la grip?

La grip és una malaltia infecciosa provocada per un virus que afecta sobretot les cèl·lules de l'aparell respiratori.

Està format per un material genètic de tipus ARN, envoltat per una càpsula proteica que, al seu torn, està envoltada per una membrana lipídica en la qual s'insereixen molècules de proteïna que actuen com a antígens.

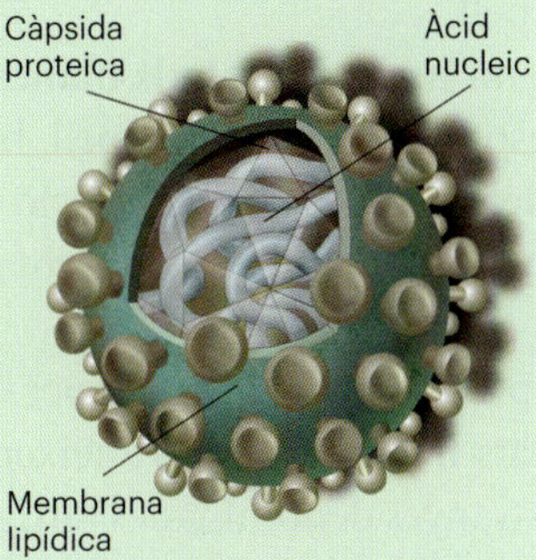

Estructura del virus de la grip.

Ítem 2. Com ens infectem?

Els virus de la grip no poden travessar la pell, per la qual cosa ens encomanem quan respirem. Per protegir-nos, les fosses nasals i les vies respiratòries estan entapissades per glàndules productores de mucus que atrapen els gèrmens i la pols que respirem. Les cèl·lules dels conductes respiratoris tenen uns cilis amb els quals empenyen cap a l'exterior el mucus, que ha atrapat el virus.

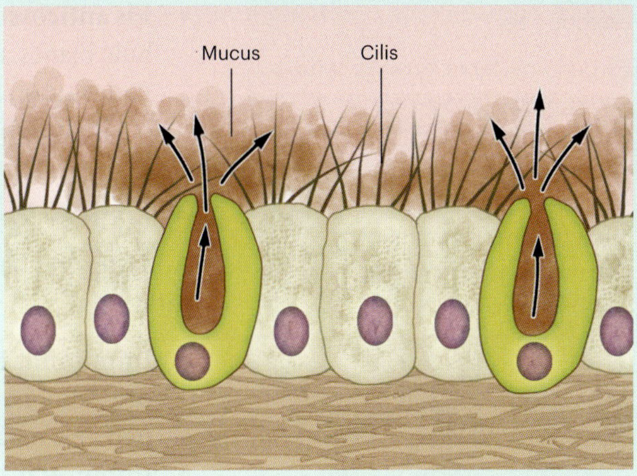

Ítem 3. Com ens defensem?

Si el cos no ha pogut evitar la infecció, el sistema immunitari s'encarrega d'eliminar els virus de la grip.

Per això, tenim unes cèl·lules especialitzades, els limfòcits T i B, que, un cop activats, cerquen els virus de la grip i els destrueixen.

Construeix amb el que saps

Identifica (1) Un esternut o la tos poden llançar gotetes de saliva o mucositat, que contenen virus i bacteris, a una velocitat de 70 km/h. Quin tipus de contagi es produeix si s'inhala una d'aquestes gotes?

Descriu (2) Visualitza el vídeo de l'ítem 2 i explica, pas a pas, com actua el virus una vegada que ha penetrat a l'interior d'una cèl·lula humana.

Raona (3) Visualitza el vídeo de l'ítem 3 i explica què inicia l'activitat dels limfòcits T i B.

Reflexiona (4) Debateu quines de les defenses següents del nostre organisme poden considerar-se específiques davant els virus de la grip o genèriques contra qualsevol tipus de virus.

a El mucus i els cilis que entapissen els nostres conductes respiratoris.

b L'activitat de les cèl·lules T.

c La producció d'anticossos de les cèl·lules B.

Conclou (5) En parelles, prepareu una presentació en PowerPoint o semblant, en la qual es detalli com actua el sistema immunitari per eliminar els virus de la grip quan patim aquesta malaltia.

El que has construït

La **grip** és una malaltia infecciosa provocada per un **virus**.

Un cop malalts, ens defensem mitjançant **cèl·lules especialitzades** del nostre sistema immunitari, els **limfòcits T i B**, que destrueixen les cèl·lules infectades i els virus.

2.1 La immunitat

Barreres defensives externes

La immunitat és la capacitat que té un organisme per defensar-se d'un microbi patogen i no patir la malaltia infecciosa que provoca.

La immunitat es basa en l'existència de **tres barreres defensives** que tracten d'impedir l'entrada de gèrmens o microbis patògens a l'organisme i eliminen els que aconsegueixen penetrar-hi. Les tres barreres són:

- **La pell.** És una estructura que té una capa externa formada per cèl·lules mortes, molt planes i superposades, que forma una barrera impenetrable per als microbis. Aquests només la poden travessar quan es produeix una ferida que trenca la pell.
- **Els macròfags.** Són un tipus de **glòbuls blancs** que fagociten (ingereixen) els microbis que, després de travessar la pell, han aconseguit arribar fins a la sang o als teixits del nostre cos. Si la infecció és important, es produeix el **pus**, format per una gran quantitat de macròfags morts plens de microbis fagocitats.
- **Els anticossos.** Són proteïnes sintetitzades per un tipus especialitzat de glòbuls blancs anomenats **limfòcits**, que s'uneixen específicament a determinades substàncies estranyes denominades **antígens**, que poden estar lliures o a la superfície de microbis, de manera que en neutralitzen els efectes.

La febre

Les malalties infeccioses poden provocar diversos **símptomes**; un dels més freqüents és la **febre** que és l'augment de la temperatura corporal. La febre és una reacció defensiva del cos, ja que, quan la seva temperatura augmenta per sobre del que és habitual (de 36 a 37 °C), molts microorganismes veuen minvada la seva capacitat de reproduir-se.

Es parla de febre quan la temperatura axil·lar supera els 37 °C, la bucal supera els 37,5 °C o la rectal és superior als 38 °C. Quan la temperatura és molt alta, cal prendre medicaments antitèrmics. També convé aplicar aigua freda sobre el cap per alleujar el mal de cap.

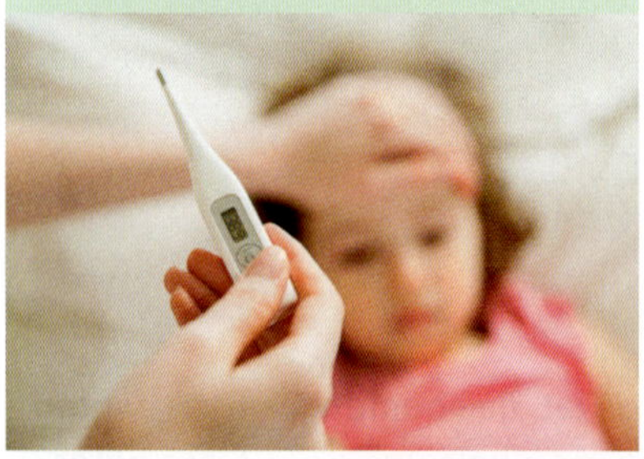

2.2 Tipus d'immunitat

Aquestes tres barreres defensives confereixen al nostre cos **dos tipus d'immunitat:**

- **Immunitat inespecífica.** És la protecció general davant de qualsevol tipus de microbi que pot entrar en contacte amb nosaltres. Fan aquesta funció la **pell** i els **macròfags**.
- **Immunitat específica.** S'activa quan els limfòcits reconeixen un microbi o una substància estranya i produeixen **anticossos específics** per eliminar-los o neutralitzar-ne els efectes.

La immunitat inespecífica que fan els macròfags es mostra en el dibuix següent:

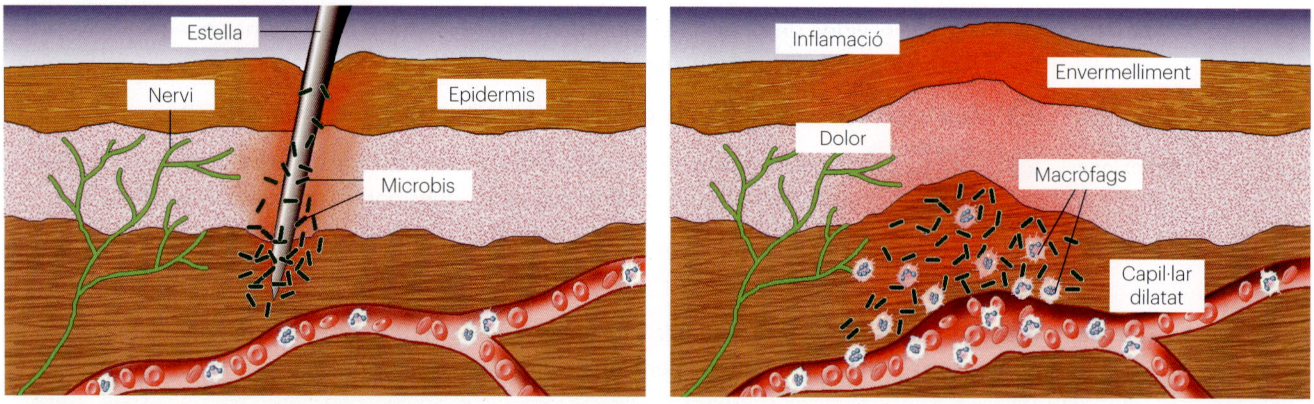

1. Quan la barrera de la pell es trenca, per exemple, a causa d'una cremada, un tall o una punxada, els microbis poden entrar al nostre cos i es produeix una infecció.	**2.** El nostre organisme hi respon dilatant els capil·lars de la zona ferida per augmentar la irrigació sanguínia, cosa que provoca que la pell s'inflami, es posi vermella i s'escalfi.	**3.** La dilatació dels capil·lars permet que els glòbuls blancs, especialment els macròfags, puguin arribar fins a la zona ferida i fagocitar els microbis abans que puguin infectar la resta del cos.

2.3 El sistema immunitari i la resposta immune

Quan els microorganismes aconsegueixen travessar la pell i, malgrat l'atac dels macròfags, arribar a la sang i augmentar de nombre, comença a actuar el **sistema immunitari.**

Aquest sistema està format per cèl·lules especialitzades o **limfòcits**, que es produeixen i emmagatzemen en diversos òrgans o teixits, com, per exemple, la medul·la òssia, el tim, els ganglis limfàtics i la melsa. La funció dels limfòcits és reconèixer qualsevol substància estranya o **antigen** i generar anticossos específics. És el que s'anomena **resposta immune** o reacció **antigen-anticòs.**

- Un **antigen** és qualsevol molècula estranya que indueix els limfòcits a fabricar anticossos específics contra aquesta molècula.
- Un **anticòs** és una molècula de proteïna capaç d'unir-se a un antigen determinat i anul·lar-ne la toxicitat.

La resposta immunitària és **específica**, ja que cada tipus d'anticòs únicament actua contra un sol tipus d'antigen.

Hi ha dos tipus de respostes:

- **Resposta immune primària.** És la que té lloc quan el sistema immunitari reconeix l'antigen per primera vegada.
- **Resposta immunitària secundària.** És la que es produeix quan el sistema immunitari respon davant d'un antigen ja conegut. En aquest cas, la resposta és més ràpida i eficaç.

SISTEMA IMMUNITARI

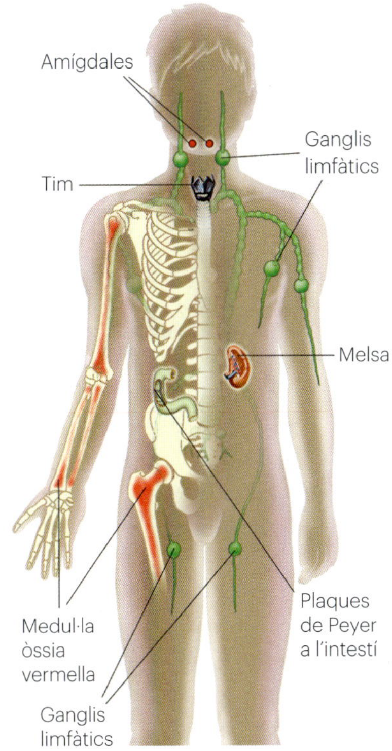

ACTIVITAT IMMUNITÀRIA DELS LIMFÒCITS B

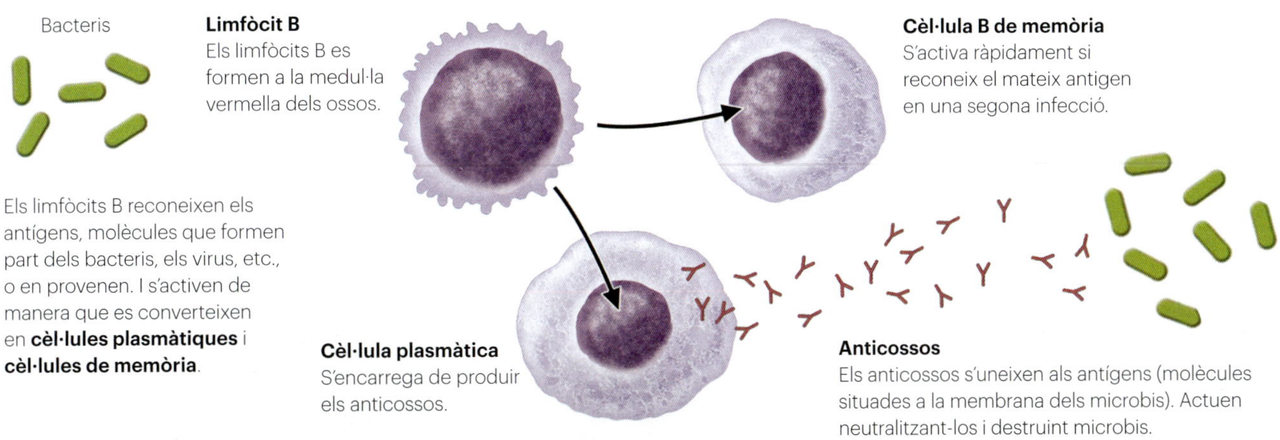

Activitats

4. AL Les cèl·lules assassines naturals o cèl·lules NK (*natural killer*) són glòbuls blancs grossos i amb grànuls al citoplasma. Es formen a la medul·la òssia i constitueixen del 5% al 16% del total dels limfòcits de la sang. La seva funció específica és matar cèl·lules infectades per qualsevol tipus de microbi i cèl·lules canceroses. Recorren tots els teixits del nostre cos i en reconeixen les cèl·lules. Si la cèl·lula reconeguda està sana, la cèl·lula NK se'n separa ràpidament, però, en canvi, si la cèl·lula capturada està infectada o és cancerígena, la cèl·lula NK s'hi fixa fins a matar-la.

a Quin tipus de cèl·lules són les cèl·lules NK?
b Raona si pertanyen a la immunitat inespecífica o a la immunitat específica.
c En quina de les tres barreres defensives les situaries?

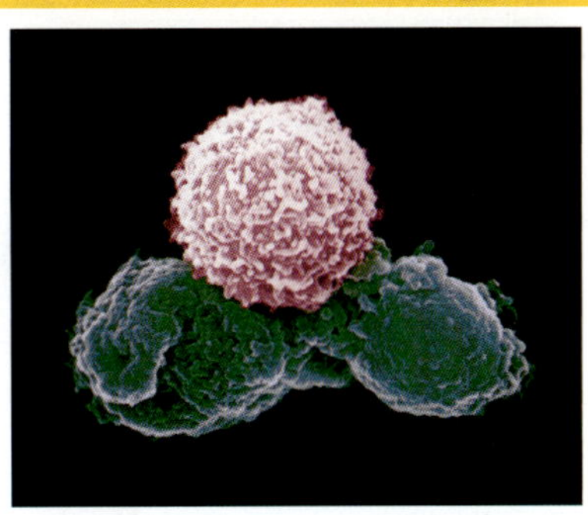

Cèl·lula assassina (rosa) atacant dues cèl·lules d'un neuroblastoma (verd).

2.4 Adquisició de la immunitat

La primera secreció làctia de la mare (el calostre) és especialment rica en anticossos.

La immunitat es pot adquirir de dues maneres diferents:

- **Natural**. S'obté mitjançant processos biològics propis després d'una infecció adquirida de manera natural o per anticossos de la mare. N'hi ha dos tipus:
  - **Activa**. Quan el cos mateix forma els anticossos després d'una infecció. Com que ja s'han fabricat els anticossos específics, si el microbi torna a entrar, la resposta serà molt ràpida.
  - **Passiva**. Actua quan els anticossos es formen fora del cos. Un nounat rep durant la **lactància materna** els anticossos que necessita.
- **Artificial**. S'adquireix després d'una infecció provocada artificialment o mitjançant anticossos obtinguts d'un altre ésser viu. També n'hi ha dos tipus:
  - **Activa**. El cos mateix forma els anticossos. S'aconsegueix mitjançant la **vacunació**. Consisteix a introduir al nostre cos gèrmens afeblits o morts (o molècules, en el cas de les vacunes antial·lèrgiques), que induiran la formació d'anticossos. Si el microbi torna a infectar-nos, serà eliminat ràpidament.
  - **Passiva**. Actua quan els anticossos es formen fora del cos. S'obté mitjançant la **seroteràpia**. Consisteix a donar al malalt sèrum sanguini procedent d'un animal que ha estat infectat pel mateix tipus de microbi i que, per aquest motiu, conté anticossos contra aquest microbi.

2.5 Prevenció de les infeccions

Les **mesures preventives** intenten evitar l'entrada de microbis patògens a l'interior del cos. Les principals són:

Higiene corporal. La pell s'ha de mantenir neta per impedir l'acumulació de microbis. Cal rentar-se les mans, raspallar-se les dents i dutxar-se sovint.

Consumir aliments en bon estat. Per això convé mantenir els aliments a la nevera i coure'ls, a més de rentar la fruita i les hortalisses. Així s'evita la infecció per gèrmens que entren per via digestiva.

Mantenir nets els objectes que utilitzem. Cal canviar-se de roba interior sovint, rentar els plats i els coberts, i mantenir nets la cuina i el bany. Així s'evita que hi creixin les colònies de microorganismes.

Utilitzar antisèptics i desinfectants. Són substàncies químiques, com l'aigua oxigenada, la tintura de iode, l'alcohol i les sulfamides, que eliminen els gèrmens que hi ha a la nostra pell i sobre els objectes que utilitzem.

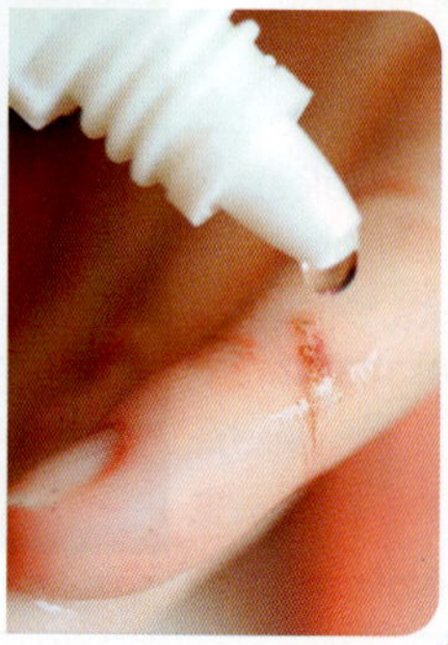

Administració de vacunes. Les vacunes són preparats que contenen gèrmens morts o afeblits; així provoquen la formació d'anticossos sense que es corri el risc de patir la malaltia. D'aquesta manera, el cos queda immunitzat, és a dir, si els gèrmens tornen a infectar-nos, la resposta seria tan ràpida que no s'arribaria a patir la malaltia.

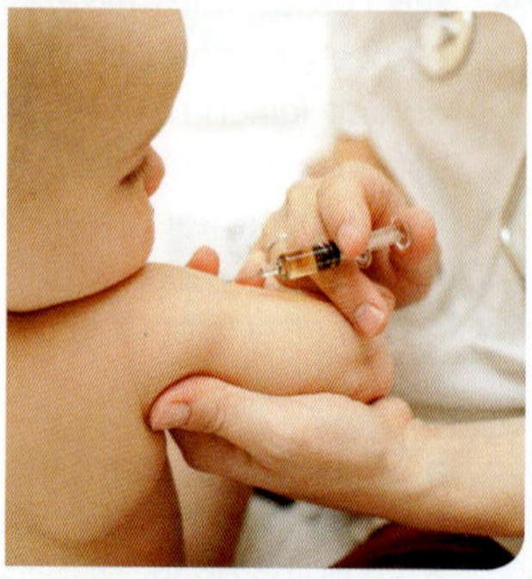

2.6 Tractament de les malalties infeccioses

Si els gèrmens entren al cos, superen les barreres defensives i produeixen una malaltia infecciosa, les **estratègies** que cal seguir són aquestes:

- **Deixar que l'organisme actuï.** El cos mateix genera els anticossos específics per eliminar els microbis. Això és el que passa moltes vegades sense que siguem conscients d'haver patit una malaltia infecciosa.
- **Utilitzar antibiòtics.** Són substàncies químiques que impedeixen el creixement de determinats **bacteris** que hi són sensibles o els maten. Tenen una certa especificitat, és a dir, només eliminen determinats grups de bacteris i no actuen contra els virus.
- **Administrar sèrums.** Són preparats que contenen anticossos específics contra un antigen determinat. Són sèrums sanguinis purificats i que han estat produïts per altres organismes, generalment animals de mida gran, com els cavalls.

2.7 Exemples de malalties infeccioses

MALALTIA	PATOGEN	INFECCIÓ I SÍMPTOMES	TRACTAMENT
Sida	**Virus** de la immunodeficiència humana (VIH)	Estar infectat del virus no significa desenvolupar la malaltia de la sida. Només quan els virus *s'activen* destrueixen els glòbuls blancs, per la qual cosa l'organisme no es pot defensar de qualsevol altra infecció.	Els infectats amb el VIH prenen **antiretrovirals** que redueixen la replicació del virus.
Tètanus	**Bacteri** *Clostridium tetani*	Aquest bacil produeix espores que romanen molt de temps a terra i que poden arribar a la sang a través d'una ferida. Produeix una neurotoxina que afecta el sistema nerviós i provoca espasmes musculars forts, que poden arribar a paralitzar el cor.	Prevenció amb **vacuna** antitetànica (és obligatòria en la infància). Si hi ha infecció, es pot tractar amb **antibiòtics** per matar els bacteris, però aquests no eliminen la neurotoxina alliberada, que es pot tractar amb **sèrum** antitetànic.
Peu d'atleta	**Fongs**	Es transmet en piscines, vestidors, etc. Afecta la pell dels peus i produeix picors, descamació i butllofes.	S'aplica un **antimicòtic** a la zona infectada o, en alguns casos, per via oral.
Paludisme o malària	**Protozou** *Plasmodium*	El transmet la picada del mosquit *Anopheles*. El malalt pateix accessos periòdics de febre molt alta i anèmia.	S'administren **fàrmacs** com la quinina (alcaloide natural) i la cloroquina per eliminar els paràsits del torrent sanguini. El 2017 es va obtenir una vacuna experimental que encara s'està provant.

Activitats

5. La tercera barrera defensiva del cos humà es basa en l'activitat dels limfòcits.

a Ordena aquest esquema de l'activitat del sistema immunitari i explica què passa en cada fase.

b Explica quina funció desenvolupa el limfòcit B durant una infecció.

c Quina és la funció dels anticossos? En quin moment de la infecció actuen?

d Per què es diu que la reacció antigen-anticòs és una resposta d'immunitat específica?

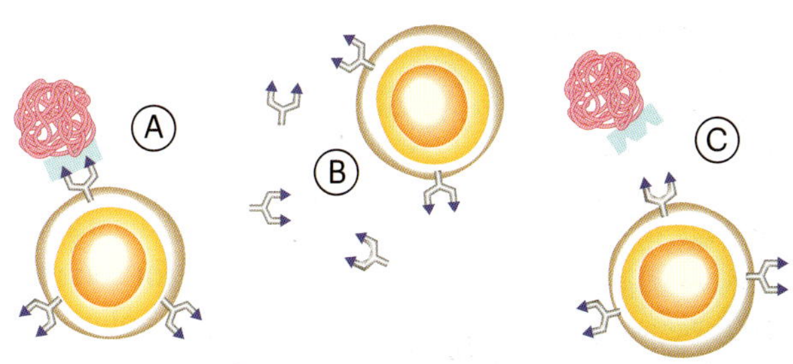

3. Les donacions i els trasplantaments

Un **trasplantament** és l'extracció d'una part de l'organisme d'un individu **donant** i la seva implantació en el mateix cos o en un de diferent, denominat **receptor**.

Els trasplantaments es practiquen en persones que tenen òrgans amb una alteració greu, irreversible i que no té possibilitat de cura. Els **donants** poden ser persones vives o mortes.

- Els **donants vius** poden donar òrgans, com un ronyó i sectors del fetge; teixits, com medul·la òssia, sang o teixit ossi, o cèl·lules mare obtingudes del cordó umbilical, la medul·la òssia o cèl·lules mare perifèriques, sempre que no posin en perill la seva pròpia vida.
- Els **donants morts** poden proporcionar molts òrgans, com ronyons, pulmons, cor, fetge, pàncrees i intestí, i teixits, com còrnies, ossos, tendons, vàlvules del cor, sectors de vasos sanguinis i pell.

Els òrgans que es trasplanten més sovint són el ronyó, el cor, el pulmó, el fetge i el pàncrees.

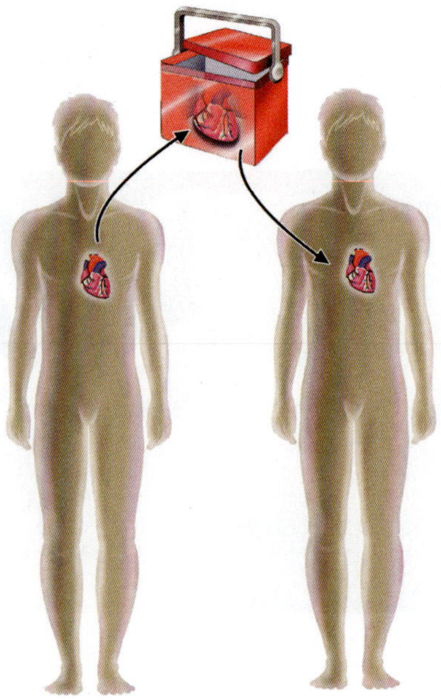

PROCÉS D'UN TRASPLANTAMENT

1. Autorització del donant o del familiar en cas de mort del donant.
2. Comprovació que no pateix cap malaltia contagiosa.
3. Extracció i emmagatzematge de l'òrgan o dels òrgans.
4. Selecció del receptor amb els criteris següents:
   a Proximitat
   b Compatibilitat amb el donant
   c Urgència
   d Edat (tenen prioritat els nens)

3.1 Solidaritat i condicions per fer els trasplantaments

Alguns trasplantaments, com el de cor o pulmó, poden salvar la vida del receptor. En altres casos, com en el de còrnia, milloren la seva qualitat de vida.

Per poder dur a terme qualsevol trasplantament és necessària la solidaritat i generositat del donant o els seus familiars, ja que és un acte voluntari i gratuït.

És un procés que està regulat per la Llei de trasplantaments espanyola i preveu les condicions fonamentals següents:

- L'establiment de la **mort encefàlica**. És imprescindible diagnosticar amb claredat la mort del donant. Això no és senzill, ja que els òrgans d'una persona morta poden seguir funcionant si és connectada a un respirador i alimentada artificialment. Els criteris per confirmar la mort encefàlica són els següents:
  - **Absència de respiració espontània** durant un mínim de 30 minuts (la falta d'oxigen al cervell provoca la mort de les neurones).
  - **Absència de reflexos cefàlics** i falta de **to muscular** (inclòs el cor).
  - **Electroencefalograma pla,** que mostra la falta d'activitat cerebral.
- El respecte per la **voluntat del difunt** pel que fa a donar o no els seus òrgans. S'ha de confirmar el consentiment del donant o de la seva família, o que el difunt no hagi deixat constància expressa de la seva oposició a donar els seus òrgans.
- El **caràcter altruista** de la donació i la **no comercialització** dels òrgans. No es pot cobrar ni pagar per cap òrgan trasplantat, ni per la intervenció, per evitar així els perills derivats de la comercialització d'òrgans.
- La garantia de l'**anonimat del donant**. Ni la família del donant ni el receptor saben de qui prové l'òrgan ni qui el rep.
- L'aplicació de **criteris mèdics per a la distribució** dels òrgans disponibles entre els malalts que els esperen.

Donació de sang

Recorda que la sang és un teixit i que la seva donació és molt important per salvar vides.

Cada dia, als hospitals, s'utilitzen litres de sang que provenen de donacions de gent solidària.

En aquest cas no es parla de trasplantament sinó de **transfusió**.

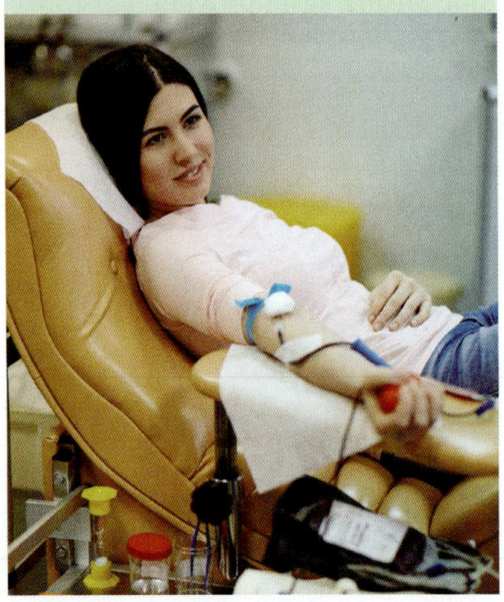

3.2 El rebuig dels trasplantaments

El principal problema en aquest tipus d'operacions és el **rebuig**. Quan un organisme rep un trasplantament, el seu sistema immunitari analitza les molècules de l'òrgan rebut i, si les reconeix com a estranyes, genera anticossos en contra.

La resposta immunitària de rebuig pot arribar a provocar la destrucció de l'òrgan trasplantat i, si aquest és vital, la mort del receptor. Per evitar-ho, prèviament es fan **proves de compatibilitat** que analitzen les molècules de la persona receptora i les del donant. Si són incompatibles, el trasplantament no es fa.

Gràcies a la recerca, s'han desenvolupat substàncies **immunosupressores**, que són fàrmacs dissenyats per inhibir la resposta immunitària natural de l'organisme i evitar el rebuig de l'òrgan nou, sense impedir el nivell de defenses naturals suficient per fer front a les infeccions. Aquestes substàncies han contribuït en bona mesura a l'èxit i la consolidació dels trasplantaments com a teràpia.

AUTOTRASPLANTAMENT
Es trasplanta el teixit d'una part sana del cos a una altra de danyada de la mateixa persona. El pacient actua com a donant i receptor alhora.

AL·LOTRASPLANTAMENT
L'òrgan és trasplantat entre individus que no són genèticament idèntics. Constitueixen la majoria dels trasplantaments. L'empelt es pot obtenir d'una persona morta, d'un donant viu amb relació de parentiu o d'un donant viu sense relació de parentiu.

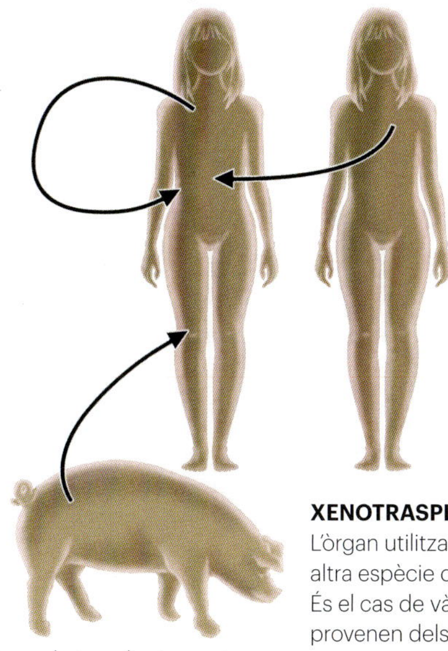

XENOTRASPLANTAMENT
L'òrgan utilitzat prové d'un donant d'una altra espècie diferent de la del receptor. És el cas de vàlvules cardíaques que provenen dels porcs.

Tipus de trasplantaments.

Activitats

6. AS AV AM Espanya és un dels països del món en què es fan més trasplantaments. Llegeix el titular de la notícia, observa el gràfic i fes les activitats.

Espanya revalida el rècord en donacions i trasplantaments que manté des de fa 26 anys
El 2017 es va assolir una taxa de 47,0 donants per milió de persones, amb un total de 2183 donants i 5261 òrgans trasplantats

- **a** Com pot haver-hi més trasplantaments que donants? Justifica la teva resposta.
- **b** Hi ha un augment de donants, però també de la taxa de donants. Quina diferència hi ha entre els dos? Quina dada et sembla que és més important?
- **c** Raona si hauria de ser obligatòria la donació d'òrgans. Feu-ne un debat a classe.

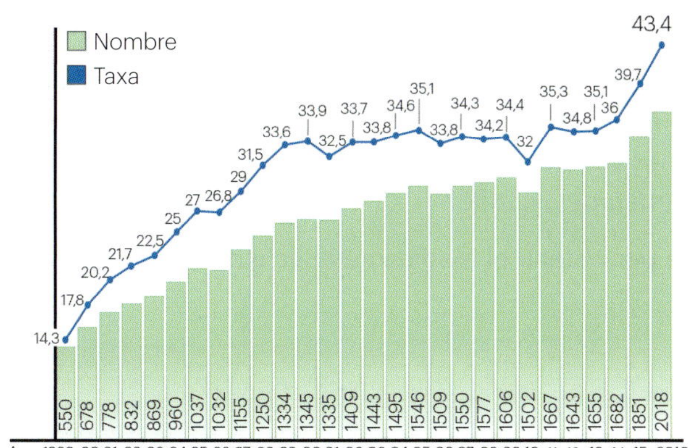

Evolució del nombre de donants i de la taxa de donants per milió d'habitants a Espanya des de 1989 (*Crónica Global Vida*, 11 de gener del 2017).

7. AS AL Visualitza el vídeo i respon les preguntes següents.

- **a** De quina manera va salvar vides l'Anna?
- **b** Qualsevol podria rebre els òrgans de l'Anna?
- **c** Què passaria si el receptor no fos compatible amb l'Anna?

8. AV AS AD Visiona el vídeo sobre el rècord de trasplantaments a Espanya i fes les activitats.

Espanya bat rècords en trasplantaments

- **a** Per què diries que és important que l'operatiu no duri més de dotze hores?
- **b** Les donacions són sempre anònimes, penses que és el correcte? Redacta una llista amb quatre arguments a favor i una altra amb quatre arguments en contra. Després feu un debat a classe sobre si s'hauria de canviar o no aquesta llei.
- **c** Malgrat que Espanya és un dels països més solidaris, encara es necessiten més donacions. Dissenyeu una campanya de conscienciació i elaboreu una presentació o un vídeo. Recordeu que ha de tenir un eslògan i un missatge explicatiu de per què s'han de donar òrgans.

4 Com s'investiga un medicament?

Global / Salut AS AL

Aprèn a...

Aplicar el mètode científic en les teves recerques.

Argumentar críticament el teu punt de vista sobre temes sociocientífics controvertits.

Ítem 1. Com es va descobrir la penicil·lina?

Alexander Fleming va descobrir la penicil·lina per casualitat mentre feia altres recerques. Després de tornar de vacances, el 28 de setembre de 1928, va observar que molts cultius del bacteri *Staphylococcus aureus* abandonats durant l'estiu estaven contaminants. En revisar una d'aquestes plaques, va observar que hi havia un «halo de transparència» lliure de bacteris a causa d'un fong. Va decidir aïllar i cultivar el fong contaminant, que va identificar com a *Penicillium notatum*, i va comprovar que aquest produïa una substància, la penicil·lina, que matava els bacteris.

La troballa de la penicil·lina

Ítem 2. Per què va costar tant utilitzar-la?

Fleming va publicar el seu descobriment el 1929, que va iniciar un llarg procés de recerca. Durant anys, Florey i Chain (premis Nobel de Medicina juntament amb Fleming el 1945) van treballar en la purificació i la fabricació de la quantitat suficient de penicil·lina per poder fer un tractament. Van haver d'esperar fins al 1940 per provar-la. Per fer-ho van experimentar amb vuit ratolins als quals van infectar amb una dosi letal d'estafilococs. A quatre els van inocular penicil·lina. Unes quantes hores més tard, els rosegadors no tractats havien mort, mentre que la resta van seguir amb vida. Però no va ser fins al 1941 quan Moyer va aconseguir produir penicil·lina en grans quantitats, cosa que va permetre tenir prou quantitat per curar pacients humans. El 1943 ja es comercialitzaven les ampolles de penicil·lina i se'n va iniciar l'ús mèdic.

Desenvolupament del medicament

Construeix amb el que saps

Descriu 1 Què és un antibiòtic?

Raona 2 Abans del descobriment dels antibiòtics, una infecció bacteriana podia suposar la mort de qualsevol persona, però no tothom moria a causa de les infeccions. Quin tipus d'immunitat destruïa els patògens?

- **a** Natural activa
- **b** Artificial activa
- **c** Natural passiva
- **d** Artificial passiva

Aplica 3 Torna a llegir el fragment de l'experiment que van fer amb els ratolins i fes les activitats.

- **a** Redacta una possible hipòtesi de l'experiment.
- **b** Elabora el possible protocol de l'experiment.
- **c** Per què van utilitzar vuit ratolins i només van donar el tractament a quatre? Per a què serveixen els altres quatre i quin nom reben en el mètode científic?

Reflexiona 4 Va ser suficient trobar la substància per obtenir el medicament, és a dir, els antibiòtics? Què més va ser necessari?

El que has construït

Després del descobriment científic d'un fàrmac nou, és necessari un procés d'estudi, anàlisi i experimentació abans que pugui ser utilitzat en éssers humans.

4. Avenços en biomedicina

Els avenços en biomedicina han provocat canvis enormes, han fet augmentar l'esperança de vida i n'han millorat la qualitat. Històricament, hi ha molts exemples d'això:

- **Els antibiòtics.** Abans que Fleming descobrís el primer antibiòtic, la penicil·lina, milions de persones morien com a conseqüència de qualsevol infecció. Des de llavors s'ha investigat per trobar i fabricar més i millors antibiòtics, ja que els bacteris s'han anat fent resistents.
- **Les vacunes.** Edward Jenner va ser qui va descobrir les vacunes, ja que va demostrar que la inoculació de microbis de la verola de les vaques en humans els feia immunes a la malaltia. Això és degut al fet que la verola de les vaques és una malaltia menys agressiva que la verola humana. Des de llavors, s'han desenvolupat vacunes per a moltíssimes malalties, la mortalitat infantil ha disminuït dràsticament i algunes malalties s'han arribat a erradicar.

Jenner vacunant un nen contra la verola, de Gaston Mélingue (1839-1914). Mostra Edward Jenner vacunant James Phipps, un nen de vuit anys, el 14 de maig de 1796.

4.1 Les cèl·lules mare

Les **cèl·lules mare** són aquelles que tenen la capacitat de dividir-se i diferenciar-se en diversos tipus de cèl·lules especialitzades. En els organismes adults, actuen en la regeneració o reparació de teixits de l'organisme.

Les cèl·lules mare adultes poden tenir molts usos clínics i es podrien emprar en medicina regenerativa, immunoteràpia i teràpia gènica. S'han fet nombrosos estudis amb molt èxit amb animals per tractar diabetis tipus 1, Parkinson, infarts, malalties de la pell, etc., però encara s'estan fent estudis per garantir-ne la seguretat en l'ús amb pacients.

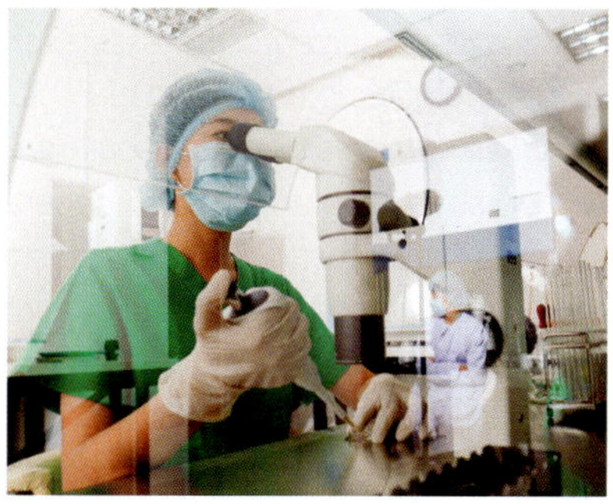

La recerca és imprescindible per trobar noves cures a les malalties.

4.2 Teràpies gèniques

Una **teràpia gènica** és el conjunt de tècniques que utilitzen la transferència de material genètic per prevenir o curar malalties d'origen genètic. Es basen en la transferència de la versió correcta del gen a les cèl·lules d'una persona que està malalta per culpa d'un gen defectuós. Igual que passa amb les cèl·lules mare, encara s'hi està investigant i el seu ús és molt limitat.

Hi ha diverses estratègies, com, per exemple, l'estratègia *ex vivo*, que s'explica a continuació:

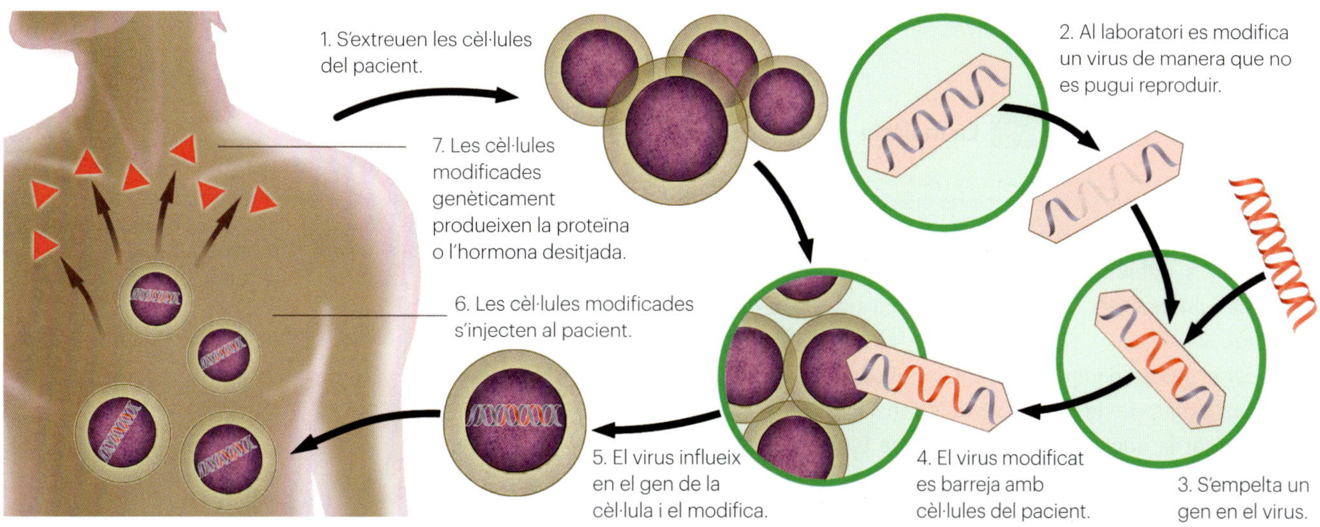

Ciències en context

1 AS Social / Salut **Bacteris multiresistents**

Valorar els hàbits de vida com un mitjà per prevenir les malalties.
Explicar els diferents mecanismes de transmissió de les malalties infeccioses i proposar mètodes per evitar-ne el contagi.

Més de 35 000 persones moren cada any a Espanya com a conseqüència dels bacteris multiresistents, que és com s'anomenen els que no responen als antibiòtics. A Espanya suposa un problema de gran magnitud, ja que és el primer país del món en consum d'antibiòtics. La xifra de morts supera els causats per accidents de trànsit al nostre país.

El president de la Societat Espanyola de Farmàcia Hospitalària ja ha advertit de l'ús abusiu dels antibiòtics i ha alertat que el 40% dels pacients ingressats en hospitals són tractats amb antibiòtics, mentre que el 60% reben almenys una dosi d'aquests fàrmacs durant el seu ingrés. Ha explicat que, quan una persona pren antibiòtics i genera bacteris multiresistents a la seva flora intestinal, els pot transmetre a les persones amb qui conviu. A més, ha subratllat la importància d'una higiene correcta i de rentar-se les mans, també per als facultatius als hospitals, ja que només el 40% dels metges es renta les mans amb alcohol després de tractar un pacient.

«Els bacteris multiresistents causen 35 000 morts a l'any», a *La Vanguardia*, 17 de maig del 2018 (adaptació)

1. **Descriu.** Què és un antibiòtic? En quin tipus de malaltia s'ha d'utilitzar?
2. **Aplica.** Per què és tan important la higiene correcta del personal hospitalari? Quin tipus de mesura és, preventiva o de tractament?
3. **Raona.** Per què es produeix la resistència dels bacteris? Quines mesures serien efectives per evitar-ho?

2 AL AS AM Global / Salut **La malària**

Reconèixer les malalties i infeccions més comunes i relacionar-les amb les seves causes.
Explicar els diferents mecanismes de transmissió de les malalties infeccioses i proposar mètodes per evitar-ne el contagi.
Explicar el procés d'immunitat i valorar el paper de les vacunes com a mètode de prevenció de les malalties.
Argumentar la importància de la recerca biomèdica en el tractament de les malalties.

La lluita contra la malària, malaltia provocada pel protozou paràsit *Plasmodium*, està actualment en crisi. La transmissió de la malaltia entre les persones es produeix a través dels mosquits femella del gènere *Anopheles*. Aquest mosquit s'ha tornat resistent a molts insecticides i, a més, els medicaments que s'utilitzen per combatre el *Plasmodium* cada vegada són menys eficaços.

Quan un mosquit pica una persona, introdueix els *Plasmodium*, que migren al fetge i entren a les cèl·lules hepàtiques, on es multipliquen ràpidament. Un cop madurs, surten, passen al torrent sanguini i infecten els glòbuls vermells, a dins dels quals es continuen multiplicant i augmentant de mida fins que trenquen l'eritròcit i surten a la sang per infectar un altre glòbul vermell. El trencament de glòbuls vermells infectats es produeix de manera sincronitzada, de manera que s'alliberen diverses toxines que ocasionen crisis febrils sobtades, molt intenses, que es repeteixen cada vuit a deu dies, i que poden anar acompanyades de febre per sobre dels 40 °C, mal de cap, calfreds, vòmits i decaïment. La repetició d'aquest procés va deixant l'organisme exhaust i, de vegades, pot provocar la mort.

Per prevenir la malaltia, el millor és la prevenció utilitzant mosquiteres i repel·lents de mosquits. A banda d'això, s'està desenvolupant una vacuna nova que immunitza introduint el paràsit atenuat amb radiació o manipulació genètica, i, alhora, s'administra cloroquina al pacient (medicament que ataca el *Plasmodium* quan es troba dins del glòbul vermell).

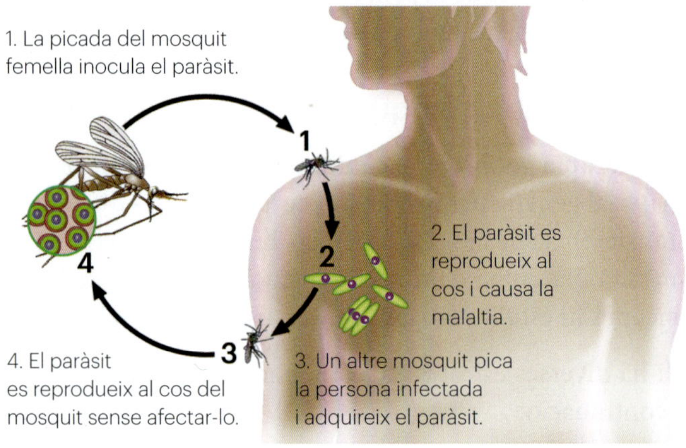

Cicle vital del paràsit *Plasmodium*.

1. **Descriu.** Quin tipus de malaltia és la malària? Què la causa?
2. **Identifica.** Indica quins són els símptomes d'aquesta malaltia (hi pot haver més d'una resposta correcta).
   - **a** Taques vermelles a la pell
   - **b** Febres altes
   - **c** Mal de cap
   - **d** Dolor a les articulacions
3. **Identifica.** Quin és el vector que actua en la propagació de la malària?
   - **a** El mosquit *Anopheles*
   - **b** La persona malalta
   - **c** El protozou *Plasmodium*

4 **Interpreta.** En el text figuren tres mètodes per impedir la propagació de la malària. Quina de les etapes del cicle vital del paràsit de la malària (1, 2, 3 i 4 del dibuix) es veu directament afectada per cada un dels mètodes? Indica a quina etapa o etapes afecta cada mètode.

a Dormir sota una mosquitera.
b Prendre medicaments contra la malària.
c Utilitzar pesticides contra els mosquits.

5 **Raona.** Argumenta en quina etapa actuaria la utilització de mascles estèrils per evitar-ne la reproducció.

6 **Interpreta.** Observa el gràfic, que mostra la febre que pateix un malalt d'un dels tipus de malària.

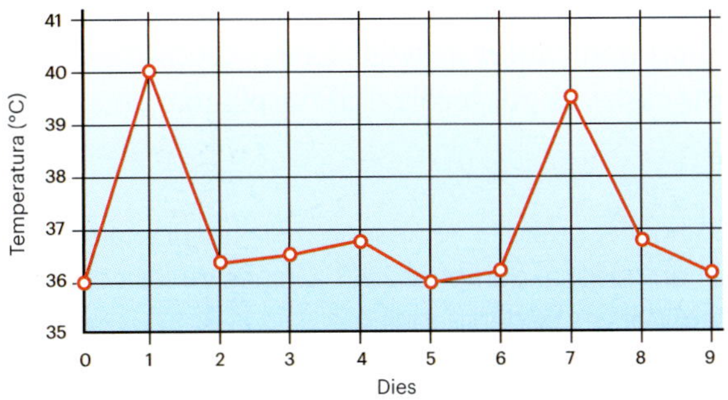

a Cada quants dies es produeix un accés de febre alta?
b Per què es produeixen períodes de febre alta seguits de períodes de normalitat?

7 **Aplica.** Relaciona els termes de les dues llistes.

a Protozou *Plasmodium*	**A** Tractament
b Cloroquina	**B** Símptoma
c Ús de mosquiteres	**C** Patogen
d Febre	**D** Mesura preventiva

8 **Raona.** El juliol del 2018 es va confirmar l'eficàcia d'una vacuna per a la malària. Argumenta quin tipus de mesura és una vacuna: preventiva o de tractament.

9 **Reflexiona.** Per què és important la recerca biomèdica? Raona la teva resposta.

3 AS AL Social / Ciència i tecnologia Teràpia gènica

Argumentar la importància de la recerca biomèdica en el tractament de les malalties.
Conèixer la importància de la donació de cèl·lules, sang i òrgans.

La talassèmia beta és una malaltia causada per una mutació en el gen HBB, que afecta la producció d'hemoglobina, proteïna que transporta l'oxigen. Afecta un de cada 100 000 naixements, és la variant més greu i obliga a rebre des de la infància transfusions de sang cada poques setmanes, cosa que alhora origina problemes per l'acumulació de ferro a la sang.

El nou tractament consisteix a extreure cèl·lules mare productores de cèl·lules sanguínies de la medul·la òssia dels pacients i injectar-los una variant desactivada del virus del VIH que conté una petita seqüència d'ADN amb el gen HBB correcte. El virus entra a les cèl·lules mare dels malalts i hi afegeix el gen HBB adequat, de manera que es corregeix el defecte.

Els pacients reben primer una sessió de quimioteràpia per evitar el rebuig i després una única injecció amb les seves pròpies cèl·lules mare ja corregides, que tindran menys perill de ser rebutjades. Dels 22 pacients que han rebut el tractament, 15 fa una mitjana de més de dos anys que no necessiten transfusions i la resta en necessiten menys sovint.

«Una teràpia gènica evita una malaltia que obliga a rebre transfusions sanguínies tota la vida», a *El País*, 19 d'abril de 2018 (adaptació)

1 **Descriu.** Què és una teràpia gènica?

2 **Interpreta.** Quin tipus de malaltia és la talassèmia beta?

3 **Aplica.** Per què abans de posar la injecció als pacients, els van subministrar una sessió de quimioteràpia?

4 Fins ara, l'única solució era fer transfusions.

a **Descriu.** D'on prové aquesta sang?
b **Reflexiona.** N'hi ha prou de donar sang un cop?

4 AS AM AL Salut / Social Sèrum contra serps

Explicar el procés d'immunitat i valorar el paper de les vacunes com a mètode de prevenció de les malalties.
Argumentar la importància de la recerca biomèdica en el tractament de les malalties.

L'OMS premia l'Institut Clodomiro Picado de Costa Rica pels seus treballs en la recerca i producció de sèrums antiofídics. El procés de producció és conceptualment senzill: extreuen verí de les serps que tenen al serpentari i n'injecten petites dosis a alguns dels 120 cavalls que tenen al centre. Al cap d'uns quants dies extreuen uns 6 L de sang per cavall, que conté les substàncies necessàries per fabricar l'antídot contra el verí de la serp.

1 **Analitza.** Quin és el motiu pel qual injecten petites dosis de verí en animals grans com el cavall?

2 **Aplica.** Com actua el sistema immunitari del cavall enfront d'aquestes petites dosis de verí?

3 **Identifica.** Quines substàncies volen obtenir en extreure sang del cavall?

4 **Interpreta.** Quin nom rep aquest tipus d'immunitat?

5 **Raona.** Explica si es podria utilitzar aquest sistema per obtenir antídots contra el verí dels escorpins.

L'hepatitis

Social / Salut AL AS AM

L'hepatitis engloba un grup de malalties caracteritzades per l'aparició d'un procés inflamatori del fetge. Es pot produir per diverses causes, tot i que generalment el responsable n'és un virus. Es coneixen fins a nou virus que poden afectar el fetge, en què els més estesos són els virus A, B i C.

L'hepatitis A és causada per la ingesta d'aigua o aliments infectats pel virus. Les hepatitis B i C es produeixen pel contacte amb sang o altres líquids corporals infectats.

Aquesta malaltia pot provocar els símptomes següents: icterícia (coloració groguenca de la pell i els ulls), orina fosca, fatiga intensa, febre, nàusees, vòmits i dolor abdominal.

Algunes formes d'hepatitis són lleus i poden desaparèixer per si soles, però d'altres poden ser greus i fer-se cròniques i durar tota la vida, de manera que poden provocar la destrucció de les cèl·lules hepàtiques o cirrosi, o produir càncer de fetge. Com a última opció en aquests casos, es pot recórrer al trasplantament.

1. El fetge és un dels òrgans més grossos del cos.

a Indica a quin sistema o aparell pertany.
b Quina és la seva funció?

2. La infecció pel virus de l'hepatitis C és un problema de salut greu. Actualment, hi ha nous fàrmacs més efectius contra l'hepatitis C que poden arribar a curar el 95 % dels malalts. Aquests nous productes, abans de ser aplicats, han de seguir un procés estricte d'avaluació clínica, l'última prova de la qual és comprovar-ne els efectes en persones, mitjançant un grup de control.

a Com s'ha de fer aquesta prova perquè els resultats siguin concloents? Tria la resposta correcta.
A. Ningú no ha de saber que se'ls està donant un tractament experimental.
B. Tothom ha de pensar que se'ls està donant tractament, encara que la meitat rebrà una substància innòcua o placebo.
C. Totes les persones han de prendre el tractament experimental.
D. A la meitat se'ls donarà el tractament i a l'altra meitat, placebo, i tothom sabrà quin dels dos està rebent.

b Penses que el pacient ha de donar sempre el consentiment quan se li aplica qualsevol tractament? Raona la teva resposta.

3. S'està desenvolupant una vacuna segura per a l'hepatitis C, explica com és el procés per obtenir una vacuna.

4. L'hepatitis A es contagia per mitjà orofecal, és a dir, mitjançant la ingestió d'aliments i aigua contaminats amb femta.

a Indica quin tipus de contagi s'està produint.
b Si es viatja a una zona en la qual hi ha perill de contagi, quines mesures caldria adoptar?

5. En aquest gràfic es representen els trasplantaments fets en un hospital durant el 2013. Quines de les conclusions següents es poden deduir?

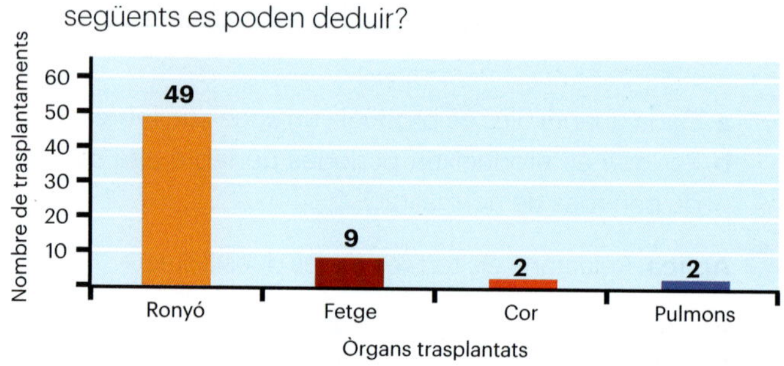

a Si es trasplanten els pulmons, també s'ha de trasplantar el cor.
b Els ronyons són els òrgans més importants del cos humà.
c El ronyó és l'òrgan més trasplantat.
d Els òrgans duplicats són els més trasplantats.

6. Per operar, s'acostuma a fer una incisió, és a dir, un tall, que activa les barreres defensives de l'organisme. Quines tres barreres defensives té el cos? Explica breument com funciona cadascuna.

7. Un dels símptomes de les malalties infeccioses és la febre. Per què apareix aquest símptoma? Esmenta tres malalties que la produeixin i explica quina és la causa que genera aquesta pujada de temperatura.

8. Les hepatitis cròniques víriques poden degenerar en cirrosi, malaltia que provoca la destrucció de les cèl·lules hepàtiques. Altres causes de cirrosi són el consum excessiu d'alcohol, l'excés de greix al fetge per obesitat, etc. Escriu uns quants hàbits saludables que ajudin a evitar aquesta malaltia.

C1: 1, 6 | C2: 2a, 3, 4, 5, 7 | C3:2b, 8

9 L'energia interna de la Terra

1. Com es va descobrir que la Terra té un nucli?
2. Per què no hi ha dos volcans iguals?
3. Per què un tsunami és tan perillós?
4. Podem situar l'epicentre d'un terratrèmol?

EN AQUESTA UNITAT APRENDRÀS A...	Situació d'aprenentatge	Activitats	Ciències en context
Diferenciar un procés geològic extern d'un d'intern i identificar els efectes que té en el relleu. Competències científiques: 1, 2, 5		2, 4, 8	2, 3
Conèixer i descriure com s'originen els sismes, els efectes que generen i les zones de més risc. Competències científiques: 2, 4, 6, 10	1, 3, 4	3	1, 4
Relacionar els tipus d'erupció volcànica amb el magma que els origina i associar-los amb la seva perillositat. Competències científiques: 2, 10	2	5, 6	1, 3
Conèixer els riscos sísmics i volcànics, i les mesures de prevenció i actuació. Competències científiques: 2, 10	3	7	1, 3, 4

1 Com es va descobrir que la Terra té un nucli?

Social / Riscos AS AM AP

Aprèn a...
Identificar els termes del vocabulari científic i expressar-te correctament, tant oralment com per escrit, utilitzant diversos suports.

Ítem 1. Què són les ones sísmiques?

Quan es produeix un terratrèmol s'allibera energia en forma d'**ones sísmiques** o vibracions que deformen el terreny pel qual es propaguen. El lloc on s'inicia un sisme es denomina focus del terratrèmol o **hipocentre**, i el lloc més proper situat a la superfície rep el nom d'**epicentre**.

Tipus d'ona	Origen	Velocitat	Medi
P (primàries)	Profund	6-10 km/h	Travessa sòlids i líquids
S (secundàries)	Profund	4-7 km/h	Travessa sòlids
L (Love)	Superficial	2-6 km/h	Travessa sòlids
R (Raleigh)	Superficial	1-5 km/h	Travessa sòlids

Propagació de les ones sísmiques

Ítem 2. Poden les ones sísmiques travessar la Terra?

Si la Terra tingués una composició i un estat sòlid homogeni, les ones sísmiques produïdes a l'hipocentre recorrerien l'interior del planeta seguint trajectòries rectilínies. Però com que la densitat augmenta amb la profunditat, la velocitat de les ones sísmiques també augmenta i es refracten contínuament, de manera que recorren trajectòries corbes. (Descarrega't i observa les imatges.)

Ítem 3. On és el nucli?

El 1914, el sismòleg alemany **Beno Gutenberg** va observar que les ones *S* deixaven de percebre's a partir dels 103° respecte a l'hipocentre. Com que aquestes ones no poden travessar els líquids, va proposar que el nucli hauria d'estar en estat líquid i va calcular que el límit entre el mantell i el nucli es trobava a 2900 km. Aquest límit rep el seu nom: **discontinuïtat de Gutenberg**. (Descarrega't i observa la imatge.)

Construeix amb el que saps

Identifica 1 Només les ones que comprimeixen els materials poden travessar tots els medis, ja siguin sòlids o fluids. Quines ones sísmiques tenen aquesta propietat?

Descriu 2 Quines ones s'originen a l'hipocentre? Descriu-les.

Descriu 3 Per què les ones sísmiques es desplacen en trajectòries corbes a l'interior de la Terra? Assenyala totes les respostes correctes.

a L'interior de la geosfera és heterogeni.
b Les ones es reflecteixen contínuament.
c L'interior de la geosfera és homogeni.
d Les ones es refracten contínuament.

Interpreta 4 Per què les ones sísmiques *S* no arriben més enllà dels 103°?

Raona 5 Debateu a classe com seria la zona d'ombra si el nucli de la Terra fos més petit.

Conclou 6 Redacta una argumentació per explicar com es va deduir que el nucli es comportava com un líquid i estava a 2900 km de profunditat.

El que has construït

Les **ones sísmiques** són moviments vibratoris produïts pels terratrèmols i que es propaguen per l'interior i per la superfície de la geosfera.
Gràcies a l'estudi del comportament de les ones sísmiques es va deduir que el nucli:
- Té un estat líquid o pastós.
- Es troba a 2900 km de profunditat.

1. L’estructura interna de la Terra

A la Terra es poden distingir quatre capes: l’**atmosfera**, la **hidrosfera**, la **biosfera** i la **geosfera**.

La **geosfera** és la **part sòlida del planeta** i està dividida en tres grans capes concèntriques: l’escorça, el mantell i el nucli.

- **Escorça**. És la part més superficial de la Terra. Es poden distingir dos tipus d’escorça:
  - L’**escorça oceànica** és molt prima (entre 6 i 12 km de gruix); està formada bàsicament per basalt.
  - L’**escorça continental** és més gruixuda (entre 30 i 70 km de gruix); està formada principalment per granit.
- **Mantell**. És la capa situada sota l’escorça i s’estén fins a uns 2900 km de profunditat. Segons la seva composició química, s’hi poden distingir dues capes: el **mantell superior** i el **mantell inferior**.
- **Nucli**. Ocupa el centre de la Terra i es troba entre els 2900 km i els 6371 km de profunditat. Està compost per níquel i ferro, per la qual cosa també rep el nom de **NIFE**. S’hi distingeixen el **nucli extern** i el **nucli intern**.

La **litosfera** és una capa sòlida formada per l’escorça i la part sòlida del mantell superior o **mantell residual**, una capa sòlida que flota sobre la resta del mantell terrestre, que es comporta com un fluid semipastós.

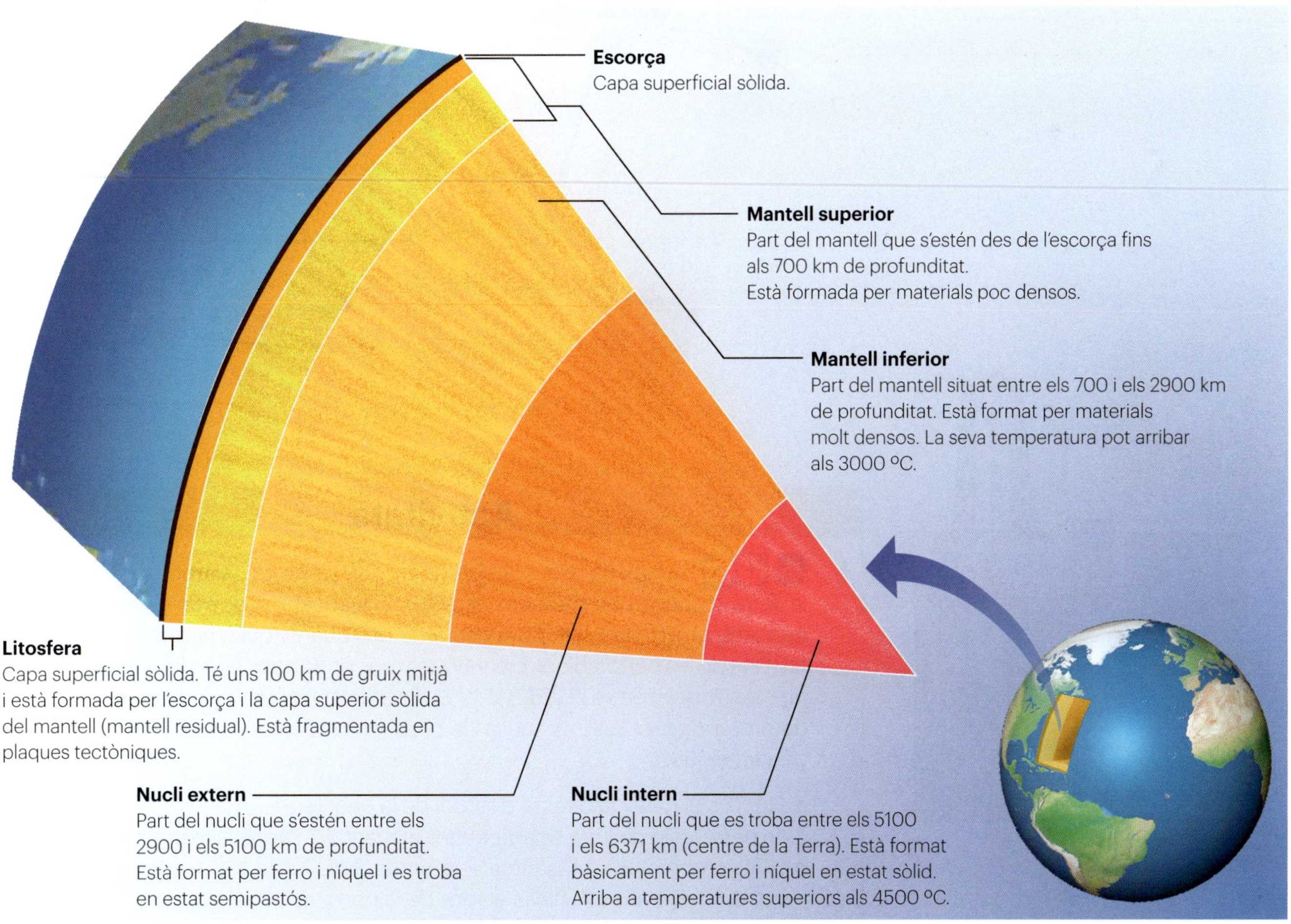

2. L'energia interna

Les elevades temperatures que hi ha a l'interior de la Terra, que arriben als 4500 ºC al nucli, són degudes a l'energia del planeta. Se suposa que aquesta energia prové de dos processos:

- La calor romanent que queda del procés de formació de la Terra i que va arribar a fondre tot el planeta.
- La calor que desprèn per les **reaccions** que tenen lloc a l'interior del planeta. Per exemple, les reaccions químiques exotèrmiques del mantell o les reaccions d'isòtops radioactius a la litosfera.

Aquesta energia calorífica fa que els materials del mantell i del nucli extern es comportin d'una manera plàstica i es puguin deformar, desplaçar-se lentament i formar **corrents de magma**, cosa que permet que la Terra sigui un planeta geològicament actiu.

La calor interna de la Terra provoca l'aparició de **corrents de convecció** del magma que s'inicien als materials plàstics de la base del mantell (capa D). Els corrents pugen fins a xocar amb la litosfera, s'hi desplacen per sota i, finalment, s'enfonsen un altre cop al mantell. El xoc dels corrents de magma amb la litosfera en produeix la fragmentació en **plaques tectòniques**.

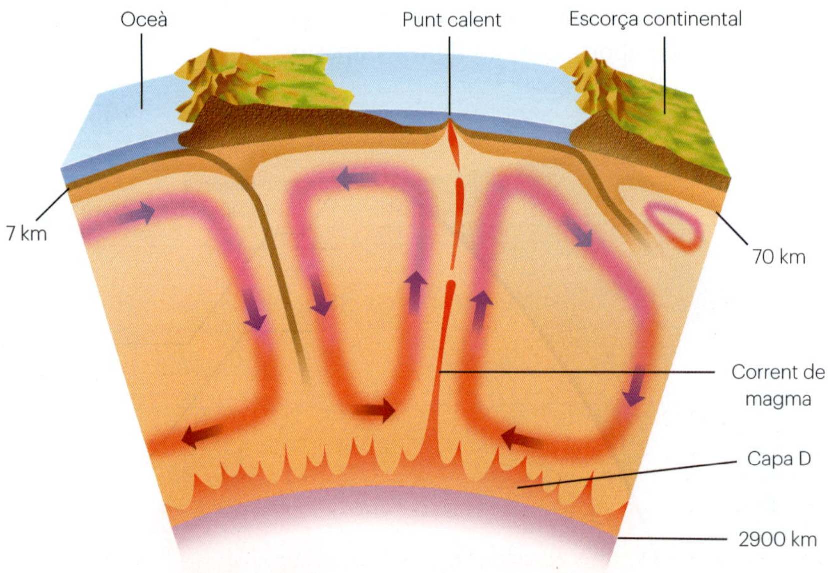

Perforació del pou situat a Kola (Rússia).

Activitats

1 AM +− La majoria dels coneixements que tenim de l'estructura interna de la Terra es basen en mètodes directes, mitjançant sondejos o perforacions que amb prou feines han pogut superar uns quants quilòmetres de profunditat. Una de les perforacions científiques més profundes es va fer a la península de Kola (Rússia) entre el 1962 i el 1992. En aquest lloc es va a arribar als 12 261 m de profunditat el 1989. A causa de problemes tècnics, el projecte es va suspendre el 1992.

a Quin és el mètode directe d'estudi de la geosfera?
b La perforació de Kola va arribar fins al mantell? Raona la resposta.
c Si la temperatura a l'escorça augmenta 3 ºC cada 100 m de profunditat, quina temperatura hi havia al fons de la perforació?

3. Les plaques tectòniques

La **litosfera** no és una capa contínua, sinó que està fragmentada en **plaques tectòniques** que, segons la seva estructura, poden ser de dos tipus:

- **Plaques oceàniques**. Són les formades per una escorça oceànica fina i pel mantell residual o capa sòlida del mantell superior. Per exemple, la placa Pacífica i la de Nazca.
- **Plaques mixtes**. Són les que presenten, sobre el mantell residual, un sector d'escorça oceànica i un altre d'escorça continental. Per exemple, la placa Sud-americana i la placa Africana.

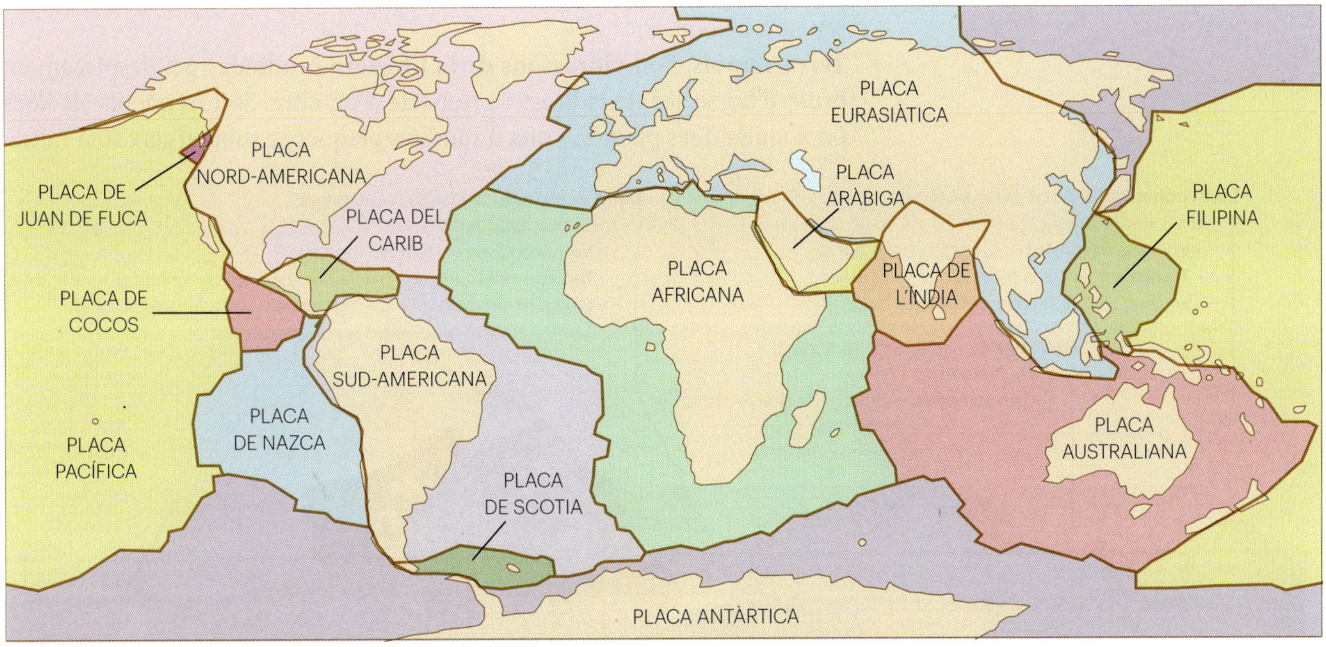

Hi ha 28 plaques tectòniques. En la il·lustració superior només hi ha representades les més grans.

La **teoria de la tectònica de plaques** proposa que les plaques tectòniques floten i es mouen sobre el mantell superior, arrossegades pels corrents de convecció de magma del mantell. Aquests corrents que pugen no poden travessar la litosfera i es veuen obligats a moure's per sota de les plaques; això provoca que es desplacin, i aquest moviment fa que les plaques freguin i col·lideixin les unes amb les altres.

A les plaques tectòniques es diferencien tres tipus de límits o marges:

- **Límit constructiu**. És el marge per on aquesta placa creix gràcies al material magmàtic procedent del mantell.
- **Límit destructiu**. És el marge de la placa que, en desplaçar-se, s'enfonsa sota una altra placa i penetra al mantell, on es fon.
- **Límit passiu**. És el marge de la placa que, en avançar, frega amb el límit passiu de la placa contigua, que es desplaça en sentit contrari.

Activitats

2. Observa el dibuix i respon les preguntes.

a De quin tipus és la placa A?
b Què és un marge constructiu?
c Què és un marge destructiu?
d On estan situats cadascun d'aquests marges a la placa A?

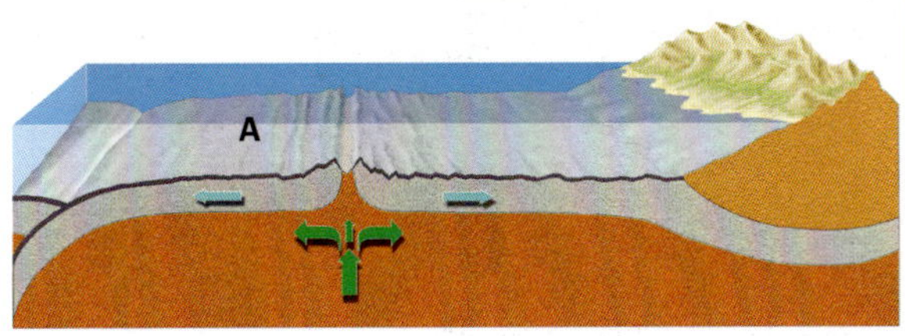

3.1 Efectes del moviment de les plaques tectòniques

Segons la **teoria de la tectònica de plaques**, aquestes plaques es mouen. Els seus moviments, tal com hem vist, provoquen diversos efectes:

- **Orogènesi**. És la **formació de serralades o cadenes muntanyoses**, originades per la compressió i el plegament dels sediments acumulats a les zones de xoc entre dues plaques o per l'ascens del magma, que pot quedar atrapat a l'interior de l'escorça o sortir a l'exterior mitjançant erupcions volcàniques.
- **Vulcanisme**. És la **sortida de magma a l'exterior** a través d'esquerdes a la litosfera. La major part dels volcans es localitzen als llocs on les plaques se separen o xoquen.
- **Terratrèmols**. Són **vibracions de la litosfera** produïdes pel desplaçament brusc d'un sector de la litosfera respecte a un altre. Són freqüents als llocs on xoquen dues plaques i una d'aquestes plaques se submergeix sota l'altra.

Límit constructiu d'una placa tectònica.
S'hi produeixen:
- **Volcans fissurals** per la sortida del magma.
- **Terratrèmols** cada vegada que se separen les plaques per l'empenyiment del magma.

Límit passiu d'una placa tectònica.
S'hi produeixen:
- **Terratrèmols** cada vegada que la placa avança i frega amb la placa contigua que es mou en sentit contrari.

Límit destructiu d'una placa tectònica.
S'hi produeixen:
- **Volcans** per la sortida del magma.
- **Terratrèmols** cada cop que la placa avança per enfonsar-se al mantell.
- **Orogènesi** o formació de muntanyes per l'acumulació dels sediments que hi ha entre les dues plaques.

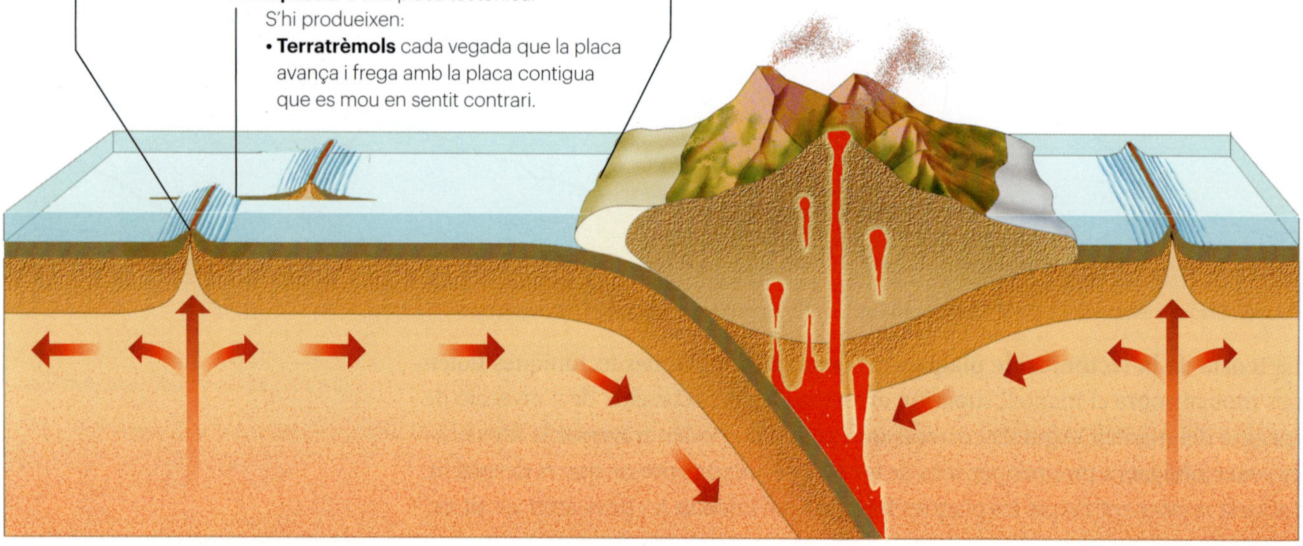

Activitats

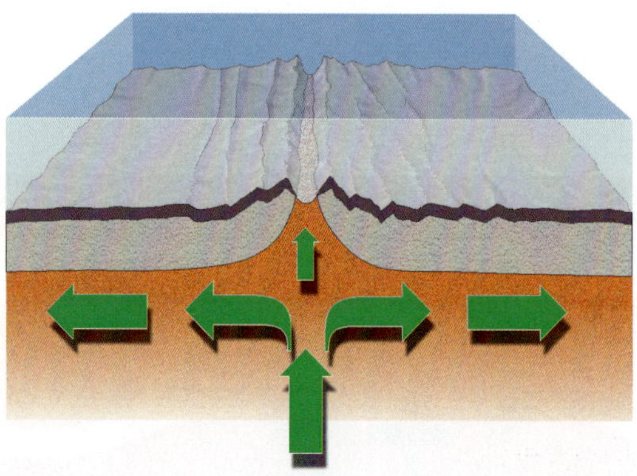

3. Les dorsals són serralades immenses que poden arribar als 3000 m d'alçària i que recorren el fons oceànic. A sota de les serralades xoquen els corrents de magma que pugen procedents del mantell i que, com que no poden sortir a la superfície, es veuen obligats a dividir-se i fluir per sota de la placa tectònica en sentits oposats. L'empenyiment del magma eleva aquesta zona i forma la dorsal; a més, fon la part inferior de la placa, la fa més prima i la debilita, per la qual cosa l'acaba trencant per llargues fractures.

a Indica quin tipus de litosfera surt en el dibuix de la dorsal. Quines capes de la geosfera la formen?

b Explica quin tipus de límit de placa tectònica es mostra a la dorsal i per què rep aquest nom.

c Què passa cada cop que els corrents de magma separen en direccions oposades les dues plaques que formen aquesta dorsal?

4. El cicle geològic

El **cicle geològic** és el conjunt de processos de transformació dels materials geològics (minerals i roques de l'escorça terrestre).

En aquest cicle, els materials de l'interior de la litosfera arriben a la superfície, on són alterats i transformats en materials externs que seran transportats una altra vegada a l'interior de la litosfera. Allà són convertits en materials interns amb els quals s'iniciarà novament el cicle.

Malgrat el nom de «cicle», aquestes processos no es poden considerar etapes que se succeeixen en el temps, ja que tenen lloc simultàniament. Es consideren tres processos: **gliptogènesi** o destrucció del relleu, **litogènesi** o formació de roques i **orogènesi** o formació del relleu.

4.1 Gliptogènesi

La **gliptogènesi** és el procés **destructiu** de desgast dels materials que formen el relleu i la seva acumulació a les conques de sedimentació: mars, llacs, valls, etc.

Està provocat pels **agents atmosfèrics**, com els canvis bruscos de temperatura i les reaccions químiques amb els gasos de l'atmosfera; els **agents biològics**, com vegetals, animals i també l'home, i els **agents geològics externs**, com el rius, el vent, les glaceres o el mar. En aquest procés es distingeixen quatre etapes: **meteorització**, **erosió**, **transport** i **sedimentació**.

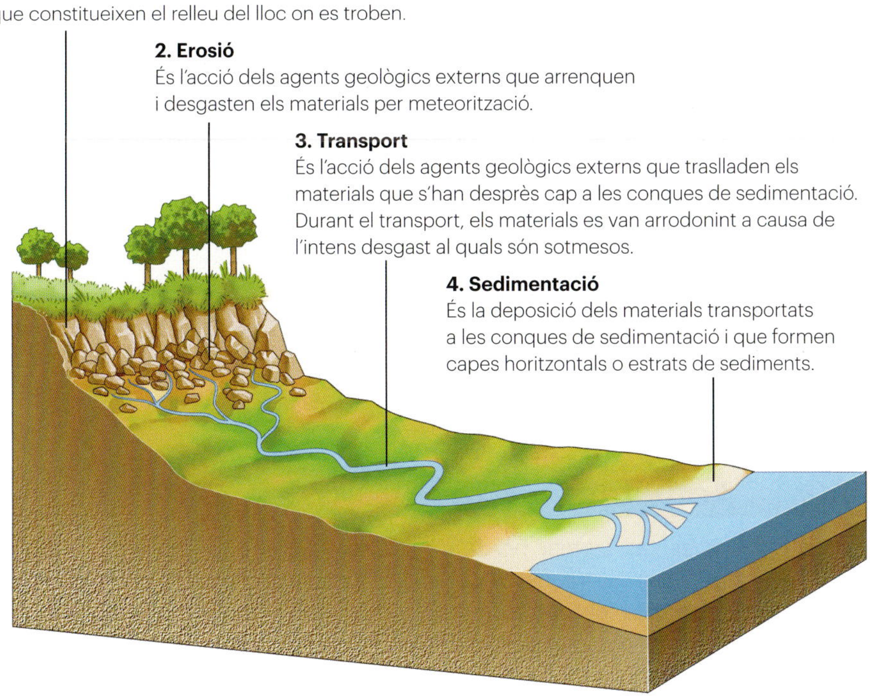

Pedres arrencades al curs alt del riu.

Còdols al curs mitjà del riu. Les seves formes són més arrodonides per l'erosió.

4.2 Litogènesi

La **litogènesi** engloba el conjunt de processos mitjançant els quals **es formen roques sedimentàries** a partir dels sediments dipositats a les conques de sedimentació. Aquestes roques sedimentàries acostumen a aparèixer formant estrats.

Serralada alpina formada per orogènesi.

4.3 Orogènesi

L'**orogènesi** és un procés **constructiu**, és a dir, de formació del relleu.

El produeixen els agents geològics interns: la temperatura i la pressió que generen els **corrents interns del magma**.

Aquests corrents xoquen amb la litosfera, cosa que provoca el fraccionament de la litosfera en plaques tectòniques i el seu desplaçament posterior. Quan les plaques s'aproximen, comprimeixen els materials dipositats entre elles, de manera que els pleguen i els eleven, i es produeixen així les cadenes de muntanyes. Si el magma aconsegueix sortir a l'exterior, es formen els volcans.

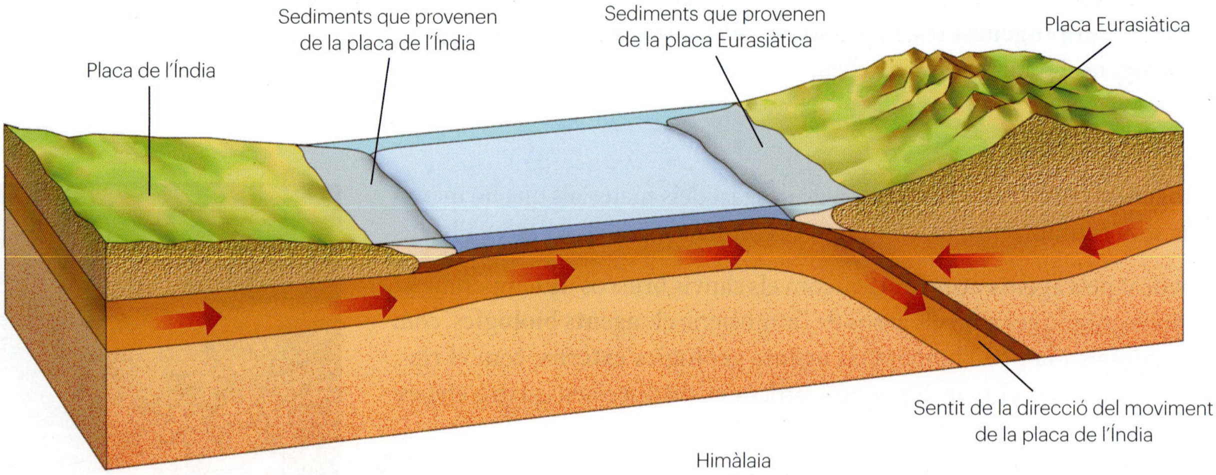

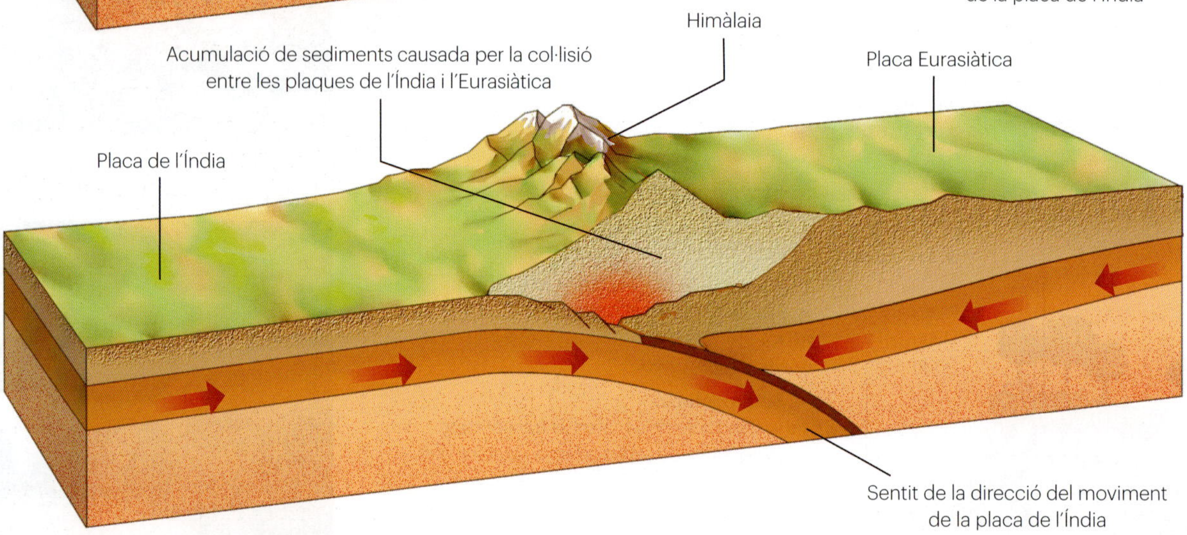

Activitats

Pirineus.

4. Els Pirineus es van formar per la col·lisió de la placa Ibèrica amb la placa Eurasiàtica. Fa uns 75 milions d'anys la placa Ibèrica va començar a col·lidir amb la placa Eurasiàtica, els sediments dipositats al mar que els separava es van acumular i comprimir, de manera que es va formar la serralada dels Pirineus, que al seu inici tenia cims molts més elevats que els actuals, malgrat que actualment encara té 212 cims de més de 3000 m.

a Explica com es van formar els Pirineus.
b D'on provenen els materials que formen aquesta serralada?
c Argumenta per què la formació dels Pirineus és un procés geològic intern.
d Per quina causa els Pirineus són ara més baixos que al seu inici?

2 Per què no hi ha dos volcans iguals?

Social / Riscos AS AL

Aprèn a...

Seleccionar i fer servir la informació científica per formar-te una opinió.

Ítem 1. Tots els magmes són iguals?

L'**acidesa** del magma en determina les propietats:

- **Magmes bàsics.** Són **fluids** i, en refredar-se i solidificar-se, originen roques fosques.
- **Magmes àcids.** Són **viscosos**, tant que de vegades es refreden a l'interior de l'escorça i formen **batòlits** o masses de roques de colors clars.

	% de silici (SiO_2)
Àcids	> 70 %
Intermedis	50 %-70 %
Bàsics	45 %-50 %
Ultrabàsics	< 45 %

Tipus de magma segons la seva acidesa.

Ítem 2. Com surt el magma?

El magma, en arribar al cràter, perd els gasos i es converteix en **lava**. Aquest procés pot ser de dos **tipus**:

- **Efusiu.** Si el magma és **fluid**, perd els gasos suaument i forma colades de lava, per això les erupcions són **tranquil·les**.
- **Explosiu.** Si el magma és **viscós**, quan perd els gasos, llança lava a l'aire, on es refreda i cau en forma de materials sòlids o **piroclasts**. La dificultat que tenen els gasos d'aquest tipus de magma per sortir fa que les erupcions siguin **explosives**.

Ítem 3. Quines formes pot tenir un volcà?

Els edificis volcànics es poden classificar en tres tipus:

- **Cons d'escòries.** Constituïts per acumulacions de piroclasts.
- **En escut.** Formats per capes successives de colades de lava.
- **Estratovolcans o mixtos.** Constituïts per una alternança d'estrats de piroclasts i colades de lava. Són els volcans més alts.

Colades de lava d'un volcà efusiu.

Construeix amb el que saps

Aplica 1 Els volcans peleans tenen un magma tan espès que solidifica dins de la xemeneia. El gas queda atrapat fins que la seva pressió provoca una gran explosió que pot arribar a rebentar el volcà. Quin tipus de magma pot produir aquest tipus de procés?

Descriu i raona 2 Observa aquest fragment de granit i explica com s'ha format i com era el magma que l'ha originat. Cerca informació si et cal.

Reflexiona 3 El Nevado Ojos del Salado és el volcà més alt del món, amb 6891,3 m.

a Quin tipus de procés eruptiu ha format aquest volcà, efusiu, explosiu o tots dos tipus?
b Quin tipus de volcà és i com s'ha format?

Conclou 4 Argumenta per què hi ha diferents tipus de volcans.

El que has construït

Hi ha diferents tipus de volcans, depenent del tipus de magma que els formi. La viscositat i el contingut de gasos del magma determina els factors següents:

- **Tipus d'erupció. Efusiva** o **explosiva**, segons com surt el magma.
- **Forma del volcà**. Segons com s'acumulin els materials volcànics, els volcans poder ser de diversos tipus: **volcans en escut**, **cons d'escòria** o **estratovolcans**.

5. Els volcans

Tipus d'erupcions

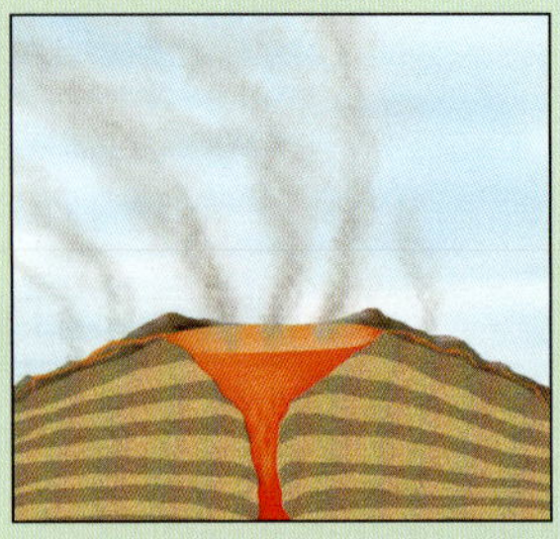

Hawaià. Volcà format per erupcions **efusives**. Emet abundants colades de lava.

Estrombolià. Volcà originat per erupcions **explosives**. Emet molts piroclasts.

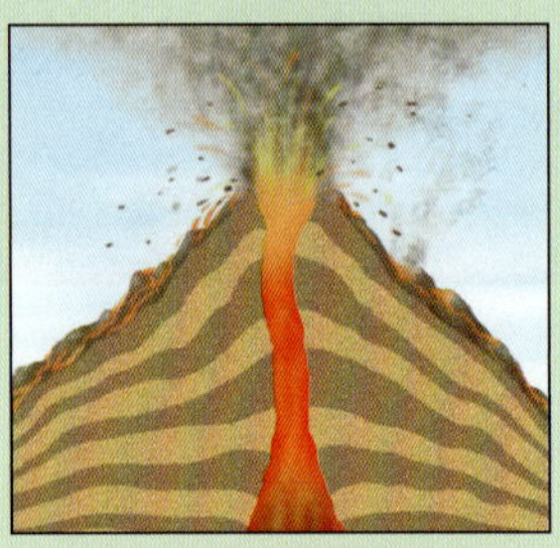

Vulcanià. Volcà originat per erupcions **molt explosives**. Emet abundants piroclasts i colades de lava.

Peleà. Volcà amb erupcions **extremadament explosives**. El magma se solidifica a la xemeneia i impedeix la sortida dels gasos, la pressió dels quals pot rebentar el volcà i fer que aquests gasos surtin i formin núvols ardents.

Un **volcà** és una **obertura o esquerda de la litosfera** que permet la sortida de **magma** a la superfície terrestre, cosa que dona lloc a una acumulació de materials volcànics.

Segons la **mida** de l'esquerda de sortida, els volcans poden ser:

- **Volcans puntuals o centrals**, quan l'obertura és petita. La seva forma acostuma a ser cònica.
- **Volcans fissurals**, quan l'obertura és una esquerda llarga que pot arribar a mesurar uns quants quilòmetres.

El **magma** és un fluid format per roques foses que conté una gran quantitat de gasos. En sortir a l'exterior, el magma perd els gasos i passa a ser un material pastós anomenat **lava**.

Una **erupció** és el procés de sortida del magma d'un volcà. Segons el tipus de magma l'erupció pot ser:

- **Efusiva**. Erupció tranquil·la produïda per un magma fluid que allibera els gasos fàcilment.
- **Explosiva**. Erupció amb abundants explosions originada per un magma viscós que tapona el cràter, cosa que provoca que els gasos s'hagin d'obrir pas de manera explosiva.

PRODUCTES VOLCÀNICS

Són els materials emesos durant les erupcions. Poden ser de tres tipus:

- **Líquids**. Són les colades de **lava**. Si aquesta lava és molt fluida, es pot moure a gran velocitat i allunyar-se ràpidament del cràter.
- **Gasosos**. Són gasos a temperatures elevades i que formen immensos **plomalls de fum**. El gas més abundant és el **vapor d'aigua**.
- **Sòlids**. Reben el nom de **piroclasts** i són masses de lava llançades a l'aire per les explosions, que es refreden i solidifiquen durant la caiguda.

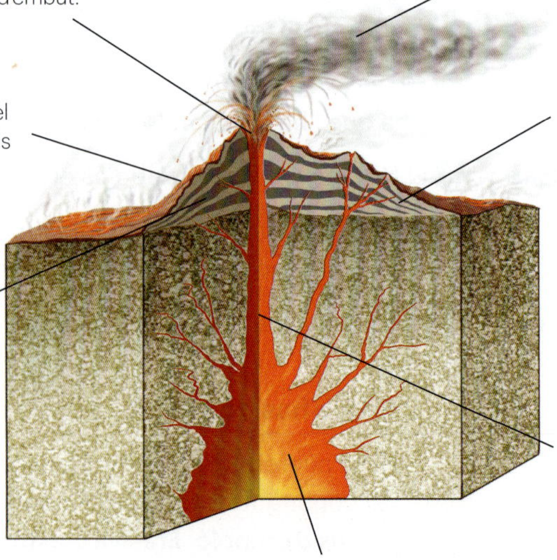

5.1 Risc volcànic, mesures de predicció i prevenció

Els principals riscos que una erupció volcànica pot provocar per als éssers humans i els seus béns són els següents:

- **Caiguda de piroclasts i cendra.** Els piroclasts, llançats durant l'erupció, impacten; les cendres poden arribar a cobrir grans àrees o acumular-se sobre els edificis i provocar-ne l'enfonsament.
- **Lahars.** Són esllavissades de fang gris produïdes per la mescla de les cendres amb l'aigua acumulada al cràter, amb l'aigua de la pluja o amb l'aigua originada en descongelar-se el gel que a vegades cobreix els cims dels volcans. Baixen a gran velocitat i ho arrasen tot al seu pas.
- **Núvols ardents.** Són masses de gasos i cendres incandescents, amb temperatures pròximes als 800 °C, que es mouen a uns 200 km/h. Són molts destructius i calcinen tot el que troben per allà on passen.
- **Colades de lava.** Són masses de lava molt fluida que surten del cràter, es mouen a gran velocitat vessant avall i ho cremen tot al seu pas.

Colada de lava.

MESURES DE PREDICCIÓ	MESURES DE PREVENCIÓ
La pujada del magma per la xemeneia d'un volcà produeix un sèrie d'efectes que poden ajudar-nos a predir la pròxima erupció del volcà. Aquests efectes són: activació d'**emissions de gas** o **fumaroles**; **sorolls** provocats pel moviment del magma a l'interior del volcà; **elevació del terreny** per la pressió del magma; **microsismes** originats per la força del magma, que esquerda l'interior del volcà, etc.	Atesa la perillositat d'una erupció volcànica, la mesura més segura és la ràpida **evacuació** de la població. Aquesta actuació requereix la intervenció de l'Exèrcit, Protecció Civil i una infraestructura de carreteres, hospitals i centres d'acollida per a la població desplaçada. Una altra mesura preventiva és la confecció de **mapes de risc** per conèixer les zones volcàniques més perilloses i impedir que la població s'hi instal·li.

Activitats

5. AS AL Visualitza el vídeo interactiu i fes les activitats associades.

6. AS AL AD Visualitza el vídeo, llegeix la notícia i fes les activitats.

El perillós volcà Kilauea ha obert ja 17 fissures a l'illa de Hawaii

El volcà Kilauea, situat a la costa sud de l'illa de Hawaii, continua demostrant per què està considerat el més eruptiu de l'arxipèlag i també un dels volcans més actius de la Terra. A primera hora del diumenge 13 [13 de maig del 2018], la xifra de fissures es va elevar a 17, amb l'aparició d'un nou punt pel qual, per ara, surten a l'exterior gasos procedents del nucli del Kilauea. La fissura 16, originada el dia abans, va produir un flux de lava que va viatjar aproximadament 200 m de longitud abans d'estancar-se, el mateix dissabte. L'activitat sísmica, la deformació del terreny i les altes taxes d'emissió contínua de diòxid de sofre a l'àrea d'influència del Kilauea indiquen que és probable que es produeixin fissures i corrents addicionals de lava a mesura que aquesta erupció continuï. Les autoritats han advertit que les comunitats i els edificis situats a la part inferior de la muntanya podrien estar en risc per l'extensió de lava i continuen considerant com a probable una gran explosió al volcà.

La Vanguardia, 14 de maig del 2018 (Adaptació)

a Quines mesures de predicció s'estan observant que fan pensar que hi haurà més erupcions?

b Quina mesura de prevenció seria la més efectiva en aquest cas?

c Quin tipus de volcà és el Kilauea?

d Cerqueu informació d'aquest episodi i feu un reportatge (escrit o en vídeo) o una presentació que expliqui el que va passar.

3 Per què un tsunami és tan perillós?

Social / Riscos AS AP

Aprèn a...

Identificar els termes del vocabulari científic i expressar-te correctament tant oralment com per escrit fent servir diversos suports.

Ítem 1. Què és un sisme submarí?

Un **sisme submarí** és un **terratrèmol marí** que pot generar el moviment de grans masses d'aigua en forma d'onades immenses que reben el nom de **tsunamis**.

Un sisme submarí es pot originar de diverses maneres: explosions volcàniques, enfonsaments de vessants d'una muntanya costanera, etc. La major part dels sismes submarins són d'**origen tectònic**, per això són especialment freqüents a les zones pròximes als límits destructius d'una placa.

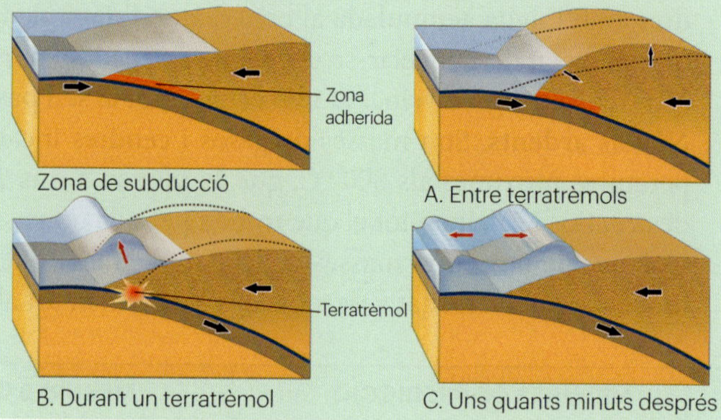

Ítem 2. Com són les onades d'un tsunami?

Les onades d'un tsunami es desplacen a gran velocitat i arriben als 600 km/h, formen *trens* de tres a quatre onades que amb prou feines arriben a un metre d'alçària i separades per centenars de quilòmetres les unes de les altres. En arribar a la costa, redueixen la velocitat a uns 50 km/h, però la seva alçària creix fins a uns 30 m.

▶ Formació de l'onada del tsunami

Ítem 3. Com es pot reconèixer l'arribada d'un tsunami?

Els **senyals** que poden alertar sobre l'arribada imminent d'un tsunami són diversos: patir un terratrèmol que impedeixi mantenir-se dempeus o que esquerdi les parets, veure com l'aigua retrocedeix de la línia de la costa o sentir un gran bramul del mar.

▶ Efectes d'un tsunami

Construeix amb el que saps

Descriu

1 Descarrega't i observa la il·lustració de l'ítem 1 i fes les activitats.

a Quines deformacions pateix el sector continental de la placa que xoca mentre la placa oceànica que s'enfonsa va avançant lentament per sota?
b Explica què li passa al sector continental de la placa quan la zona d'adherència que s'ha format entre les dues plaques es trenca i totes dues s'alliberen.

Interpreta i representa

2 Com es forma una onada de tipus tsunami? Fes un dibuix esquemàtic que representi un sector de l'oceà en el qual es forma, i indica-hi la direcció, la velocitat i la distància entre les onades.

Reflexiona

3 Si perceps algun senyal d'alerta de l'arribada d'un tsunami, quines mesures has de seguir?

a Pujar a zones altes com a mínim de 10 m.
b Evacuar la platja i allunyar-te ràpidament de la costa.
c Seguir les instruccions de les autoritats.
d Després de la primera onada, sortir a auxiliar les persones afectades.

El que has construït

Els **tsunamis** són masses immenses d'aigua que formen onades que es desplacen a gran velocitat a alta mar i que, en arribar a la costa, redueixen la seva velocitat però creixen en alçària.

Els tsunamis són causats per **sismes submarins**, que són terratrèmols marins.

6. Els terratrèmols

Els **terratrèmols**, **sismes** o **tremolors de terra** són moviments bruscos de l'escorça terrestre.

Quan el sisme es produeix al fons del mar la sacsejada es transmet al mar i es produeix un **sisme submarí**, que pot donar lloc a un tsunami, que es caracteritza per anar acompanyat d'onades immenses.

L'origen dels terratrèmols és molt variat:

- **Enfonsaments**. Produïts per la caiguda de grans cavernes.
- **Tectònics**. Ocasionats per la separació o el xoc de plaques tectòniques.
- **Ensorraments**. Generats pel lliscament de masses de roques dels vessants d'una muntanya.
- **Volcànics**. Produïts per les fortes explosions que tenen lloc durant l'erupció volcànica.
- **Antròpics**. Induïts per l'activitat humana: enfonsament de mines i pous de petroli, injecció de fluids al subsol, etc.

Quan l'avanç d'una placa o un fragment d'aquesta placa (un bloc) queda frenat pel fregament amb una altra placa o bloc rocós, es produeix una gran acumulació d'energia. Quan aquesta energia supera la resistència que impedia l'avanç, es produeix el desplaçament brusc i l'alliberament de l'energia acumulada, que genera una sèrie de vibracions que es propaguen en totes les direccions en forma d'**ones sísmiques**.

El lloc on s'inicia el moviment sísmic s'anomena **hipocentre** o **focus del terratrèmol**; el punt de la superfície on primer arriben les ones sísmiques és l'**epicentre**.

Com actuar en cas de terratrèmol?

Si ets dins d'un edifici, has de:

- **Romandre a l'interior**. La major part dels accidents es produeixen per la caiguda d'objectes en intentar sortir.
- Col·locar-te **a sota d'un moble resistent o al costat de la paret**, lluny de vidres, miralls o mobles que puguin caure.
- No fer servir l'ascensor.

Si et trobes a l'exterior, has de:

- **Desplaçar-te a espais oberts**, lluny d'edificis, semàfors, fanals, arbres, ponts, etc.
- **Romandre** a l'espai obert fins que el tremolor s'aturi.

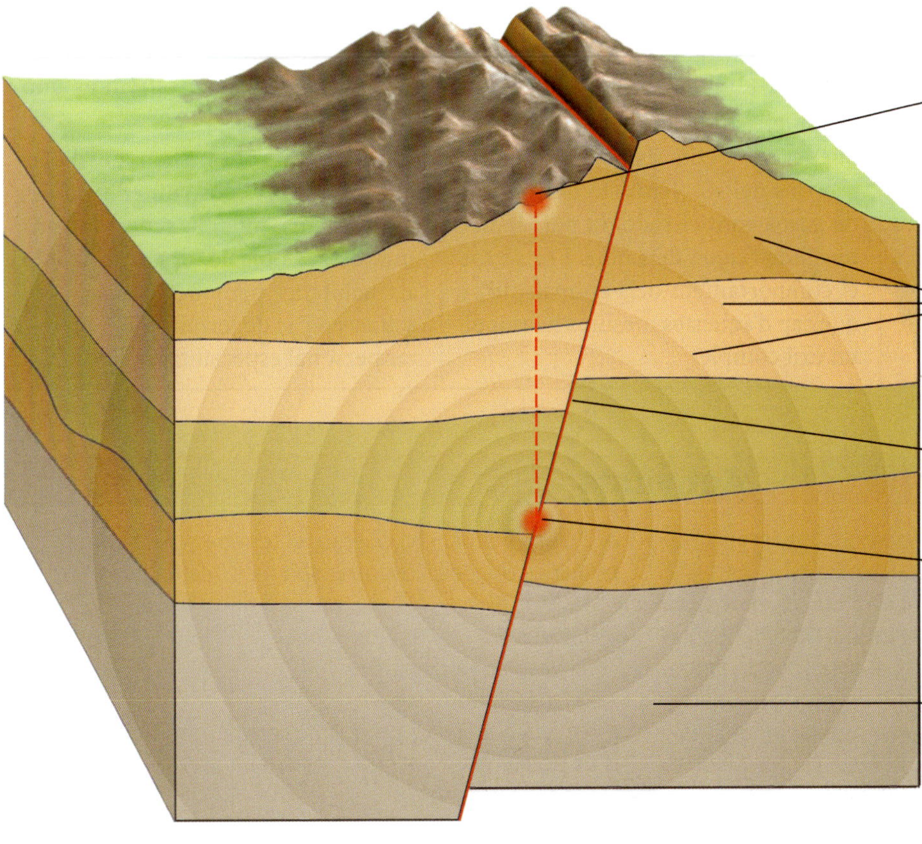

TIPUS D'ONES SÍSMIQUES

Ones *P* o primàries	Ones *S* o secundàries	Ones superficials
S'originen a l'hipocentre, per la qual cosa es desplacen per l'interior de la Terra. Són les que es propaguen a més velocitat. Sotmeten les roques a una contracció-distensió en la direcció de propagació de l'ona.	Es formen a l'hipocentre, per la qual cosa es mouen per l'interior del planeta. Es propaguen a menys velocitat que les ones *P*. Fan vibrar les roques perpendicularment respecte a la direcció de propagació de l'ona.	Es creen a l'epicentre i es mouen per la superfície terrestre, per la qual cosa són les més destructives. Són les que es propaguen a menys velocitat. N'hi ha de dos tipus: les ones *L* es mouen d'esquerra a dreta, i les ones *R* es mouen de baix cap a dalt.
	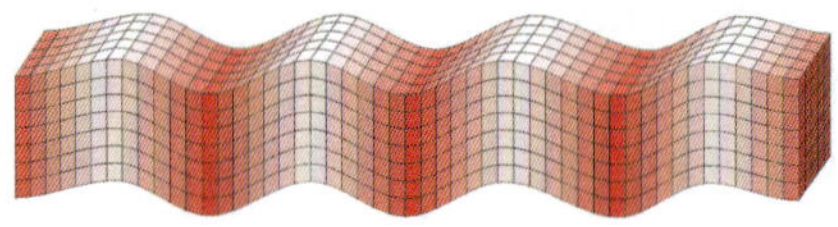	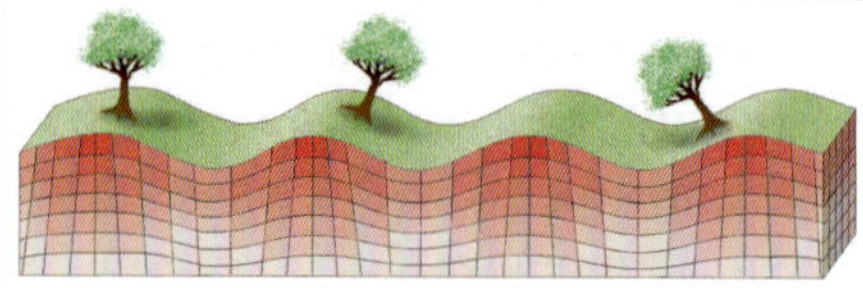

Lliscament d'un vessant.

6.1 Risc sísmic, mesures de predicció i prevenció

Els sismes són molt destructius, poden provocar nombroses víctimes i danys econòmics elevats. Els principals **riscos** que es poden produir són:

- **Vibracions** del sòl, tan fortes que poden esfondrar edificis, ponts, preses, etc.
- **Esllavissades** dels vessants de les muntanyes i volcans, que poden tallar les comunicacions (carreteres, vies de ferrocarril, etc.) i enterrar pobles sencers.
- **Grans onades marines** o **tsunamis**, que es desplacen a gran velocitat i poden arrasar zones costaneres.

MESURES DE PREDICCIÓ	MESURES DE PREVENCIÓ
No hi ha mesures totalment fiables que permetin predir quan es produirà un terratrèmol. S'han fet estudis per observar la freqüència de petits sismes precursors, els sons del sòl, l'emissió des del sòl de gasos com el radó, la pujada del nivell de l'aigua dels pous i fins i tot el comportament dels animals, tot i que cap d'aquestes mesures ha tingut un èxit complet.	Es basen en l'elaboració de **mapes de risc** per conèixer les zones en les quals s'han produït terratrèmols amb més freqüència. En aquestes zones s'han de dictar normatives per construir edificis sismoresistents, intentar reduir la densitat de la població, donar formació als habitants perquè sàpiguen com actuar en cas de terratrèmol i preparar personal especialitzat.

Activitats

7. AS L'11 de maig del 2011, un terratrèmol va sacsejar la localitat murciana de Lorca i els seus voltants, a les 18:47, hora local. La seva magnitud va ser de 5,1 graus en l'escala de Richter i es va originar a 1 km de profunditat en desplaçar-se la falla d'Alhama, sobre la qual està situada Lorca. El terratrèmol va deixar nou víctimes mortals i danys quantiosos –el 80 % de les cases van quedar afectades–. L'origen d'aquest sisme va ser la col·lisió de les plaques tectòniques Eurasiàtica i Africana.

a On es va situar l'hipocentre el terratrèmol de Lorca?
b Quines onades sísmiques són més destructives?
A. Ones *P*
B. Ones *S*
C. Ones superficials *L*
D. Ones superficials *R*
c Explica com es va produir aquest terratrèmol.
d Es podia haver advertit prèviament la població perquè evacués la zona?

4 Podem situar l'epicentre d'un terratrèmol?

Personal / Ciència i tecnologia AP AM

Aprèn a...

Aplicar el mètode científic en les teves recerques.

Elaborar i argumentar conclusions a partir dels resultats obtinguts en una recerca.

Formula hipòtesis

Es pot calcular la distància que recorre un cos si se sap la seva velocitat mitjana i el temps que ha trigat a fer el seu recorregut mitjançant la fórmula $d = v \cdot t$.

Les ones *P* es transmeten a una velocitat mitjana de 7,5 km/s; les ones *S*, més lentes, ho fan a una velocitat mitjana de 4,2 km/s. Podem fer servir la fórmula per situar l'epicentre d'un terratrèmol?

Hipòtesi. Es pot calcular la situació d'un epicentre sabent el temps que han trigat a arribar les ones sísmiques generades fins als sismògrafs de tres observatoris sismològics, fent una triangulació.

Experimenta

1. Observa la gràfica que relaciona la distància a l'epicentre amb la diferència de temps que han trigat a arribar les ones *S* i *P* al sismògraf. Indica la distància que hi ha entre l'epicentre i el sismògraf de Tòquio si la diferència de temps d'arribada de les ones sísmiques és de 4 segons.

2. Descarrega el mapamundi, traça-hi una circumferència amb centre a Tòquio i amb el radi de la distància a l'epicentre, tenint en compte l'escala del mapa.

3. Observa els intervals de temps entre les ones *S* i *P* que es van registrar a Adelaida i a Los Angeles, i traça en el mateix mapamundi les circumferències corresponents.

	Diferència en el temps d'arribada de les ones *P* i *S*
Tòquio	4 segons
Adelaida	8 segons
Los Angeles	10,5 segons

Nota. Aquest procediment és teòric, perquè la velocitat varia amb el tipus de materials rocosos i amb la profunditat, ja que la Terra no és homogènia ni uniforme. Aquest sistema es complementa amb d'altres que sí que permeten localitzar l'epicentre amb precisió.

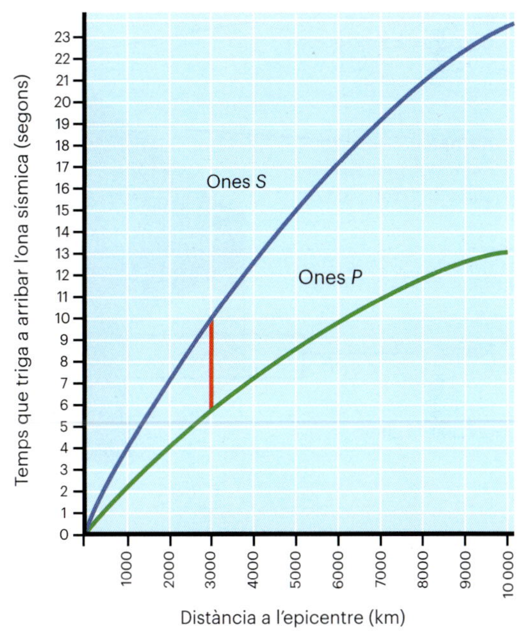

Mapamundi   Rúbrica

Analitza

(1) **Descriu.** Què representa cada una de les tres circumferències que has traçat?

(2) **Raona.** Es podria determinar la situació de l'epicentre només amb les dades de dos sismògrafs? Per què fan falta les dades de tres observatoris per localitzar l'epicentre?

(3) **Aplica.** On es troba l'epicentre del terratrèmol? Quina pot ser la causa d'aquest terratrèmol?

(4) **Reflexiona.** Es podria haver localitzat si les ones no viatgessin a una velocitat constant? Per què?

Conclou

S'ha confirmat la hipòtesi proposada?

7. La deformació de les roques de l'escorça

Les roques de l'escorça estan sotmeses a forces geològiques produïdes pel moviment de les plaques tectòniques. Aquestes forces poden ser de compressió o de distensió, i són extraordinàriament intenses. Actuen durant milions d'anys i deformen les roques de manera permanent, i donen lloc a **plecs**, **falles** i **diàclasis**.

7.1 Plecs

Els **plecs** són **ondulacions** que es formen en **estrats rocosos** de comportament plàstic, en ser sotmesos a forces geològiques de tipus compressiu que s'originen quan dues plaques xoquen entre si.

Tots els plecs estan formats pels elements següents: pla axial, xarnera, eix, flancs, nucli i cabussament.

PARTS D'UN PLEC

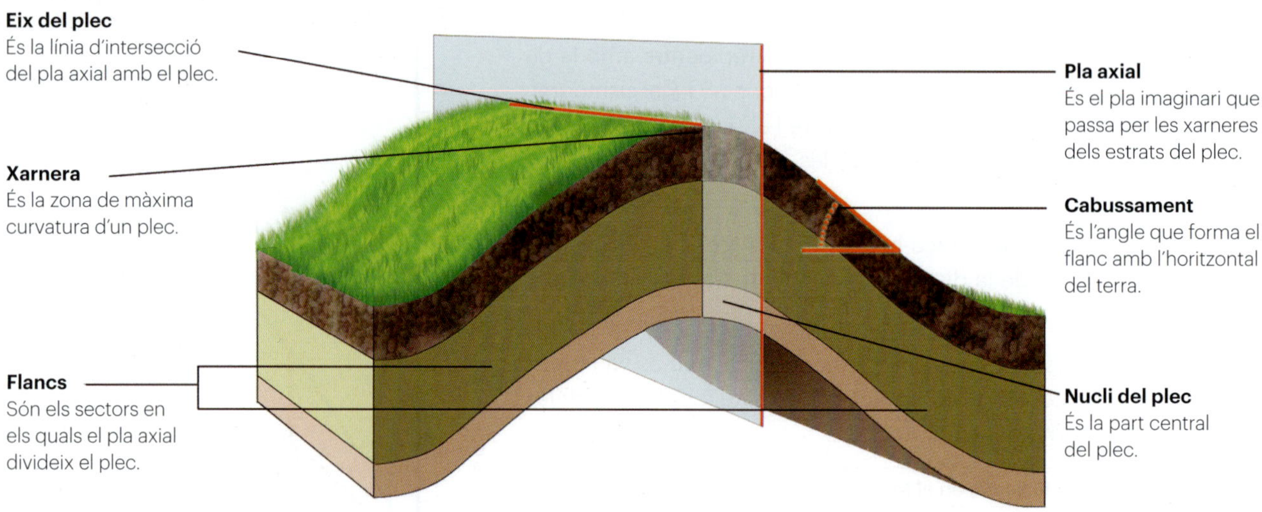

TIPUS DE PLECS

Hi ha diferents classificacions. Una de les més utilitzades es basa en l'**antiguitat** relativa dels estrats, que es classifiquen en dos tipus:

- **Anticlinals**. Són els plecs en els quals els **estrats més antics** se situen al nucli o part central. Normalment, tenen la **cara convexa** cap **amunt**.
- **Sinclinals**. Són els plecs en què els **estrats més moderns** se situen al nucli o part central. Acostumen a presentar la **cara convexa** cap **avall**.

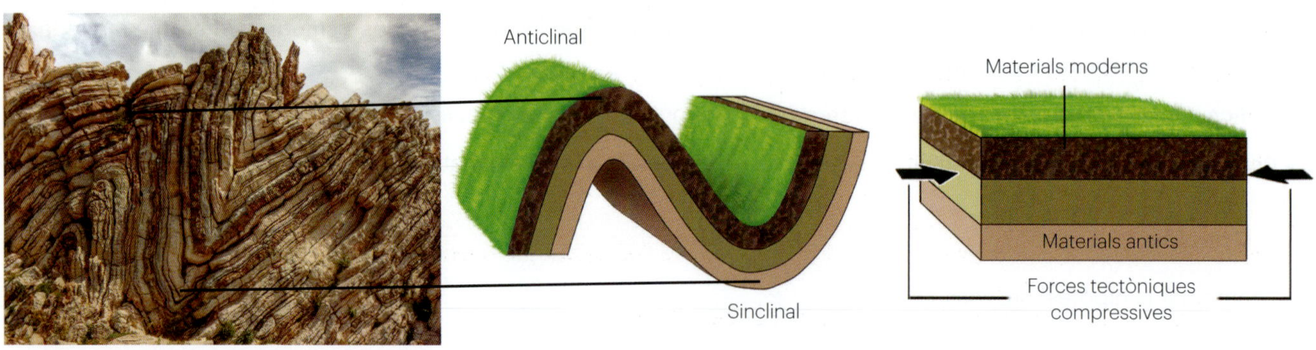

7.2 Diàclasis i falles

Les **diàclasis** i **falles** són les **fractures** que provoquen les forces tectòniques en roques rígides i fràgils.

- **Diàclasis**. Són les fractures o esquerdes que apareixen a les roques i en les quals no hi ha un desplaçament d'un bloc respecte d'un altre.
- **Falles**. Són les fractures en les quals hi ha un desplaçament relatiu entre els dos blocs formats.

PARTS D'UNA FALLA

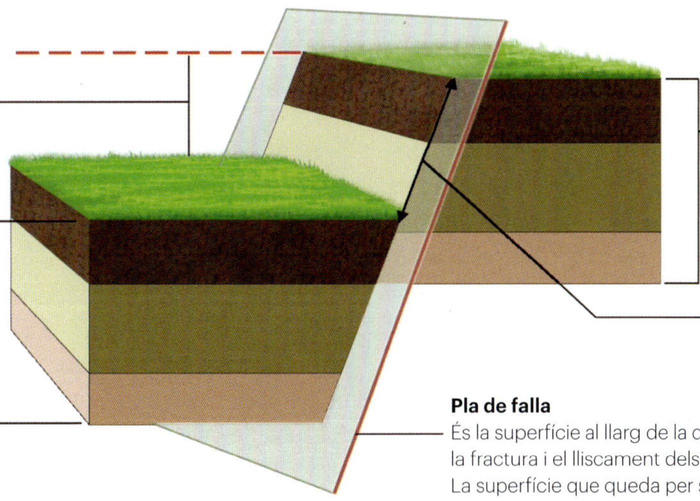

Salt de falla
És la distància que hi ha entre dos punts que abans del desplaçament estaven a la mateixa altura o junts.

Bloc inferior
És el sector que s'ha enfonsat.

Bloc superior
És el sector que ha pujat.

Salt segons el cabussament
És el desnivell topogràfic originat per la falla. Correspon a la superfície del bloc superior que queda exposat a l'exterior.

Pla de falla
És la superfície al llarg de la qual es produeixen la fractura i el lliscament dels dos blocs.
La superfície que queda per sobre s'anomena *sostre* i la que queda per sota, *mur*.

TIPUS DE FALLES

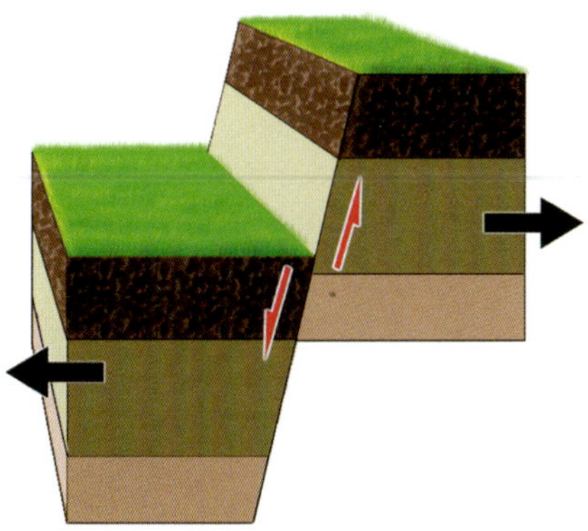

Falla normal o directa
És l'originada per forces de distensió que provoquen que el bloc situat sobre el pla de falla s'enfonsi.

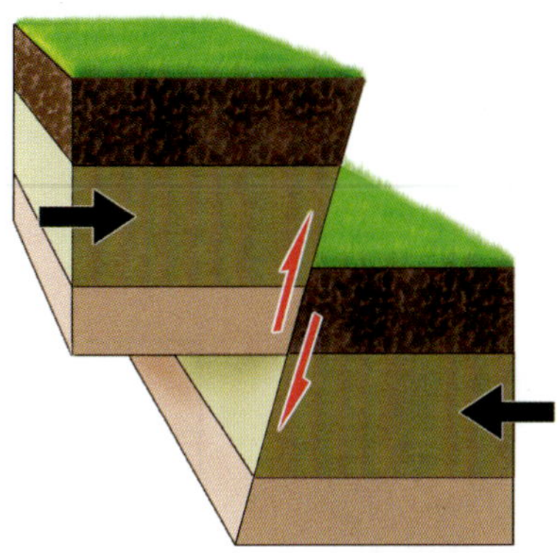

Falla inversa
És l'originada per forces de compressió que fan que el bloc situat sobre el pla de falla s'elevi.

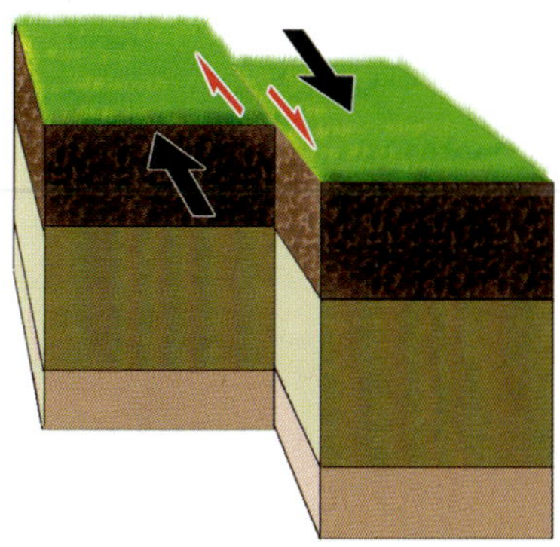

Falla de direcció o horitzontal
És la falla en la qual les forces tectòniques provoquen un desplaçament horitzontal dels blocs.

Activitats

8. AA AP Un sisme fort ha afectat els materials rocosos d'una regió i ha donat lloc a la formació d'una falla.

a Què és i com es forma una falla?
b Quin tipus de roques són susceptibles de trencar-se en diàclasis i originar una falla enfront d'una força tectònica?
c Dibuixa l'esquema de la falla i situa-hi el pla de falla i les fletxes que indiquen el moviment dels blocs.
d Classifica aquesta falla i indica quins criteris has seguit per fer-ho.

Ciències en context

1 AS AL Social / Riscos **Àfrica es trenca**

Conèixer i descriure com s'originen els sismes, els efectes que generen i les zones de més risc.
Relacionar els tipus d'erupció volcànica amb el magma que els origina i associar-los amb la seva perillositat.
Conèixer els riscos sísmics i volcànics, i les mesures de prevenció i actuació.

*Una **esquerda enorme** a terra de 15 m de profunditat, 20 m d'ample i uns quants quilòmetres de llargada es va formar sobtadament fa dues setmanes a la regió de Narok, a **Kenya**, en el que sembla l'última i espectacular mostra d'un moviment inexorable de l'escorça terrestre que, segons els geòlegs, acabarà dividint en dos el continent africà. La zona es troba assentada en l'anomenada **Gran Vall del Rift**, una important falla geològica i un dels terrenys més inestables d'Àfrica. És una depressió geològica allargada d'uns 4500 km de llarg que la travessa de nord a sud. Va començar a formar-se fa 20 Ma a causa de l'empenyiment en sentit oposat de dues plaques tectòniques –l'una avança cap a l'est i l'altra, cap al nord-est–. El procés de separació entre les plaques es produeix a una velocitat molt petita (mil·límetres a l'any) i avança a sacsejades que es manifesten en forma de tremolors. És a dir, la vall es convertirà en un oceà allargat i el continent africà acabarà dividit en dos, però d'aquí a 50 Ma.*

El Periódico, 5 d'abril del 2018 (Adaptació)

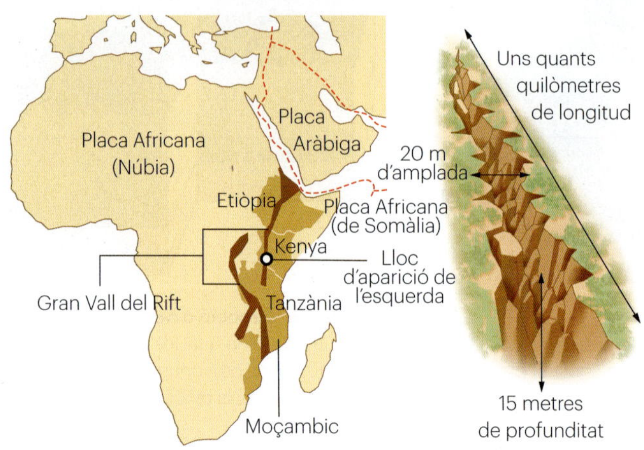

1. **Descriu.** La notícia esmenta una important falla geològica. Què és una falla?
2. **Comunica.** Redacta una explicació sobre què és la Gran Vall del Rift.
3. **Raona.** Què és el que provoca que la litosfera s'estigui trencant i s'originin dues plaques tectòniques noves?
4. **Interpreta.** Quin tipus de marge s'està formant en trencar-se la placa Africana, constructiu, passiu o destructiu?
5. **Raona.** Quin tipus de magma sortirà quan la placa Africana es trenqui definitivament? Quin serà el perill més gran que es produirà en l'erupció?
6. **Reflexiona.** Es produeixen tremolors cada cop que s'amplia l'esquerda. Alguns habitants demanen la instal·lació de sismògrafs per predir nous sismes. Quin argument donaries per explicar-los que és un error?
7. **Conclou.** Quines seran les condicions geològiques d'aquesta regió quan es divideixi la placa Africana?

2 AV AP AL Personal / Ciència i tecnologia

Plecs al prisma d'acreció

Diferenciar un procés geològic extern d'un d'intern i identificar els efectes que té en el relleu.

Un **prisma d'acreció** és una gran massa de sediments i roques sedimentàries que s'acumulen en forma de falca en una zona de subducció. Aquí, aquests materials no s'enfonsen amb la placa oceànica que els transporta, sinó que s'acumulen al sector continental de la placa contra la qual xoca. A causa de l'avanç constant de la placa oceànica, els materials es troben intensament plegats i fallats. Davant els esforços geològics, les roques poden tenir un comportament fràgil i trencar-se, de manera que s'originen falles i diàclasis, o un comportament plàstic o dúctil, i originar plecs. Les roques sedimentàries poden passar de tenir un comportament fràgil a plàstic en funció de tres factors: l'augment de la pressió i de la temperatura –afavoreixen la seva deformació–, la resistència interna de les roques –si els seus minerals presenten enllaços dèbils són més fàcils de plegar–, i el temps durant el qual han estat sotmeses a l'esforç.

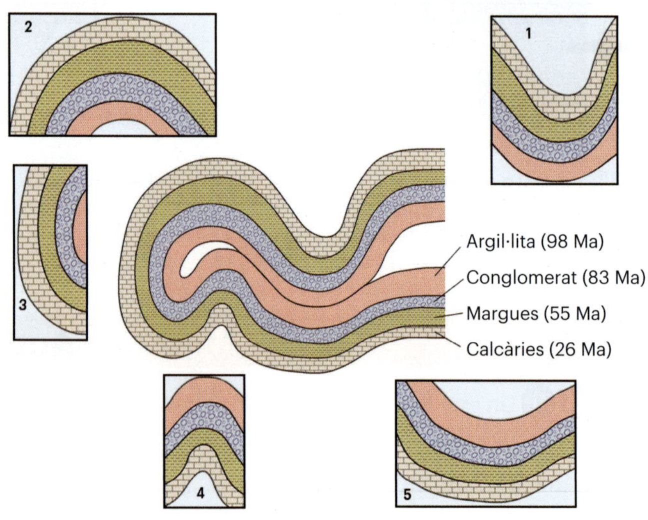

1. **Interpreta.** En quin tipus de marge de placa té lloc la formació d'un prisma d'acreció?
2. **Descriu.** Què és un plec anticlinal?

3 **Raona.** Indica quines de les condicions següents afavoreixen que una roca tingui un comportament plàstic:

a Estar en un ambient de baixa temperatura.
b Tenir poca cohesió interna.
c Haver suportat l'esforç geològic molt de temps
d Trobar-se a poca profunditat.

4 **Aplica.** Indica quins plecs anticlinals es mostren en el dibuix d'un tall geològic d'un prisma d'acreció i explica per què la resta de plecs no ho són.

5 **Raona.** Debateu quins agents geològics provoquen la formació d'un prisma d'acreció i si pot ser considerat un procés d'orogènesi.

3 AL AP Social / Riscos El Teide

Diferenciar un procés geològic extern d'un d'intern i identificar els efectes que té en el relleu.
Relacionar els tipus d'erupció volcànica amb el magma que els origina i associar-los amb la seva perillositat.
Conèixer els riscos sísmics i volcànics, i les mesures de prevenció i actuació.

El Teide és un estratovolcà de 3718 m d'altitud situat a l'illa de Tenerife. Fa uns 12 Ma aquesta illa va començar a créixer molt ràpidament des del fons oceànic (laves basàltiques) i es va generar una estructura en escut. Posteriorment, va començar una activitat eruptiva de magmes fonolítics molt menys fluids i més clars. La contínua alternança entre aquests dos tipus eruptius va donar lloc a la formació d'un gran estratovolcà al centre de l'illa anomenat Edifici Cañadas. En buidar-se la cambra volcànica, el mateix pes del volcà va provocar-ne l'enfonsament (col·lapse) que va formar una gran depressió circular coneguda com la Caldera de Las Cañadas. Fa 190000 anys, a la vora nord d'aquesta depressió, va començar a créixer el complex volcànic Teide-Pico Viejo.

1 **Descriu.** Quins agents geològics han originat el Teide?

2 **Raona.** Raona si la formació d'aquest volcà es pot incloure en un procés de gliptogènesi.

3 **Interpreta.** Si observem els vessants del volcà, hi apreciem esquerdes que van des del cràter fins a la base. Quins agents geològics poden ser responsables de la seva formació?

4 **Identifica.** Indica quin tipus de magma va iniciar la formació de l'illa de Tenerife.

5 **Raona.** Com seria una erupció amb aquest magma?

6 **Descriu.** Exposa com es forma un estratovolcà.

7 **Reflexiona.** Quines mesures de prevenció seria aconsellable tenir previstes davant d'una possible erupció del Teide?

4 AS AV AP Social / Recursos naturals

El projecte Castor

Conèixer i descriure com s'originen els sismes, els efectes que generen i les zones de més risc.
Conèixer els riscos sísmics i volcànics, i les mesures de prevenció i actuació.

El projecte Castor havia de ser un dipòsit artificial de gas natural situat davant les costes del delta de l'Ebre. Es volia utilitzar un antic pou petrolífer buit, situat al mar a 21 km de Vinaròs i a 1750 m de profunditat. Havia de servir per emmagatzemar la demanda de gas d'Espanya durant 19 dies. Es va iniciar el 2012, però la injecció de gas a l'interior es va paralitzar el 2013, a causa dels més de 500 sismes que es van produir al litoral del nord de Castelló. Els estudis geològics fets van mostrar l'existència d'una falla, batejada amb el nom de Castor, que, desestabilitzada per la pressió del gas, provocava tots aquests terratrèmols. El projecte es va suspendre el 2014.

1 **Descriu.** Defineix què és una falla.

2 **Identifica.** Quin tipus de forces han originat les falles del dibuix, de distensió, de compressió o tectòniques?

3 **Raona.** Per què aquestes falles poden produir un terratrèmol?

4 **Aplica.** Argumenta quin tipus de terratrèmol, segons el seu origen, s'està produint en aquesta zona.

5 **Conclou.** Debateu en grup a quin tipus de risc estava exposada la població de la zona si s'hagués continuat amb l'ompliment del pou amb gas natural.

Competències científiques: 2 (act. 3, 4), 5 (act. 3, 4), 10 (act. 3, 4)

REPASSA LA UNITAT

Mèxic, país de terratrèmols

Social / Riscos AS AL

Mèxic està situat al Cinturó de Foc del Pacífic i, per aquest motiu, té una intensa activitat sísmica i volcànica.

La regió està subjecta als moviments de cinc plaques tectòniques (la del Pacífic, la de Rivera, la del Carib, la de Cocos i la Nord-americana). Tot el territori de Mèxic està afectat per un complex sistema de falles que es desestabilitzen a causa del moviment de les plaques tectòniques, cosa que provoca terratrèmols.

S'arriben a comptabilitzar uns 60 terratrèmols cada dia, especialment a la zona costanera del Pacífic.

Aquest sistema de falles també facilita l'ascens del magma fins a la superfície, de manera que hi ha molts volcans. Hi ha 126 volcans en territori mexicà.

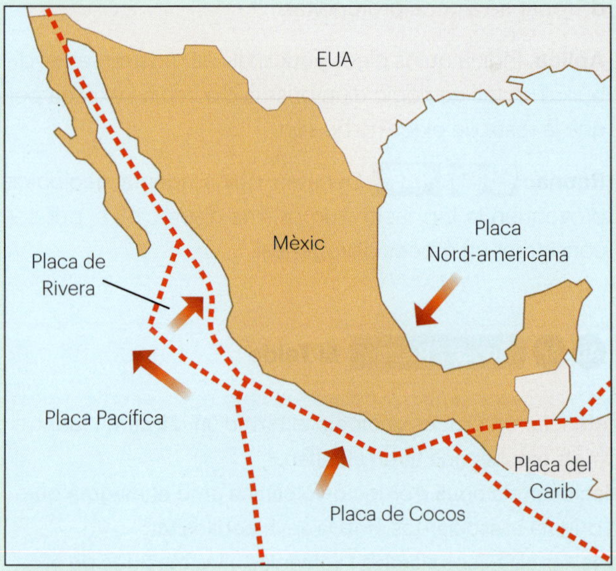

1. Al mapa veiem que les diferents plaques que interaccionen a Mèxic col·lideixen i freguen les unes amb les altres. Què fa que aquestes plaques es moguin?

2. De quin tipus és la placa de Cocos? I la placa Nord-americana?

3. Quins esdeveniments geològics tenen lloc a la zona de col·lisió entre les plaques de Cocos i la Nord-americana?

a Orogènesi
b Volcans fissurals
c Sismes profunds
d Sismes superficials

4. L'última erupció del volcà Popocatepetl, el 2017, es va produir després d'un terratrèmol intens que sembla que va despertar el volcà. Durant l'erupció, el volcà va llançar molts piroclasts i va emetre grans quantitats de cendra que, a causa del vent, van arribar a cobrir zones extenses. Davant de les característiques de l'erupció del Popocatepetl, explica a quin tipus pertany.

5. Quin tipus de magma ha originat aquesta erupció?

6. Quins riscos pot provocar l'emissió de piroclasts i cendra?

7. Quines són les mesures que cal prendre en cas d'erupció volcànica?

8. Per què a la costa del Pacífic es produeixen molts més terratrèmols que a la costa del golf de Mèxic?

9. Actualment s'està desenvolupant una recerca que es basa en la injecció d'oli mineral en algunes falles per tal de lubricar el pla de falla i facilitar que es desplaci suaument sense acumular energia que pugui originar un terratrèmol. En quina fase del mètode científic s'està en aquest moment?

a Hipòtesi
b Experimentació
c Anàlisi de dades
d Conclusió

10. Mèxic és un país eminentment muntanyós, en el qual dues grans cadenes de muntanyes paral·leles, Sierra Madre Oriental i Sierra Madre Occidental, recorren el país de nord a sud. Explica si la formació d'aquestes serralades es pot considerar un procés geològic extern.

C1: 1, 6, 7 | C2: 2, 3, 4, 5 | C3: 8, 9, 10

10 El relleu terrestre

EN AQUESTA UNITAT APRENDRÀS A...	Situació d'aprenentatge	Activitats	Ciències en context
Identificar la influència del clima i de les característiques de les roques que condicionen i influeixen en els diferents tipus de relleu. Competències científiques: 1, 2, 3, 10	1, 3	2, 5	2, 5
Relacionar l'energia solar amb els processos externs i justificar el paper de la gravetat en la seva dinàmica. Competències científiques: 1, 2		1	2, 5
Diferenciar els processos de meteorització, erosió, transport i sedimentació i els efectes que causa en el relleu. Competències científiques: 1, 2	1, 2	2, 3, 7	2, 5
Analitzar l'activitat de l'erosió, el transport i la sedimentació produïda per les aigües superficials i reconèixer-ne els efectes en el relleu. Competències científiques: 2, 4, 6	2, 3	6	4
Valorar la importància de les aigües subterrànies i els riscos de la seva sobreexplotació. Competències científiques: 2, 11		4	3
Relacionar els moviments de l'aigua del mar amb l'erosió, el transport i la sedimentació al litoral, i identificar algunes de les formes característiques que en resulten. Competències científiques: 2		8	4
Associar l'activitat eòlica amb els ambients en què aquesta activitat geològica pot ser rellevant i identificar algunes formes característiques resultants de l'acció eòlica. Competències científiques: 2	4	9	2, 4
Analitzar la dinàmica glacial i identificar els seus efectes sobre el relleu. Competències científiques: 2		7	4
Indagar el paisatge de l'entorn més proper i identificar alguns dels factors que n'han condicionat el modelat. Competències científiques: 2, 5, 6	3	5	2, 4
Identificar la intervenció dels éssers vius i de les activitats humanes en la transformació de la superfície terrestre i reconèixer alguns dels riscos que se'n deriven. Competències científiques: 2, 5, 11			1

1 Què són les estalactites i les estalagmites?

Social / Riscos AP AA

Aprèn a...
Elaborar i argumentar conclusions a partir dels resultats obtinguts en una recerca.

Ítem 1. On es poden trobar?

Els **massissos calcaris** poden experimentar una dissolució lenta a causa de l'acció de l'aigua, que forma coves, galeries, dolines, etc. A l'interior d'aquestes coves és on es formen les **estalactites** i les **estalagmites**.

L'interior de la cova

Ítem 2. Com es dissol una roca insoluble?

Les **roques calcàries** estan formades per una sal insoluble en aigua, el carbonat càlcic ($CaCO_3$). Per dissoldre-les cal transformar el carbonat en bicarbonat càlcic [$Ca(HCO_3)_2$], una sal que sí que és soluble en aigua.

Aquesta transformació la fa l'àcid carbònic. Observa com es forma aquest àcid:

$$\underset{\text{Aigua}}{H_2O} + \underset{\text{Diòxid de carboni}}{CO_2} \rightarrow \underset{\text{Àcid carbònic}}{H_2CO_3}$$

Ítem 3. Cóm es construeix una estalactita?

L'atac de l'àcid carbònic sobre el carbonat càlcic de la roca calcària produeix bicarbonat càlcic, substància que es dissol en l'aigua i la transporta per esquerdes i avencs fins al sostre d'una cova, on es produeix la reacció inversa, és a dir, el carbonat càlcic precipita i comença a formar l'estalactita al voltant del punt on la gota cau a terra. Al punt de terra on cau l'aigua també es diposita carbonat càlcic, que forma una estalagmita.

DISSOLUCIÓ (procés destructiu):

$$\underset{\text{Carbonat càlcic}}{CaCO_3} + \underset{\text{Àcid carbònic}}{H_2CO_3} \rightarrow \underset{\text{Bicarbonat càlcic}}{Ca(HCO_3)_2}$$

PRECIPITACIÓ (procés constructiu):

$$\underset{\text{Bicarbonat càlcic}}{Ca(HCO_3)_2} \rightarrow \underset{\text{Carbonat càlcic PRECIPITA}}{CaCO_3} + \underset{\text{atmosfèric}}{CO_2} + \underset{\text{Aigua}}{H_2O}$$

Construeix amb el que saps

Identifica 1 En quin tipus de roques són típiques les formacions d'estalactites?

Descriu 2 D'on prové el CO_2 necessari per a la formació de l'àcid carbònic? I l'aigua?

Aplica 3 A quin procés es pot associar la formació d'una estalactita?

a Meteorització **b** Erosió **c** Transport **d** Sedimentació

Raona 4 Es pot produir aquest procés en un clima sec i àrid, com el desert del Sàhara?

Reflexiona i representa 5 Dibuixa una muntanya calcària amb una cova i en què a l'interior hi hagi estalactites i estalagmites. Assenyala el lloc on es produeix el procés destructiu de la roca calcària i el punt on té lloc el procés constructiu.

Conclou 6 Redacta una explicació sobre el procés de formació d'una estalactita.

El que has construït

Les **estalactites** i les **estalagmites** són estructures que es formen a les **coves** de l'interior dels **massissos calcaris** en descompondre's el bicarbonat càlcic en diòxid de carboni i en carbonat càlcic que precipita.

1. Els agents naturals que modelen el relleu

En el **modelat del relleu** de la superfície de la Terra, hi actuen tres tipus d'agents:

AGENTS ATMOSFÈRICS	AGENTS BIOLÒGICS	AGENTS GEOLÒGICS EXTERNS
• Gasos de l'atmosfera (diòxid de carboni, oxigen, vapor d'aigua, etc.). • Canvis de temperatura. • Aigua procedent de les precipitacions o de la rosada produïda per la condensació de la humitat atmosfèrica.	• Animals i plantes (acció de les arrels, líquens, animals excavadors, etc.). • Activitat antròpica o humana.	• Vent. • Aigües salvatges, torrents i rius. • Glaceres. • Onatge del mar.

Els factors geològics poden **destruir el relleu** a causa de la combinació de dos factors: l'energia solar i la força de la gravetat.

L'ENERGIA SOLAR

El **Sol** és una estrella nana de color groc. És la font d'energia més important que té el nostre planeta. Aquesta energia provoca diversos efectes, com ara canvis de l'estat de l'aigua i moviments de l'aire (vents) que, al seu torn, participen en els desplaçaments del mar (corrents marins).

L'energia del Sol no es reparteix de la mateixa manera per la superfície del planeta, ja que depèn de molts factors, com la latitud, la nuvolositat, la presència de muntanyes, etc.

La Terra rep molta més energia solar a les regions pròximes a l'equador, on els raigs procedents del Sol arriben perpendiculars i més concentrats, que a les regions properes als pols, on la radiació arriba obliqua i dispersa.

Aquest repartiment desigual de l'energia genera moviments a l'atmosfera (el vent) i a la hidrosfera (els corrents marins), que tendeixen a unificar i regular la temperatura del planeta, transportant calor des de l'equador fins als pols.

LA GRAVETAT TERRESTRE

La **gravetat** és la força d'atracció que apareix entre dos cossos amb massa. És més forta com més grans siguin les masses dels cossos i més feble com més allunyats estiguin entre si. La gravetat és una força bàsica de la naturalesa i que afecta totes les masses (sòlides com les roques, líquides com l'aigua dels oceans, rius, llacs, etc., i gasoses com l'aire de l'atmosfera).

La força de la **gravetat terrestre** fa que els materials que arrosseguen el vent o l'aigua es desplacin sobre la superfície terrestre i desgastin les roques sobre les quals circulen.

ACCIÓ DE L'ENERGIA SOLAR	ACCIÓ DE LA FORÇA DE LA GRAVETAT
1 L'energia solar provoca l'**escalfament de l'aigua** i la seva evaporació a l'atmosfera en forma de **vapor d'aigua** (gas).	4 Les gotes d'aigua i els flocs de neu són atrets cap a la superfície terrestre en forma de **precipitació**.
2 L'escalfament de l'**atmosfera** dona lloc a la formació del **vent**, que desplaça les masses d'aire calent carregat de vapor d'aigua (humitat).	5 La neu acumulada constitueix les **glaceres**. Aquestes glaceres, quan baixen per les muntanyes a causa de la gravetat, causen una intensa acció erosiva sobre el relleu.
3 En xocar amb les muntanyes, les masses d'aire humit ascendeixen, cosa que provoca que es refredin i que el vapor d'aigua condensi en petites gotes que formen els núvols.	6 L'aigua procedent de la pluja o del desglaç de les glaceres origina **torrents i rius** les aigües dels quals quan baixen, actuen i desgasten el relleu.

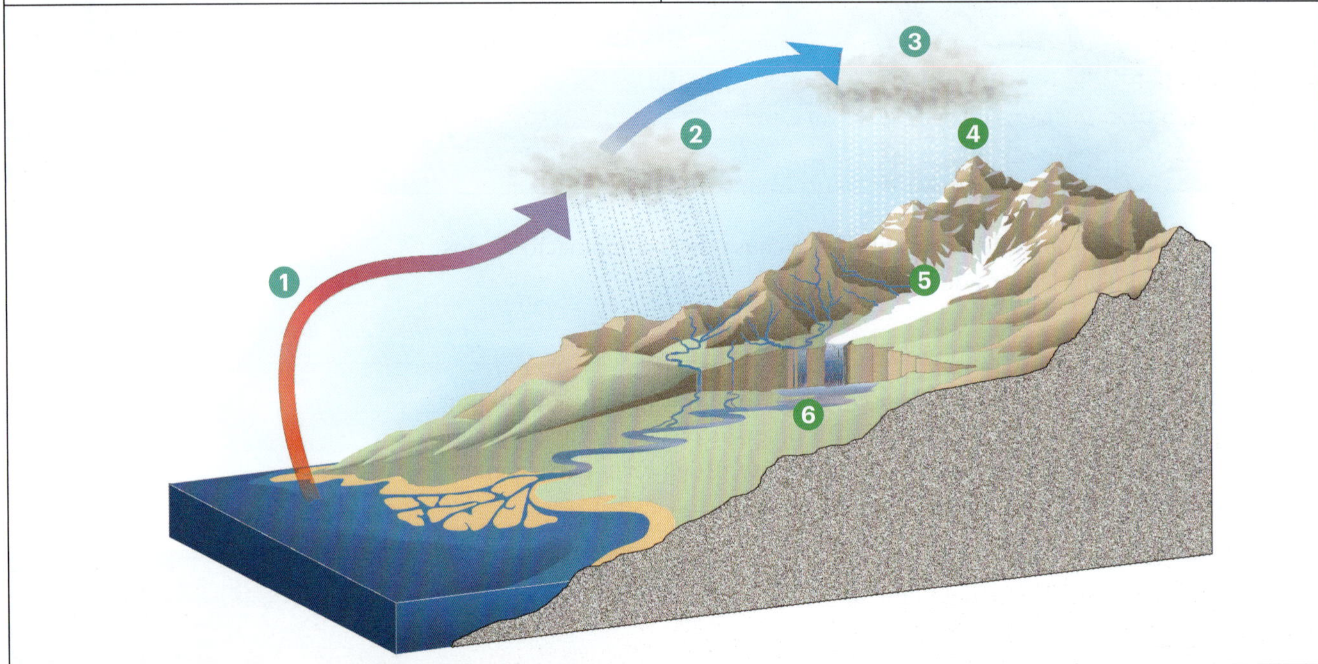

Activitats

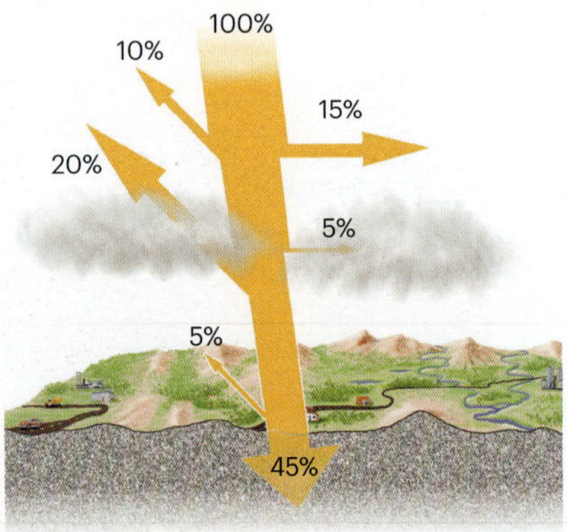

1. AM Gran part de l'energia solar que arriba a la Terra és absorbida o reflectida pels gasos que constitueixen l'atmosfera, per la qual cosa només la meitat arriba a la superfície terrestre.

a Quin percentatge de l'energia solar és reflectida pels gasos de l'atmosfera, els núvols i la superfície terrestre?

b Quin és el percentatge d'energia solar absorbida per l'atmosfera?

c Quin percentatge arriba finalment a la superfície terrestre?

d La superfície terrestre escalfada actua com un radiador de calefacció que desprèn calor. Els gasos de l'atmosfera retenen part de l'escalfor, cosa que provoca un escalfament de l'atmosfera que es coneix com a efecte d'hivernacle. Sense aquest efecte, la temperatura de la superfície terrestre seria de –30 °C. Debateu en grup com seria la vida a la Terra sense l'efecte d'hivernacle.

2. La meteorització i els seus efectes

S'anomena **meteorització** l'alteració que provoquen l'atmosfera i els éssers vius sobre les roques que constitueixen el relleu.

Aquest procés fa que les roques s'afebleixin i que, com a conseqüència d'això, es fragmentin o es desfacin amb facilitat.

Hi ha una diferència important entre la meteorització i la resta de processos del modelat del relleu: **erosió**, **transport** i **sedimentació**. La meteorització és un **procés estàtic** en el qual la roca alterada roman al seu lloc; per contra, la resta de processos són **dinàmics**, ja que impliquen el desplaçament dels materials meteoritzats fins a llocs on acostumen a estar a molta distància de lloc on es va produir l'alteració de la roca. La meteorització pot ser de dos tipus: **química** i **mecànica**.

- **Meteorització química**. És l'alteració química de les roques, resultant d'algunes reaccions químiques, com l'oxidació i la dissolució.
  - La **carbonatació** o dissolució de les roques calcàries és deguda a l'aigua de pluja i al CO_2 de l'atmosfera, que es combinen i formen àcid carbònic, el qual reacciona amb els carbonats de la roca calcària i els converteix en bicarbonats solubles en aigua.
  - La **dissolució produïda per l'aigua** d'algunes roques solubles, com la sal gemma (clorur sòdic) o el guix (sulfat càlcic), origina solcs fins sobre aquestes roques que, amb el temps, es van fent més amples i profunds.
- **Meteorització física o mecànica**. És l'alteració deguda a **canvis bruscs de temperatura** i **pressions** originats per la congelació de l'aigua de les esquerdes o pel creixement de les arrels de les plantes.
  - L'acció del gel o **gelivació** es produeix quan l'aigua penetra a les esquerdes i es congela, de manera que augmenta de volum i exerceix una pressió que acaba trencant la roca.
  - Els vegetals introdueixen les **arrels** a les roques i, quan creixen, exerceixen una intensa acció de tascó, que pot arribar a esquerdar-les i partir-les en blocs.

A. El Torcal d'Antequera és un paratge natural d'Andalusia format per carbonatació.

B. Aquestes arrels fragmenten les roques del terreny.

Activitats

2. AL AV En els deserts càlids, les roques estan sotmeses a dilatacions i contraccions contínues a causa de les altes temperatures diürnes i les baixes temperatures nocturnes, per la qual cosa la seva cohesió interna acaba afeblint-se, les roques s'esquerden i, finalment, es trenquen.

a Quin tipus de meteorització es produeix?
b Explica les característiques del clima que es dona en aquests deserts.
c Debateu en grup si podria produir-se algun altre tipus de meteorització, a més dels que s'han explicat en aquesta pàgina.

2.1 El modelat càrstic

El **modelat càrstic** és el resultat d'un procés de dissolució de roques solubles, com el guix i la sal, o de roques que, en patir una alteració química, es comporten com si fossin solubles; n'és un exemple la roca calcària.

$$H_2O + CO_2 \rightarrow H_2CO_3$$

Aigua — Diòxid de carboni — Àcid carbònic

DISSOLUCIÓ (procés destructiu):

$$CaCO_3 + H_2CO_3 \rightarrow Ca(HCO_3)_2$$

Carbonat càlcic — Àcid carbònic — Bicarbonat càlcic

PRECIPITACIÓ (procés constructiu):

$$Ca(HCO_3)_2 \rightarrow CaCO_3 + CO_2 + H_2O$$

Bicarbonat càlcic — Carbonat càlcic PRECIPITA — Diòxid de carboni atmosfèric — Aigua

Les **roques calcàries** es dissolen mitjançant un procés químic de meteorització denominat **carbonatació.**

En aquest procés, l'aigua de la pluja reacciona amb el diòxid de carboni de l'aire i forma àcid carbònic, que reacciona amb les roques calcàries, formades per carbonat càlcic (insoluble), i les transforma en bicarbonat càlcic (soluble).

Si la carbonatació continua la seva acció a través de les esquerdes a l'interior de la roca, originarà **avencs**, **galeries** i **grutes**. Si el sostre d'aquestes cavernes es desploma, a la superfície es formen depressions anomenades **dolines.**

Quan arriba aigua amb bicarbonat al sostre d'una cova, es produeix la reacció inversa a la carbonatació: el diòxid de carboni escapa i es forma el carbonat càlcic, que precipita i forma **estalactites**, que creixen des del sostre, i **estalagmites**, que creixen des de terra. Si aquestes estructures arriben a unir-se, s'originen **columnes.**

La dissolució de la superfície dels massissos calcaris produeix forats i esquerdes, i crea un tipus de paisatge anomenat **lapiaz** o **rascler.**

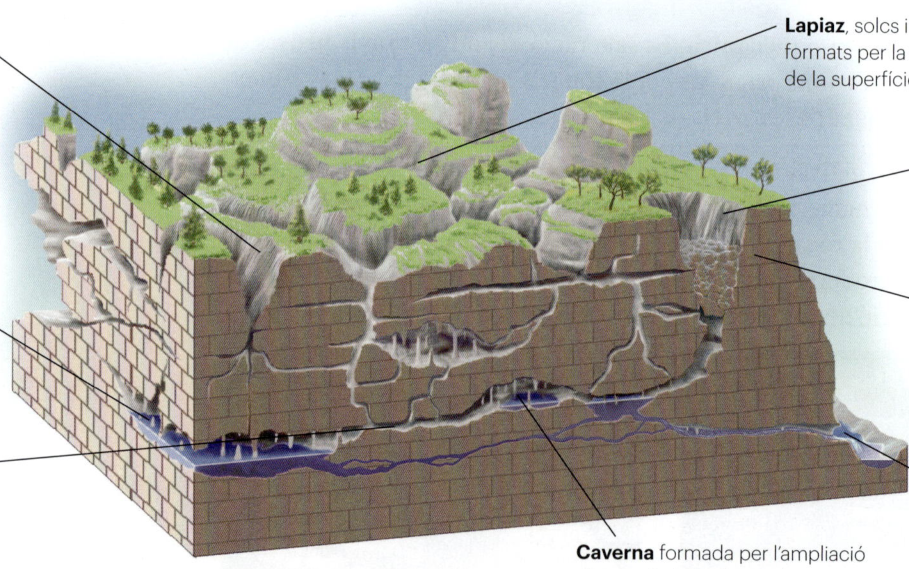

Activitats

3. AL A la imatge es veu una dolina al monument nacional Castell de Montezuma, a Arizona (EUA).

a Explica com es forma una dolina.
b Indica sobre quin tipus de roques es formen bàsicament les dolines.
c Descriu les característiques morfològiques que permeten reconèixer una dolina.
d De vegades, la formació d'una dolina ve seguida d'un sisme. Què és un sisme? Com es pot originar en la formació d'una dolina?

2.2 Aigües subterrànies

L'aigua que cau en forma de precipitacions (pluja, neu o calamarsa) sobre el sòl acostuma a moure's per la superfície, cosa que origina les aigües salvatges, els torrents i els rius, o bé s'infiltra fins a arribar a una capa de roques impermeables sobre la qual s'acumula i forma les **aigües subterrànies**.

Un **aqüífer** és una estructura geològica subterrània que emmagatzema aigua. Per exemple, l'aigua ocupa els espais buits que hi ha entre les partícules sòlides (sorra, grava o pedres) del terra, o omple els porus i les esquerdes de les roques poroses. Quan un aqüífer és tallat per una depressió del terreny s'origina una **deu**.

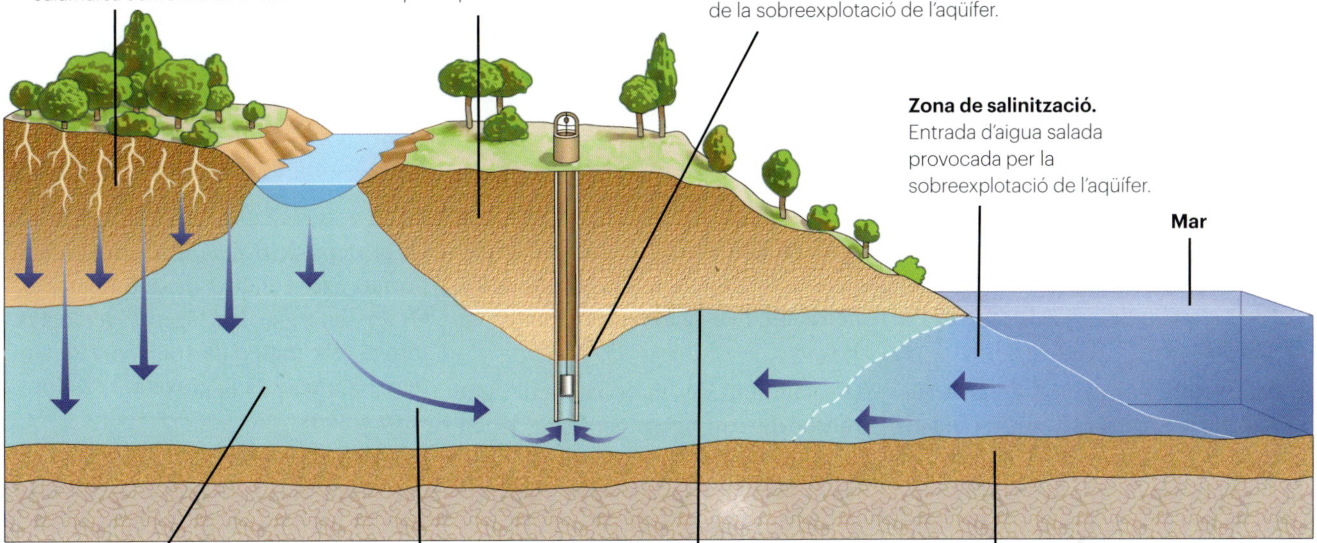

Activitats

4. AL AS AM Llegeix la notícia i respon les preguntes:

A simple vista, els aqüífers són invisibles, com tot allò que és subterrani, però de la seva existència i qualitat se'n beneficien molts aspectes de la superfície. El 28 % dels recursos hídrics destinats actualment a proveïment de la comunitat autònoma de la Rioja provenen de recursos subterranis. Això suposa uns 142 hm^3 l'any. Els aqüífers són les grans masses d'aigües subterrànies que s'acumulen als porus i a les esquerdes que hi ha entre les roques. Fins aquí arriben sotmesos a un cicle que comença amb les precipitacions i filtracions, i que torna un altre cop a la superfície a través, per exemple, de deus o llits fluvials. No obstant això, des de la superfície és relativament senzill arribar-hi i produir-los danys, en alguns casos, de solució complicada. Per això, evitar i esmenar aquesta contaminació és una de les batalles que s'estan lliurant des dels estaments competents.

D'una banda, els pot afectar la contaminació d'origen agrícola que prové de l'excés d'adob o de l'ús de determinats productes, sobretot plaguicides. Això passa quan se'n fa un mal ús, se n'abusa o s'apliquen quan no cal i s'acaben filtrant i arriben a les aigües subterrànies. Aquest tipus de contaminació, que es tradueix en volums abundants de nitrats, és la denominada contaminació difusa.

«Contaminants infiltrats», *El Correo de La Rioja*, 28 de setembre del 2014 (Adaptació)

a Quina quantitat de recursos hídrics fa servir a l'any la comunitat autònoma de la Rioja?

b Què causa un volum abundant de nitrats als aqüífers?

c Quines accions es podrien fer per disminuir els efectes de la contaminació dels aqüífers?

3. El modelat del relleu

3.1 Erosió, transport i sedimentació

A diferència de la meteorització, l'**erosió**, el **transport** i la **sedimentació** són processos **dinàmics** que fan els agents geològics externs, ja que impliquen el desplaçament dels materials arrencats.

L'acció dels agents externs modifica el paisatge i el modela, cosa que dona lloc a valls, planes, penya-segats, etc. Cada agent geològic (l'aigua, el vent o el gel) origina un modelat diferent i característic.

EROSIÓ	TRANSPORT	SEDIMENTACIÓ
És l'**arrencada** dels materials de les roques del relleu que han estat alterades i debilitades per l'acció de la meteorització. L'erosió també comprèn el **desgast** que pateixen els materials transportats en xocar entre si, així com el desgast que aquests materials produeixen a la superfície terrestre sobre la qual es fa el transport.	És el **trasllat**, des del seu lloc d'origen o àrea font fins a les **conques de sedimentació**, dels materials que pateixen l'erosió. La quantitat de materials que pot transportar un agent geològic depèn de la seva energia. Així, un riu amb molt cabal transporta més materials que un de menys cabal, i un vent huracanat mou un volum de materials més gran que un vent suau.	És la **deposició** dels materials transportats a les conques de sedimentació. Quan l'energia dels agents geològics minva, els materials transportats cauen per efecte de la gravetat i es dipositen al fons. Quan es dipositen sals minerals, que per l'evaporació de l'aigua o per una reacció química ja no poden continuar dissoltes, es parla de **precipitació**.

TIPUS DE TRANSPORTS DE SEDIMENTS D'UN RIU

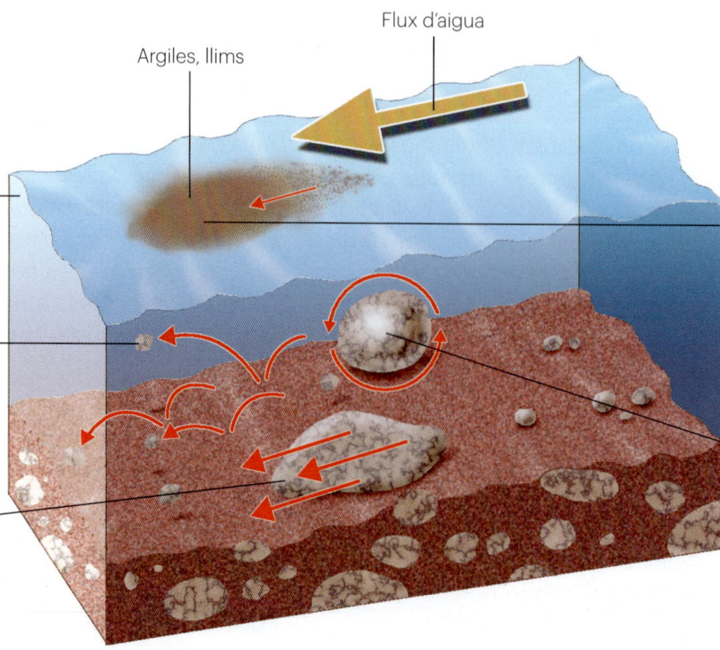

3.2 Les aigües superficials

Les aigües superficials continentals són les que es troben circulant o en repòs **sobre la superfície dels continents**. Actuen com a agents geològics externs les aigües salvatges, els torrents i els rius.

LES AIGÜES SALVATGES

Les **aigües salvatges** són corrents temporals d'aigua superficial sense llit fix, que es produeixen després d'una pluja intensa o d'un desgel ràpid.

Tenen un alt poder erosiu, que depèn del pendent pel qual discorren, del tipus de sòl i de la presència o no d'una coberta vegetal protectora. En lliscar pels vessants excaven solcs al sòl que, quan s'eixamplen i s'uneixen entre si, formen barrancs.

ELS TORRENTS

Els **torrents** són corrents temporals d'aigua que flueixen per una llera fixa.

S'originen a partir de les aigües salvatges i se'n distingeixen dos tipus:

- **Torrent d'alta muntanya**. Es mou per un **pendent molt pronunciat** i presenta tres trams:
  - **Conca de recepció**. És el tram superior del torrent, en forma d'embut, on es recullen les aigües salvatges que després baixaran pel canal de desguàs.
  - **Canal de desguàs**. És el tram estret, allargat i generalment de gran pendent, que rep les aigües de la conca de recepció. En aquesta zona l'erosió és molt intensa a causa de la velocitat de l'aigua, que arrenca materials grossos i els arrossega pel fons de la llera.
  - **Con de dejecció**. És el tram final i està format per l'acumulació dels materials erosionats i transportats pel torrent d'alta muntanya. Aquests materials apareixen amuntegats i sense seleccionar, i presenten formes anguloses, ja que, a causa del curt trajecte que han recorregut, han experimentat molt poc desgast.
- **Riera o rambla**. És un torrent de **pendent suau** que es forma a les regions de clima mediterrani. En èpoques de pluja pot portar molta aigua i originar crescudes de gran poder destructiu.

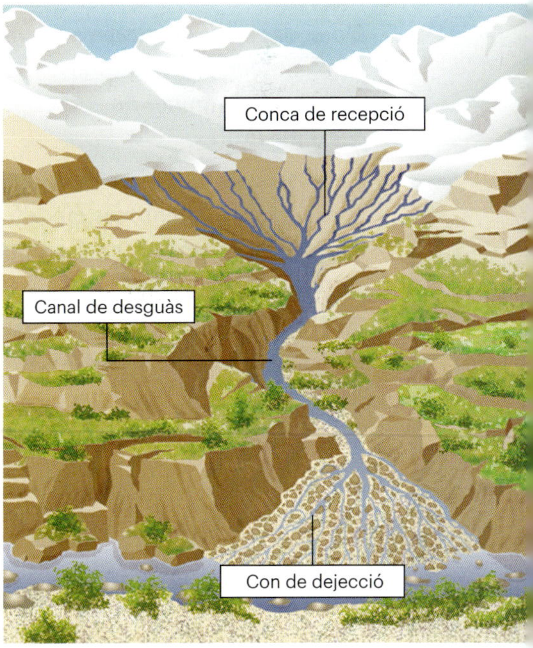

Torrent d'alta muntanya.

Activitats

5. AL L'estudi d'una muntanya formada per estrats de roques sedimentàries ens pot aportar informació sobre el seu origen i la seva composició. Les roques formades en conques de sedimentació marines acostumen a tenir colors grisos, mentre que les roques formades en ambients continentals solen presentar colors vermellosos.

a Explica què és un estrat.
b Quin nom rep el procés de formació de roques sedimentàries?
c Quina roca et sembla que resisteix millor l'erosió, la calcària (formada per carbonat càlcic) o la marga (formada per carbonat càlcic i argila)?
d Quines roques s'han format en un ambient continental?
e Es pot afirmar que les roques formades en ambients marins resisteixen millor l'acció de l'erosió? Argumenta la teva resposta.

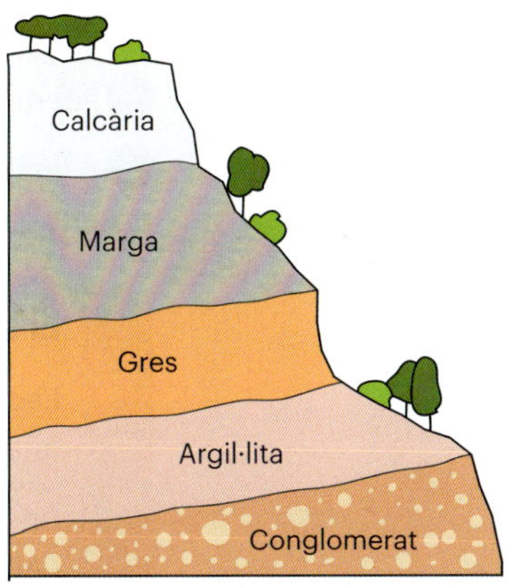

2 Pot canviar el curs d'un riu?

Social / Riscos AL AS AP

Aprèn a...
Seleccionar i fer servir la informació científica per formar-te una opinió.

Ítem 1. L'aigua té energia?

L'aigua d'un riu té una **energia potencial gravitatòria** que depèn de l'alçària a la qual es trobi. Així, un riu té més energia al lloc que neix que a la desembocadura, on la seva energia és quasi nul·la, ja que el riu *gasta* aquesta energia movent-se i erosionant les ribes i el fons de la llera, i transportant els materials erosionats.

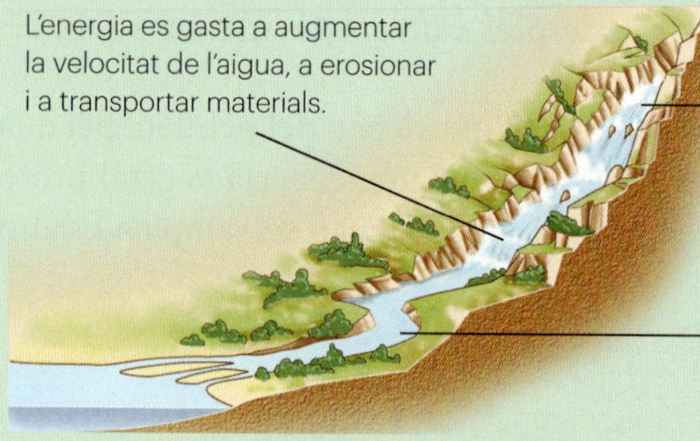

Ítem 2. Què és un meandre?

Quan els rius es desplacen per zones de poc pendent, com les planes al·luvials, descriuen sèries contínues de corbes pronunciades o **meandres**.

Aquestes corbes creixen i es desplacen per la plana i es van fent més tancades; són els anomenats **meandres en ferradura**. Si els extrems s'uneixen donen lloc a **meandres abandonats**.

Els meandres

Ítem 3. Com es mou un meandre?

L'aigua que arriba a la cara còncava del meandre ho fa amb molta energia, de manera que, en xocar amb la riba, l'erosiona i la fa retrocedir. En sortir de la corba, ho fa carregada de materials erosionats i amb menys energia. Per això, quan l'aigua arriba a la cara convexa del meandre, té poca energia i diposita els materials que transporta, cosa que fa créixer la corba.

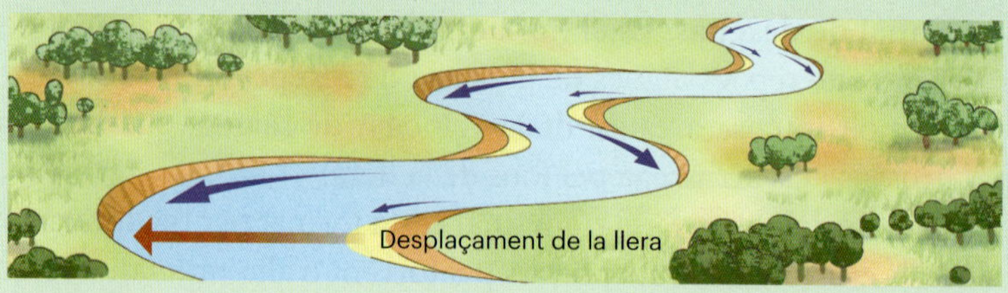

Construeix amb el que saps

Aplica 1 En quin lloc les aigües d'un riu tenen més energia?

Interpreta 2 On té més energia un riu per erosionar, en un tram de muntanya o en una plana?

Descriu 3 Explica què és un meandre.

Descriu 4 Quin procés de modelat del relleu predomina a la cara convexa d'un meandre?

a Meteorització **b** Erosió **c** Transport **d** Sedimentació

Raona 5 Per què diries que de vegades es col·loquen pedres grosses a la cara còncava d'un meandre?

Conclou 6 A finals del segle XIX, Xile i Argentina van voler delimitar les seves fronteres fent servir les lleres dels rius, però no van arribar a cap acord. Argumenta per què van acabar abandonant la idea.

El que has construït

L'activitat d'un riu depèn de l'**energia** que posseeixen les seves aigües per moure's, erosionar i transportar materials.

Un **meandre** és una corba pronunciada en la trajectòria d'un riu que es modifica al llarg del temps.

ELS RIUS

Un **riu** és un corrent d'aigua que discorre per un **curs fix** i porta **aigua** durant **tot l'any**, tot i que durant aquest temps pot experimentar grans variacions de cabal.

L'aigua del rius prové, sobretot, de fonts, deus i torrents.

El curs d'un riu s'acostuma a dividir en **tres trams** diferenciats: curs **alt**, curs **mitjà** i curs **baix**.

Els trams del riu

Curs alt. És un tram en el qual les aigües baixen per pendents forts de la muntanya, des del seu naixement fins a les valls. Les aigües tenen molta energia i, en conseqüència, transporten materials que erosionen la llera. Aquesta intensitat erosiva fa que el riu s'encaixi al terreny i formi **congosts**, **esvorancs** i **valls estretes en forma de «V»**.

Curs mitjà. En aquest tram, el pendent del riu disminueix i les aigües perden energia i velocitat, per la qual cosa la seva capacitat erosiva minva i predomina el transport.

El riu diposita els sediments més grans i crea **planes al·luvials**, per on el riu es mou descrivint corbes molt pronunciades anomenades **meandres**.

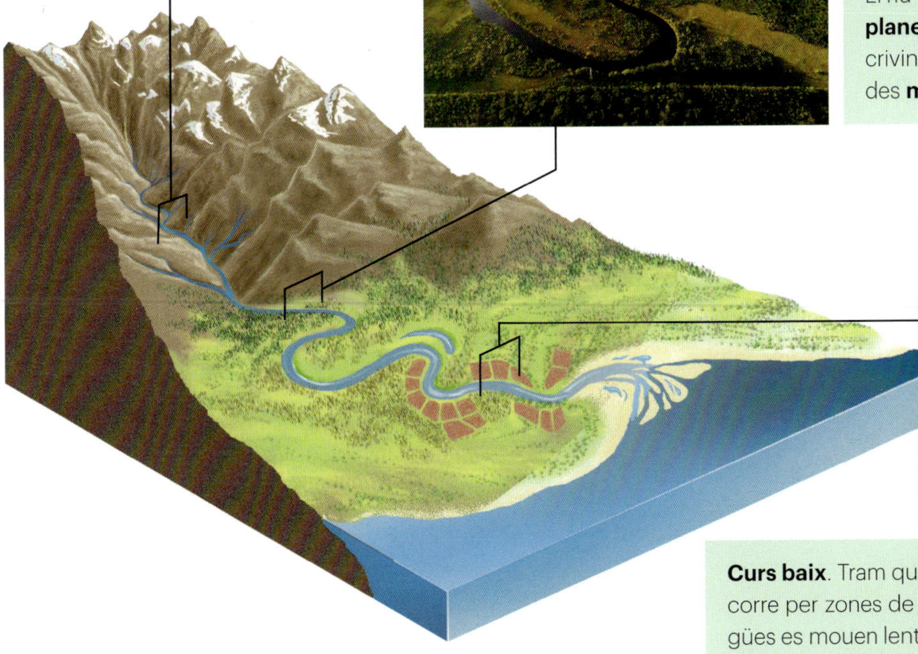

Curs baix. Tram que acaba a la desembocadura. El riu discorre per zones de pendent mínim i, per tant, les seves aigües es mouen lentament. Hi predomina la **sedimentació**, per la qual cosa es poden originar immenses **planes al·luvials** de sorra i argila, i si desemboca en un mar tranquil els sediments poden formar un **delta**.

Activitats

6. AM Una de les estructures que pot produir un riu és la formació de deltes quan desemboca en un mar o en un llac.

a Quin procés del modelat predomina a la desembocadura d'un riu?

b Per què no tots els rius aconsegueixen formar un delta a la desembocadura?

c Imagina't que un riu transporta 2 g de sediments per litre. Si el seu cabal mitjà és de 12 m^3 per segon, quina quantitat de materials transporta fins al mar al llarg d'un any?

3 De què depèn la forma del curs d'un riu?

Personal / Ciència i tecnologia AP AL

Aprèn a...

Dissenyar i planificar de manera autònoma el treball experimental fent servir el material adequat i interpretant el seus resultats.

Fórmula hipòtesis

La forma del curs pel qual discorre un riu és molt variable. Depèn de moltes causes, com, per exemple, la resistència del llit del riu –que pot ser de roca o de materials disgregats–, del cabal d'aigua, de la inclinació del recorregut, de la quantitat de sediments que arrossega, de la presència d'obstacles, del clima, etc.

Hipòtesi: en un terreny amb poc pendent, l'aigua d'un riu dona lloc a un curs amb corbes o meandres.

Experimenta

1. Munta tots els components com en l'esquema adjunt. La caixa de 150 x 60 cm ha de tenir una incisió en forma de V en un dels costats curts.
2. Cobreix el fons amb una capa de 5 cm de gruix de la mescla d'argila i sorra humitejada.
3. Fixa la mànega a l'extrem A de la caixa. A sota, col·loca-hi un objecte per elevar-lo uns 20 cm.
4. Recolza l'extrem B sobre una de les vores de la cubeta de plàstic.
5. Obre lleugerament l'aixeta i deixa córrer l'aigua fins que s'ompli la cubeta.
6. Repeteix l'experiment col·locant la caixa gairebé horitzontal.
7. Cobreix un altre cop el fons amb una capa uniforme de la barreja d'argila i sorra humitejada i deixa córrer l'aigua altra vegada.

Protocol

Rúbrica

MATERIAL

- Una caixa de 150 x 60 cm aproximadament
- Una cubeta de plàstic
- Un tros de mànega
- Una barreja de sediments d'argila i sorra

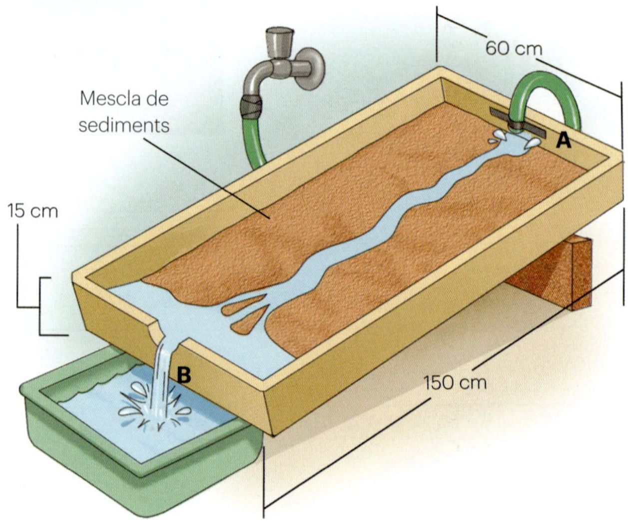

Analitza

1. **Identifica.** Què són les aigües superficials?
2. **Descriu.** Com és el curs de l'aigua quan es col·loca la cubeta inclinada?
3. **Raona.** En quina de les proves l'aigua té més energia?
4. **Experimenta i observa.** Què passa si col·loquem un obstacle al curs de l'aigua, com, per exemple, una pedra?
5. **Experimenta i interpreta.** Quina estructura del modelat es forma quan posem un regle que tapa parcialment el desguàs de la cubeta?
6. **Comunica.** Redacta un informe en què expliquis en quina de les dues posicions de la caixa s'han produït més corbes al curs de l'aigua. Explica per què es produeix aquesta diferència.

Conclou

S'ha confirmat la hipòtesi proposada?

3.3 Les glaceres

Una **glacera** és una massa de gel que s'origina en una zona de neus perpètues i que es desplaça lentament sobre un continent, baixant des del lloc d'origen fins a la zona de desgel.

Erosió de les muntanyes

A les zones polars i a les zones de neus perpètues de les muntanyes l'aigua cau en forma de neu i s'acumula sense fondre's. La massa de neu, que pot arribar a tenir un gran gruix, es fa compacta i es converteix en gel, que es desplaça lentament cap avall, com un riu, fins que la temperatura és prou elevada per fondre'l. Les glaceres poden ser de dos tipus:

- **Glaceres de casquet**. Es troben a les zones polars i cobreixen zones continentals com Groenlàndia i l'Antàrtida. El gel d'aquestes glaceres flueix del centre cap al mar, on s'acaba trencant en blocs immensos de gel o **icebergs**.
- **Glaceres de muntanya**. Es formen als cims d'altes muntanyes, on les temperatures poques vegades superen els 0 °C. Presenten tres parts: **circ glacial**, **llengua glacial** i **front de la glacera**.

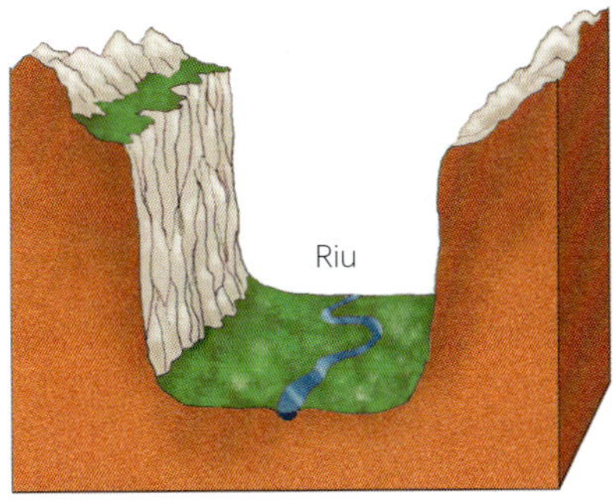

Vall en «U» formada per l'erosió que fa la llengua glacial.

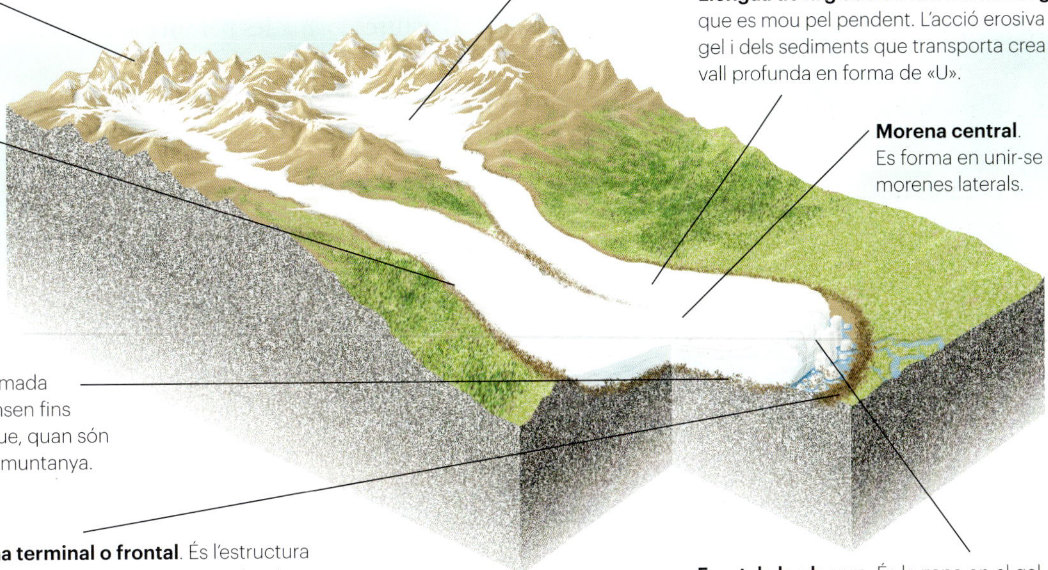

Activitats

7. AL Les glaceres presenten diversos tipus de morenes: morena lateral, de fons, central i terminal o frontal.

a Explica què és una morena.
b D'on provenen els elements que formen les morenes?
c Explica com es formen els elements que constitueixen les morenes de les glaceres.
d Argumenta quina morena produeix una acció erosiva més gran.
e Com es forma una morena central?

3.4 L'acció del mar

Platja de sorra (costa baixa) al costat d'uns penya-segats (costa alta).

El **mar** és un agent geològic extern que modela la costa. La seva acció es deu fonamentalment a l'energia de les onades que xoquen contra el litoral i arrenquen materials amb els quals després colpegen les roques novament.

Les onades –i amb menys intensitat, les marees i els corrents marins– contribueixen a modelar la costa, arrencant i arrossegant els materials i dipositant-los al fons marins o a la costa, on es formen les platges. Així mateix, la forma del modelat de la costa depèn de la resistència de les roques i de la seva disposició estructural. Es poden distingir dos **tipus** de costes:

- **Costes altes**. Són costes en les quals el mar bat contra estructures rocoses abruptes o penya-segats. Es formen en mars d'energia elevada on l'onatge i els corrents marins erosionen el litoral i retiren els sediments arrencats. Amb el temps, el penya-segat retrocedeix perquè la seva base es va soscavant i la part superior cau per l'acció de la gravetat.
- **Costes baixes**. Són costes en les quals el mar bat amb platges. S'originen en mars tranquils on les onades, les marees i els corrents marins traslladen i dipositen els sediments al llarg de la costa, de manera que donen lloc a les formacions següents:
  - **Platges**. Acumulacions de sorra sobre la costa.
  - **Barres sorrenques**. Dipòsits paral·lels a la costa.
  - **Tómbols**. Estructures formades per un banc sorrenc que uneixen un illot amb la costa.
  - **Albuferes**. Llacunes marines produïdes en tancar-se una badia mitjançant un cordó litoral.

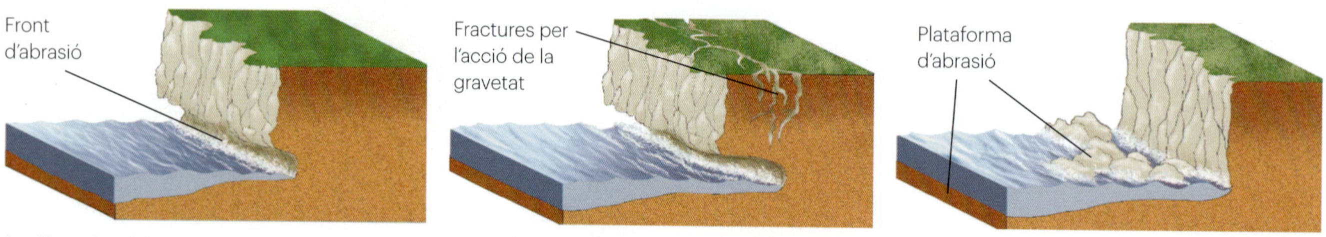

Acció erosiva del mar.

Activitats

8. Observa el dibuix i fes les activitats.

a Anomena les estructures de modelat que ha fet el mar sobre la costa que es mostren numerades en el dibuix.
b Quines corresponen a una costa baixa?
c Explica quins factors contribueixen a fer que es produeixi una costa alta.

4 Muntanyes que es mouen?

Social / Riscos AM AA AD

Aprèn a...
Seleccionar i utilitzar la informació científica per formar-te una opinió.

Ítem 1. Com es trasllada la sorra?

En funció de la seva mida, la sorra es pot desplaçar de tres maneres.

Amb un vent de 16 km/h:

- Els grans entre 0,5 i 2 mm es mouen per arrossegament o **rodolament**.
- Els grans entre 0,1 i 0,5 mm es mouen per **saltació**.
- Els grans de menys de 0,1 mm es mouen per **suspensió**.

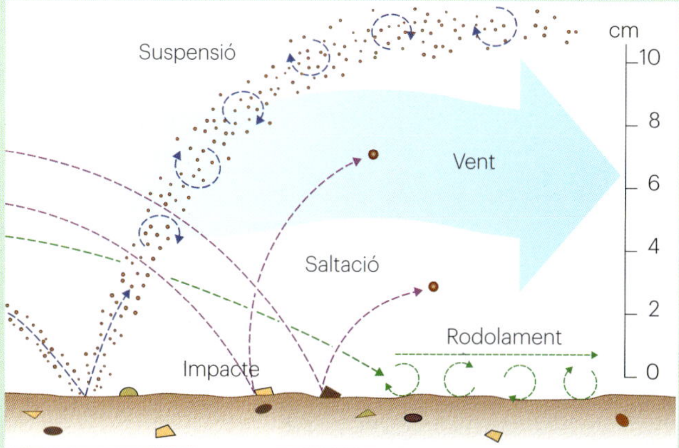

Ítem 2. Les dunes es mouen?

Les dunes presenten un pendent suau a la cara sobre la qual bufa el vent. Per aquest vessant, els grans de sorra ascendeixen per saltació fins a arribar al capdamunt, i cauen pel pendent oposat i formen un talús molt inclinat.

Les dunes

Construeix amb el que saps

Descriu 1 Llegeix el text i observa la imatge de l'ítem 1. Explica com es desplacen els grans de sorra de mida mitjana quan bufa el vent.

Aplica 2 Amb un vent de 16 km/h un gra de sorra de 0,5 mm de diàmetre es desplaça per saltació. Explica com s'anirà movent si la força del vent comença a disminuir fins a parar completament.

Raona 3 Visualitza el vídeo de l'ítem 2 i indica raonadament a quina velocitat es desplaça una duna petita o barcana.

Conclou i comunica 4 Confecciona una presentació per explicar què és una duna. Has de mostrar dibuixada la secció longitudinal, en la qual has d'assenyalar la direcció del vent i la trajectòria dels grans de sorra que es desplacen per la duna.

El que has construït

Els grans de sorra es poden desplaçar per **arrossegament**, **saltació** o **suspensió**, depenent de la seva mida i de la força del vent.

Les **dunes** són acumulacions de sorra que es desplacen empeses per la força del vent.

3.5 L'acció del vent

El **vent** és aire en moviment.

L'**acció** del vent o **eòlica** (d'Èol, déu del vent) és una activitat geològica que pot ser molt intensa a les regions àrides, on la falta de vegetació deixa exposats el sòl i les roques del relleu a l'erosió.

Quan l'energia del vent és alta, desenvolupa **estructures erosives** com les següents:

- **La corrosió**. És el desgast del relleu produït pel xoc constant de la sorra que projecta el vent. Com que el vent només aixeca els grans de sorra fins a una altura d'1,5 m, l'abrasió o el desgast només es produeix a la base de les roques.
- **La deflació**. És l'escombratge de les partícules fines i mitjanes. Al sòl, només hi quedaran els materials gruixuts (pedres) que formen un paviment pedregós, anomenat **reg** o desert de pedra.

Tempesta de sorra en un desert tipus erg.

D'altra banda, l'activitat eòlica també pot generar **estructures de transport** i **sedimentació**:

- Les **tempestes de sorra** són fenòmens produïts per corrents d'aire intensos i turbulents que aixequen la pols i la sorra del desert.
- Quan el vent perd l'energia, diposita les partícules que transporta i pot provocar l'aparició de camps de *loess* i dunes.
  - ***Loess***. Són acumulacions de partícules fines, generalment argiloses, que poden arribar a un gran gruix i originar sòls molt fèrtils.
  - **Dunes**. Són acumulacions de sorra que poden moure's empeses pel vent. Quan hi ha una gran quantitat de dunes juntes es forma un **erg** o desert de sorra.

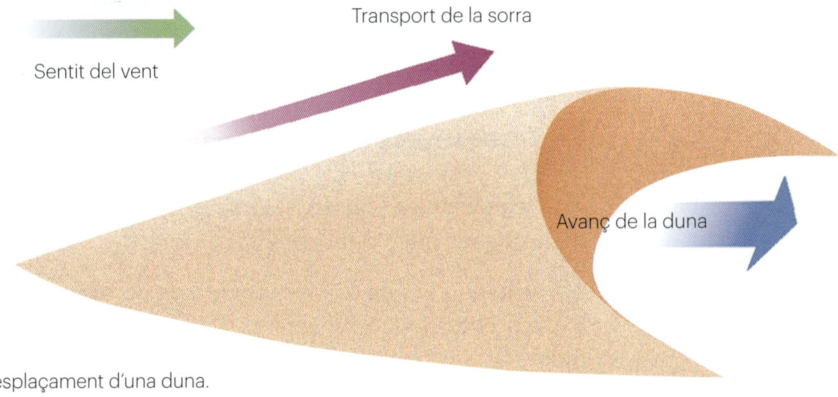

Desplaçament d'una duna.

Activitats

9. El paviment pedregós és el tipus de superfície que més extensió ocupa als deserts.

a Explica què és la deflació.
b Argumenta el motiu pel qual l'acció del vent és tan intensa als deserts.
c Com es forma un reg o desert de pedres?
d Quines partícules del sòl falten als deserts de pedres? Indica què ha passat amb aquest tipus de partícules.

3.6 Acció del éssers vius i de l'home

Els éssers vius també intervenen en el modelat del relleu. Entre els éssers vius, l'acció feta per l'home o **antròpica** és la que causa un impacte geomorfològic més gran com a conseqüència de la seva activitat intensa i del desenvolupament tecnològic.

El modelat del relleu fet pels **animals** i les **plantes** és bàsicament de debilitament del terreny i de meteorització de les roques del relleu. Es pot produir de dues maneres:

- **Meteorització mecànica**. És la que duen a terme les arrels de les plantes o els animals que excaven caus a terra (per exemple, talps, conills, tèrmits...).
- **Meteorització química**. És la que fan les molses, els fongs, els líquens, etc., que poden corroir la roca en alliberar substàncies àcides.

Termiter.

Liquen.

Els **impactes que l'activitat humana** causa al relleu es poden manifestar de dues maneres:

- **Construcció**. Per exemple, les obres d'urbanització, construcció de carreteres, ports, embassaments, etc.
- **Explotació**. Per exemple, l'agricultura, el pasturatge, l'activitat forestal, la mineria, l'explotació de pedreres, etc.

De vegades els impactes antròpics poden provocar **riscos induïts** en els quals s'amplifica l'acció d'un procés natural.

Per exemple, la sobreexplotació d'un aqüífer (impacte) pot provocar la salinització d'aquest aqüífer (risc induït). Un altre exemple és la desforestació d'un territori per urbanitzar-lo (impacte) pot causar una forta erosió del sòl (risc induït).

Vocabulari

Risc induït. Els riscos induïts són aquells en els quals una acció antròpica pot amplificar l'acció d'un procés natural i causar més danys a l'ésser humà o als seus béns.

Presa.

Impacte miner.

Ciències en context

1 AM AS AV Social / Riscos L'embassament

Identificar la intervenció dels éssers vius i de les activitats humanes en la transformació de la superfície terrestre i reconèixer alguns riscos derivats.
Analitzar l'activitat produïda per les aigües superficials i reconèixer alguns dels seus efectes en el relleu.

L'any 1935, sobre la llera del riu Noguera Pallaresa, es va construir el pantà de Terradets per poder obtenir energia elèctrica i regular les crescudes d'aigua del riu. La conca hidrogràfica que aboca les seves aigües al pantà ha sigut fortament desforestada per utilitzar-la en activitats agrícoles.

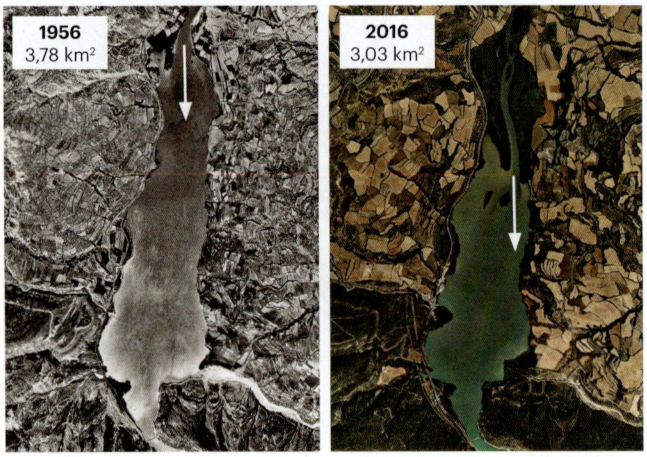

1. **Observa.** Quines diferències aprecies entre les dues fotografies?
2. **Interpreta.** D'on provenen els materials que emplenen l'embassament?
3. **Aplica.** Explica quin procés de modelat del relleu té lloc a la zona on desemboca el riu al pantà.
4. **Aplica.** Calcula quin percentatge de superfície s'ha perdut respecte a l'any 1956.
5. **Conclou.** Feu un debat a l'aula sobre les accions que es podrien fer per evitar que el pantà perdi capacitat d'emmagatzematge d'aigua.

2 AL AV AS Social / Medi ambient

El Torcal d'Antequera

Identificar la influència del clima i de les característiques de les roques que condicionen i influeixen en els diferents tipus de relleu.
Diferenciar els processos de meteorització, erosió, transport i sedimentació, i els seus efectes en el relleu.
Associar l'activitat eòlica amb els ambients en què aquesta activitat geològica pot ser rellevant i identificar algunes de les formes característiques que en resulten.
Indagar en el paisatge de l'entorn més proper i identificar alguns dels factors que n'han condicionat el modelat.

El **Torcal d'Antequera** és una paratge natural situat al terme municipal d'Antequera, a la província de Màlaga, famós per les formes capricioses que el modelat càrstic ha creat en les seves roques calcàries. El Torcal se situa a la part superior d'una important serra calcària, les roques de la qual van començar a formar-se durant el Juràssic, és a dir, fa uns 150 milions d'anys. En aquella època, aquesta zona constituïa el fons marí d'un passadís marítim allargat que comunicava els primitius oceà Atlàntic i mar Mediterrani. Durant el plegament alpí (era terciària), aquestes roques es van elevar més de 1300 m per sobre del nivell del mar i van donar lloc a serralades.

1. **Descriu.** Explica en quin ambient es van formar i quina edat tenen les roques del Torcal.
2. **Identifica.** Quins agents del modelat del relleu actuen sobre aquest tipus de roques?
3. **Raona.** Argumenta si aquest procés del modelat es podria donar igual en un clima sec i àrid.
4. **Conclou.** Debateu en grup quin seria l'agent principal del modelat que actuaria i quines formes podria donar aquest mateix tipus de roques en un clima àrid.

3 AS AL AV Social / Medi ambient

La zona agrícola del Baix segura

Valorar la importància de les aigües subterrànies i els riscos de la seva sobreexplotació.

El Baix Segura (Alacant), una de les zones agrícoles més riques d'Europa, perd fertilitat per culpa de la salinització del sòl. Els motius es van publicar en la revista *Ambienta*: «La demanda i el consum d'aigua s'ha sextuplicat els últims 50 anys com a conseqüència de l'increment de les activitats agrícoles, l'urbanisme i la indústria. La demanda creixent sobre una quantitat finita i limitada d'aigua dolça ha provocat la sobreexplotació d'aqüífers litorals i el començament de problemes d'intrusió marina.» L'equip científic també constata que el nivell freàtic ha baixat dels 5 m de profunditat fins als 30 o 40 m. És a dir, que cada vegada és més complicat aconseguir extreure aigua mitjançant el bombament, un recurs utilitzat durant segles.

1. **Descriu.** Explica què és el nivell freàtic.
2. **Identifica.** Per quin motiu el nivell freàtic ha baixat fins als 40 m de profunditat?

3 **Representa.** Explica amb dos dibuixos com estava l'aqüífer abans i després que es produís la intrusió salina.

4 **Raona.** Explica per què es considera que aquest problema és un risc induït de tipus antropològic.

5 **Conclou.** Debateu en grup quines mesures s'haurien de prendre per evitar la salinització de l'aqüífer.

4 AP Social / Riscos Paisatges

Analitzar l'activitat produïda per les aigües superficials i reconèixer alguns dels seus efectes en el relleu.
Relacionar els moviments de l'aigua del mar amb l'erosió, el transport i la sedimentació al litoral, i identificar algunes formes resultants que són característiques.
Associar l'activitat eòlica amb els ambients en què aquesta activitat geològica pot ser rellevant i identificar algunes de les formes característiques que en resulten.
Analitzar la dinàmica glacial i identificar els seus efectes sobre el relleu.
Indagar el paisatge de l'entorn més proper i identificar alguns dels factors que n'han condicionat el modelat.

Guipúscoa

Navarra

Cadis

Osca

Tarragona

Málaga

1 **Interpreta.** Indica quin tipus d'agent natural del modelat del relleu actua en cada una de les imatges.

2 **Raona.** Quin procés del modelat del relleu actua en cadascun dels casos?

3 **Identifica.** Quin és el nom de cada una de les estructures de modelat que es mostren?

5 AP AL AV Social / Riscos Els caos de boles

Identificar la influència del clima i de les característiques de les roques que condicionen i influeixen en els diferents tipus de relleu.
Diferenciar els processos de meteorització, erosió, transport i sedimentació, i els seus efectes en el relleu.

El granit és una roca constituïda per cristalls petits de tres minerals: quars, feldspat i mica biotita. Aquesta roca es forma pel refredament i la solidificació d'un magma a l'interior de l'escorça terrestre, on forma masses grans de roques o batòlits. Com que el batòlit es troba a l'interior de l'escorça, ha de suportar la pressió dels materials situats al seu damunt. Però si l'erosió retira les roques que el cobreixen, pateix un procés d'expansió que permet l'aparició de moltes esquerdes o diàclasis.

Els granits pateixen un tipus especial de meteorització química anomenada *hidròlisi*, procés en el qual el feldspat reacciona amb l'aigua i dona lloc a argiles. Aquest procés disgrega el granit, que origina sorres gruixudes riques en quars i mica. La hidròlisi del granit avança per les diàclasis i produeix estructures esferoidals peculiars d'aquest tipus de roques, que al seu torn originen paisatges amb blocs rocosos de formes arrodonides que reben el nom de *caos de boles*.

1 **Descriu.** Quin tipus de clima permet aquest tipus de meteorització?

2 **Raona.** Argumenta si aquest tipus de meteorització es pot produir en un desert.

3 **Aplica.** Quin tipus de meteorització patiria el granit al desert? I al cim d'una alta muntanya?

4 **Reflexiona.** Una roca com la calcària podria patir hidròlisi i originar estructures esferoidals?

5 **Conclou.** Debateu en grup de quins factors depèn el tipus de modelat d'un paisatge.

REPASSA LA UNITAT

La glacera

Social / Riscos AP AL

1. Què és una glacera? Quin aspecte presenta un massís muntanyós sobre el qual ha actuat una glacera?

2. Quines condicions climàtiques permeten la formació i l'activitat d'una glacera?

3. Explica per què és necessària l'energia solar perquè es produeixin precipitacions en forma de neu als cims de les muntanyes i es formin glaceres.

4. A prop de la costa hi ha quatre dolines que ens indiquen que a sota hi ha un massís calcari fortament alterat. Què diferencia un avenc d'una galeria? Explica el procés de dissolució que origina aquestes estructures.

5. En la il·lustració es mostren molts cons de dejecció.

a Descriu què és un con de dejecció.
b Quin agent geològic extern els ha format?

A. Les glaceres   C. Els torrents
B. Els aqüífers   D. El vent

6. A prop del delta es cultiva arròs. En inundar els camps per sembrar-hi s'ha comprovat que l'aigua extreta dels pous conté sal. Explica com s'ha pogut produir aquest problema.

7. Explica com es podrien diferenciar els materials dipositats al tram final d'un torrent dels dipositats a la desembocadura d'un riu. Quina força proporciona l'energia necessària perquè l'aigua pugui transportar aquests materials?

8. Sobre el delta s'aprecia una sèrie de dunes. Estableix quines condicions s'han de donar perquè es produeixin en aquesta zona.

a Molta vegetació
b Vents forts
c Absència de vegetació
d Zona protegida del vent

9. Què és una costa alta? Explica per què en aquest tipus de litoral gairebé no hi ha platges.

10. S'està fent un estudi sobre la construcció d'una presa per produir energia elèctrica i obtenir aigua per a regadiu. Argumenta quines repercussions podria tenir aquesta obra sobre el tram baix del riu.

C1: 1, 2, 8 | C2: 3, 4, 5, 9 | C3: 6, 7, 10

11 Els ecosistemes

1. Qualsevol lloc és bo per viure?
2. Com es produeix una adaptació?
3. Què fan els cucs de terra al sòl?
4. Per a què serveix la capa d'ozó?

EN AQUESTA UNITAT APRENDRÀS A...	Situació d'aprenentatge	Activitats	Ciències en context
Definir què es un ecosistema, identificar-ne els seus components i conèixer les relacions entre ells. Competències científiques: 2	1	1	2
Conèixer les relacions intraespecífiques i interespecífiques i analitzar-ne la importància en la regulació dels ecosistemes. Competències científiques: 2, 5	2	3, 4, 5, 6	1, 2
Identificar els factors abiòtics i biòtics d'alguns ecosistemes, i posar alguns exemples de la seva influència. Competències científiques: 2, 5	1, 2, 3	1, 2, 3, 4, 5, 6, 7, 8, 9, 10, 11, 12	1, 2
Descriure les característiques dels ecosistemes aquàtics i identificar els seus factors abiòtics per explicar les adaptacions que els éssers vius hi desenvolupen. Competències científiques: 2, 5, 6	1	11, 12	2, 5
Descriure les característiques dels ecosistemes terrestres i identificar els seus factors abiòtics per explicar les adaptacions que els éssers vius hi desenvolupen. Competències científiques: 2		1, 2, 7, 8	1
Reconèixer els factors desencadenants de desequilibris en un ecosistema. Competències científiques: 2, 11	4	13, 14, 15, 16	1, 2, 3, 5
Conèixer, proposar i justificar mesures per a la conservació del medi ambient. Competències científiques: 2, 11	4	13, 14, 15, 16	3, 5
Reconèixer que el sòl és el resultat de la interacció entre els components biòtics i abiòtics. Competències científiques: 2, 4, 6	3	9, 10	4
Explicar la importància del sòl, reconèixer la seva fragilitat i valorar la necessitat de protegir-lo. Competències científiques: 2, 11		10	4

1 Qualsevol lloc és bo per viure?

Global / Medi ambient AL AP

Aprèn a...

Aplicar el mètode científic a les teves recerques.

Dissenyar i planificar de manera autònoma la feina experimental fent servir el material adequat i interpretant els resultats.

Ítem 1. Quin és el lloc de cada ésser viu?

Desert	Bosc	Tundra

Hi ha poques espècies **cosmopolites**, és a dir, que puguin viure pràcticament a tota la superfície del planeta. El més normal és que cada espècie s'adapti a les condicions ambientals del lloc on habita.

Ítem 2. Què es necessita per viure?

Tots els organismes, per poder viure en un determinat lloc, necessiten disposar d'una font de matèria i energia. També requereixen que el lloc disposi d'unes condicions adequades de llum, aigua, oxigen, temperatura, etc., que els permetin desenvolupar la seva vida.

Ítem 3. Cada lloc, les seves espècies

En cada medi, hi conviuen un conjunt d'espècies que s'han adaptat a les condicions ambientals, entre les quals s'estableixen relacions de tota mena.

Construeix amb el que saps

Descriu 1 Quines condicions ambientals permeten diferenciar els llocs de les tres fotografies de l'ítem 1?

Interpreta 2 En quin dels tres medis et sembla que viu una quantitat més gran d'éssers vius? Per què?

Reflexiona 3 Raoneu si és certa aquesta afirmació: «Un animal del desert, com el camell, no pot viure a la tundra i un animal de la tundra, com el ren, no pot viure al desert».

Identifica 4 Visualitza el vídeo de l'ítem 3. Les granotes estan perfectament preparades per viure en tolles, llacs i rierols; no obstant això, una població de granotes no podria sobreviure en una tolla si a l'aigua només hi visquessin elles.

a Què més necessiten per poder viure?
b Quines condicions ambientals té el lloc on habiten?
c Quins organismes poden viure en aquest mateix espai?

Comunica 5 Cada grup ha d'escollir una de les espècies que habiten al lloc indicat en l'ítem 2, cercar-ne informació i confeccionar una fitxa amb les dades següents:

a Nom, grup taxonòmic al qual pertany i foto de l'espècie escollida.
b Condicions ambientals en les quals viu.
c Tipus d'alimentació (detallant de què s'alimenta).

El que has construït

Cada espai de la superfície del planeta té unes **condicions ambientals** concretes i un **conjunt d'éssers vius** que s'han adaptat a viure en aquestes condicions.

Totes les espècies, per poder mantenir-se amb vida en un lloc, a més d'unes condicions ambientals adequades (temperatura, humitat, llum, pressió, etc.), necessiten nodrir-se, és a dir, captar **matèria** i **energia**.

1. L'ecosistema

Un **ecosistema** és un sistema format per **organismes** que conviuen junts, el **lloc** on habiten i les **relacions dinàmiques** que s'estableixen entre ells i amb les condicions del seu medi ambient.

Els dos **components** d'un ecosistema són els següents:

1. **Biocenosi o comunitat.** És el conjunt de tots els éssers vius que habiten en un ecosistema, així com les relacions biòtiques que estableixen entre si. En una comunitat, cada conjunt d'organismes d'una mateixa espècie rep el nom de **població**. Les relacions ecològiques que s'estableixen entre els organismes d'una comunitat s'anomenen **factors biòtics.**
2. **Biòtop.** És l'espai físic ocupat pels éssers vius que formen la comunitat. En un biòtop es poden diferenciar el **medi**, el **substrat** i els **factors abiòtics.** Aquests factors poden ser de tipus físic, com, per exemple, la temperatura i la llum, o de tipus químic, com, per exemple, la salinitat o l'acidesa de l'aigua.

ECOSISTEMA

BIOCENOSI — Conjunt d'**éssers vius** de l'ecosistema.

BIÒTOP — **Espai físic** que ocupen els éssers vius de l'ecosistema.

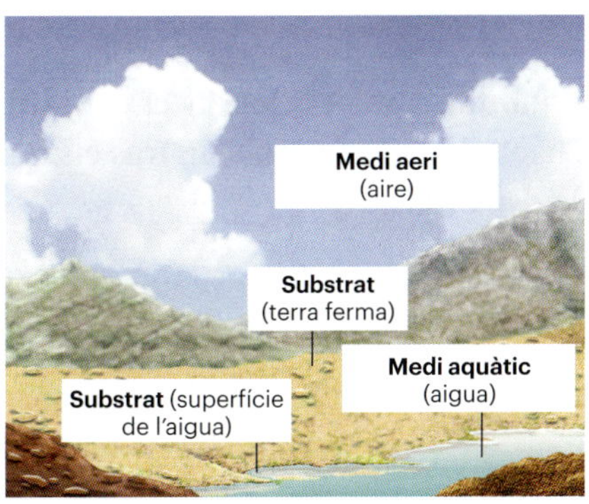

Activitats

1 AL Visualitza el vídeo i contesta les preguntes següents.

a En quines condicions ambientals viu l'os de la pel·lícula?
b Quines adaptacions tenen els ossos que els permeten viure en aquest tipus de boscos?
c Podrien habitar en aquest mateix lloc si pugessin les temperatures?

2. Medi, substrat i factors abiòtics

El medi, el substrat i els factors abiòtics són els tres aspectes que caracteritzen un **biòtop**.

- **Medi**. És el fluid que envolta els organismes que habiten en l'ecosistema. Hi ha dos medis: el **medi aeri** (el fluid és l'**aire**) i el **medi aquàtic** (el fluid és l'**aigua**).
- **Substrat**. És la superfície, sòlida o fluida, sobre la qual es desplacen o sustenten els organismes. Els principals substrats són el **sòl**, l'**aire**, l'**aigua**, el **fons marí**, la **superfície de l'aigua**, el **cos d'un altre ésser viu**, etc.
- **Factors abiòtics**. Són totes les característiques físiques i químiques del biòtop, que influeixen en els organismes i als quals s'han d'adaptar d'una manera dinàmica i incessant els éssers vius que hi habiten. També es denominen **condicions ambientals abiòtiques**. Se'n distingeixen dos tipus:
  - **Físics**. Els més destacables són la llum, la temperatura, la humitat, la pressió atmosfèrica, el vent i els corrents d'aigua.
  - **Químics**. Els més importants són la concentració d'oxigen, l'acidesa, la salinitat i la presència de substàncies contaminants.

	Insecte sabater (*Gerris lacustris*)	Serrà (*Serranus cabrilla*)
Medi	Aeri	Aquàtic
Substrat	Superfície de l'aigua	Aigua
Factors abiòtics	Aigües dolces i tranquil·les, temperatures temperades, etc.	Aigües marines (salades), de mars freds, etc.

L'**hàbitat** d'una espècie és el **conjunt de biòtops** en el qual poden viure. Així, l'hàbitat d'un esquirol són tots els boscos temperats; el d'un camell, els deserts àrids i càlids, etc.

Activitats

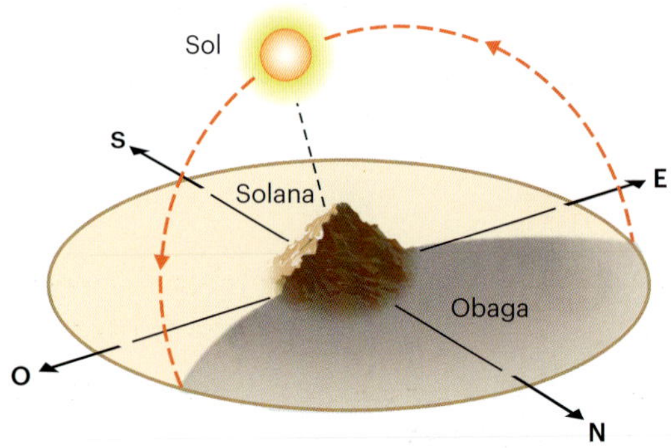

2. AP Els vessants muntanyencs orientats al sud (solanes) presenten unes condicions ambientals diferents dels vessants orientats al nord (obagues).

a A quines condicions ambientals estan adaptades les espècies que viuen a la solana?
b Quin vessant serà més humit?
c Argumenta si la vegetació serà igual en els dos vessants.

2 Com es produeix una adaptació?

Personal / Ciència tecnologia AL AP AD

Aprèn a...

Identificar els termes del vocabulari científic i expressar-te correctament, tant oralment com per escrit, fent servir diversos suports.

Ítem 1. Què ens fa ser com som i què ens fa canviar?

La informació sobre la forma i el funcionament d'un organisme es troba en el seu ADN. Qualsevol canvi de l'ADN provoca una mutació que altera aquesta informació. Això pot comportar modificacions d'aspecte i de comportament. Aquestes alteracions són casuals i aleatòries, i les poden provocar virus, rajos UV, substàncies químiques, etc.

Ítem 2. Com apareix una nova característica?

El bosc mediterrani és un ecosistema molt dens, ja que sota els arbres creixen abundants arbustos i lianes, cosa que fa que el sotabosc sigui fosc. Si casualment es produeix una mutació en el gen que codifica el color del pelatge d'aquesta població de conills, poden aparèixer nous individus amb el pelatge més fosc.

Població inicial: tots blancs.	Mutació: apareixen conills foscos.

Ítem 3. És una adaptació?

Al bosc mediterrani, els conills són caçats per mussols, guineus, etc. Aquests depredadors fan una selecció natural ja que eliminen els individus més mal adaptats, els de color clar (més visibles), l'ADN dels quals no passarà a la generació següent.

Construeix amb el que saps

Descriu 1 Quina informació contenia el gen sobre el color del pelatge de la població inicial dels conills?

Raona 2 Com ha pogut canviar la informació que contenia el gen sobre el color del pèl? Han influït els mateixos individus de la població en aquesta modificació?

Interpreta 3 Explica com es fa la selecció natural en aquesta població de conills. Quins individus tenen més probabilitat de ser caçats? Explica per què són eliminats.

Aplica 4 Si aquest bosc fos talat i al seu lloc s'instal·lés una explotació agrícola en la qual se sembrés blat, et sembla que tenir un pelatge fosc continuaria sent una bona adaptació?

Comunica 5 Debateu els avantatges de tenir variabilitat en el color del pelatge.

Conclou 6 Feu una presentació que expliqui com ha aparegut aquesta nova adaptació i com ha anat establint-se en tota la població al llarg de les generacions successives.

El que has construït

La informació que conté l'**ADN** dels éssers vius indica quines característiques externes poden tenir. Aquesta informació pot ser modificada aleatòriament mitjançant **mutacions**.

Una **adaptació** és qualsevol canvi produït per una mutació genètica que millora les possibilitats d'èxit i supervivència dels éssers vius que la tenen.

3. Factors biòtics

Una de les funcions dels éssers vius és la seva capacitat per relacionar-se, és a dir, per percebre **estímuls** de l'entorn i reaccionar per poder donar les **respostes** adequades.

Les relacions entre organismes reben el nom de **relacions biòtiques** i poden ser de dos tipus:

- **Relacions intraespecífiques.** Són les relacions entre individus de la **mateixa espècie**, és a dir, que pertanyen a la mateixa **població**.
- **Relacions interespecífiques.** Són les que s'estableixen entre individus d'**espècies diferents** que formen part d'una mateixa comunitat o **biocenosi**.

3.1. Relacions intraespecífiques

Les relacions intraespecífiques poden ser de **competència**, com quan dos mascles competeixen per reproduir-se, tot i que generalment són d'**ajuda mútua**, a fi de cercar aliment, desplaçar-se o reproduir-se i tenir cura de la descendència. Les relacions intraespecífiques més importants són la **familiar**, la **colonial**, la **gregària** i la **social**.

FAMILIAR

Són associacions entre els progenitors i els seus descendents.

- **Perenne** o de llarga durada. Tenen poca descendència, que és cuidada pels pares.
- **Temporal** o de relació curta. Tenen molta descendència, que els pares abandonen.

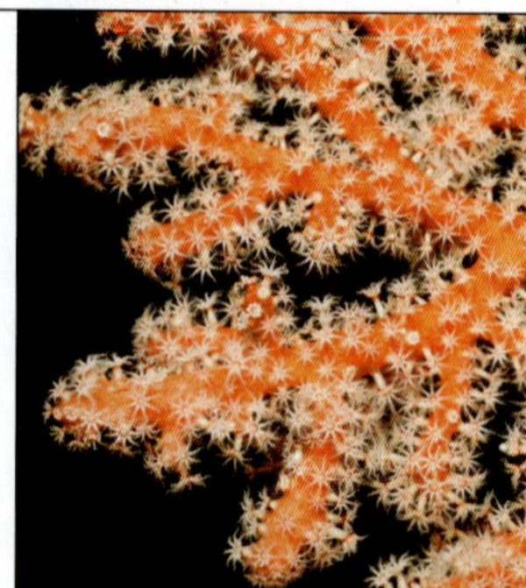

COLONIAL

Són associacions entre molts individus que viuen fusionats i comparteixen aparells i sistemes. Per exemple, els coralls formen colònies de centenars de petits individus o pòlips units entre si.

GREGÀRIA

Són associacions de molts individus que s'ajunten per desplaçar-se, cercar menjar o protegir-se dels depredadors. Per exemple, les bandades d'ocells migratoris o de nyus o els bancs de peixos.

SOCIAL

Són associacions molt jerarquitzades constituïdes per individus que estan separats per castes. Una **casta** és un grup d'individus amb una forma i una funció diferenciades. N'hi ha, per exemple, en els tèrmits, les formigues i les abelles.

Activitats

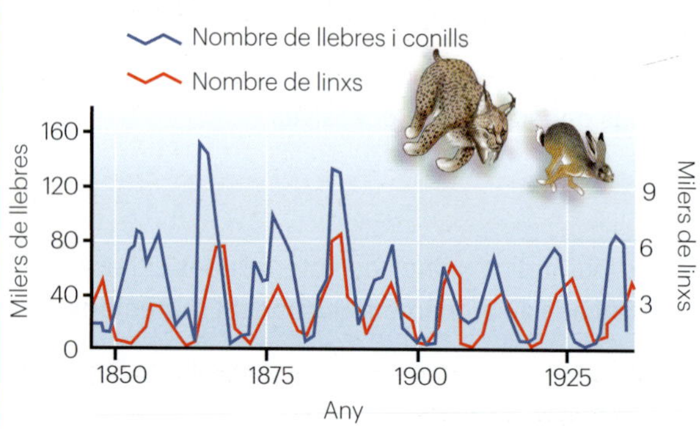

3. AP AM El 80% de la dieta del linx ibèric consta de llebres i conills. Aquest gràfic reflecteix l'evolució de totes dues poblacions.

a Coneixes el tipus de relació biòtica que s'estableix entre la llebre i el linx? Com s'anomena?

b Per què la població de linxs creix després d'iniciar-se el creixement de la població de llebres?

c Quan es produeix un descens de la població de linxs?

d La mixomatosi és una malaltia vírica que delma les poblacions de conills i llebres. Com pot, aquesta malaltia, afectar la població de linxs?

3.2 Relacions interespecífiques

Són les relacions que s'estableixen entre els individus de les **diferents espècies** que viuen juntes i constitueixen una **comunitat** o **biocenosi**. Tenen lloc quan una espècie serveix d'aliment a una altra, de mitjà de transport, de protecció o, fins i tot, quan col·labora en la seva reproducció.

Les relacions entre espècies diferents poden beneficiar totes dues espècies, ser perjudicial per a les dues o beneficiar-ne tan sols una.

El tipus de relació existent entre dues espècies es representa mitjançant signes: l'espècie **beneficiada** se simbolitza amb el signe **(+)**, l'espècie **perjudicada**, amb el signe **(–)**, i, si no hi ha cap conseqüència, amb el signe **(0)**.

- Relacions interespecífiques no agressives o beneficioses. Cap de les dues espècies no en resulta perjudicada:

MUTUALISME (+, +)	SIMBIOSI (+, +)	COMENSALISME (+, 0)	INQUILINISME (+, 0)
És la relació entre dues espècies que poden viure separades, però que, si viuen juntes, **totes dues obtenen beneficis**. Per exemple, els bufàgids que s'alimenten dels paràsits que hi ha a la pell d'altres animals.	És un tipus de mutualisme obligat, és a dir, la relació és tan estreta entre les dues espècies que **no podrien sobreviure per separat**. Per exemple, els líquens són la simbiosi entre un fong i una alga.	És la relació en la qual **una espècie obté beneficis** gràcies a l'activitat d'una altra, a la qual li és indiferent. Per exemple, l'esplugabous s'alimenta dels insectes que fugen espantats pels animals herbívors.	És la relació en la qual els individus d'una espècie troben **protecció o viuen sobre una altra espècie**, que **no** resulta **perjudicada** per això. En són exemple els crustacis que viuen sobre la pell de les balenes.

- **Relacions interespecífiques agressives o perjudicials.** Una o les dues espècies en resulten perjudicades.

COMPETÈNCIA (–, –)	PARASITISME (+, –)	DEPREDACIÓ-PRESA (+, –)
Dues espècies **competeixen per l'aliment o l'hàbitat**. La més eficaç desplaçarà l'altra, que es veurà obligada a cercar altres recursos d'alimentació o a emigrar per sobreviure. Per exemple, els lleons o les hienes competeixen per les preses.	Una de les espècies en resulta beneficiada, el **paràsit**, mentre que l'altra, l'**hoste**, en resulta perjudicada. El paràsit s'alimenta de l'hoste sense matar-lo. Per exemple, les paparres s'alimenten de sang.	És la relació en la qual una espècie, el **depredador**, caça i s'alimenta de l'altra, la **presa**. Per exemple, un camaleó s'alimenta d'insectes que atrapa amb la llengua llarga.
	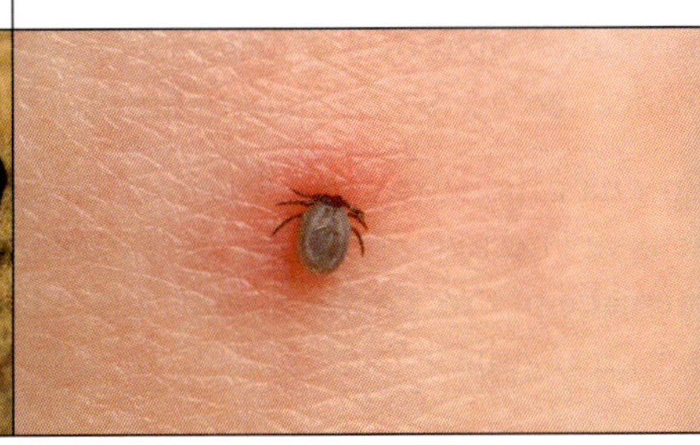	

Activitats

4. Molts animals herbívors, com els búfals, els rinoceronts, les girafes, els antílops, etc., suporten estoicament que alguns ocells com els bufàgids els piquin la pell, la boca, les orelles, els narius i fins i tot les comissures dels ulls a la recerca de paràsits per menjar.

a Explica si el text ens mostra una relació interespecífica.
b Què obtenen els bufàgids d'aquesta relació? I els herbívors esmentats?
c Explica raonadament el tipus de relació que estableix el bufàgid amb aquests animals.

4. La matèria i l'energia d'un ecosistema

Els éssers vius d'un ecosistema necessiten una aportació constant d'**energia** per fer les seves funcions vitals (nutrició, relació i reproducció) i de **matèria** per constituir els seus cossos.

CICLE DE LA MATÈRIA

La matèria d'un ecosistema circula d'uns organismes a uns altres seguint un recorregut **cíclic** que es pot dividir en tres fases:

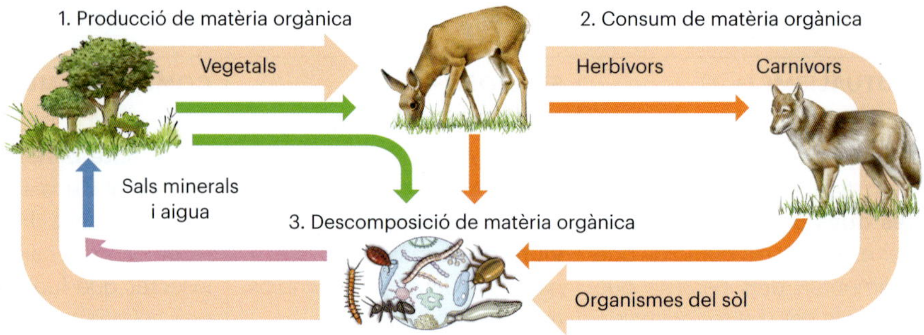

1. **Producció de matèria orgànica.** Els organismes autòtrofs utilitzen el diòxid de carboni, l'aigua i les substàncies minerals per fer la fotosíntesi.
2. **Consum de matèria orgànica.** Els heteròtrofs (com els animals) s'alimenten de matèria produïda pels autòtrofs (com les plantes).
3. **Descomposició de matèria orgànica.** Durant la respiració, els éssers vius alliberen diòxid de carboni i les seves restes són descompostes pels organismes del sòl, que els transformen en substàncies minerals. Els autòtrofs utilitzaran totes aquestes substàncies una altra vegada.

FLUX DE L'ENERGIA

L'energia d'un ecosistema fa un **recorregut lineal**, no cíclic. Entra en forma d'energia solar i flueix en forma d'energia química d'un organisme a un altre fins que **s'esgota**, però sense tornar a ser reciclada ni reutilitzada.

Els autòtrofs capten l'energia lumínica del Sol i l'emmagatzemen en forma d'energia química en la seva matèria orgànica.

Regla del 10 %

Els individus utilitzen la major part de l'energia a fer les seves activitats i en forma de calor. Tan sols el 10 % de l'energia passa a l'organisme següent.

4.1 Cadenes tròfiques o alimentàries

Una **cadena tròfica** és la seqüència d'organismes d'un ecosistema, en la qual uns s'alimenten dels anteriors i serveixen d'aliment als següents. Una cadena tròfica representa de manera lineal el traspàs de nutrients i energia.

En una cadena tròfica, el primer element sempre és el productor; a continuació ve l'herbívor i, després, els carnívors. Per exemple, una planta de blat és menjada per un conill; aquest, al seu torn, és menjat per una guineu, i aquest, per una àguila.

Per representar una cadena tròfica s'utilitzen fletxes que surten de l'organisme consumit i apunten a l'organisme que se n'alimenta.

Activitats

5. AP Observa la cadena tròfica del text.

- **a** Quin és el primer ésser viu de la cadena tròfica? A quin nivell tròfic pertany?
- **b** D'on prové l'energia que utilitzen els éssers vius d'aquesta cadena tròfica?
- **c** Com és captada aquesta energia i introduïda en la cadena tròfica?
- **d** Podria existir aquesta cadena si faltessin els productors?
- **e** Quin tipus d'alimentació presenten els successius éssers vius d'aquesta cadena?
- **f** Què indiquen les fletxes que apareixen en la cadena? En quin sentit es mouen la matèria i l'energia en la cadena?

4.2 Les xarxes tròfiques

Com que els éssers vius es poden alimentar de diferents organismes i, al seu torn, ser l'aliment d'altres, les diferents cadenes tròfiques d'un ecosistema tenen baules comunes i constitueixen **xarxes tròfiques** molt complexes, per la qual cosa l'alteració en un dels components pot afectar molts organismes.

Com més **complexa** és una xarxa tròfica, més **estable** és, ja que més possibilitats hi ha que la disminució d'un aliment sigui compensada per un altre tipus d'aliment.

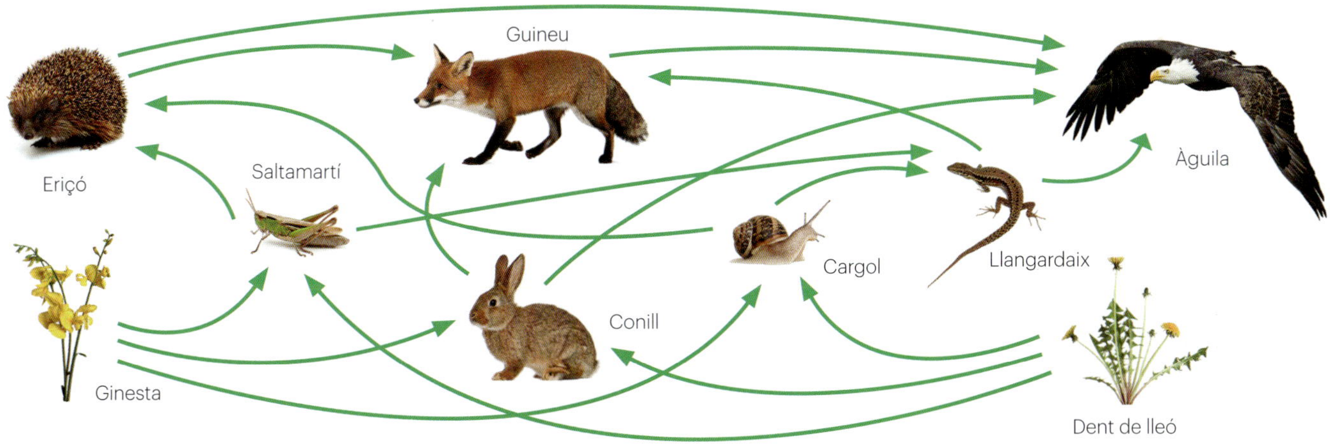

4.3 Els nivells tròfics

Un **nivell tròfic** és el conjunt d'éssers vius que ocupen la mateixa posició en una cadena tròfica, és a dir, tenen el mateix tipus d'alimentació, per la qual cosa, obtenen la matèria i l'energia de la mateixa manera. Hi ha tres nivells tròfics:

- **Productors**. Són els organismes autòtrofs (fan la fotosíntesi). La majoria utilitzen l'energia de la llum per transformar algunes molècules senzilles inorgàniques (aigua i diòxid de carboni) en compostos rics en energia, com sucres i greixos.
- **Consumidors**. Són els organismes heteròtrofs. Obtenen la seva matèria orgànica transformant la matèria orgànica d'altres éssers vius, dels quals s'alimenten. Es poden classificar en tres tipus:
  - **Consumidors primaris**. Són els organismes **herbívors**. Obtenen la matèria i l'energia alimentant-se dels productors.
  - **Consumidors secundaris**. Són els organismes **carnívors**. Obtenen la matèria i l'energia alimentant-se dels herbívors.
  - **Consumidors terciaris**. Són els **superdepredadors**. S'alimenten d'altres consumidors, ja siguin herbívors o carnívors.
- **Descomponedors**. Són **organismes heteròtrofs** que s'alimenten de **matèria orgànica no viva** (cadàvers, excrements, etc.). Alguns transformen les restes de matèria orgànica en sals minerals que tornen a absorbir els vegetals. Desenvolupen aquest paper els bacteris, els fongs, etc.

Activitats

6. AP Observa els organismes següents d'una comunitat.

a Copia'n els noms i associa'ls amb fletxes que indiquin el sentit en el qual es mouen la matèria i l'energia.
b Afegeix un productor més i situa-hi les fletxes adequades.
c Introdueix-hi un llangardaix i un cargol, i relaciona'ls amb fletxes amb la resta de la xarxa.
d Quantes cadenes diferents es poden construir amb aquesta xarxa tròfica? Escriu-ne almenys dues.

5. Els ecosistemes terrestres

Els **ecosistemes terrestres** estan situats sobre els continents i els organismes que hi viuen ho fan en el **medi aeri**. Es distingeixen els uns dels altres pel seu clima, que influeix en el tipus de flora i fauna que hi viu.

Els ecosistemes terrestres que tenen unes característiques climàtiques semblants i una vegetació i fauna similars s'agrupen en **biomes**. Els principals biomes terrestres són gels permanents, tundra, taigà, bosc caducifoli, praderia, bosc mediterrani, desert, sabana i selva.

Els biomes terrestres

5.1 Els factors abiòtics

Les principals condicions ambientals abiòtiques dels ecosistemes terrestres són les següents:

- **Radiació solar.** Determina la **temperatura** —que, al seu torn, estableix el tipus i la distribució dels éssers vius— i la **llum**, que és essencial per al desenvolupament de la flora de l'ecosistema.
- **Aigua.** Factor indispensable per a la vida. La seva disponibilitat depèn de la pluviositat.
- **Nutrients.** La seva disponibilitat depèn dels dos factors anteriors, que influeixen de manera fonamental en el desenvolupament de les plantes de l'ecosistema terrestre.

Altres factors abiòtics que influeixen en els ecosistemes terrestres són: el tipus de sòl, la humitat, el vent, l'altitud, la latitud i la forma del relleu del terreny.

El conjunt de factors abiòtics determina el tipus d'éssers vius que poden habitat en un ecosistema terrestre; tanmateix, els éssers vius també poden modificar i transformar les condicions ambientals del seu entorn.

El valor d'un factor abiòtic per al qual una espècie presenta la màxima taxa de creixement rep el nom de **valor òptim**. Els valors en els quals una espècie pot prosperar es denominen **rang o franja de tolerància**. Els valors extrems, ja siguin per sota o per sobre, en els quals una espècie no pot sobreviure s'anomenen **límits de tolerància.**

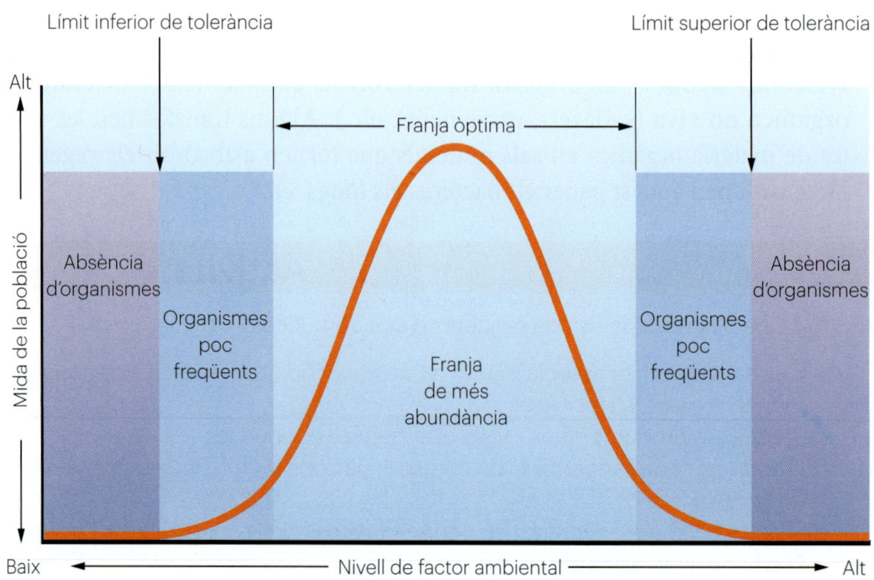

Vocabulari

Les **espècie eurioiques** són aquelles que presenten un rang de tolerància molt ampli a un determinat factor ambiental. Les **espècies estenoiques**, per contra, presenten un rang de tolerància molt estret.

Activitats

7. AM Observa aquests gràfics i contesta les preguntes:

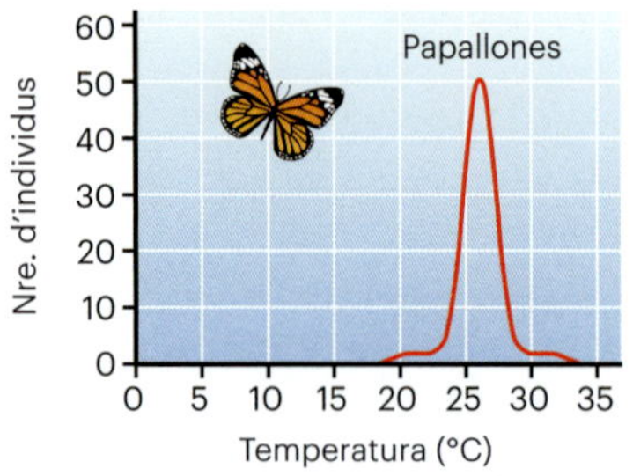

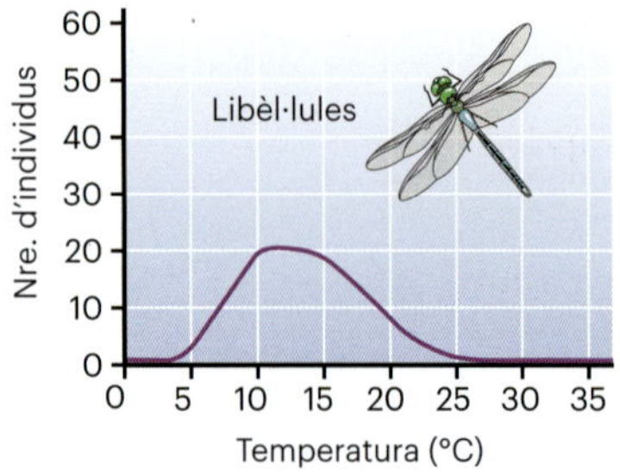

a Quin és el valor òptim de temperatura per a aquesta espècie de papallones? I per a les libèl·lules del gràfic?

b Explica què passarà amb la població de papallones si les temperatures baixen per sota dels 20 °C.

c Quin és el rang de tolerància d'aquesta espècie de libèl·lula?

d Argumenta quin organisme és més eurioic.

5.2 Ecosistema terrestre: el bosc

El **bosc** és un ecosistema en el qual els éssers vius predominants són els arbres. Els boscos reben el nom de l'espècie d'arbre més abundant. Així, es parla de **fageda** si hi predomina el faig; de **roureda** si és el roure; de **pineda** si és el pi i d'**alzinar** si és l'alzina.

La importància dels boscos en els ecosistemes terrestres és enorme, ja que protegeixen el sòl de l'erosió i, gràcies a la fotosíntesi, enriqueixen amb oxigen i vapor d'aigua l'atmosfera. Els boscos es poden classificar en dues **categories ecològiques**:

- **Boscos de fulla caduca o caducifolis.** Són els boscos d'arbres que perden totes les fulles durant l'hivern; per exemple, les rouredes i les fagedes. Són propis de zones de clima humit i amb hiverns freds.
- **Boscos de fulla perenne o perennifolis.** Compostos per arbres amb fulles que es renoven contínuament durant tot l'any. Són propis de zones de clima sec.

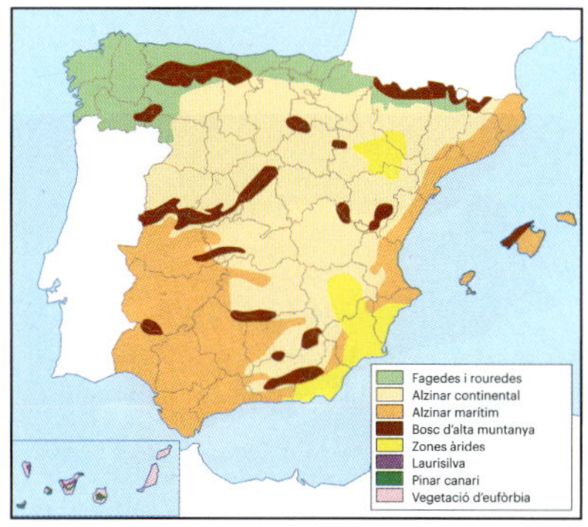

Distribució de boscos d'Espanya.

5.3 Les agressions al bosc

Els factors desencadenants de desequilibris que porten a la desforestació o procés de destrucció del bosc són:

- **Incendis.** Els incendis forestals es poden produir per causes naturals, com els llamps (5 %), i per causes humanes, o bé intencionadament (20 %) o bé per negligències (burilles mal apagades, abocadors incontrolats, petards, crema de rostolls, etc. (75 %).
- **Contaminació.** Ocasionada per l'abocament incontrolat de residus urbans, de substàncies químiques, insecticides, plaguicides, etc.
- **Tala.** Els arbres es talen per diferents motius: produir fusta per a la construcció, la fabricació de mobles o objectes, l'obtenció de carbó vegetal, etc.; obtenir camps de cultius o pastures per al bestiar; aconseguir espai per a les construccions urbanes o industrials...

Les conseqüències principals de la desforestació són:

- **Desertificació i erosió.** La pèrdua de la vegetació provocada per l'acció de l'home transforma algunes zones en deserts, ja que el sòl, desprotegit, es perd per l'acció de l'erosió.
- **Pèrdua de biodiversitat.** Amb la desforestació del bosc es perden hàbitats i moren els organismes que hi viuen.

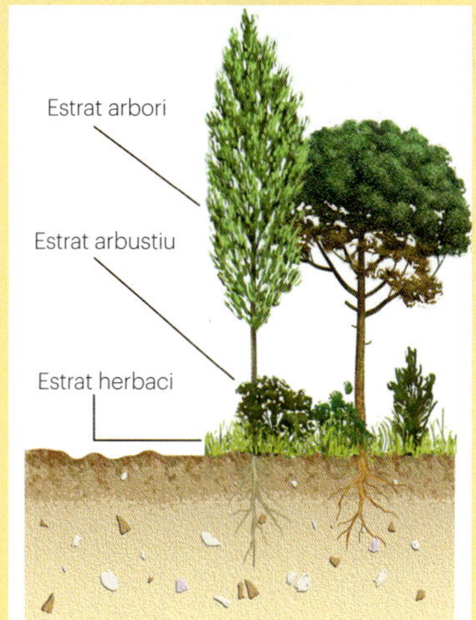

Estrats d'un bosc:

- **Arbori**: format pels arbres, que són vegetals de gran alçària i tronc llenyós.
- **Arbustiu**: constituït per arbustos, que són vegetals de tija llenyosa però sense tronc principal. També s'hi inclouen les plantes enfiladisses i les lianes.
- **Herbaci**: compost per les herbes, les falgueres i la molsa.

El **sotabosc** està format per l'estrat arbustiu i l'herbaci.

Activitats

8. Descarrega la imatge i observa els mapes amb els tipus de climes i la distribució de boscos a Espanya.

a Quin tipus de clima determina la distribució dels alzinars?
b A quines condicions ambientals s'han adaptat aquests arbres?
c Quin és el factor limitant per als vegetals al clima àrid?
d En els boscos d'alta muntanya són especialment abundants els pins i els avets. Quines són les condicions climàtiques que suporta aquest tipus de bosc?
e Redacta una argumentació que expliqui que els factors abiòtics determinats pel clima influeixen en la distribució dels boscos.

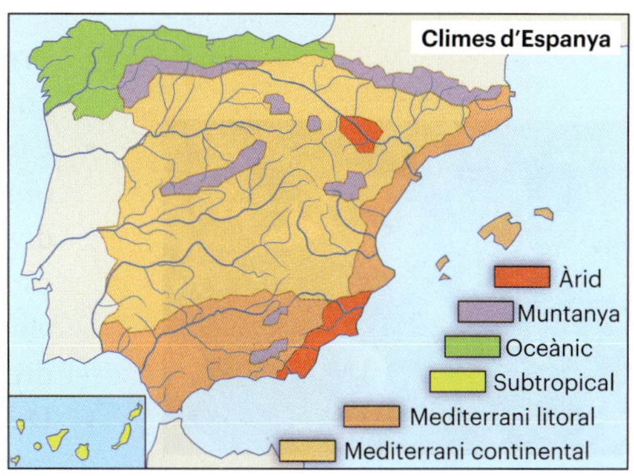

6. El sòl

L'**humus** està format per restes orgàniques i microorganismes descomponedors (fongs i bacteris). Es caracteritza pel seu color negre a causa de la gran quantitat de carboni que conté. S'acostuma a utilitzar com a adob per a les plantes.

El **sòl** és un ecosistema, per la qual cosa té biòtop i biocenosi. És una capa superficial molt prima, que poques vegades supera els 50 metres de gruix, que cobreix els continents. Està constituïda per:

- **Matèria mineral.** Graves, sorres, fangs i argiles que provenen de la meteorització de la roca mare que hi ha sota el sòl.
- **Matèria orgànica o humus.** Prové de la descomposició de restes vegetals i animals. És d'un color negre i causa l'enfosquiment del sòl.
- **Aigua.** Acostuma a provenir de la pluja i ocupa els espais porosos del sòl.
- **Gasos.** Provenen de l'atmosfera i emplenen els espais porosos del sòl.

6.1 Formació del sòl

La formació del sòl requereix un procés llarg en el qual interaccionen el **clima** —**meteorització** del sòl que produeix la matèria mineral— i l'activitat dels éssers vius —faciliten la meteorització i aporten la matèria orgànica—.

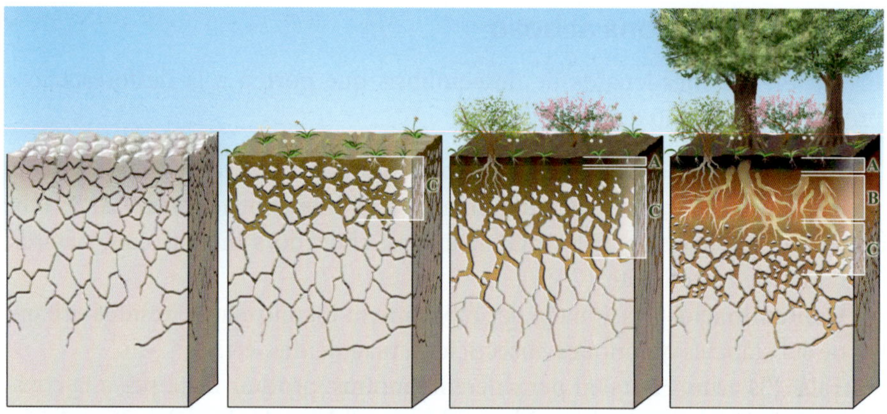

ETAPA 1. ROCA MARE	ETAPA 2. SÒL BRUT	ETAPA 3. SÒL JOVE	ETAPA 4. SÒL MADUR
Les roques de la superfície són meteoritzades pels agents atmosfèrica i es van fragmentant, de manera que es forma una capa pedregosa denominada **regolita**.	Més tard, es forma una capa anomenada **horitzó C,** formada per materials que provenen de la roca mare i en la qual viuen alguns organismes.	Posteriorment, sobre l'horitzó C apareix una capa superficial o **horitzó A,** constituïda per matèria orgànica en descomposició (humus).	Al final, es crea una capa intermèdia, l'**horitzó B,** formada per l'acumulació de sals minerals que l'aigua de pluja arrossega des de l'horitzó A.

6.2 Els organismes del sòl

La comunitat o **biocenosi del sòl** és increïblement rica i variada. S'hi acostumen a incloure, malgrat que no són organismes que hi visquin, arrels d'arbres i arbustos, i animals cavadors, com conills, guineus, serps, ratolins, etc.

- **Productors.** Gairebé no n'hi ha a causa de la manca de llum. Tot i això, es poden trobar algues unicel·lulars.
- **Consumidors.** N'hi ha de **caçadors** i **detritívors**, que consumeixen matèria orgànica en descomposició, com alguns insectes (col·lèmbols, estisoretes, diverses larves d'insectes, etc.), crustacis com els porquets de Sant Antoni, cargols, milpeus, àcars, nematodes i cucs de terra. D'aquests s'alimenten els carnívors, com alguns escarabats, pseudoescorpins, aranyes, escolopendres, formigues, musaranyes i talps.
- **Descomponedors.** Són els fongs i els bacteris. Transformen en sals minerals la matèria orgànica en descomposició.

El talp sol viure sota terra.

6.3 Recursos que aporta el sòl

El sòl pot ser considerat un **recurs**, ja que n'obtenim:

- **Suport vegetal**, per a conreus agrícoles, pastures per al bestiar, boscos per a fusta, etc.
- **Aigua**, que s'acumula als aqüífers del subsol.
- **Minerals**, que es dipositen al sòl, com argiles, bauxita, uraninita, etc.
- **Àrids**, com la sorra i les pedres que s'utilitzen en la construcció.

6.4 La degradació del sòl

La degradació dels sòls provoca un descens en la seva productivitat o la pèrdua de sòl conreable, cosa que pot ocasionar **desertificació** (procés que origina zones desèrtiques o semidesèrtiques) i que pot afavorir l'**erosió** del sòl.

Aquests són els principals factors desencadenants del desequilibri del sòl:

- La **degradació química**, generada per la contaminació, l'acidificació, la salinització, etc. Produeix la pèrdua de la fertilitat del sòl.
- La **degradació física**, produïda per la compactació del sòl a causa de la utilització de maquinària agrícola pesada.
- La **degradació biològica**, produïda per la mort dels organismes detritívors i descomponedors que produeixen els nutrients necessaris, o per la desaparició de la coberta vegetal provocada per l'activitat humana, que comporta la **desertificació** (procés que origina zones desèrtiques o semidesèrtiques) i que pot afavorir l'erosió del sòl.

La desforestació (pèrdua de massa forestal) pot provocar desertificació com a conseqüència de la pèrdua de sòl per erosió.

Activitats

9. AL AA Al sòl del bosc, s'hi acumulen residus vegetals i animals que serveixen d'aliment als organismes detritívors. Els descomponedors (bacteris i fongs) també s'alimenten de residus orgànics i de les defecacions dels detritívors, i els converteixen en matèria inorgànica, per això el sòl és un ecosistema que tanca el cicle de la matèria transformant les restes orgàniques en sals minerals que poden ser utilitzades pels vegetals.

a Què és un detritívor? Esmenta alguns animals o organismes que serveixin com a exemple.
b Què diferencia un descomponedor d'un detritívor?
c Si al sòl no hi ha gairebé productors, com s'introdueix matèria i energia en una cadena tròfica?
d Feu grups de tres o quatre persones i cada grup ha de triar un organisme detritívor i dissenyar un pòster dedicat a aquest organisme en el qual s'indiqui el nom vulgar, el nom científic, grup d'animals al qual pertany, descripció i foto o il·lustració.

10. AV Observa la il·lustració que es mostra a continuació, que relaciona la quantitat de sòl erosionat i d'aigua de pluja perduda segons el tipus d'utilització del sòl.

a Quin és el tipus de sòl més ben protegit?
b Identifica el sòl que reté menys quantitat d'aigua de precipitació.
c Quina és la causa per la qual un terreny incendiat s'erosiona menys que un terreny de conreu?

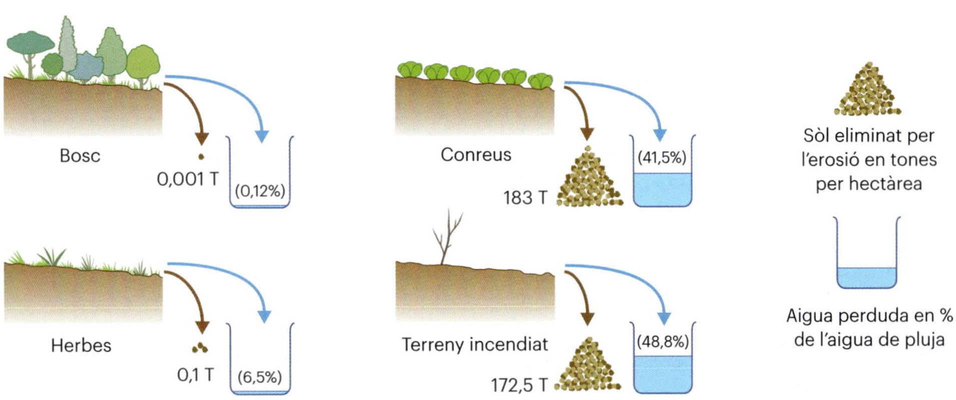

3 Què fan els cucs de terra al sòl?

Global / Medi ambient AL AP

Aprèn a...

Elaborar i argumentar conclusions a partir dels resultats obtinguts en una recerca.

Utilitzar correctament els materials de laboratori i seguir les normes de seguretat.

Formula hipòtesis

Els cucs de terra són animals invertebrats anèl·lids que habiten a la majoria dels nostres sòls i hi excaven galeries. Per viure, requereixen ambients humits, temperatures mitjanes baixes i abundància de matèria vegetal en descomposició.

Hipòtesi: tria una de les dues hipòtesis següents sobre on excaven els cucs.

a Els cucs només excaven galeries a les capes en les quals hi ha matèria orgànica.

b Els cucs excaven galeries a totes les capes.

Experimenta

1. Talla la part superior de les garrafes i fes forats petits a la base per permetre que surti l'aigua que es pugui acumular al fons.
2. Omple la part inferior d'una garrafa amb uns 5 cm de grava o sorra. Posa-hi al damunt una capa de 10 cm de terra i a sobre d'aquesta una altra capa de 10 cm de fullaraca o terra vegetal. Diposita els materials amb cura, de manera que les capes no es barregin i quedin delimitades nítidament.
3. En una altra garrafa, repeteix el procés posant 5 cm de grava, 5 cm de terra, 5 cm de fullaraca, 5 cm de terra i 5 cm de fullaraca o terra vegetal.
4. Humiteja-ho de manera abundant, però sense arribar a entollar el recipient, i col·loca tres o quatre cucs de terra al seu interior.
5. Repeteix el mateix procés amb l'altra garrafa.
6. Embolica les garrafes amb bosses d'escombraries perquè no hi entre la llum.
7. Durant la setmana, observa cada dia l'activitat dels cucs i humiteja-ho amb aigua per evitar que el sòl s'assequi. Anota el que observis.

Nota: si la part superior de la fullaraca queda a prop de la vora superior de la garrafa, els cucs podrien escapar-se. Per evitar-ho, es pot cobrir amb una reixeta molt fina o amb perforacions abundants que permetin l'aireig.

Protocol   Rúbrica

MATERIAL

- 8 exemplars de cucs de terra
- 2 garrafes d'aigua de 5 L
- Tisores
- Terra argilosa
- Fullaraca trossejada finament i humitejada o compost de jardineria
- Grava o sorra gruixuda
- Una pala petita
- Bosses d'escombraries

Analitza

1 **Observa.** Els cucs de terra es mouen per tot el recipient o només on hi ha fullaraca o terra vegetal?

2 **Descriu.** Les capes es mantenen ben definides i sense barrejar o està tot remogut?

3 **Identifica.** Quines capes són les que estan més remenades al recipient?

4 **Raona.** Com et sembla que influeix l'acció dels cucs de terra en el sòl?

Conclou

S'ha verificat la hipòtesi que vas triar? Redacta ara la resposta a la pregunta inicial.

7. Els ecosistemes aquàtics

Els **ecosistemes aquàtics** són aquells en els quals el medi és l'aigua. Si es té en compte la **concentració de sals de l'aigua**, els ecosistemes aquàtics es classifiquen en tres grups:

- **Ecosistemes marins (oceans i mars).** Les aigües són salades (amb una salinitat mitjana de 35 g/L).
- **Ecosistemes d'aigua dolça (rius i llacs).** La salinitat de les aigües no supera els 0,5 g/L.
- **Ecosistemes salobres (maresmes i albuferes).** Les aigües provenen de la mescla d'aigua dolça i aigua marina.

7.1 Els factors abiòtics aquàtics

Els principals **factors ambientals abiòtics** d'aquests ecosistemes són:

- **Salinitat.** És el contingut en sals de l'aigua. És un factor molt important en la distribució dels organismes aquàtics.
- **Contingut d'oxigen dissolt.** L'aigua conté una quantitat d'oxigen (gas) dissolt 25 vegades menor que l'aire. La majoria d'animals aquàtics han desenvolupat uns òrgans respiratoris especials, les **brànquies**.
- **Llum.** És imprescindible per tal que el fitoplàncton, les algues i les plantes aquàtiques facin la fotosíntesi.
- **Pressió hidroestàtica.** Tots els éssers aquàtics estan sotmesos a la pressió que exerceix l'aigua. A l'aigua, la pressió augmenta una atmosfera per cada deu metres de profunditat. Una atmosfera equival a 1 kg/cm^2.
- **Temperatura.** En general disminueix amb la profunditat. A les zones més profundes de l'oceà, l'aigua està a una temperatura entre els 0 °C i els 3 °C.

7.2 Els organismes aquàtics

Els organismes dels ecosistemes aquàtics, tant marins com d'aigua dolça, es classifiquen en tres grups segons la profunditat en la qual viuen i segons si es poden desplaçar o no. Aquests grups són:

- **Plàncton.** Són organismes que viuen a prop de la superfície, arrossegats pels corrents. Molts són microscòpics. Al seu torn, se'n distingeixen dos tipus:
  - **Fitoplàncton.** Són els organismes del plàncton que fan la fotosíntesi, és a dir, els productors. Són les algues unicel·lulars.
  - **Zooplàncton.** Són els organismes consumidors del plàncton, és a dir, que s'alimenten d'altres organismes. Està format per crustacis microscòpics, larves de mol·luscs, alevins petits de peixos, protozous, meduses, etc.
- **Bentos.** Són organismes aquàtics que viuen al fons. Poden ser:
  - **Sèssils.** Viuen fixos al fons, com les esponges, els coralls i la majoria de les algues pluricel·lulars.
  - **Errants.** Es poden desplaçar sobre el substrat, com els cargols, les estrelles de mar i els crancs.
- **Nècton.** Són animals aquàtics, capaços de desplaçar-se nedant fins i tot a contracorrent, com els peixos i els calamars.

Zones segons la llum

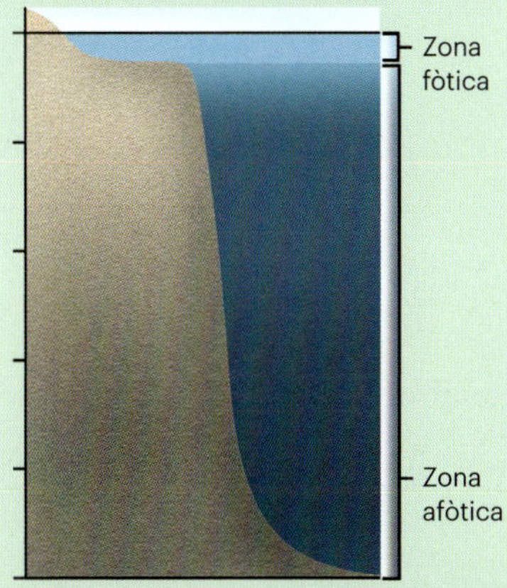

Zona fòtica. És la zona il·luminada. En zones molt tèrboles hi pot haver foscor completa a només 15-20 m de profunditat, per la qual cosa les plantes ja no hi poden viure. En aigües molt netes la llum pot arribar als 200 m de profunditat.

Zona afòtica. És la zona on sempre hi ha foscor.

Activitats

11. Descarrega't les fotografies (mostren una diatomea, una actínia, una sípia, una tonyina i un copèpode) i cerca informació sobre els organismes que hi apareixen.

a Indica el nivell tròfic al qual pertanyen.
b Formen part del fitoplàncton, zooplàncton, nècton o bentos?
c L'aigua és un medi més dens que l'aire. Explica quines adaptacions presenta un peix com la tonyina per desplaçar-se per l'aigua.
d Per què el fitoplàncton roman a la superfície de l'aigua? I el zooplàncton?

7.3 Les agressions als ecosistemes aquàtics

Els principals factors desencadenants de desequilibris en els ecosistemes aquàtics són:

- **Contaminació orgànica.** Provocada per l'abocament a la costa d'aigües negres (fecals) sense tractar. Això comporta la proliferació de bacteris que esgoten l'oxigen de l'aigua i, posteriorment, l'aparició de bacteris fermentadors que no necessiten oxigen i que produeixen substàncies tòxiques i pudents responsables de la mort de la resta dels organismes.
- **Abocament de petroli.** Causat per abocaments accidentals de petroli o per la neteja dels tancs dels petroliers. El petroli flota en l'aigua i n'impedeix l'oxigenació (dissolució de l'oxigen en l'aigua) i el pas de la llum, la qual cosa provoca la mort del fitoplàncton i el col·lapse de tota la xarxa tròfica d'aquella zona.
- **Contaminació per plàstics.** Es relaciona amb l'arribada de grans quantitats de plàstics al mar, on triguen centenars d'anys a descompondre's, i es degraden en fragments petits o microplàstics que entren en les cadenes tròfiques i s'acumulen al cos dels éssers vius aquàtics.
- **Bioconcentració.** Es produeix pels abocaments d'herbicides, insecticides i substàncies tòxiques que es dissolen en l'aigua i entren en les cadenes tròfiques, de manera que se'n produeix una acumulació al cos dels éssers vius aquàtics.

La bioconcentració

1. Les partícules contaminants arriben a l'aigua.
2. El fitoplàncton les introdueix en el seu cos en captar la matèria inorgànica que necessita per fer la fotosíntesi.
3. El zooplàncton s'alimenta de diversos organismes contaminats.
4. Al final de la cadena la concentració de partícules contaminants és tan alta que pot produir la mort de l'individu.

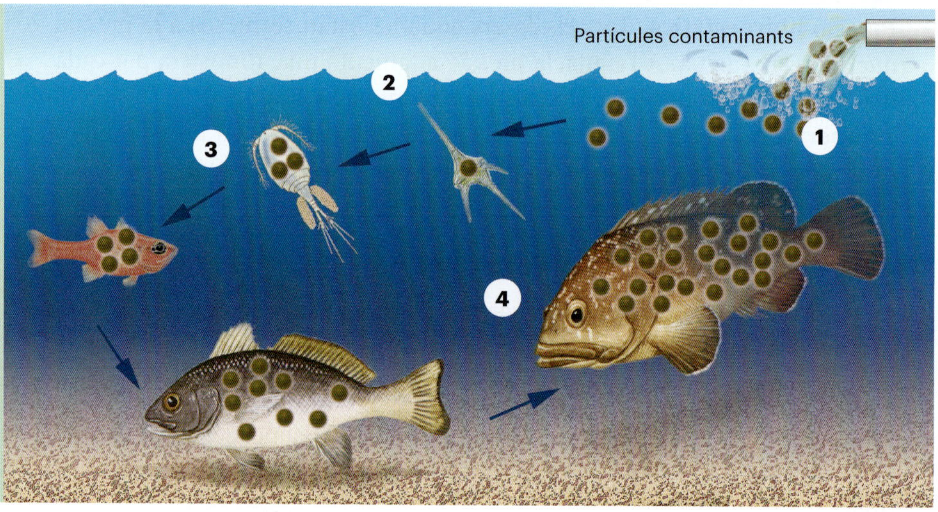

Activitats

Melanocet de Johnson (*Melanocetus johnsonii*).

12 El melanocet de Johnson, *Melanocetus johnsonii*, habita a gairebé 4000 m de profunditat i, al cap, hi té una prolongació proveïda de bacteris bioluminiscents que emeten llum amb la qual atreu les preses, que captura amb la seva boca enorme plena de dents afilades. Com la resta de peixos abissals, és petit, amb un cos gelatinós capaç d'aguantar pressions altíssimes.

a Quina pressió total, en atmosferes, hi ha a 50 m de profunditat?

b Quina pressió exerceix la columna d'aigua sobre el fons marí situat a 4000 m de profunditat?

c La pressió de l'aigua és contrarestada pel cos del peix, que exerceix una pressió igual cap a l'exterior. Quina pressió per centímetre quadrat exerceix el melanocet de Johnson per contrarestar la pressió de l'aigua?

d Explica què li pot passar a aquest peix si és capturat i transportat a la superfície ràpidament.

4 Per a què serveix la capa d'ozó?

Personal / Ciència i tecnologia AV AL AD

Aprèn a...
Argumentar críticament el teu punt de vista sobre temes sociocientífics controvertits.

Ítem 1. Són perillosos els raigs ultraviolats?

Part de la radiació solar (raigs X, raigs gamma i raigs ultraviolats o UV) són perjudicials per a la vida. La majoria són filtrats a la ionosfera, però alguns, com els raigs ultraviolats A i B, arriben fins a l'estratosfera, on són filtrats en ser utilitzats en un cicle de formació i destrucció de l'ozó.

Els raigs ultraviolats A i B poden causar ceguesa, càncer de pell, cremades, lesions a l'ADN, etc.

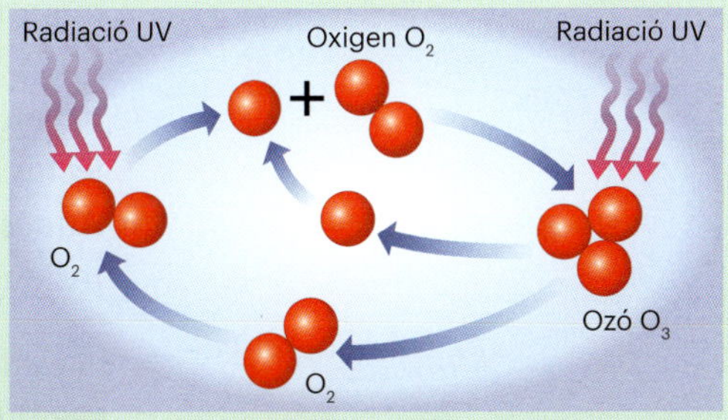

Cicle de formació i destrucció de l'ozó.

Ítem 2. Com es destrueix la capa d'ozó?

La confirmació del deteriorament ràpid de la capa d'ozó provocat per l'emissió de gasos clorofluorocarburs (CFC) a l'atmosfera, com es va comprovar en descobrir el «forat» sobre l'Antàrtida, va fer que, el 1987, 197 països signessin el Protocol de Mont-real, amb l'objectiu de prohibir la fabricació dels gasos que destruïen l'ozó.

Dia Internacional de la Preservació de la Capa d'Ozó

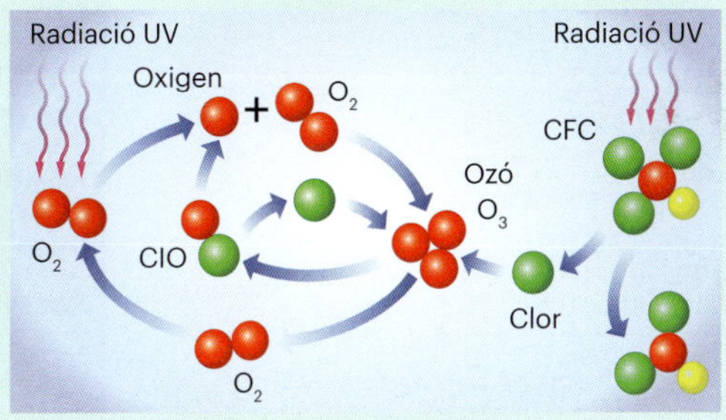

Acció de destrucció de l'ozó per part dels CFC.

Construeix amb el que saps

Descriu 1 Què és l'ozó?

Descriu 2 Quins efectes dels raigs ultraviolats van preocupar tant la comunitat mundial i van provocar l'acord internacional per protegir la capa d'ozó?

Raona 3 Visualitzeu els dos vídeos i formeu grups de debat per contestar les preguntes següents:

a Com es forma l'ozó?
b Com pot la capa d'ozó absorbir els raigs ultraviolats?
c Quina utilitat tenen els CFC?
d Com actuen els CFC en la destrucció de l'ozó?
e Quines accions proposaríeu per evitar aquest tipus de contaminació?

Conclou 4 Prepareu una explicació sobre la capa d'ozó i indiqueu-ne la composició, on se situa, com es forma i quina funció té. Després, presenteu-la a la resta de la classe.

El que has construït

La **capa d'ozó** ens defensa de les radiacions ultraviolades perjudicials que, si arribessin totalment a la superfície terrestre, provocarien la mort de tots els éssers vius.

La **contaminació per CFC** va afeblir la capa d'ozó i va obligar la comunitat internacional a aprovar el Protocol de Mont-real, que prohibeix la fabricació de gasos que destrueixen l'ozó.

8. Els residus

8.1 Producció de residus

Un **residu** és qualsevol material generat per l'**activitat humana** i que és rebutjat.

Les societats tecnològicament avançades tenen tendència a desfer-se de grans quantitats d'objectes que encara podrien continuar sent útils, però que se substitueixen per d'altres de més eficaços, agradables o simplement nous. També ha augmentat la tendència a fabricar objectes d'un sol ús i a substituir els objectes trencats i els aparells espatllats per altres de nous, en lloc d'arreglar-los. Aquests comportaments han provocat un augment progressiu del volum de residus, cosa que ha originat un problema de difícil solució.

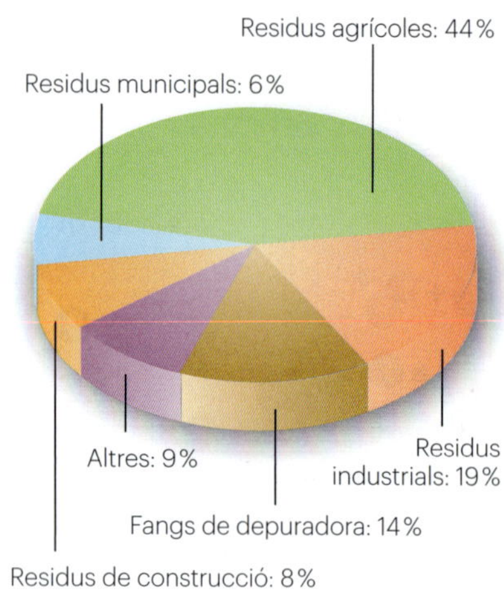

Tipus de residus (Unió Europea).

Residus agroramaders i forestals	Restes agrícoles, d'esporgada, fems i purins (mescla d'excrements, orins i aigua del rentatge de granges, bàsicament porcines), etc.
Residus industrials i miners	Per exemple, substàncies químiques potencialment perilloses per al medi ambient.
Residus de la construcció	Runes i restes de construcció.
Residus municipals o urbans	Restes de procedència domèstica i de les activitats urbanes.
Residus sanitaris	Generats per hospitals, indústries farmacèutiques i laboratoris de recerca.
Residus tòxics i perillosos	Substàncies perjudicials per a la salut humana i per al medi ambient.

8.2 Residus sòlids urbans (RSU)

Tradicionalment, els residus urbans es traslladaven a abocadors, on s'acumulaven i generaven tota mena de problemes: males olors, incendis per la combustió de les escombraries, proliferació d'animals, etc.

L'augment de la brossa produïda ha col·lapsat molts abocadors i, a més, ha generats greus problemes de contaminació. Actualment, d'acord amb les directrius de la Unió Europea, s'ha elaborat un criteri de gestió basat en els punts següents:

- **Reduir el volum d'escombraries mitjançant plans de recuperació i reciclatge.** Gràcies a contenidors adequats, els ciutadans poden separar en origen els residus produïts a fi de fer-ne una recollida selectiva: paper i cartró, vidre, envasos lleugers, matèria orgànica i piles.
- **Transformar els residus per donar-los algun tipus d'utilitat.** Per exemple, la matèria orgànica es trasllada a plantes per obtenir compost, que després s'utilitza per regenerar sòls; el paper i el cartró es reciclen per aconseguir pasta de paper; el vidre es fon per fabricar envasos de vidre nous; el plàstic es classifica i es recicla per obtenir fibres, envasos i altres objectes, i les llaunes es fonen per recuperar els metalls que les componen.
- **Acumular els residus tòxics i perillosos en abocadors controlats.** Allí es neutralitzen o s'aïllen del medi ambient.
- **Eliminar per incineració els residus no utilitzables.** S'ha de fer de manera controlada i se n'obté energia calorífica.

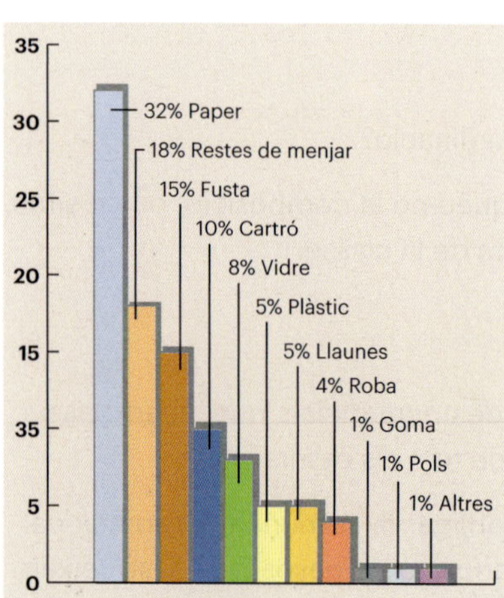

Tipus de residus urbans.

PROCÉS DE RECICLATGE DELS RESIDUS SÒLIDS

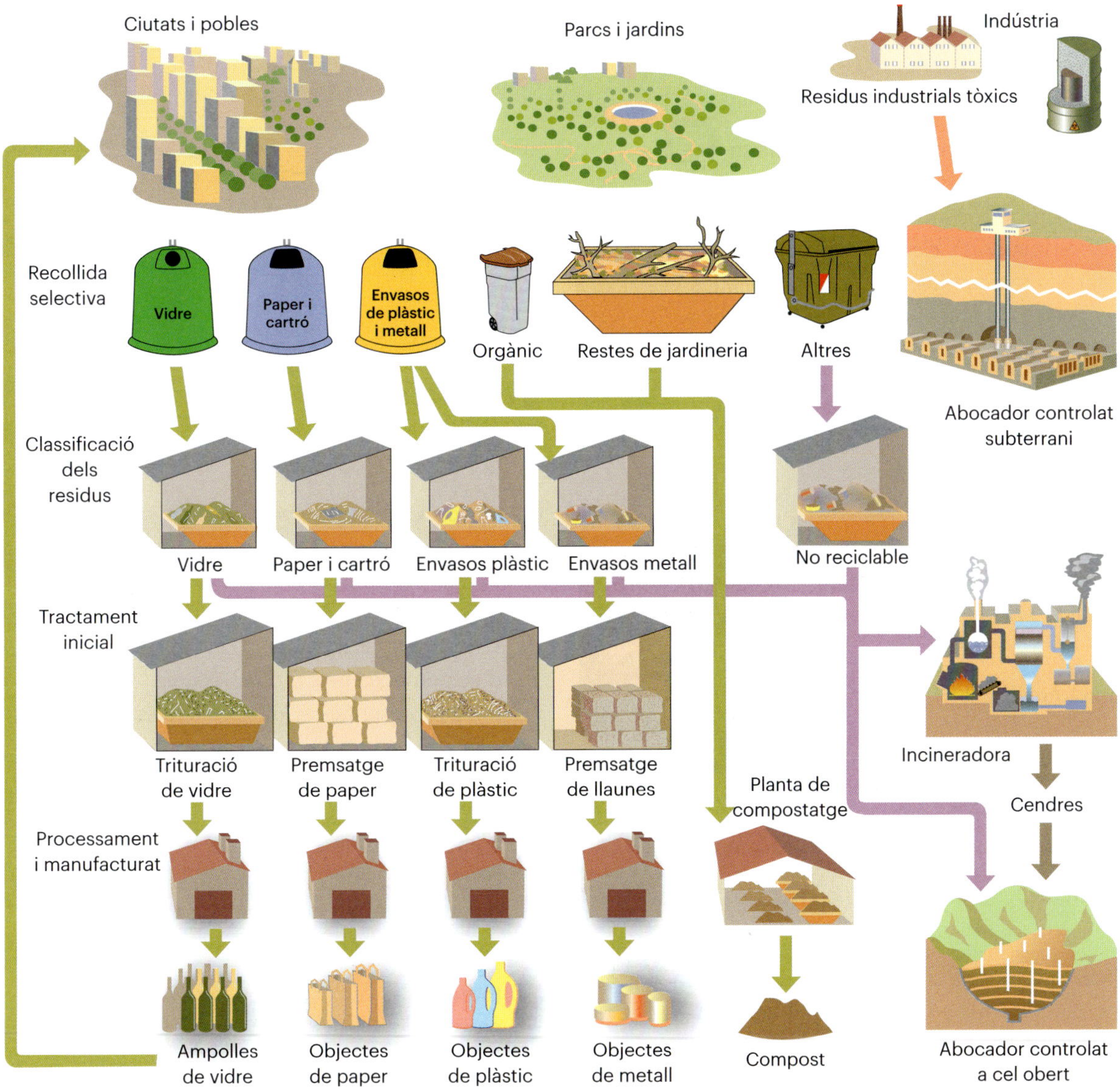

Activitats

13. Observa els dos gràfics de percentatges de residus de la pàgina anterior i respon les preguntes.

a Quina activitat genera més residus?
b Quin percentatge del total de residus es podria recollir als contenidors verds?

14. Observa el dibuix del processament de reciclatge i explica quin camí segueixen:

a Un envàs de vidre
b Les restes orgàniques i de jardineria

15. AV AL AD Alguns residus s'han de portar a llocs específics per al seu tractament, com per exemple les bombetes, les piles, els medicaments, etc. Per grups, trieu un d'aquests residus especials, cerqueu-ne informació i feu una presentació en PowerPoint o un programa semblant que expliqui quin tipus de residu és, per què ha de rebre un tractament especial, on s'ha de portar, el seu procés de reciclatge, etc.

16. AA AP Abans de reciclar, hem d'intentar reduir la quantitat de residus o reutilitzar-los perquè tinguin un nou ús. Cerca un envàs o un objecte que ja no s'utilitzi i converteix-lo en un altre amb un ús diferent. Podeu portar-los a classe i fer-ne una exposició o un concurs per veure quin és el més original o útil.

Ciències en context

1 AV AL Global / Medi ambient

Vespa asiàtica: una devastació silenciosa

Conèixer les relacions intraespecífiques i interespecífiques i analitzar-ne la importància en la regulació dels ecosistemes.
Identificar els factors abiòtics i biòtics d'alguns ecosistemes, i posar alguns exemples de la seva influència.
Descriure les característiques dels ecosistemes terrestres i identificar els seus factors abiòtics per explicar les adaptacions que els éssers vius hi desenvolupen.
Reconèixer els factors desencadenants de desequilibris en un ecosistema.

1. **Aplica.** A quin nivell tròfic pertany aquest insecte? Quin tipus de relació estableix amb els insectes del seu ecosistema?
2. **Raona.** Argumenta per què la *Vespa velutina* és un factor de desequilibri en el seu ecosistema.
3. **Analitza.** Per què els apicultors gallecs afirmenque «en la fructicultura s'han destruït collites senceres»?
4. **Identifica.** Quina és la solució que proposa la comunitat científica per erradicar aquesta plaga?
5. **Aplica.** Si es trobés una substància que les atragués cap a les trampes, quina comprovació s'hauria de fer abans d'utilitzar-la?

2 AL AV Global / Medi ambient **Meduses a la platja**

Definir què és un ecosistema, identificar-ne els components i conèixer les relacions entre ells.
Conèixer les relacions intraespecífiques i interespecífiques i analitzar-ne la importància en la regulació dels ecosistemes.
Identificar els factors abiòtics i biòtics d'alguns ecosistemes, i posar alguns exemples de la seva influència.
Descriure les característiques dels ecosistemes aquàtics i identificar-ne els factors abiòtics per explicar les adaptacions que els éssers vius hi desenvolupen.
Reconèixer els factors desencadenants de desequilibris en un ecosistema.

Al llarg dels últims estius ha estat habitual l'aparició de meduses a les platges mediterrànies. Ha arribat a ser un problema tan greu que en algunes zones se senyalitza la seva presència amb una bandera. A més dels factors climàtics, probablement relacionats amb l'escalfament global, que afavoreixen la proliferació de les meduses, la simplificació de la xarxa tròfica en aquestes aigües pot aportar algunes dades addicionals per entendre per què cada vegada és més freqüent la presència de meduses.

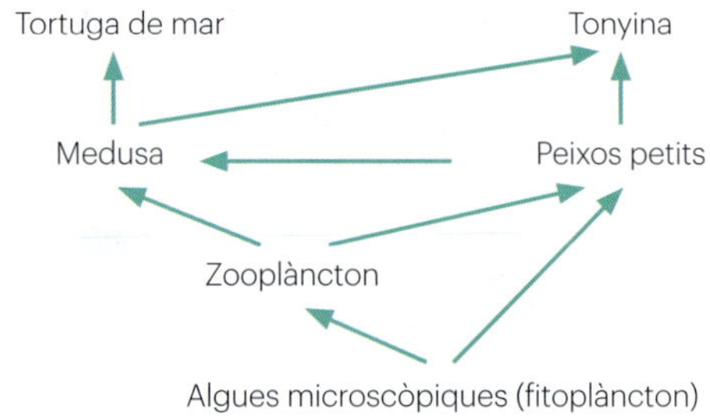

1. **Identifica i descriu.** En quin ecosistema es produeix el procés que descriu el text? Indica el medi, el substrat i les condicions ambientals d'aquest ecosistema.
2. **Aplica.** Ordena per nivells els organismes de la xarxa tròfica.
3. **Identifica.** Quin factor no caracteritza una xarxa tròfica?
   - **a** Es representa de manera lineal.
   - **b** En la naturalesa és més habitual que una cadena tròfica.
   - **c** Es comença pels productors.
   - **d** Per representar-la s'utilitzen fletxes que surten de l'organisme consumit.
4. **Identifica.** Quins dels factors següents són abiòtics?
   - **a** La temperatura de l'aigua
   - **b** Les meduses
   - **c** Els organismes descomponedors
   - **d** La quantitat de sal que hi ha a l'aigua
5. **Interpreta.** Per controlar l'arribada de meduses es vol provar la col·locació de xarxes al llarg de les platges. Com denominaries aquesta fase del mètode científic?
6. **Raona.** Com es denomina la relació entre les meduses i les tortugues? Raona la resposta.
7. **Reflexiona.** La quantitat de tortugues a les nostres coses està disminuint. Una de les causes és la gran quantitat de brossa que hi ha al mar i que les tortugues ingereixen. En el cas de les bosses de plàstic, com que semblen meduses, les tortugues se les empassen en grans quantitats, això els tapona el tub digestiu i, finalment, moren. Què passarà amb la població de meduses si la de tortugues disminueix? I amb la població de peixos petits?

3 AL AV Social / Medi ambient

Mengem plàstic?

Reconèixer els factors desencadenants de desequilibris en un ecosistema.
Conèixer, proposar i justificar mesures per a la conservació del medi ambient.

Cada any els rius aboquen més de 8 000 000 de tones de plàstic al mar. Els problemes que això crea són diversos. Un de molt greu és que tota aquesta brossa que ens envolta no es degrada, sinó que es fragmenta fins a tornar-se minúscula, per la qual cosa acaba moltes vegades dins del nostre cos sense que ens n'adonem. Hi ha plàstics fins i tot imperceptibles des de l'inici, com les microesferes utilitzades per la indústria cosmètica en pasta de dents o gels, que s'escolen pel desguàs i escapen als filtres de les depuradores. Són els microplàstics. Aquests s'enganxen a hidrocarburs i metalls pesants, que se sumen a les toxines que [...] desprenen. «Al mar, un cranc o un peix es menja aquestes partícules i, en portar-los a la taula, passen al nostre organisme». Desconeixem quin impacte té tot això sobre la nostra salut, però la veritat és que el microplàstic transporta la toxicitat dins de nosaltres.

P. Guilayn, «Alarma, cada vegada mengem més plàstic invisible»
XLSemanal, 28 de novembre de 2018

1. **Descriu.** Fes una relació dels materials plàstics que s'utilitzen al llarg del dia.
2. **Reflexiona.** Debateu en grup de quins plàstics podríeu prescindir.
3. **Descriu.** Com es produeix un microplàstic?
4. **Interpreta.** Per què és tan perillosa la seva ingestió?
5. **Conclou.** Debateu quines accions es podrien prendre per reduir aquest tipus de contaminació.

4 AL AV Social / Medi ambient

Espanya, un territori camí de la desertificació

Reconèixer que el sòl és el resultat de la interacció entre els components biòtics i abiòtics.
Explicar la importància del sòl, reconèixer-ne la fragilitat i valorar la necessitat de protegir-lo.

Sòls pobres en nutrients, vessants escarpats, clima semiàrid, sequera estacional i variabilitat extrema de pluges són característiques pròpies de diverses zones espanyoles. Si a aquests factors, a més, n'hi sumem d'altres, com els incendis forestals, la sobrepastura, l'explotació excessiva dels aqüífers i l'abandonament de terres agrícoles, tenim el còctel que converteix Espanya en el país europeu amb més risc de desertificació. L'ONU, que celebra el Dia Mundial de la Lluita contra la Desertificació el 17 de juny, defineix la desertificació com «la degradació de la terra en zones àrides, semiàrides i subhumides resultant de diversos factors, incloses les variacions climàtiques i les activitats humanes». La desertificació suposa un procés complex que afecta el sòl, la vegetació i la fauna de la zona, i que redueix la capacitat productiva dels ecosistemes. A Espanya, el 75 % del territori es troba en zones susceptibles de patir desertificació, i el 20 % ja ho ha fet, i el canvi climàtic només agreuja aquesta situació.

Maria Pérez Ávila, *El Mundo*, 17 de juny del 2016

1. **Interpreta.** La destrucció del sòl és un procés irreversible a escala humana ja que es triguen milers d'anys a formar-lo. Per què la degradació del sòl facilita la desertització?
2. **Identifica.** «A Espanya, la conca del Xúquer, del Segura i el sud-est de l'Ebre són algunes de les zones amb més risc de desertificació, a causa de les seves condicions climatològiques.» Cerca quin tipus de clima tenen aquestes regions.
3. **Descriu.** Quines activitats de l'home potencien l'avanç dels deserts al nostre país?
4. **Reflexiona.** Debateu quines accions es podrien fer per frenar la desertització.

5 AL AV Global / Medi ambient L'eutrofització

Descriure les característiques dels ecosistemes aquàtics i identificar els seus factors abiòtics per explicar les adaptacions que els éssers vius hi desenvolupen.
Reconèixer els factors desencadenants de desequilibris en un ecosistema.
Conèixer, proposar i justificar mesures per a la conservació del medi ambient.

L'**eutrofització** és l'enriquiment de nutrients d'un ecosistema aquàtic que provoca un augment ràpid de matèria orgànica.

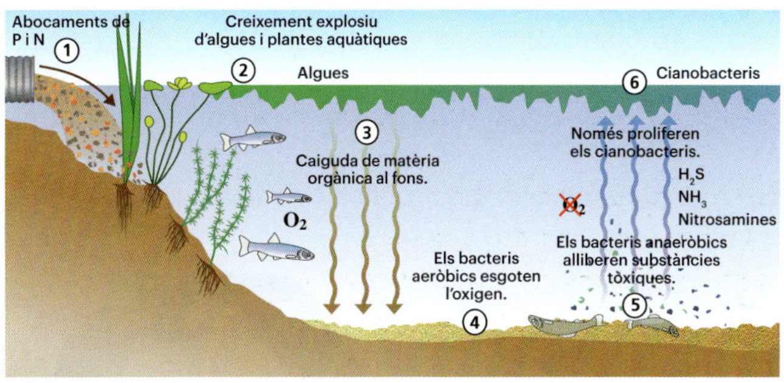

1. **Identifica.** Descarrega't i llegeix el document. Les aigües d'un embassament s'han tornat tèrboles, d'un color verdós i fan mala olor. Quina pot ser la causa d'aquests canvis?
2. **Interpreta.** Per què l'eutrofització gairebé no afecta els rius i és especialment preocupant als llacs i pantans?
3. **Raona.** Argumenta si serviria d'alguna cosa que deixéssim d'abocar aigües contaminades amb fosfats i matèria orgànica a un llac eutrofitzat.
4. **Analitza.** Quines mesures preventives s'haurien d'adoptar per evitar l'eutrofització d'un llac?

REPASSA LA UNITAT

El llarg camí de l'aigua

Global / Medi ambient AV AL

La precipitació de l'aigua sobre la superfície dels continents pot ser en forma líquida, la pluja, o en forma sòlida, neu o pedra. Un cop sobre el sòl inicia un llarg camí cap al mar utilitzant els pendents del terreny. Així es converteix en aigua d'escorriment subterrània si flueix per l'interior del sòl. L'escolament superficial es mou per les depressions del terreny i forma torrents i rius o queda acumulada en llacs i pantans. L'escolament subterrani s'alimenta de l'aigua que es filtra al sòl fins que arriba a una capa de roques impermeables, sobre la qual s'acumula i forma aqüífers o estructures rocoses, o capes de sòl que tenen els porus i esquerdes plenes d'aigua, que finalment pot brollar per deus o tornar a l'atmosfera per l'evapotranspiració que fan les plantes en absorbir aigua amb les arrels i transpirar-la a través de les fulles.

1. Un llac pot ser considerat un ecosistema? Argumenta la resposta.

2. La introducció del cranc de riu americà, molt més resistent, voraç i amb una capacitat reproductiva més alta que el cranc de riu ibèric, ha desplaçat gairebé de tots els rius espanyols aquest cranc autòcton. Quin tipus de relació biòtica s'ha produït?

3. Quines condicions abiòtiques diferencien el tram d'un riu que discorre per alta muntanya del tram d'un riu que està a punt de desembocar al mar?

4 La imatge de silurs atacant i devorant coloms al costat del pont de Pedra de Saragossa no és estranya. Aquesta espècie va ser introduïda a l'Ebre durant els anys setanta. El silur pot arribar als 3 metres, és terriblement voraç i pot atacar ocells i petits mamífers que s'acostin a la vora. Argumenta si la introducció del silur pot ser considerada com un factor desencadenant de desequilibris en aquest ecosistema.

5. Observa aquesta xarxa tròfica i contesta les preguntes següents:

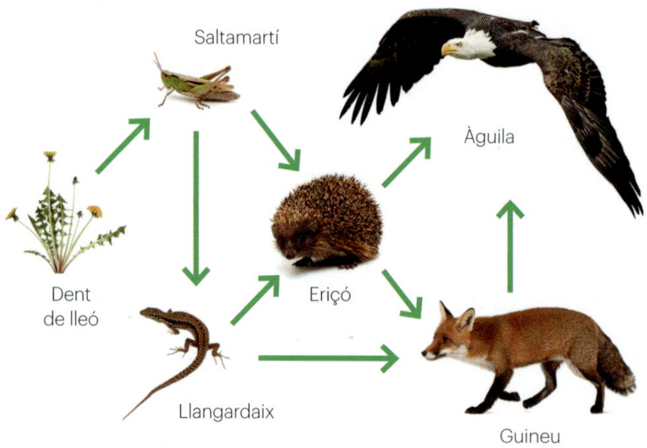

a Quins organismes de la xarxa són indispensables perquè no desapareguin tots?

A. Àguila
B. Dent de lleó
C. Saltamartí
D. Eriçó

b Quins organismes de la xarxa són consumidors primaris?

6. Les llagostes són insectes similars als saltamartins, que després de pluges abundants i altes temperatures es reprodueixen acceleradament i originen acumulacions immenses d'individus que, en desplaçar-se, devoren tota la vegetació dels llocs per on passen.

a Quins factors abiòtics determinen l'origen d'una plaga de llagostes?

b Com influiria en la cadena tròfica anterior l'arribada d'una plaga de llagostes?

7. Quines condicions ambientals abiòtiques es donen en els boscos d'alta muntanya? Esmenta algun tipus d'arbre que s'hagi adaptat a aquestes zones i explica una adaptació a aquestes condicions.

8. Quina és la composició del sòl? Explica quin és l'origen de cada un dels seus components.

9. Per què és important la preservació del sòl dels nostres boscos? Indica almenys tres aportacions del sòl al bosc. Per què és important la preservació del bosc per al sòl? Assenyala almenys dues relacions ecològiques del bosc respecte del sòl.

10. Actualment hi ha cinc grans illes de plàstic surant als nostres oceans. La més gran se situa al Pacífic nord i fa 1,6 milions de km^2 (cinquanta vegades la superfície de Catalunya). Quins problemes genera l'abocament de plàstics al mar? Quines mesures s'haurien de prendre per frenar el creixement d'aquestes illes?

C1: 3, 5, 8 C2: 1, 2, 6, 7 C3: 4, 9, 10

Annexos

Els sistemes i els aparells del cos humà

Roques de la península Ibèrica, Illes Balears i Canàries

Classificació de les roques

El cicle de les roques

Problemes globals

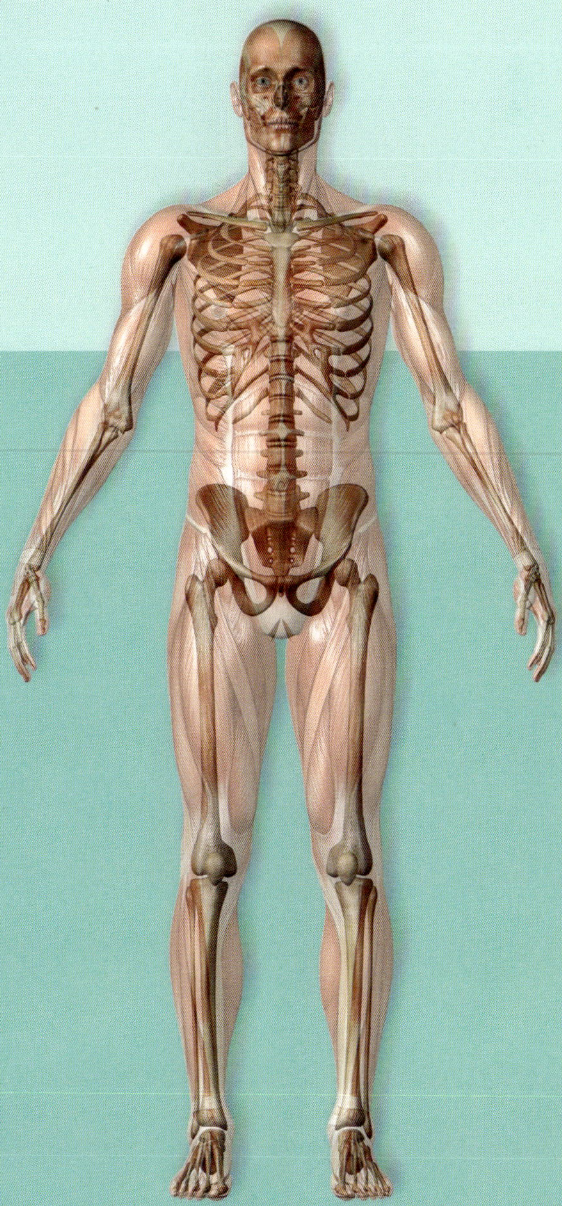

ELS SISTEMES I ELS APARELLS DEL COS HUMÀ

Sistema ossi

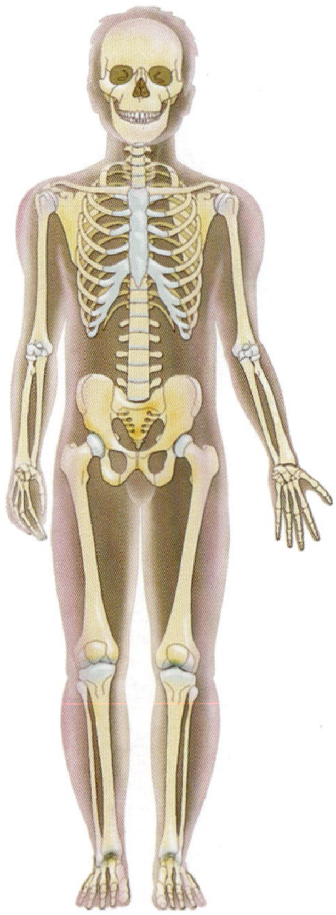

Sistema muscular

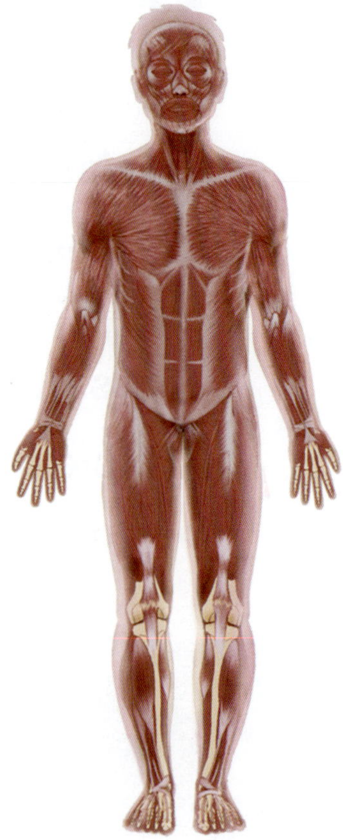

Sistema nerviós

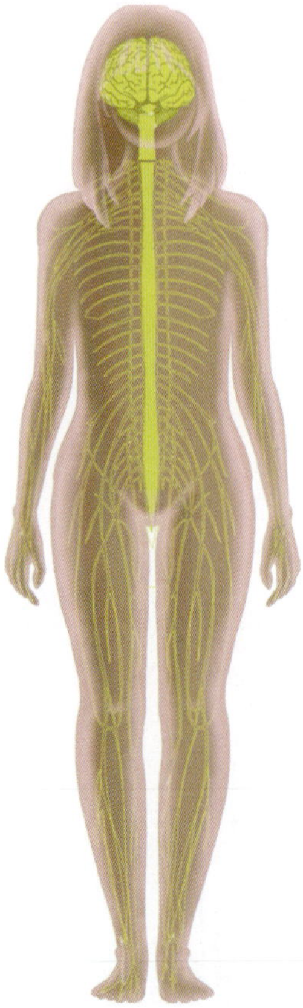

Aparell reproductor

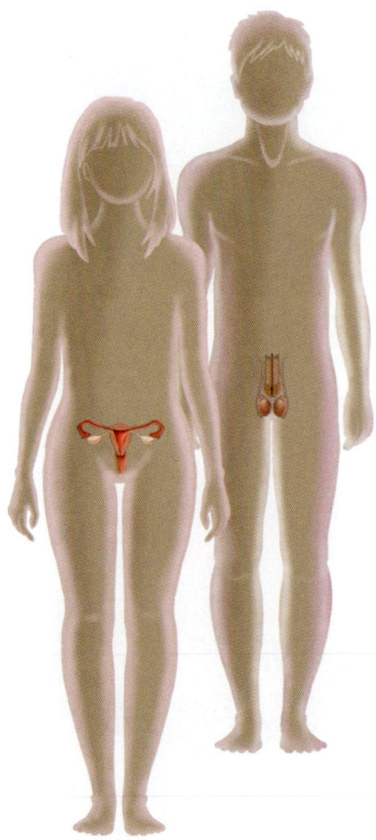

Aparell digestiu

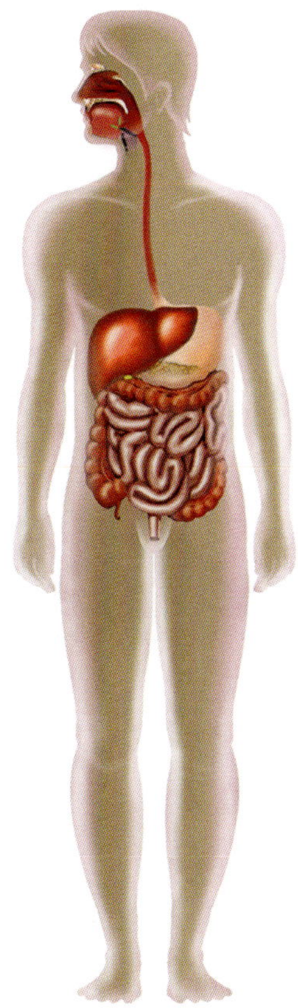

Aparell respiratori

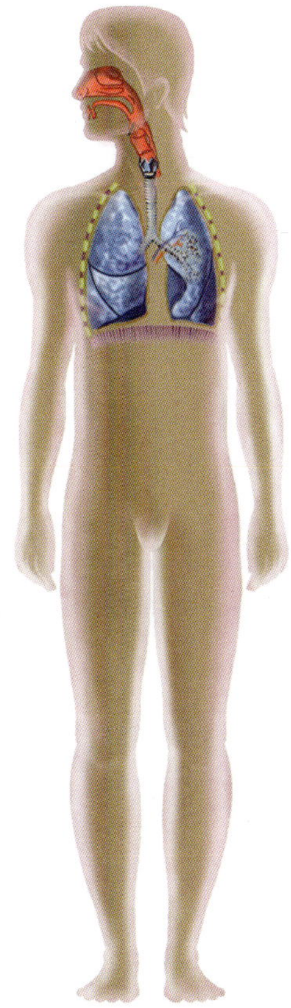

Aparell circulatori

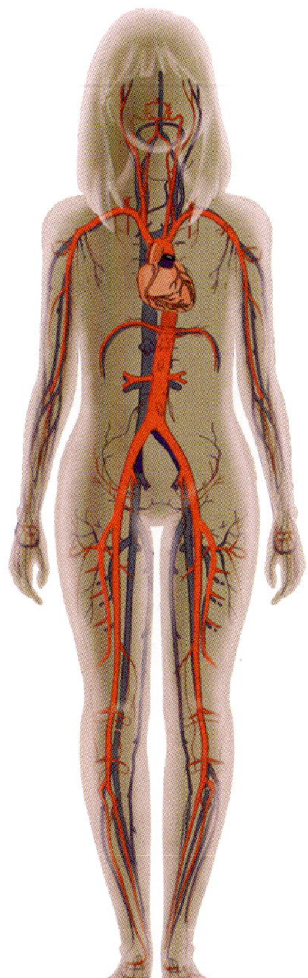

Aparell excretor

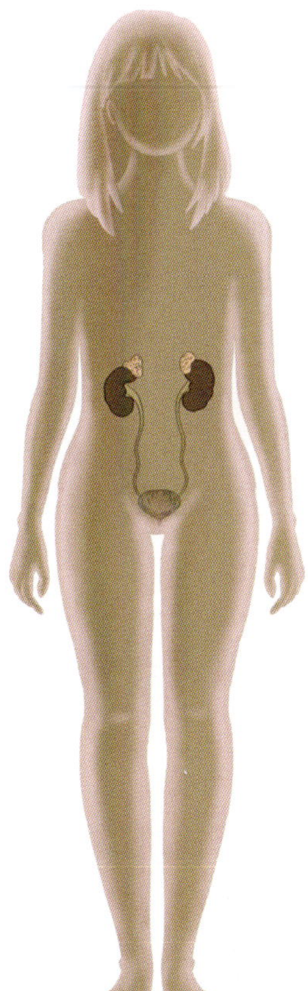

ROQUES DE LA PENÍNSULA IBÈRICA, ILLES BALEARS I CANÀRIES

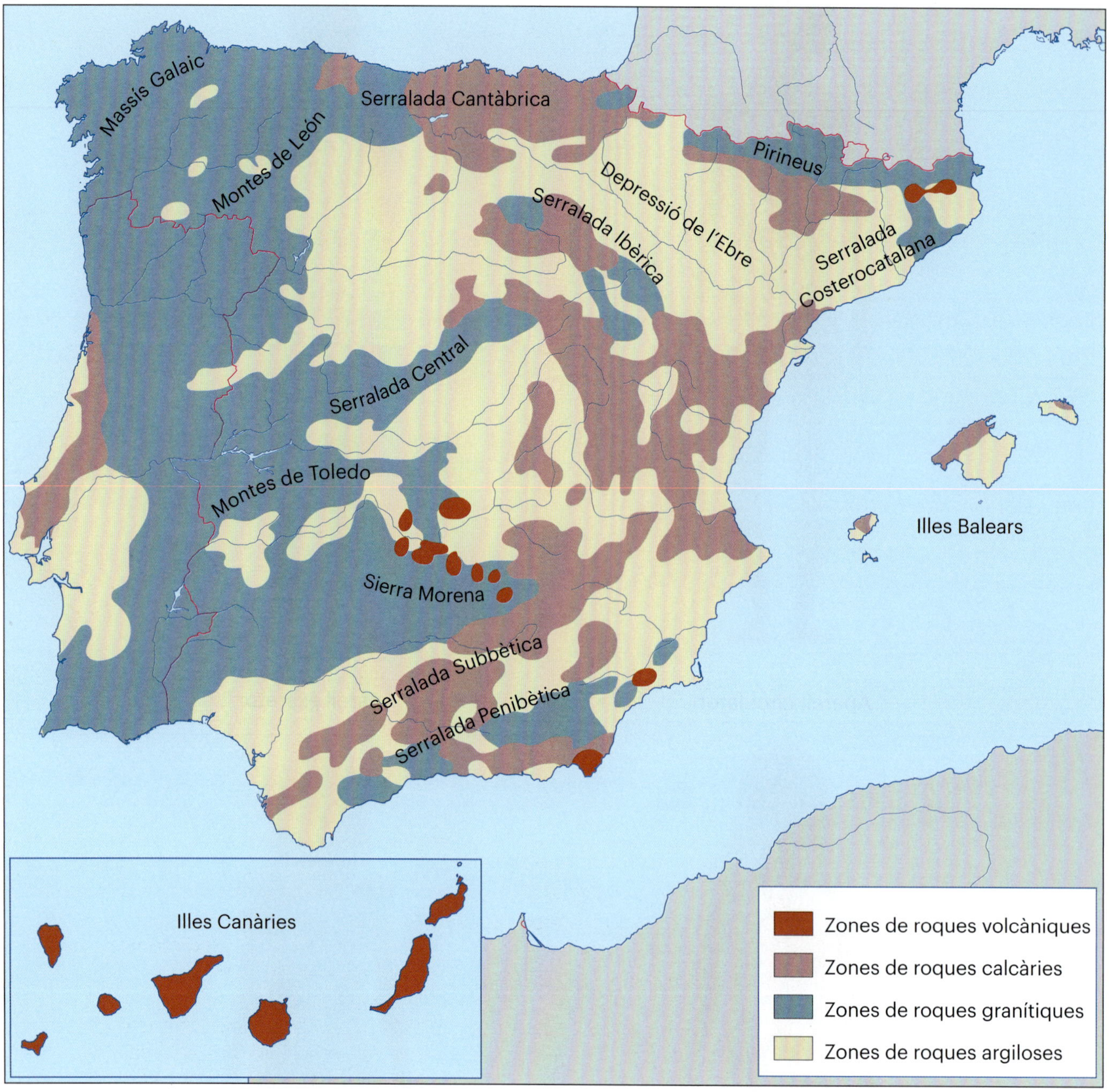

CLASSIFICACIÓ DE LES ROQUES

CLASSIFICACIÓ DE LES ROQUES		
Roques sedimentàries		Conglomerats Gres Calcàries Carbons etc.
Roques magmàtiques o ígnies	Roques volcàniques	Laves Basalt etc.
	Roques plutòniques	Granit Sienita etc.
Roques metamòrfiques		Marbre Gneis Pissarra Quarsita etc.

EL CICLE DE LES ROQUES

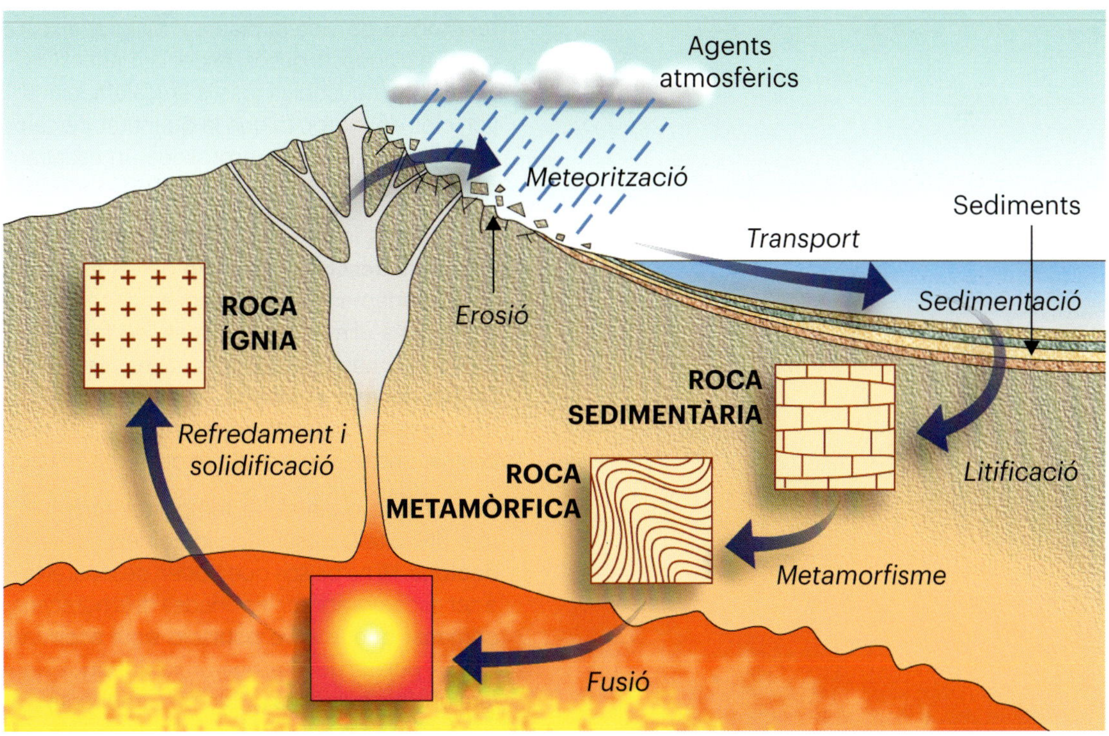

PROBLEMES GLOBALS

La gran quantitat de substàncies contaminants que l'activitat humana emet d'una manera incessant a l'aire no solament afecten els països emissors, sinó que aquests contaminants, com que són empesos pel vent, són transportats i dispersats per l'atmosfera i donen lloc a problemes a escala mundial. Alguns d'aquests problemes són el **canvi climàtic**, l'**afebliment de la capa d'ozó** i la **pluja àcida**.

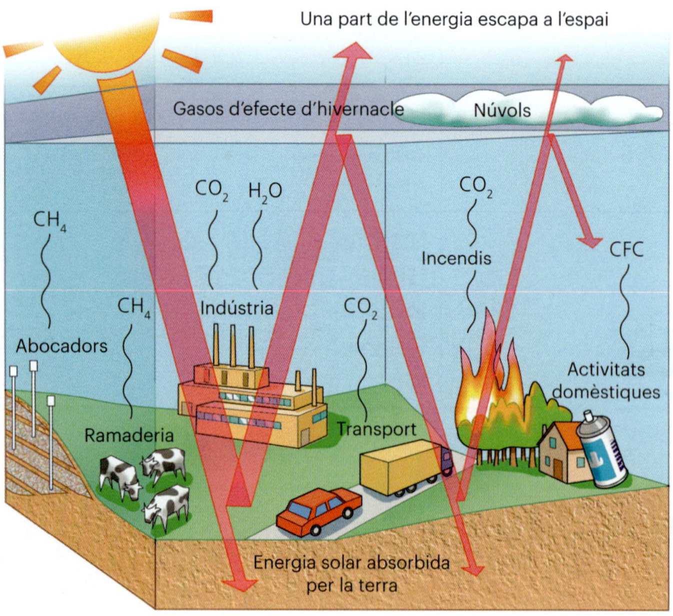

EL CANVI CLIMÀTIC

Moltes indústries i automòbils utilitzen l'energia procedent de la crema de combustibles fòssils –carbó, gasolina i gas natural– que emeten a l'atmosfera gasos amb efecte d'hivernacle, sobretot CO_2.

Si no es prenen mesures, aquests gasos continuaran acumulant-se a l'atmosfera, cosa que provocarà un augment de la temperatura i produirà un **canvi climàtic** a tot el planeta. Aquest problema és seriós i exigeix prendre decisions col·lectives importants i eficients.

Per a comprendre-ho millor, és necessari entendre com funciona l'**efecte d'hivernacle**:

L'energia solar que arriba a la superfície terrestre és absorbida per aquesta i retornada en forma de calor a l'espai exterior. L'atmosfera té molècules com el diòxid de carboni, el vapor d'aigua, el metà, etc., que retenen part de la calor despresa per la superfície del planeta. Aquesta acció produeix un efecte d'hivernacle natural de manera que la temperatura mitjana de la Terra, que hauria de ser de –18 °C, arriba a uns 20 °C, la qual cosa facilita l'existència de vida al planeta. Malgrat això, l'emissió excessiva d'aquests gasos, especialment el CO_2, produït en cremar combustibles fòssils en calefaccions, indústries i vehicles de motor, fa que la quantitat de calor retinguda sigui més gran, fet que provoca un escalfament global del planeta perillós.

L'elevació de la temperatura seria responsable de l'**ampliació dels deserts** i l'**extinció** de les espècies que no es puguin adaptar amb la rapidesa necessària a les noves condicions climàtiques. A més, en fondre's una quantitat de gel més gran als pols i a les glaceres, el **nivell de l'aigua del mar s'elevaria**. S'ha calculat que un augment d'un grau en la temperatura mitjana del planeta podria produir una elevació d'1,65 m del nivell de l'aigua.

Actualment, quan hi ha tempestes fortes, la pujada del mar dificulta la desembocadura dels rius i provoca **inundacions**. Hi ha països que poden desaparèixer sota el mar o ser escombrats per les onades dels huracans, que ja han demanat que la seva població sigui acollida en un altre lloc. La pujada de la temperatura de l'aigua del mar, també farà que els huracans siguin més freqüents i més forts.

L'AFEBLIMENT DE LA CAPA D'OZÓ

L'**ozó** és un gas constituït per tres àtoms d'oxigen (O_3) que es forma a partir de molècules d'oxigen atmosfèric (O_2) quan hi incideixen les radiacions ultraviolades (RUV) del Sol.

La **capa d'ozó** es troba situada entre els 20 i els 50 km d'altura. Actua com una **pantalla protectora**, ja que les RUV són utilitzades per formar O_3 i impedeixen així que aquestes radiacions puguin arribar fins a la superfície de la Terra. Les RUV són radiacions d'energia elevada que poden causar cremades, càncer de pell, ceguesa, alteracions genètiques, etc.

Durant molts anys s'ha produït un aprimament, mal anomenat «forat», en l'ozonosfera a causa de l'emissió a l'atmosfera de clorofluorocarbonis (CFC), gasos utilitzats en aerosols, aparells d'aire condicionat i neveres, fabricació d'acer i de plàstics, etc. Els CFC alliberen àtoms de clor (Cl), que trenquen les molècules d'ozó, i originen oxigen molecular (O_2) i oxigen atòmic (O), amb la qual cosa queden novament àtoms de clor lliures que continuen trencant molècules d'ozó. Actualment les restriccions per fabricar i utilitzar CFC està permetent la recuperació de l'ozonosfera

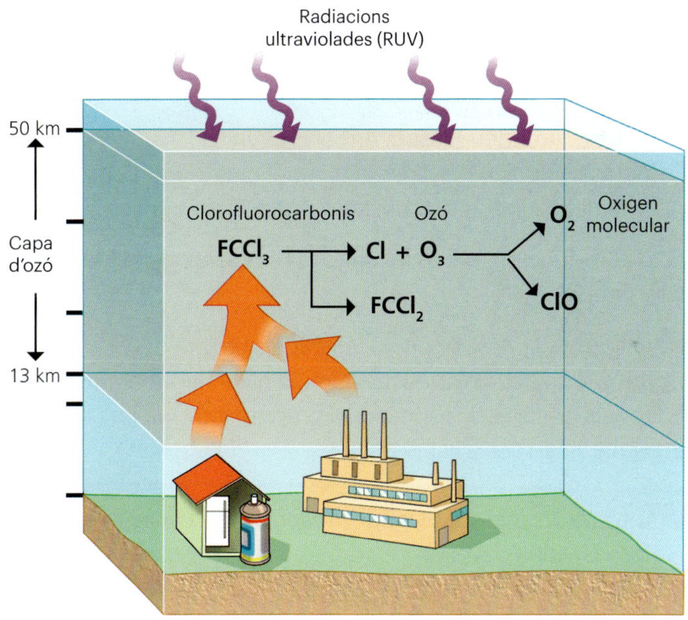

LA PLUJA ÀCIDA

L'aigua de la pluja sol ser lleugerament àcida (pH = 5,5), característica que no afecta els ecosistemes. Malgrat això, la crema de combustibles fòssils allibera a l'atmosfera diversos òxids, com el de nitrogen, el de sofre i el de carboni. Aquestes molècules reaccionen amb l'aigua que hi ha a l'atmosfera i formen tres àcids: àcid nítric, àcid sulfúric i àcid carbònic, respectivament. El vent transporta aquests àcids, que poden tornar a la superfície terrestre arrossegats per les gotes de la pluja o de la neu i originar pluges àcides que poden arribar a tenir un pH = 3, semblant al del vinagre.

La caiguda d'aquestes substàncies acidifica els llacs i rius i mata les espècies més sensibles, penetra en el sòl i destrueix les arrels dels vegetals i crema els brots dels arbres, que moren. També actua sobre les construccions, ja que oxida metalls i corroeix la pedra de les façanes i els monuments.

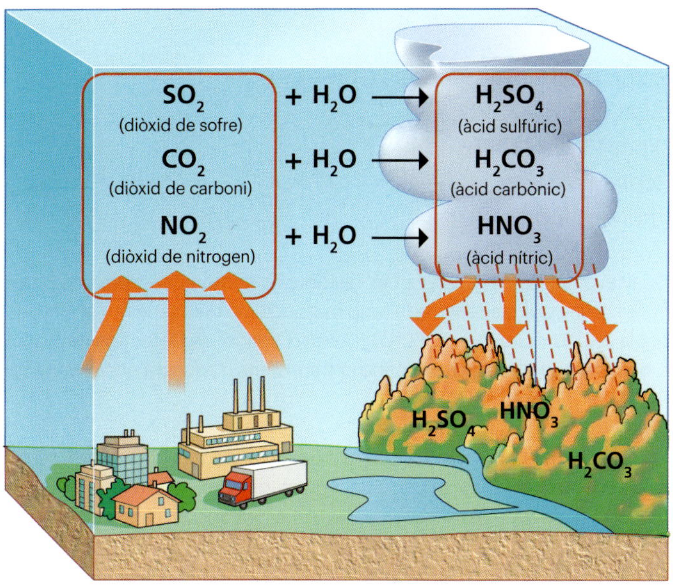

Editorial Casals, fundada el 1870

Llibre adaptat als continguts que prescriu el Decret 187/2015, del 25 d'agost, d'ordenació dels ensenyaments d'educació secundària obligatòria.

Les activitats d'aquest llibre es proposen com a models d'exercicis que cada alumne/a ha de resoldre a la seva llibreta o quadern. No les ha de fer, en cap cas, al llibre.

Coordinació editorial: Beatriz Arroyo
Revisió lingüística: Mònica Montserrat, Àngels Pons
Dictaminació: Santiago Liras, Antonio Pardo
Disseny de la coberta: Miquel Puig
Disseny de l'interior: Bassa & Trias
Maquetació: Anna Ancochea
Il·lustració: Amadeu Blasco, Armand Gran
Fotografia: Stock, Thinstock, Aci, Age Fotostock, Pixabay
Autoria dels projectes trimestrals: Anna Torras, Rosa Cristina Sayeras

Primera edició: febrer del 2019
ISBN: 978-84-218-6618-4
Dipòsit legal: B4457-2019
Printed in Spain
Imprès a Índice, SL